MAXON

CINEMA 4D

完全学习手册（第2版）

TVart培训基地 编著

人民邮电出版社

北 京

图书在版编目（ＣＩＰ）数据

Cinema 4D完全学习手册 / TVart培训基地编著. --
2版. -- 北京：人民邮电出版社，2015.1（2021.2重印）
ISBN 978-7-115-37298-7

Ⅰ. ①C… Ⅱ. ①T… Ⅲ. ①三维动画软件 Ⅳ.
①TP391.41

中国版本图书馆CIP数据核字(2014)第246433号

内 容 提 要

　　本书内容出版之前，一直是TVart培训基地的内部课程内容。本书是系统全面地讲解Cinema 4D（以下简称C4D）软件的手册，现阶段还没有任何一本书是以这种形式存在的。从第1章到第14章讲解了Cinema 4D的基础部分，从第15章到第25章讲解了Cinema 4D的高级部分。在阅读过程中，读者可以以循序渐进的方式，也可以直接查阅其中任意章节的内容。

　　通过阅读本书，读者从零基础开始，直到对软件的高级操作以及实际应用，都能得到完整性的学习。

　　本书附带下载资源（扫描封底"资源下载"二维码即可获得下载方法，如需资源下载技术支持请致函szys@ptpress.com.cn），内容包括书中实战用到的工程文件。

　　本书非常适合作为初、中级读者的入门及提高的学习用书，尤其是零基础读者。另外，本书所有内容均采用中文版Cinema 4D R13进行编写，请读者注意。

◆　编　　著　TVart 培训基地
　　责任编辑　孟飞飞
　　责任印制　程彦红

◆　人民邮电出版社出版发行　　北京市丰台区成寿寺路 11 号
　　邮编　100164　　电子邮件　315@ptpress.com.cn
　　网址　http://www.ptpress.com.cn
　　天津市豪迈印务有限公司印刷

◆　开本：787×1092　1/16
　　印张：27.5
　　字数：874 千字　　　　　　　　　2015 年 1 月第 2 版
　　印数：19 401 － 20 900册　　　　2021 年 2 月天津第13次印刷

定价：108.00 元
读者服务热线：**(010)81055410**　印装质量热线：**(010)81055316**
反盗版热线：**(010)81055315**

你准备好了吗？如果没有准备好，最好先不要开始阅读这本书。因为C4D（Cinema 4D的简称）有一种魔力，一旦开始接触它，你就再也无法离开它，从此过上和C4D为伴的日子。

C4D这款软件由来已久，早在欧美一些国家、亚洲的日本和新加坡等地，C4D就已经成为视频设计师的必备工具。而且由于C4D的超亲和力的界面操作，让越来越多的设计师开始喜欢上这款软件。现在，C4D的学习热潮正在铺天盖地地袭来，越来越多的设计师开始接触到C4D，并且深深喜爱它。一些接触C4D较早的设计师，早已经制作出绚丽时尚的设计作品，走在了我国视频设计行业的前沿。

本书由北京TVart培训基地联合其设计公司PinkaDesign共同编写，也是我国大陆为数不多的综合全面型学习教材。此书包含了TVart培训基地每一位教师的辛勤汗水以及PinkaDesign多名设计师的共同参与所得的成果。在写作过程中，老师白天上课，晚上辛勤写作，同时还需要查阅大量资料和翻译帮助文件。PinkaDesign的设计人员也是没日没夜地参与其中，我们把写作的那段时光称为黑色的日子，没有看着太阳回过家。

一分耕耘一分收获，这本书终于和大家见面了。当看到完整的写作文件摆在我们面前的时候，每个人的心都如盛开的花朵。把它放在心中称了称，确实够分量。

TVart培训基地的设计公司PinkaDesign已经使用C4D完成了大量的优秀设计作品，极具代表性的有广西综艺频道整体包装、天津都市频道整体包装、青岛生活频道整体包装、青岛休闲资讯频道整体包装、腾讯视频以及贵州电视台栏目包装等。在使用C4D过程中，我们收获的不仅是利益，还有作为这个行业从业者的一种愉快的感受。

当下行业竞争如此激烈，每个人都要有超越对手的个人能力，才能在众多从业者中脱颖而出，C4D绝对能给你带来新鲜的感觉。不断尝试新鲜事物，是设计师应该必备的职业状态。C4D从里到外全都是新鲜的，C4D为设计师注入新鲜的血液，让每个人斗志昂扬，战火重新点燃。

这是一本全面介绍Cinema 4D基本功能及运用技巧的书。是入门级读者和需要查阅基础命令应用、快速而全面掌握Cinema 4D的必备参考书。

本书全面地阐述了C4D的建模、材质、灯光、渲染、粒子、动力学、毛发、布料、动画、关节、运动图形、效果器、Bodypaint、XPresso和Thinking Particles等方面的技术，让读者能够全方位地了解C4D这个优秀的软件。

本书共有25章，每章分别介绍单独的一块内容，讲解过程细腻，实例丰富，通过丰富的实例练习，读者可以轻松有效地掌握软件技术。

本书由郭术生、史圆圆、谢欣、赵红雪等编著。

在阅读过程中如果碰到一些难解的问题，我们衷心地希望能够为广大读者提供力所能及的阅读服务，尽可能地帮大家解决一些实际问题。如果大家在学习过程中需要我们的支持，请通过以下方式与我们取得联系，我们将尽力解答。

TVart培训基地网站：www.tvart.cn
TVart官方C4D超级QQ群：136992067

目　录

5

第9章　对象和样条的编辑操作与选择

目 录

第22章　效果器

第23章　关节

第24章　XPresso和Thinking Particles

第25章　Body Paint 3D

WELCOME TO
CINEMA 4D

第1章　进入C4D的世界

01

1.1　C4D概述

　　Cinema 4D软件是德国MAXON公司研发的引以为傲的代表作，是3D绘图软件，它的字面意思是4D的电影，不过其自身是综合型的高级三维绘图软件。它是以其高速图形计算速度著称，并有着令人惊奇的渲染器和粒子系统。正如它的名字一样，用其描绘的各类电影都有着很强的表现力，在影视中，它以其渲染器在不影响速度的前提下使图像品质有了很大的提高，在众多CG行业中发挥着非常重要的作用。

　　与其他3D软件一样（如Maya、Softimage XSI、3ds Max 等），Cinema 4D同样具备高端3D动画软件的所有功能。不同的是在研发过程中，Cinema 4D的工程师更加注重工作流程的流畅性、舒适性、合理性、易用性和高效性。现在，无论你是拍摄电影、电视包装、游戏开发、医学成像、工业、建筑设计、视频设计或印刷设计，Cinema 4D都将以其丰富的工具包为您带来比其他3D软件更多的帮助和更高的效率。因此，使用Cinema 4D会让设计师在创作设计时感到非常轻松愉快、赏心悦目；在使用过程中更加得心应手，有更多的精力置于创作之中，即使是新用户，也会觉得Cinema 4D非常容易上手。

1.2　C4D功能介绍

1.2.1　模型

　　由Cinema 4D创建出的模型效果，如图1-1所示。

图1-1

　　3D软件创建的模型对象如图1-2所示。

图1-2

　　Cinema 4D 中有通过参数调节的基本几何形体。这些参数化几何形体可以转换为多边形，以此来创建复杂对象。大量的变形工具和其他的生成器都可以与模型对象联合使用。

　　通过使用样条曲线来调整挤压、放样和扫描等操作，而所有的这些操作都有独特的参数可以调节，有的甚至可以自动生成动画。

UV编辑

　　MAXON的 Cinema 4D一个特色就是它有许多UV编辑方法，这些方法能把你的模型和贴图适当地整合在一起。在3D设计中，UV坐标对于完成满意的高质量的纹理贴图是至关重要的。

　　Cinema 4D提供了你可以信赖的UV工具。通过UV工具，不管是低分辨率的游戏模型还是高分辨率的背景绘制，你都可以进行调整。

1.2.2　常用的材质使用介绍

不管你创建对象的原材料是人工的还是天然的。Cinema 4D的材质选择系统都能使你自如地控制所创建的3D物体的表面属性，如图1-3所示。

图1-3

创建材质的最基本的途径是通过控制颜色通道来进行贴图指定或者颜色调节。对于贴图来说，Cinema 4D支持大部分常用的图片格式，包括支持分层的PSD文件。

通过调整多个材质通道，也使得模拟玻璃质感、木材或者金属材质等更加容易。使用滤光器和图层可以很容易地使图片呈现出多层叠加后的惊人效果。

1.2.3　动画设计

Cinema 4D创作的动画效果，如图1-4和图1-5所示。

图1-4

图1-5

关键帧动画

使用MAXON的Cinema 4D可以让场景中的任何对象通过关键帧的方法运动起来。关键帧动画调节是任何三维软件都必备的动画控制手段。

时间线控制器

可以通过时间线控制器窗口，来调整关键帧的时间和幅度，对于多个属性也可以进行整体的层管理。掌握了时间线控制器窗口，就可以很容易地对某一特定物体或特定场景的所有关键帧进行控制。而且用户还可以使用区域工具移动或缩放动画，如图1-6所示。

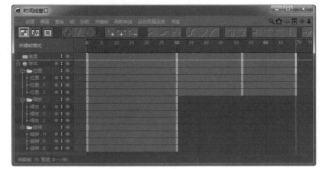

图1-6

函数曲线

使用函数曲线，可以调整关键帧的插值或者查看动画。通过使用函数曲线还可以立即对大量曲线进行编辑，而且还可以利用快照功能来查看调整动画时，以前所保存下来的曲线，如图1-7所示。

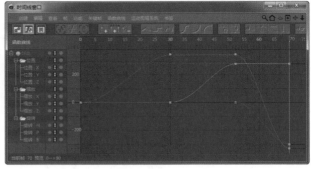

图1-7

非线性动画

使用非线性动画，对具有复杂的上百种的关键帧的分散动作进行创建、结合和循环使用等操作就会变得更加容易。只有自己在场景中创建了角色，才会在非线性编辑器中看到角色和轨道。可以在一个或多个轨道上用一个或多个片段动画角色。一个轨道上可以有多个按序排好的片段。如果一个角色有多个轨道，C4D会使用轨道上的所有片段，重叠的片段有相加的效果，用户可以融合叠加的片段来避免双倍的运动。

支持音频

当需要将图片和音乐同步结合的时候，你可以插入声音，直接观察时间线控制器上的声音波形，如图1-8所示。更理想的是，当手动控制时间线控制器的时候，你可以边调节参数、边试听音频。常用的最基本的同步化方法就是将音频与特定对象结合起来。

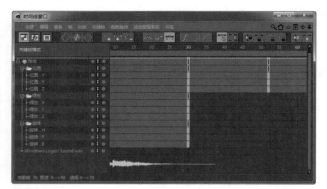

图1-8

粒子系统工具

Cinema 4D具备容易操作使用的粒子系统。任何物体都可以当成粒子系统中的替代物来使用，比如几何体或者灯光都可以被应用，如图1-9所示。粒子系统会受到力场的影响。

图1-9

1.2.4 合成

使用Cinema 4D合成的效果，如图1-10和图1-11所示。

文件交换

人不能孤立地生活在世界上，MAXON的Cinema 4D也是无法单独运行的。现实世界的3D艺术家们并没有生活在真空中，Cinema 4D支持多种符合行业标准的文件格式。

图1-10

图1-11

Cinema 4D输入/输出文件的方式有图像序列、AVI或者QuickTime格式电影，而且创建出能够自动以正确的方式把输出文件结合在一起的合成文件。

3D格式

- 3D Studio .3ds（读或者写）
- Biovision .bvh（读）
- Collada .dae（读或者写）
- DEM（读）
- DXF（读或者写）
- DWG（读）
- Direct 3D .x（写）
- FBX （读或者写）
- LightWave 3D .lws .lwo（读）
- STL（读或者写）
- VRML2 .wrl（读或者写）

- Wavefront .obj（读或者写）

合成格式（仅读）

- After Effects（3D）
- Final Cut（2D，仅Mac）
- Combustion（3D）
- Shake（2D）
- Motion （3D，仅Mac）
- Fusion（2D，仅Windows）

2D图形和动画格式（读/写）

- TIFF
- BodyPaint 3D
- Photoshop PSD
- Targa TGA
- HDRI
- DPX
- Open EXR
- BMP
- PICT
- IFF
- JPEG
- RLA
- RPF
- PNG
- QuickTime
- AVI（仅Windows）

2D矢量格式

- Illustrator 8（读或者写）
- EPS（Illustrator 8）（读）

1.2.5 基本的渲染功能设定

光照系统

多种类型的光影计算为独特而强大的光照系统提供了基础。通过这些计算，你可以控制颜色、亮度、衰减和其他的特性，而且还可以调整每种光影的颜色和深浅。也可以使用任何光照的Lumen和Candela亮度值而不是采用抽象的百分比值。C4D提供多种灯光模式，可以根据场景的需要来创建灯光；也可以根据特殊要求来控制灯光排除和焦散等，如图1-12所示。

图1-12

环境吸收

使用环境吸收，很快就能渲染出角落里的真实阴影或者临近物体之间的真实阴影，如图1-13所示。

图1-13

渲染

Cinema 4D分层渲染功能方便灵活，通过简单的设置就可以得到颜色、纹理、高光和反射等渲染文件。Cinema 4D可以轻松地把准备好的文件输出到Adobe Photoshop、Adobe After Effects、Final Cut Pro、Combustion、Shake、Fusion和Motion中。Cinema 4D还支持在16位和32位彩色通道中对DPX、HDRI或者OpenEXR等格式的高清图片的渲染。

1.3 Cinema 4D、Maya和3ds Max的比较

Cinema 4D在中国起步比较晚，Cinema 4D的开发年代和Maya、3ds Max相差无几。在欧美一些国家，Cinema 4D流行已久，用户非常多。但是在中国很少数设计师关注C4D，现如今，在中国Cinema 4D已经成为全国广泛学习的优秀软件。

3ds Max和Maya都是个综合性软件，功能很全面，3ds Max的插件非常多，可以实现很多复杂的视觉效果。目前在国内，3ds Max主要定位在游戏和建筑行业，此外在电视栏目包装中也有应用。相比之下Maya也有侧重点，Maya的侧重点在动画和特效方面。

刚接触Cinema 4D会有些陌生，它的操作方式需要简短的适应期。当你适应之后，就会对它爱不释手，Cinema 4D的界面设计非常友好，尤其是在界面上就可以完成很

多操作，简化了很多繁琐的步骤。Cinema 4D的图标化让使用者倍感亲切，Cinema 4D把很多需要后台运行的程序，进行了图形化和参数化的设计。通过TVart的设计公司PinkaDesign众多项目的经验总结，Cinema 4D绝对是一款前途无量的3D软件。

1.4 C4D的特色

1. 易学易懂的操作界面

首先，Cinema 4D的用户界面非常受设计师的喜爱。因为它直观的图标和操作方式的高度一致性，让使用这款软件变成了一种享受。在Cinema 4D中，几乎每个菜单项和命令都有对应的图标。从而很直观地了解到该命令的作用。

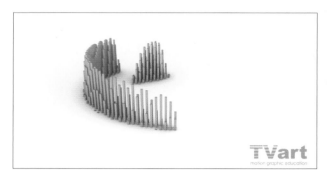

2. 快速的渲染能力

目前Cinema 4D拥有业界最快的算图引擎，一些在其他三维软件中需要渲染很慢的效果，在C4D中都有可能变得效率更高，特别是Cinema 4D的环境吸收，在Cinema 4D内部完成结合，效果十分理想。

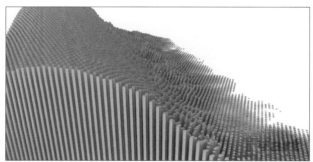

3. 方便的手绘功能

Cinema 4D提供了Body paint 3D模块，除了可直接绘制草图外，还可在产品外观直接彩绘，让你用2D操作模式轻松地转到3D效果。

Cinema 4D包括了业界相对最好的绘制三维贴图的工具之一的Bodypaint，其类似于三维版本的Photoshop。

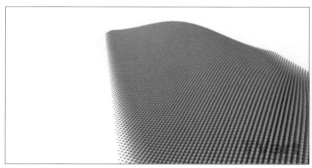

4. 影视后期、电视栏目包装和视频设计

Cinema 4D可以将物体或者灯光的三维信息输出给After Effects，在后期中再进行特殊加工。与After Effects的完美衔接，让Cinema 4D成为制作电视栏目包装和后期特效工作者的首选。可以说，Cinema 4D是很适合于视频动画设计师的软件。

5. 特色功能MoGraph模块

来看看图1-14所示的这段TVart培训基地的片头示例，你会对MoGraph所能实现的效果感到惊叹。

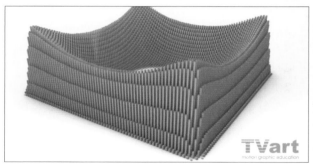

图1-14

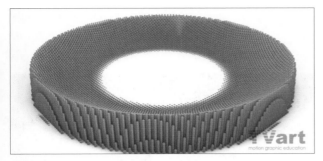
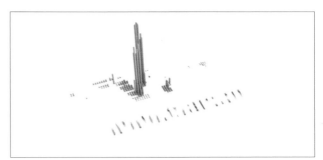

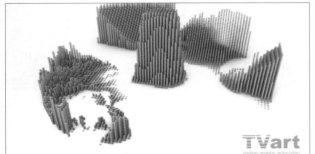

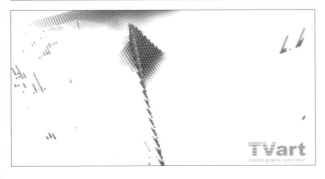

图1-14（续）

现在国内的Cinema 4D学习资源很多，但是中文的书籍和教材却少之又少，Cinema 4D的图书、教材和3ds Max、Maya的数量相差甚远。Cinema 4D是自带多语言支持的，可以在多种语言中任意切换，值得高兴的是，它包括中文版。

如果你是用久了Maya或者3ds Max的用户，可以尝试开始Cinema 4D的学习，无论是平面设计师，还是视频动画设计师，都可以尝试开始学习Cinema 4D，它功能全面，直观好学。如果你是电视包装视频设计师，最好开始Cinema 4D的学习，因为Cinema 4D在电视包装上已显示出了其很大的优势。

Cinema 4D已经走向成熟，它能够提升你的工作效率，让艺术与技术之间不再有难以跨越的鸿沟，去淋漓尽致、随心所欲地创作吧。

1.5 C4D的发展趋势

Cinema 4D以其简单容易上手的操作流程，方便的文件编制功能，强大的渲染功能，以及无缝的与后期软件结合，最终将征服每位设计人员，而且使用Cinema 4D后，设计人员才能专心致志地搞设计工作，真正地享受视频设计行业的魅力。

分层渲染之后的图像在Photoshop中进行编辑可以达到令人满意的效果。Cinema 4D的多通道渲染功能在日常项目中发挥着重要作用，因为它可以允许用户在Photoshop或者After Effects中进行选择性地修改，使得设计过程变得更加容易。Cinema 4D可以简单便捷地对复杂元素进行编辑和整理。事实已经证明Cinema 4D是一款创建画面效果的强大而又实用的工具，它为创建复杂的3D图像提供了快捷可靠的解决方案。Cinema 4D将最终成为设计人员工作中必备的使用工具。

1.6 C4D的应用范围

1.6.1 影视特效制作

运用Cinema 4D与Body paint 3D软件制作的电影《黄金罗盘》，荣获"第八十届奥斯卡金像奖最佳视觉效果奖"。

电影《黄金罗盘》里的武装熊、盔甲、动作特效及一些特殊场景，都是由MAXON公司Cinema 4D与Body paint 3D绘图软件，用其强大的动画制作与材质功能，展现视觉特效栩栩如生的效果，如图1-15所示。

图1-15

1.6.2 影视后期、电视栏目包装和视频设计

Cinema 4D软件应用在数字电视内容创作流程中，成为他们制作动态图像重要的解决方案，以最低成本达到最高效益。Cinema 4D在全球被很多广播产业公司公认为最佳应用于3D图像的软件，包括The Weather Channel，MTV、CMT、FOX、TNT、TBS、ABC.HBO、ESPN、USA Network、BBC等。

当今广告设计师需要可靠、快速且灵活的软件工具，使他们在长期紧迫的工作压力下，仍然可以制作出优质的视频内容，提高其创收价值。Cinema 4D软件拥有很强的结合能力、品质与稳定性，让我们在制作内容的过程中，对它有非常高的满意度及强烈的信任感。

Troika Design Group为电视台做过大量的优秀设计。Troika设计师运用Cinema 4D设计大量3D作品，速度更快，而且得到非常好的成效。

TVart培训基地的设计公司PinkaDesign使用Cinema 4D为国内众多客户提供了优秀服务，极具代表性的作品有广西综艺频道和天津都市频道，Cinema 4D是一个极其高效且技术独特的3D软件，在PinkaDesign它的地位非常重。Cinema 4D操作学习非常容易上手，它使我们的工作特别高效，同时客户非常满意我们的设计作品，如图1-16和图1-17所示。

我们的感受是，Cinema 4D的渲染效果特别锐利，渲染的色彩特别艳丽，当然这也需要调整好很多方面的设置。

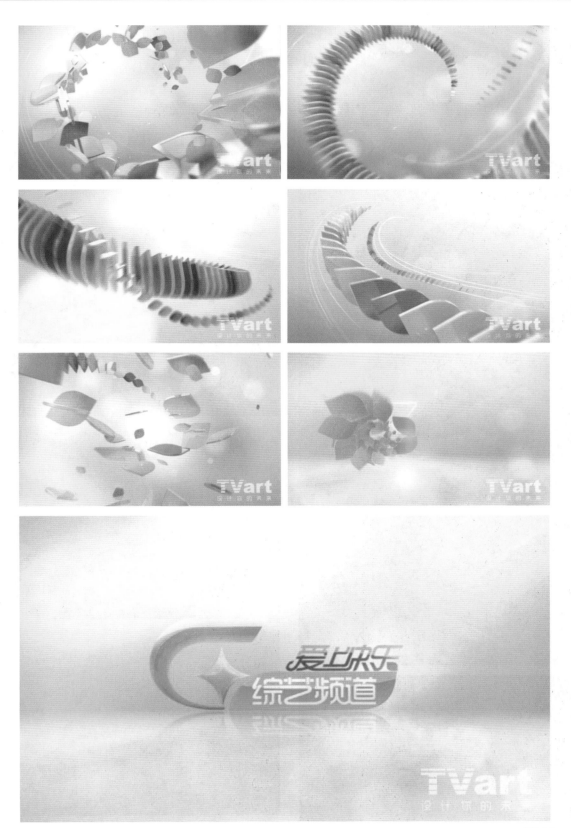

图1-16

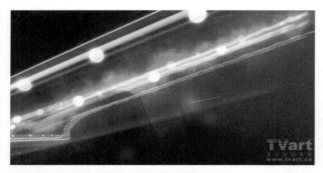

1.6.3　建筑设计

Cinema 4D在建筑领域的应用，如图1-18所示。

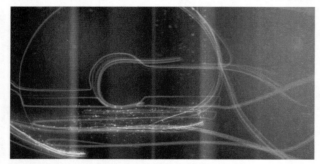

图1-17

图1-18

1.6.4 产品设计

Cinema 4D在产品设计方面的应用，如图1-19所示。

图1-19

1.6.5 插图广告设计

Cinema 4D在插图广告方面的应用，如图1-20所示。

图1-20

INTRODUCTION OF
CINEMA 4D

第2章　初识C4D

02

C4D R13的界面布局

关于视图的基本操作

各模块的基本功能

安装好Cinema 4D R15后启动软件，首先出现的是启动界面，如图2-1所示。

图2-1

Cinema 4D的初始界面由标题栏、菜单栏、工具栏、编辑模式工具栏、视图窗口、动画编辑窗口、材质窗口、坐标窗口、对象/内容浏览器/构造窗口、属性/层面板和提示栏11个区域组成，如图2-2所示。

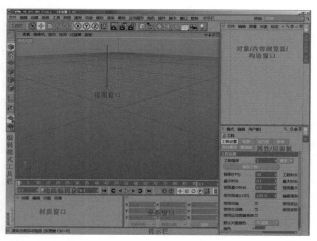

图2-2

2.1 标题栏

Cinema 4D的标题栏位于界面最顶端，包含软件版本的名称和当前编辑的文件信息，如图2-3所示。

图2-3

2.2 菜单栏

Cinema 4D的菜单栏与其他软件相比有些不同，按照

类型可以分为主菜单和窗口菜单。其中主菜单位于标题栏下方，绝大部分工具都可以在其中找到；窗口菜单是视图菜单和各区域窗口菜单的统称，分别用于管理各自所属的窗口和区域，如图2-4所示。

主菜单

视图窗口菜单

对象窗口菜单　　　　　属性窗口菜单

图2-4

1. 子菜单

在Cinema 4D的菜单中，如果工具后带有▶按钮，则表示该工具拥有子菜单，如图2-5所示。

2. 隐藏的菜单

如果Cinema 4D界面显示范围较小，不足以显示界面中的所有菜单，那么系统就会把余下的菜单隐藏在▶按钮下，单击该按钮即可展开菜单，如图2-6所示。

图2-5　　　　　　　　　　　　　图2-6

3. 各个菜单右端的快捷按钮

主菜单右端的界面：启动可控制界面窗口布局。

启动为默认的窗口布局。包括动画布局、三维绘图布局、UV坐标编辑布局和标准布局等多种布局方式；单击按钮可最大化所选窗口，如图2-7所示。

图2-7

视图菜单右端 ⊕⬍⟳⊡ 为视图操作快捷按钮。

分别是：⊕平移视图、⬍缩放视图、⟳旋转视图和 ⊡切换视图。

对象窗口右端的 🔍⌂◦⊞快捷按钮。

分别是：🔍搜索对象、⌂查找对象，单击◦按钮使其变为⬚按钮，可将场景中所有对象分类罗列；⊞为当前窗口单独创建新窗口。

属性窗口右端的 ◀ 🔍⌂⊟◦ 快捷按钮。

分别是：◀按照点击顺序切换上一个或下一个对象或者工具的属性按钮；▦切换到工程的属性，选择一个对象或者工具的属性单击⌂按钮，显示为🔒时，可锁定当前对象或者工具的属性；选择同一个类型对象或者工具的属性单击⊟按钮，显示为⊟时，再选择其他类型的属性时就不能被显示，比如当前选择对象的属性则只能再选中对象的属性，如果选中工具的属性就不能被显示。如使用 ◀切换，即可在不同类型的属性中进行切换。

2.3　工具栏

Cinema 4D的工具栏位于菜单栏下方，其中包含部分常用工具，使用这些工具可创建和编辑模型对象，如图2-8所示。

图2-8

工具栏中的工具可分为独立工具和图标工具组。图标工具组按类型将功能相似的工具集合在一个图标下，长按图标按钮即可显示工具组。图标工具组的显著特征为图标右下角带有◣小三角。

- ↶↷为完全撤销和完全重做按钮，可撤销上一步操作和返回撤销的上一步操作，是常用工具之一。快捷键分别是Ctrl+Z和Ctrl+Y，也可执行主菜单>编辑>撤销/重做。

- ◉选择工具组，◉是实时选择工具，长按图标可显示其他选择方式，也可执行主菜单>选择，如图2-9所示。

图2-9

- ⊕▭⟳ 为视图操作工具：⊕移动工具；▭缩放工具；⟳旋转工具。也可执行主菜单>工具，来进行操作。

- ◉⊕▭⟳ 显示当前所选工具，长按图标可显示使用过的工具。按空格键可在当前使用的工具和选择工具之间进行切换。

- ⓧⓨⓩ🔒 为坐标类工具：ⓧⓨⓩ为锁定/解锁x、y、z轴的工具，默认为激活状态。如果单击关闭某个轴向的按钮，那么对该轴向的操作无效（只针对在视图窗口的空白区域进行拖曳）；🔒为全局/对象坐标系统工具，单击可切换🌐全局坐标系统和对象坐标系统。

- ▦▦▦ 为渲染类工具：▦渲染当前活动视图，单击该按钮将对场景进行整体预览渲染；▦渲染活动场景到图片查看器，长按图标将显示渲染工具菜单。▦编辑渲染设置，用于打开渲染设置窗口进行渲染参数的设置，如图2-10所示。

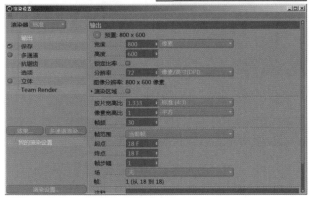

图2-10

2.4　编辑模式工具栏

Cinema 4D的编辑模式工具栏位于界面的最左端，可以在这里切换不同的编辑工具，如图2-11所示。

图2-11

2.5　视图窗口

在Cinema 4D的视图窗口中，默认的是透视视图，按鼠标中键可切换不同的视图布局，如图2-12所示。

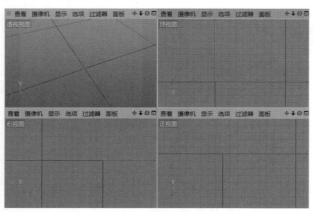

图2-12

2.6　动画编辑窗口

Cinema 4D的动画编辑窗口位于视图窗口下方，其中包含时间线和动画编辑工具，如图2-13所示。

图2-13

2.7　材质窗口

Cinema 4D的材质窗口位于动画编辑窗口下方，用于创建、编辑和管理材质，如图2-14所示。

图2-14

2.8　坐标窗口

Cinema 4D的坐标窗口位于材质窗口右方，是该软件独具特色的窗口之一，用于控制和编辑所选对象层级的常用参数，如图2-15所示。

图2-15

2.9　对象/内容浏览器/构造窗口

Cinema 4D的对象/内容浏览器/构造窗口位于界面右上方，对象窗口用于显示和编辑管理场景中的所有对象及其标签；内容浏览器窗口用于管理和浏览各类文件；构造窗口用于显示某个对象的构造参数，如图2-16所示。

图2-16

1. 对象窗口

对象窗口用于管理场景中的对象，这些对象呈树形层级结构显示，即所谓的父子级关系。如果要编辑某个对象，可在场景中直接选择该对象；也可在对象窗口中进行选择（建议使用此方式进行选择操作），选中的对象名称呈高亮显示。如果选择的对象是子级对象，那么其父级对象的名称也将亮显，但颜色会稍暗一些，如图2-17所示。

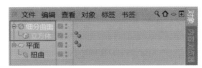

图2-17

对象窗口可以分为4个区域，分别是菜单区、对象列表区、隐藏/显示区和标签区，如图2-18所示。

图2-18

2. 内容浏览器窗口

该窗口可以帮助用户管理场景、图像、材质、程序着色器和预制档案等，也可添加和编辑各类文件，在预置中可以加载有关模型、材质等的文件。直接拖曳到场景当中使用即可，如图2-19所示。

图2-19

3. 构造窗口

构造窗口用于显示对象由点构造而成的参数，可以进行编辑，如图2-20所示。

点	X	Y	Z
0	-100 cm	-100 cm	-100 cm
1	-100 cm	100 cm	-100 cm
2	100 cm	-100 cm	-100 cm
3	100 cm	100 cm	-100 cm
4	100 cm	-100 cm	100 cm
5	100 cm	100 cm	100 cm
6	-100 cm	-100 cm	100 cm
7	-100 cm	100 cm	100 cm

图2-20

2.10　属性/层面板

Cinema 4D的属性/层面板位于界面右下方，属性面板是非常重要的窗口之一，它包含了所选对象的所有属性参数，这些参数都可以在这里进行编辑；层面板用于管理场景中的多个对象，如图2-21所示。

图2-21

2.11　提示栏

Cinema 4D的提示栏位于界面最下方，用来显示光标所在区域、工具提示信息，以及显示错误警告信息，如图2-22所示。

框选：点击并拖动鼠标框选元素。按住 SHIFT 键增加选择对象；按住 CTRL 键减少选择对象。

图2-22

BASIC OPERATION OF
CINEMA 4D

第3章　C4D基本操作

03

3.1 编辑模式工具栏

物体的编辑主要通过编辑模式工具栏中的工具进操作,如图3-1所示。

- 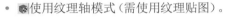转换参数化对象为多边形对象(Cinema 4D 模型对象在默认状态下都是参数对象,当需要对模型的点、线、面进行编辑时,必须将其转换为多边形对象)。
- 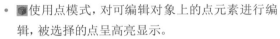使用模型模式(只能对模型进行等比缩放)。
- 使用对象模式(可对模型进行非等比缩放)。
- 使用纹理轴模式(需使用纹理贴图)。

图3-1

- 使用点模式,对可编辑对象上的点元素进行编辑,被选择的点呈高亮显示。
- 使用边模式,对可编辑对象上的边元素进行编辑,被选择的边呈高亮显示。
- 使用多边形模式,对编辑对象上的面元素进行编辑,被选择的面呈高亮显示。

3.2 工具栏

物体操作主要通过工具栏中的工具进行操作,如图3-2所示。

图3-2

3.2.1 选择工具

1. 实时选择

当场景中的对象转换为多边形对象后,激活此工具选择相应的元素(点、线、面),进入属性面板可对工具进行设置,如图3-3所示。

- 半径:设置选择范围。
- 仅选择可见元素:勾选该项后,只选择视图中能看见的元素;取消勾选,选择视图中的所有元素。

2. 框选

当场景中的对象转换为多边形对象后,激活此工具并拖曳出一个矩形框,对相应的元素(点、线、面)进行框

选,进入属性面板可对该工具进行设置,如图3-4所示。

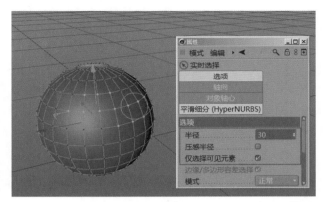

图3-3

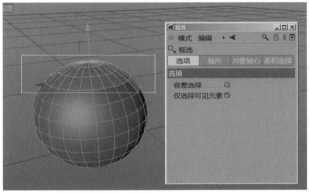

图3-4

- 容差选择:取消勾选时,只有完全处于矩形框内的元素才能被选中;勾选该项后,和矩形框相交的元素都会被选中。

3. 套索选择

当场景中的对象转换为多边形对象后,激活此工具绘制一个不规则的区域,对相应的元素(点、线、面)进行选择,进入属性面板可对该工具进行设置,如图3-5所示。

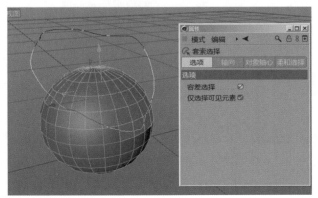

图3-5

4. 多边形选择

当场景中的对象转换为多边形对象后，激活此工具绘制一个多边形，对相应的元素（点、线、面）进行选择，进入属性面板可对该工具进行设置，如图3-6所示。

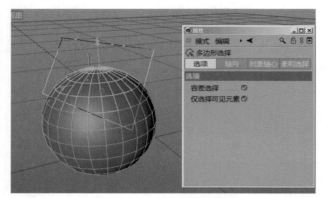

图3-6

3.2.2 移动工具

激活该工具后，视图中被选中的模型上将会出现三维坐标轴，其中红色代表x轴、绿色代表y轴、蓝色代表z轴。如果在视图的空白处单击鼠标左键并进行拖曳，可以将模型移动到三维空间的任意位置。

3.2.3 缩放工具

激活该工具后，单击任意轴向上的小黄点进行拖曳可以使模型沿着该轴进行缩放；在视图空白区域按住鼠标左键不放并进行拖曳，则可对模型进行等比缩放，如图3-7所示。

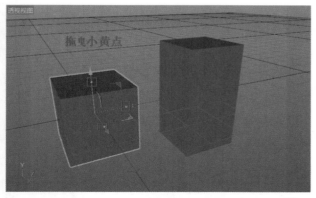

图3-7

3.2.4 旋转工具

用于控制模型的选择。激活以后，会在模型上出现一个球形的旋转控制器，选择控制器上的3个圆环分别控制模型的x、y、z轴（这里对物体进行旋转时，再同时按住Shift键，可以每次以5°进行旋转），如图3-8所示。

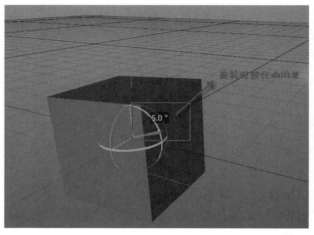

图3-8

3.2.5 实时切换工具

显示当前所选工具，长按图标可显示使用过的工具。按键盘上的空格键可在当前使用的工具和选择工具之间进行切换。

3.2.6 锁定/解锁x、y、z轴工具

这3个工具默认为激活状态，用于控制轴向的锁定。例如，对模型进行移动时，如果只想移动y轴，那么关闭掉x轴和z轴，模型就只会在y轴方向移动。

—— 注 意 ——

这里只能选择视图的空白区域用鼠标左键拖曳移动，如果单击模型移动，则不会有效果。

3.2.7 全局/对象坐标系统工具

单击可切换全局坐标系统（世界坐标轴）：坐标轴永远保持世界中心点的位置；对象坐标系统（物体坐标轴）：坐标轴随着物体对象空间位置的变化而变化。

3.3 选择菜单

执行主菜单>选择,如图3-9所示。

图3-9

3.3.1 选择过滤>选择器

执行该命令后,会弹出"选择器"对话框,可以勾选对话框中对象类型来快速选择场景中对应类型的对象。

3.3.2 选择过滤>创建选集对象

选择任意对象后,该命令被激活,执行该命令后,在对象窗口中会出现一个选集,在选择过滤菜单下也会出现一个选集,可以通过选择过滤>选择选集来选择创建的集,也可以把任意一个对象添加在选集内,如图3-10所示。

图3-10

3.3.3 选择过滤>全部/无

如果勾选"全部",那么下面的对象类型会全部被勾选,场景中的物体都可以被选择;如果勾选"无",那么下面的对象类型会全部取消勾选,则场景中的物体都不可以被选择。在选择过滤下面的选项中,如果哪一种对象类型没有勾选,那么场景中该类型的对象将不可以被选择。

3.3.4 循环选择

执行该命令后,比如球体则可以选择经度或纬度上的一圈点、边、面,如图3-11至图3-13所示。

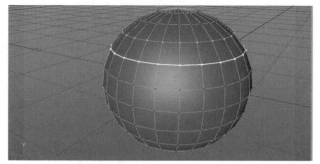

图3-11

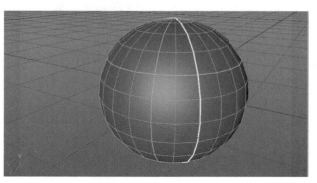

图3-12

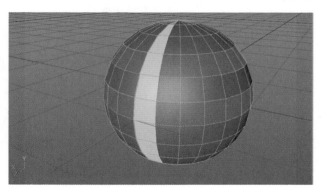

图3-13

3.3.5 环状选择

执行该命令后，在点模式下可以选择经度或纬度上的两圈点，如图3-14所示。

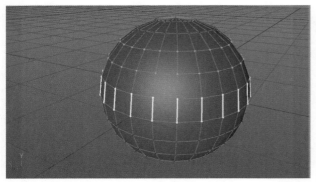

图3-14

在边模式下执行该命令，可以选择经度或纬度上平行的两圈边，如图3-15所示。

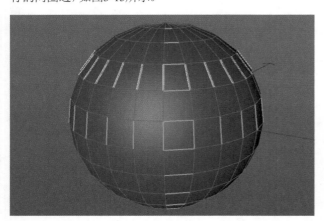

图3-15

在面模式下执行该命令，和执行"循环选择"的结果一样可以选择经度或纬度上的一圈面，如图3-16所示。

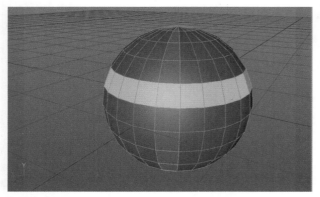

图3-16

3.3.6 轮廓选择

该命令用于面到边的转换选择，在选中面的状态下，执行该命令，可以快速选择面的轮廓边，如图3-17所示。

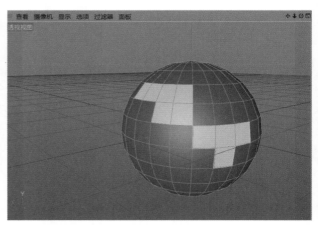

图3-17

3.3.7 填充选择

该命令用于边到面的转换选择，在选中闭合边的状态下，执行该命令，可以快速选择闭合边里面的面。如果边是非闭合的，则会选择整个对象的面，如图3-18所示。

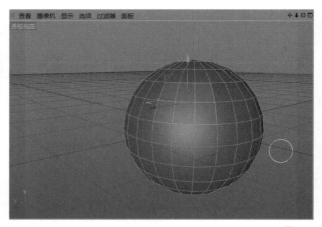

图3-18

3.3.8 路径选择

执行该命令，按住鼠标左键拖曳，鼠标指针经过的路径上面的点、边、面都会在各自对应的模式下被选择。

3.3.9 选择平滑着色断开

请参见编辑多边形命令。

3.3.10 全选

全部选择。

3.3.11 取消选择

全部取消选择。

3.3.12 反选

反向选择。

3.3.13 选择连接

选择对象上的一个点、边、面执行该命令，可以选择整个对象上的点、边、面。

3.3.14 扩展选区

在选择点、边或面的状态下，执行该命令，可以在原来选择的基础上，加选与其相邻的点、边或面。

3.3.15 收缩选区

在选择点、边或面的状态下，执行该命令，可以在原来选择的基础上，从外围减选点、边或面。

3.3.16 隐藏选择

选择点、边或面，执行该命令后选择的点、边或面会不可见。在选择边的状态下执行该命令的结果，如图3-19和图3-20所示。

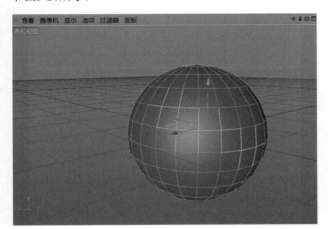

图3-19

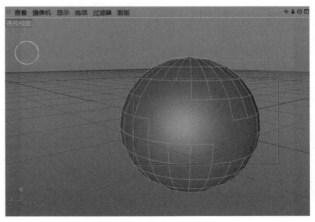

图3-20

3.3.17 隐藏未选择

选择点、边或面，执行该命令后未选择的元素会不可见。

3.3.18 全部显示

执行"隐藏选择"或"隐藏未选择"命令后，可以执行该命令使隐藏的点、边或面还原。

3.3.19 反转显示

对象中有隐藏点、边或面状态下，执行该命令，可以使原来显示的点、边或面呈隐藏状态，原来隐藏的点、边或面呈显示状态。

3.3.20 转换选择模式

在选择点、边或面的状态下，执行该命令，弹出转换选择对话框，可通过该对话框转换到点、边或面的选择状态，如图3-21所示。

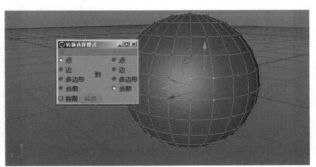

图3-21

3.3.21　设置选集

在选择点、边或面的状态下，执行该命令，在对象标签栏中会出现一个选集标签，即创建好一个选集，需要再次选择这些点、边或面时，可以在对应的模式下，单击恢复选集即可，如图3-22所示。

图3-22

3.3.22　设置顶点权重

这个命令一般要和变形器配合使用，作用是通过对点的权重的设置来限制变形对象的影响与精度，如图3-23所示。把球的下半部分点的权重值设置为0，上半部分点的权重值设为100，为其加一个扭曲变形器，再为扭曲添加一个限制标签，结果如图3-24所示，权重值大的点受变形器影响大，权重值小的点受变形器的影响小。

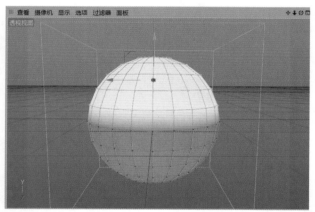

图3-23

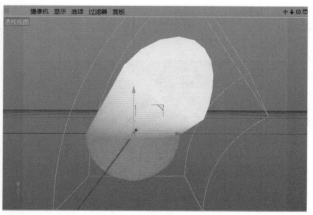

图3-24

3.4　视图控制

在三维软件中，任何一个三维对象都是采用投影方式来表达的，通过正投影得到正投影视图，通过透视投影得到透视视图。正投影视图也就是光线从物体正面向背面投影得到的视图，主要包括"右视图"、"顶视图"和"正视图"3种形式，根据这3种视图变化出了"左视图"、"底视图"和"后视图"等其他正投影视图。

在Cinema 4D的视图窗口中可以从单视图切换显示4种视图窗口，每个窗口都有自己的显示设置，左边为菜单栏，右边为视图操作按钮，如图3-25所示。

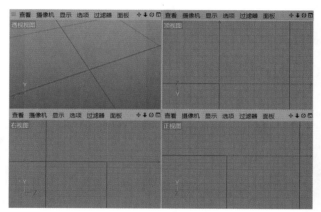

图3-25

通过视图操作按钮对视图进行控制，如图3-26所示。

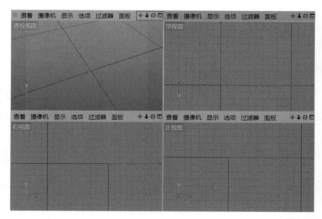

图3-26

3.4.1　平移视图

3种方法可以实现平移视图：1.按住平移；2.按住键盘的"1"键，拖曳视图进行平移；3.按住Alt键，用鼠标中键拖曳进行平移。

3.4.2 推拉视图

3种方法可以实现推拉视图：1. 按住推拉；2. 按住键盘的"2"键，拖曳视图进行推拉；3. 按住Alt键，用鼠标右键拖曳进行推拉。

3.4.3 旋转视图

3种方法可以实现旋转视图：1. 按住旋转；2. 按住键盘的"3"键，拖曳视图进行旋转；3. 按住Alt键，按住鼠标左键拖曳进行旋转。

3.4.4 切换视图

两种方法可以实现切换视图：1. 单击要切换的视图上方的切换按钮；2. 将鼠标指针放在想要切换的视图之上，单击鼠标中键进行切换。

3.5 视图菜单

在Cinema 4D的视图窗口中，默认显示的是"透视视图"，可以通过视图菜单切换不同的视图和布局，每个视图都拥有属于自己的菜单，对其操作不会对其他的视图有影响，如图3-27所示。

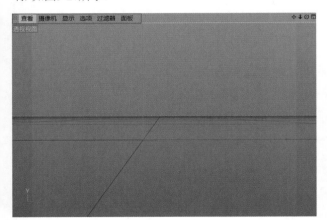

图3-27

3.5.1 查看

查看菜单中的命令主要用于对视图的操作、显示视图内容等，如图3-28所示。

图3-28

1. 作为渲染视图

激活该命令后，可将当前选中的视图作为默认的渲染视图。例如，将前视图设置为渲染视图，此时在渲染工具中单击"渲染活动场景到图片查看器"按钮，渲染的将是前视图显示的效果，如图3-29和图3-30所示。

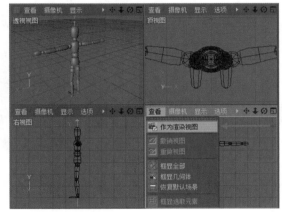

图3-29

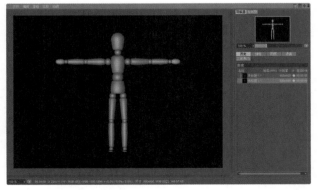

图3-30

2. 撤销视图

对视图进行平移、旋转、缩放等操作后，"撤销视图"命令将被激活，使用这个命令可以撤销之前对视图进行的操作。

3. 重做视图

只有执行过一次以上"撤销视图"命令后，"重做视图"命令才能被激活，该命令用于重做对视图的操作。

—— 注 意 ——

按住Alt+Ctrl组合键，旋转视图，如果没有选中物体，视图将以世界坐标原点为目标点进行旋转；如果选择了物体，视图将以物体的坐标原点为目标点进行旋转。

4. 框显全部

执行该命令后，场景中所有的对象都被显示在视图中，如图3-31所示。

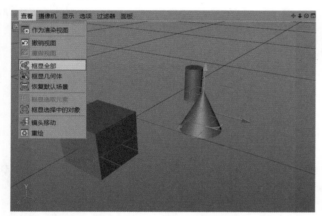

图3-31

5. 框显几何体

执行该命令后，场景中所有的几何体对象都被显示在视图中，如图3-32所示。

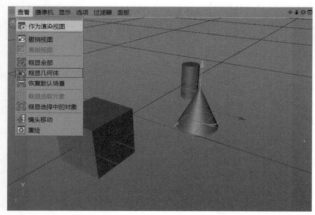

图3-32

6. 恢复默认场景

执行该命令会将摄像机镜头恢复至默认的镜头（刚打开Cinema 4D时显示的镜头）。

7. 框显选取元素

当场景中的参数化物体转换成多边形物体后，该命令才能被激活。执行该命令可以将选取的元素（点、线、面）在视图中最大化显示，如图3-33所示。

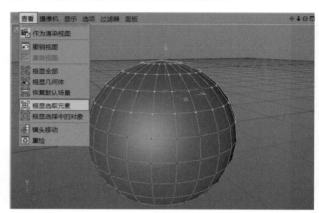

图3-33

8. 框显选择中的对象

当场景中的物体被选择后，可执行该命令将选择的物体最大化显示在视图中，如图3-34所示。

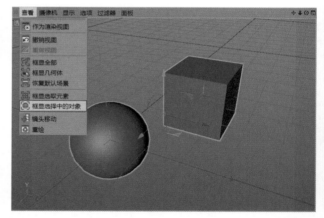

图3-34

9. 镜头移动

Cinema 4D为每个视图默认配置了一个摄像机，在执行"镜头移动"命令后，可按下鼠标左键同时移动对默认摄像机操作。

10. 重绘

当视图执行完"渲染当前活动视图" ■命令后，视图被实时渲染，执行"重绘"命令可恢复视图，如图3-35和图3-36所示。

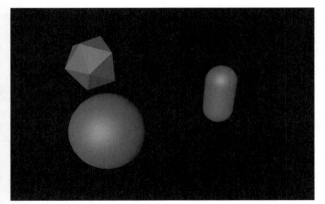

图3-35

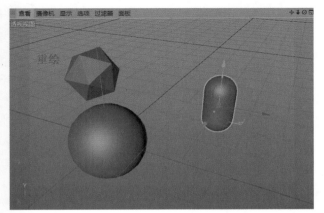

图3-36

3.5.2 摄像机

摄像机菜单中的命令用于为视图设置不同的投影类型，如图3-37所示。

图3-37

1. 导航>光标模式/中心模式/对象模式/摄像机模式

可以通过切换各种导航模式来切换摄像机的焦点。光标模式下摄像机将以光标的位置作为摇移的中心；中心

模式下摄像机将以视图中心为摇移的中心；对象模式下摄像机将以选择对象作为摇移的中心；摄像机模式下摄像机将以摄像机的机位点作为摇移的中心，如图3-38所示。

图3-38

2. 使用摄像机

当在场景中创建多个摄像机后，可以通过执行该命令在不同的摄像机视图之间进行切换。

3. 设置活动对象为摄像机

选择一个物体，执行该命令，可以将选择的物体作为观察原点。例如，Cinema 4D中没有提供灯光视图，因此可以执行该命令来调节灯光角度。

4. 透视视图/平行视图/左视图/右视图/正视图/背视图/顶视图/底视图

在摄影机菜单里提供了多种视图的切换，如透视视图、平行视图、左视图、右视图、正视图、背视图、顶视图和底视图等，如图3-39至图3-46所示。

图3-39

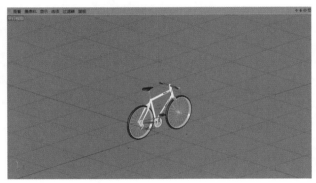

图3-40

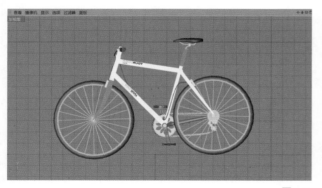

图3-41

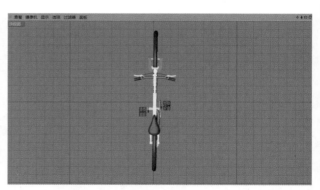

图3-45

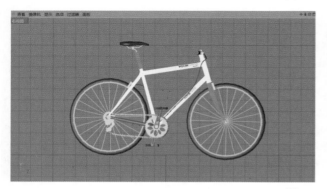

图3-42

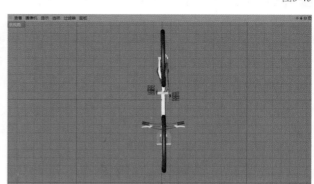

图3-46

5. 轴侧>等角视图/正角视图/军事视图/绅士视图/鸟瞰视图/蛙眼视图

可以通过执行其中的命令来切换对应视图。这些视图不同于常用视图，主要是由于这些视图3个轴向的比例不同造成的，如图3-47所示。

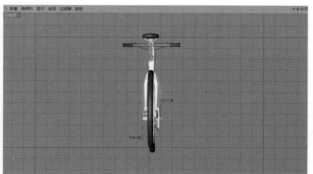

图3-43

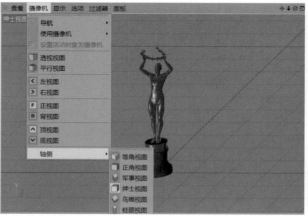

图3-47

等角视图的轴向比例为x:y:z=1:1:1，如图3-48所示。

图3-44

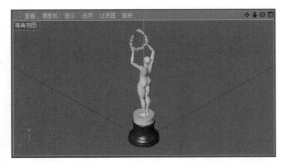

图3-48

正面视图的轴向比例为x:y:z=1:1:0.5，如图3-49所示。

图3-49

军事视图的轴向比例为x:y:z=1:2:3，如图3-50所示。

图3-50

绅士视图的轴向比例为x:y:z=1:1:0.5，如图3-51所示。

图3-51

鸟瞰视图的轴向比例为x:y:z=1:0.5:1，如图3-52所示。

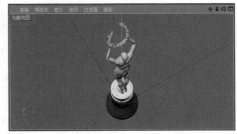

图3-52

蛙眼视图的轴向比例为x:y:z=1:2:1，如图3-53所示。

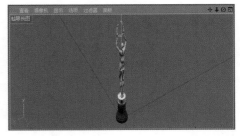

图3-53

3.5.3 显示

显示菜单中的命令主要用于控制对象的显示方式，如图3-54所示。

图3-54

1. 光影着色

默认的着色模式，所有的对象会根据光源显示明暗阴影，如图3-55所示。

2. 光影着色（线条）

与"光影着色"模式相同，但会显示对象的线框，如图3-56所示。

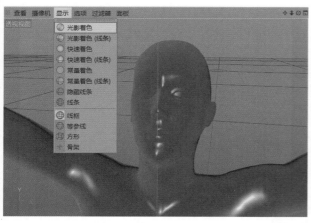

图3-55

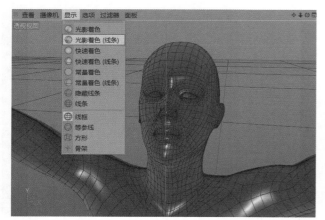

图3-56

3. 快速着色

该模式下，场景中用默认灯光代替场景中的光源照射对象显示明暗阴影，如图3-57所示。

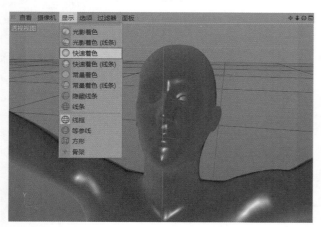

图3-57

4. 快速着色（线条）

与"快速着色"模式相同，但会显示对象的线框，如

图3-58所示。

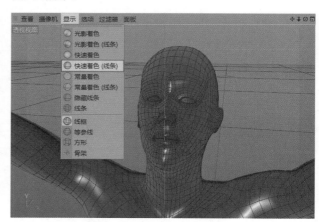

图3-58

5. 常量着色

在该模式下，对象表面没有任何明暗变化，如图3-59所示。

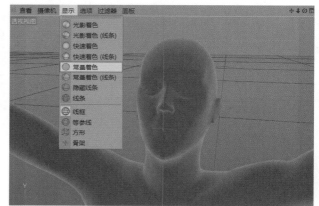

图3-59

6. 常量着色（线条）

与"常量着色"模式相同，但会显示对象的线框，如图3-60所示。

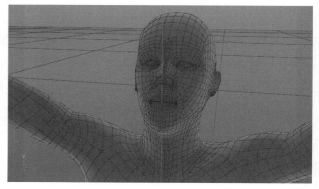

图3-60

7. 隐藏线条

在该模式下，对象将以线框显示，并隐藏不可见面的网格，如图3-61所示。

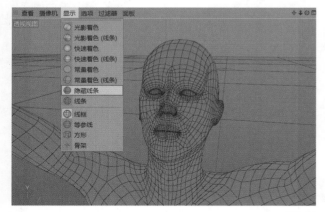

图3-61

8. 线条

该模式完整显示多边形网格，包括可见面的网格和不可见面的网格，如图3-62所示。

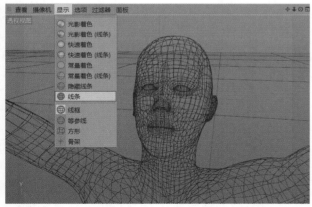

图3-62

9. 线框

该模式用于以线框结构方式来查看对象，如图3-63所示。

10. 等参线

在该模式下，对象在线条着色方式时将显示NURBS等参线，如图3-64所示。

11. 方形

该模式下，对象将以边界框方式显示，如图3-65所示。

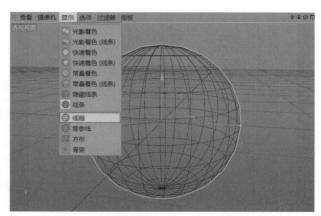

图3-63

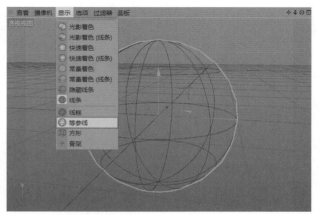

图3-64

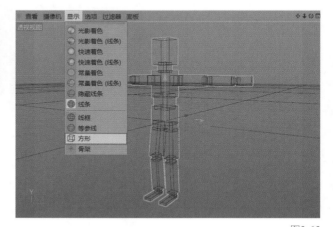

图3-65

12. 骨架

在这种模式下，对象显示为点线结构，点与点之间通过层级结构进行连接。这种模式常用于制作角色动画，如图3-66所示。

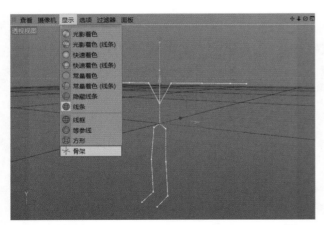

图3-66

3.5.4 选项

选项菜单中的命令主要用于控制对象的显示设置和一些配置设置，如图3-67所示。

1. 细节级别>低/中/高/使用视窗显示级别作为渲染细节级别

低级别时显示比例为25%；中级别时显示比例为50%；高级别时显示比例为100%。执行"使用视窗显示级别作为渲染细节级别"命令后，将视图中对象显示的细节来替代默认的渲染细节。

2. 立体

当从3D摄像机视图中观察场景时，打开该选项，可看到模拟的双机立体显示效果。

3. 线性工作流程着色

开启该选项后场景中的着色模式会发生变化，视图中将启用线性工作流程着色。

4. 增强OpenGL

开启该选项后，可以使显示质量提高，前提是需要显卡支持。

5. 噪波

当开启"增强OpenGL"选项后，该选项被激活，在场景中实时显示噪波的效果，如图3-68所示。

图3-67

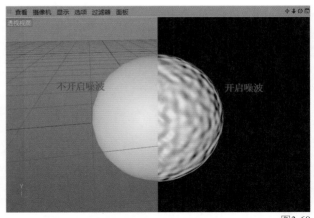

图3-68

6. 后期效果

当开启"增强OpenGL"选项后，该选项被激活，开启该选项后，会增强显示后期效应，但只提供有限的支持Cinema 4D的后期效果。

7. 投影

当开启"增强OpenGL"选项后，该选项被激活，开启该选项后，在场景中实时显示灯光阴影的效果，如图3-69所示。

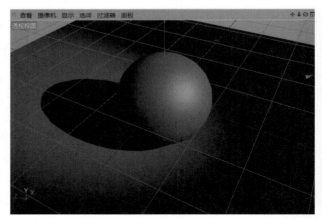

图3-69

8. 透明

当开启"增强OpenGL"选项后，该选项被激活，开启该选项后，在场景中实时显示物体的透明效果，如图3-70所示。

9. 背面忽略

开启该选项后，在场景中物体的不可见面将不被显示，如图3-71所示。

10. 等参线编辑

开启该选项后，所有对象的元素（点、边、多边形）将被投影到平滑细分对象上,这些元素可以直接被选择并影响平滑细分对象,如图3-72所示。

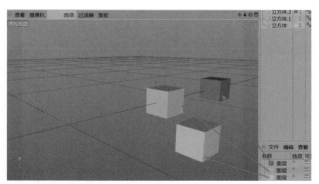

图3-73

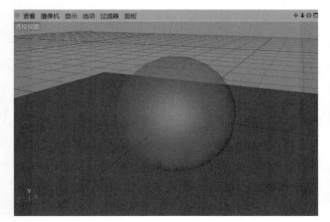

图3-70

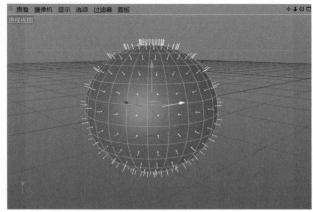

图3-74

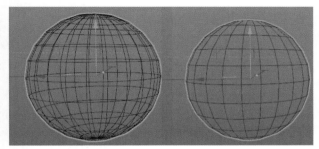

图3-71

13. 显示标签

启用该选项,物体将使用显示模式定义的显示标记(如果存在)。对象没有显示标签将继续使用视口的阴影模式。

14. 纹理

开启该选项后,在场景中物体的材质纹理将被实时显示,如图3-75所示。

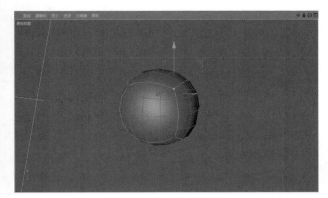

图3-72

11. 层颜色

对象分配到一个层可以显示在编辑器中查看各自层的颜色,如图3-73所示。

12. 显示法线

开启该选项后,在场景中物体的面法线将被显示,如图3-74所示。

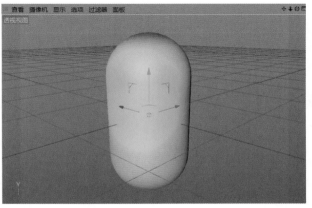

图3-75

15. 透显

开启该选项后，在场景中物体将被透明显示，如图3-76所示。

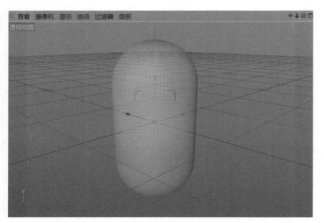

图3-76

16. 默认灯光

执行该命令后，会弹出默认灯光面板，可以按住鼠标左键拖曳来调整默认灯光的角度，如图3-77所示。

图3-77

17. 配置视图

可以通过执行该命令来对视图进行设置，包括物体的着色方式、显示方式等，以及背景参考图的导入。

18. 配置全部

该命令功能类似于"配置视图"命令，不同的是它可对多个视图进行设置。

3.5.5　过滤器

几乎所有类型的元素都能通过"过滤器"菜单中的选项在视图中显示或者隐藏，包括坐标轴的显示与否，如图3-78所示。

只需要取消勾选某种类型的元素后，场景中的该类元素将不被显示。例如，取消勾选灯光，那么场景中的灯光将不被显示在场景中。

图3-78

3.5.6　面板

面板菜单中的命令用于切换和设置不同的视图排列布局类型，如图3-79所示。

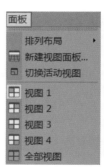

图3-79

1. 排列布局

可执行该选项下面的下拉菜单中的命令来切换视图布局，如执行排列布局>双堆栈视图布局，如图3-80所示。

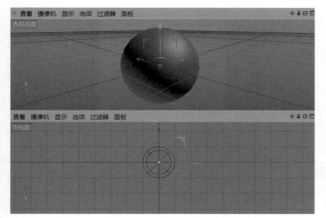

图3-80

执行排列布局>三视图顶拆分视图布局，如图3-81所示。

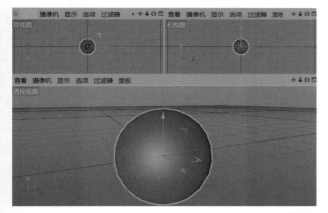

图3-81

2. 新建视图面板

可以执行该命令来创建一个新的浮动视图窗口，甚至可以多次执行创建多个浮动视图窗口，如图3-82所示。

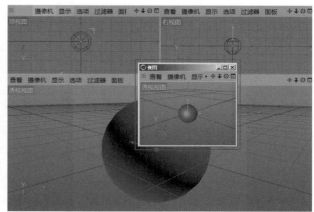

图3-82

3. 切换活动视图

执行该命令可以使当前视图最大化显示。

4. 视图1/视图2/视图3/视图4/全部视图

执行该命令可以在视图1（透视图）、视图2（顶视图）、视图3（右视图）、视图4（前视图）和全部视图之间进行切换。

MANAGE PROJECT FILE OF
CINEMA 4D

第4章　C4D工程文件管理

04

C4D工程文件的相关操作

文件菜单的选项详解

初始设置的常用参数

工程设置的常用参数

4.1 文件操作

执行主菜单>文件,如图4-1所示。

图4-1

4.1.1 新建文件

执行主菜单>文件>新建,可新建一个文件;执行主菜单>文件>打开,可打开一个文件夹中的文件;执行主菜单>文件>合并,可合并场景中选择的文件,如图4-2所示。

图4-2

4.1.2 恢复文件

执行主菜单>文件>恢复,即可恢复到上次保存的文件状态,如图4-3所示。

图4-3

4.1.3 关闭文件

执行主菜单>文件>关闭,可关闭当前编辑的文件;执行主菜单>文件>全部关闭,可关闭所有文件,如图4-4所示。

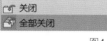

图4-4

4.1.4 保存文件

执行文件>保存命令,就可以保存当前编辑的文件;执行文件>另存为命令,就可以将当前编辑的文件另存为一

个新的文件;执行文件>增量保存命令,可以将当前编辑的文件加上序列另存为新的文件,如图4-5所示。

图4-5

4.1.5 保存工程

执行主菜单>文件>全部保存,即可保存所有文件;执行主菜单>文件>保存工程(包含资源),可将当前编辑的文件做一个工程文件,将文件中用到的资源素材加入进去,如图4-6所示。

图4-6

— 注意

保存工程也就是工作中常说的打包工程,制作完毕一个场景文件后,常常进行保存工程的操作,避免日后资源丢失,同样也方便交接给其他人员继续使用。

4.1.6 导出文件

在Cinema 4D中可以将文件导出为3DS、XML、DXF、OBJ等格式,以便和其他软件进行交互,如图4-7所示。

图4-7

4.2 系统设置

执行主菜单>编辑>设置,可打开设置窗口,如图4-8所示。

图4-8

1. 用户界面： 如图4-9所示。

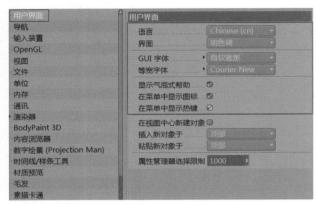

图4-9

- 语言：Cinema 4D有官方中文语言，并提供了多种语言设置适用于不同用户的需求。
- 界面：可选择明色调或暗色调。
- GUI字体：可以更改界面字体，也可自主添加字体进行设置，注意字体安装太多不利于软件的应用。
- 显示气泡式帮助：勾选该项后，鼠标指针指向某个图标时，将弹出气泡式的帮助信息，如图4-10所示。

图4-10

注意

更改语言和字体等参数需重启软件后生效。

- 在菜单中显示图标：默认为勾选状态，菜单中工具名称前方会显示图标，方便观察操作，如图4-11所示。

图4-11

- 在菜单中显示热键：可用于显示/隐藏菜单中工具的快捷键，如图4-12所示。

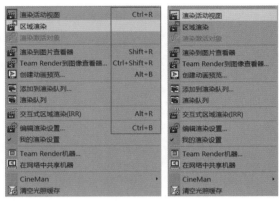

图4-12

2. 导航： 如图4-13所示。

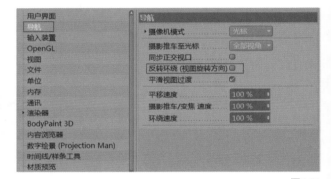

图4-13

- 反转环绕：如果发现视图旋转的方向不正确，需要勾选该项。

3. 文件： 如图4-14所示。

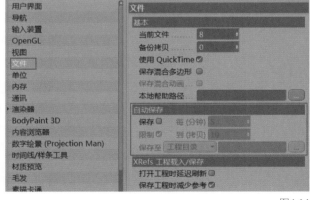

图4-14

- 自动保存：勾选保存选项，开启场景自动保存，可自定义设置。

4. 单位：如图4-15所示。

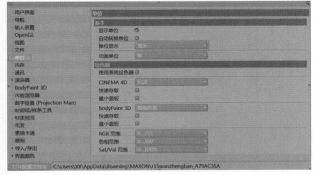

图4-15

- 单位显示：默认为厘米，这是Cinema 4D特有的单位显示。

5. 打开配置文件夹：如图4-16所示。

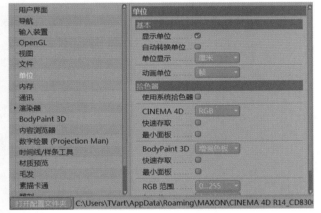

图4-16

该按钮可以打开备份文件所在的文件夹，如果删除该文件夹，所有设置将会回到初始状态，如图4-17所示。

图4-17

4.3 工程设置

执行主菜单>编辑>工程设置，可打开工程设置窗口，如图4-18所示。

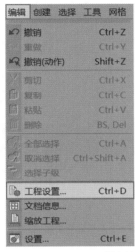

图4-18

- 帧率（FPS）：如图4-19所示。

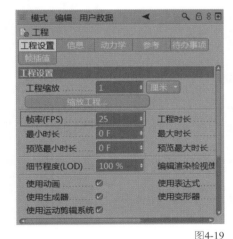

图4-19

需调整为亚洲的帧率，即25帧/秒，Cinema 4D默认时间线长度为3s。

PARAMETRIC OBJECT OF
CINEMA 4D

第5章　C4D参数化对象

05

立方体、球体、平面等16个参数几何体及相应属性详解

6种类型的自由绘制样条曲线

绘制样条曲线的操作技巧

15种原始样条曲线及相应属性详解

5.1 对象

创建参数几何体有两种方法。

1. 长按⊙键不放，展开对象选项卡创建参数几何体工具栏，选择相应的几何体，如图5-1所示。

2. 执行主菜单>创建>对象>参数几何体，选择相应的几何体，如图5-2所示。

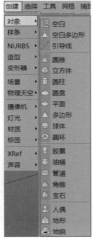

图5-1　　　　图5-2

5.1.1 立方体

立方体是建模中常用的几何体之一，现实中与立方体接近的物体很多，执行主菜单>创建>对象>立方体，创建一个立方体对象，此时在属性面板中会显示该立方体的参数设置。对象选项卡，如图5-3所示。

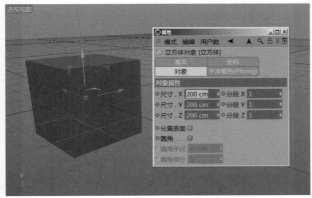

图5-3

- 尺寸.X/尺寸.Y/尺寸.Z：最初建立的立方体都是边长为200cm的正方体，通过这3个参数调整立方体的长、宽、高。
- 分段X/分段Y/分段Z：用于增加立方体的分段数，如图5-4所示。
- 分离表面：勾选分离表面后，按C键，转换参数对象为多边形对象，此时立方体被分离为6个平面，如图5-5所示。

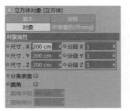

图5-4　　　　图5-5

- 圆角：勾选圆角后，可直接对正方体进行倒角，通过圆角半径和圆角细分设置倒角大小和圆滑程度，如图5-6所示。

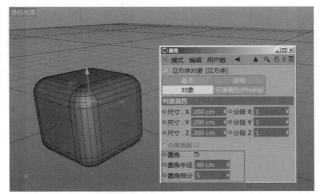

图5-6

> **注意**
> 调整参数时，用鼠标右键单击，可恢复到系统默认数值。

5.1.2 圆锥

执行主菜单>创建>对象>圆锥，创建一个圆锥对象。

属性面板

1. 对象

对象选项卡，如图5-7所示。

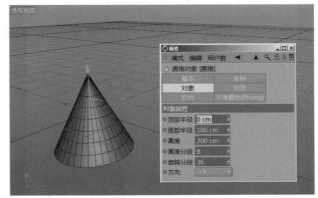

图5-7

- 顶部半径/底部半径：设置圆锥顶部和底部的半径，如果两个值相同，就会得到一个圆柱体，如图5-8所示。

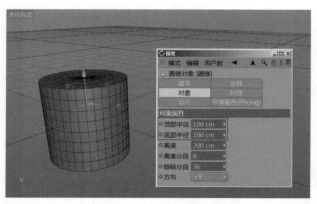

图5-8

- 高度：设置圆锥的高度。
- 高度分段/旋转分段：设置圆锥在高度和纬度上的分段数。
- 方向：设置方向，如图5-9所示。

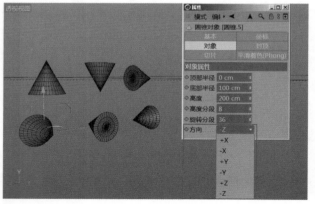

图5-9

2. 封顶

"封顶"选项卡，如图5-10所示。

图5-10

- 封顶/封顶分段：勾选"封顶"后，可以对圆锥进行封顶，"封顶分段"参数可以对封顶后顶面的分段进行调节，如图5-11所示。

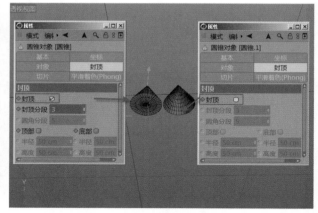

图5-11

- 圆角分段：设置封顶后圆角的分段。
- 顶部/底部：设置顶部和底部的圆角大小，如图5-12所示。

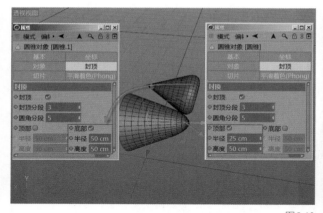

图5-12

5.1.3 圆柱

执行主菜单>创建>对象>圆柱，创建一个圆柱对象，圆柱的参数调节和圆锥基本相同，这里不再赘述。

5.1.4 圆盘

执行主菜单>创建>对象>圆盘，创建一个圆盘对象。属性面板>对象>对象选项卡，如图5-13所示。

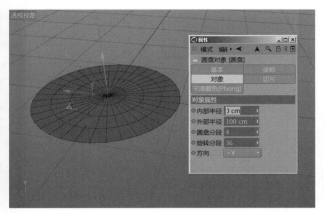

图5-13

- 内部半径/外部半径：系统默认状态为一个圆形平面，调节内部半径，可使圆盘变为一个环形的平面；调节外部半径，可使圆盘的外部边缘扩大。图5-14所示为调节内部半径和调节外部半径示意图。

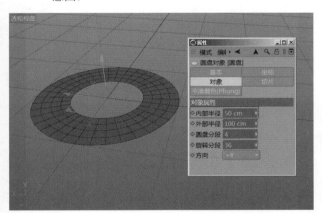

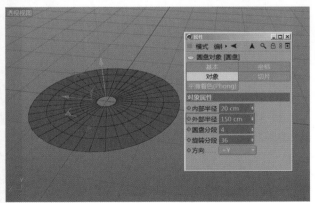

图5-14

5.1.5　平面 ◇ 平面

执行主菜单>创建>对象>平面，创建一个平面对象。

属性面板>对象>对象选项卡，如图5-15所示。

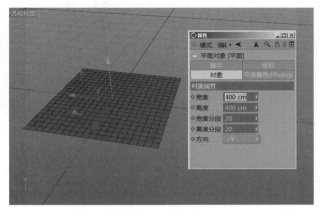

图5-15

5.1.6　多边形 △ 多边形

执行主菜单>创建>对象>多边形，创建一个多边形对象。

属性面板>对象>对象选项卡，如图5-16所示。

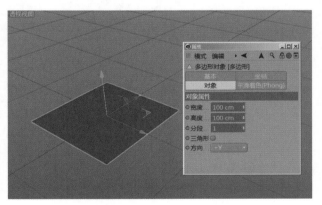

图5-16

- 三角形：勾选该项以后，多边形将转变为三角形。

5.1.7　球体 ◎ 球体

执行主菜单>创建>对象>球体，创建一个球体对象。

属性面板>对象>对象选项卡，如图5-17所示。

- 半径：设置球体的半径。

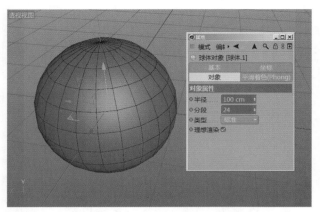

图5-17

- 分段：设置球体的分段数，控制球体的光滑程度。
- 类型：球体包含6种类型，分别为"标准"、"四面体"、"六面体"（制作排球的基本几何体）、"八面体"、"二十面体"和"半球体"，如图5-18所示。

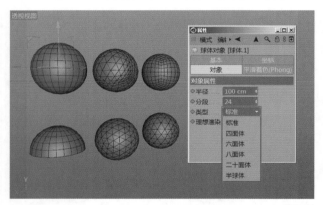

图5-18

- 理想渲染：理想渲染是Cinema 4D中很人性化的一项功能，无论视图场景中的模型显示效果质量如何，勾选该项后渲染出来的效果都是非常完美的，可以节约内存，如图5-19所示。

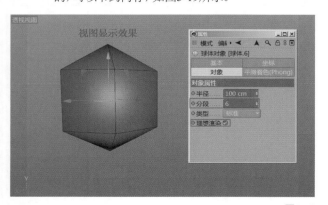

图5-19

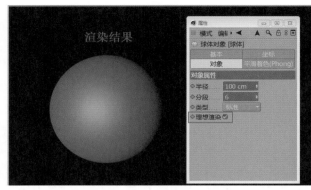

图5-19（续）

5.1.8 圆环 圆环

执行主菜单>创建>对象>圆环，创建一个圆环对象。属性面板>对象>对象选项卡，如图5-20所示。

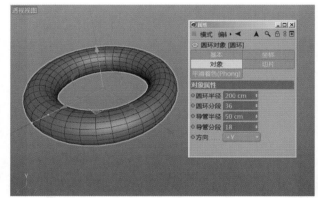

图5-20

- 圆环半径/圆环分段：圆环是由圆环和导管两条圆形曲线组成，圆环半径控制圆环曲线的半径，圆环分段控制圆环的分段数。
- 导管半径/导管分段：设置导管曲线的半径和分段数。如果"导管半径"为0cm，在视图中会显示出导管曲线，如图5-21所示。

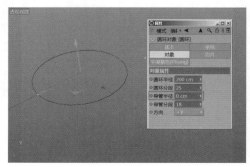

图5-21

5.1.9 胶囊

胶囊是顶部和底部为半球状的圆柱体，执行主菜单>创建>对象>胶囊，创建一个胶囊对象。

属性面板>对象>对象选项卡，如图5-22所示。

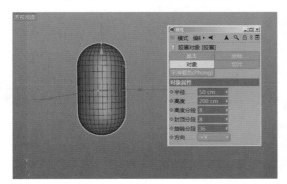

图5-22

5.1.10 油桶

执行主菜单>创建>对象>油桶，创建一个油桶对象。属性面板>对象>对象选项卡，如图5-23所示。

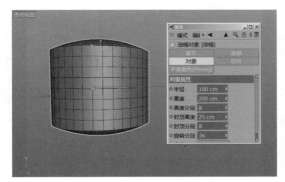

图5-23

- 封顶高度：油桶的形态与圆柱类似，当"封顶高度"为0cm时，油桶就变成了一个圆柱，如图5-24所示。

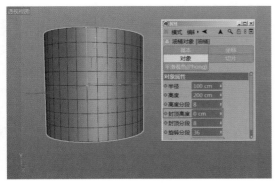

图5-24

5.1.11 管道

执行主菜单>创建>对象>管道，创建一个管道对象。属性面板>对象>对象选项卡，如图5-25所示。

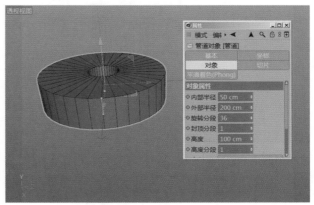

图5-25

- 圆角：勾选该项后，将对管道的边缘部分进行倒角处理，如图5-26所示。

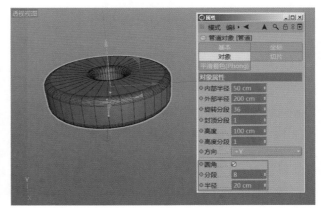

图5-26

5.1.12 角锥

执行主菜单>创建>对象>角锥，创建一个角锥对象，角锥的参数调节非常简单，这里不再赘述。

5.1.13 宝石

执行主菜单>创建>对象>宝石，创建一个宝石对象。属性面板>对象>对象选项卡，如图5-27所示。

- 分段：增加宝石的细分。
- 类型：Cinema 4D提供了6种不同类型的宝石，分别为"四面"、"六面"、"八面"、"十二面"、"二十面"

（默认创建的类型）和"碳原子"，如图5-28所示。

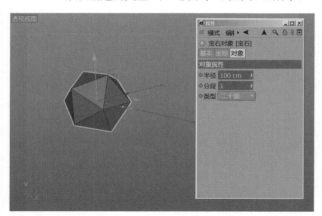

图5-27

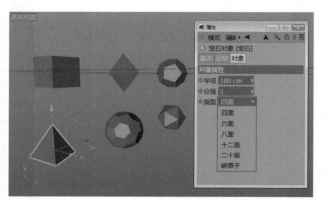

图5-28

5.1.14　人偶

执行主菜单>创建>对象>人偶，创建一个人偶对象。属性面板>对象>对象选项卡，如图5-29所示。

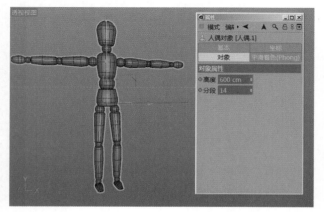

图5-29

将人偶转化为多边形对象，即可单独对人偶的每一个部分进行操作，如图5-30所示。

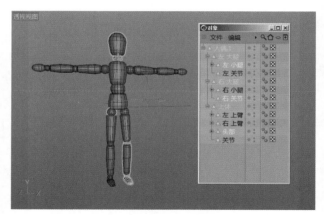

图5-30

5.1.15　地形

执行主菜单>创建>对象>地形，创建一个地形对象。属性面板>对象>对象选项卡，如图5-31所示。

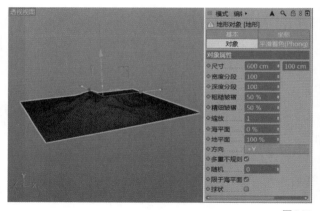

图5-31

- 宽度分段/深度分段：设置地形的宽度与深度的分段数，值越高，模型越精细，如图5-32所示。

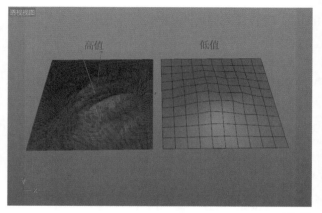

图5-32

- 粗糙褶皱/精细褶皱：设置地形褶皱的粗糙和精细程度，如图5-33所示。

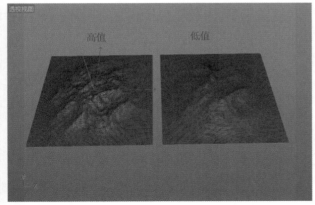

图5-33

- 缩放：设置地形褶皱的缩放大小，如图5-34所示。

图5-34

- 海平面：用于设置海平面的高度，值越高，海平面越低，如图5-35所示。

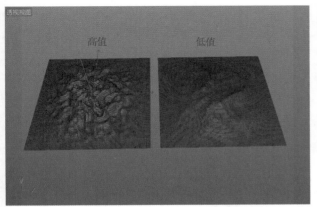

图5-35

- 地平面：设置地平面的高度，值越低，地形越高，

顶部也会越平坦，如图5-36所示。

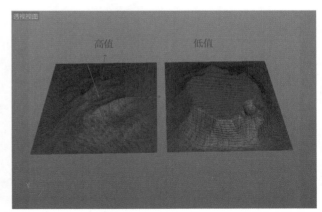

图5-36

- 多重不规则：产生不同的形态，如图5-37所示。

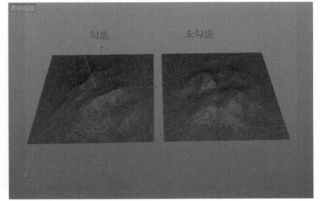

图5-37

- 随机：用于产生随机的效果，如图5-38所示。

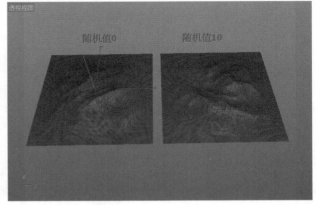

图5-38

- 限于海平面：取消勾选时，地形与海平面的过渡不自然，如图5-39所示。

57

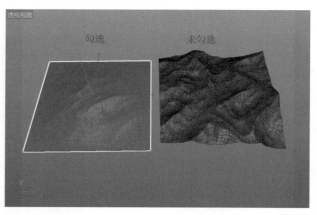

图5-39

- 球状工具：勾选可以形成一个球形的地形结构，如图5-40所示。

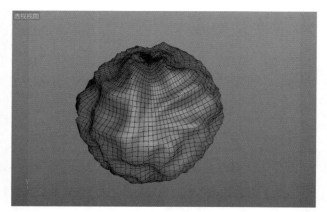

图5-40

5.1.16 地貌

执行主菜单>创建>对象>地貌，创建一个地貌对象。属性面板>对象>对象选项卡，如图5-41所示。

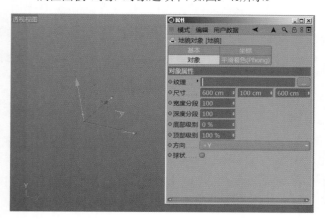

图5-41

- 纹理：为地貌添加一个纹理图像后，系统会根据纹理图像来显示地貌，如图5-42所示。

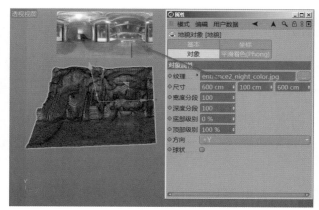

图5-42

- 宽度分段/深度分段：用于设置地貌宽度与深度的分段数，值越高，模型越精细，如图5-43所示。

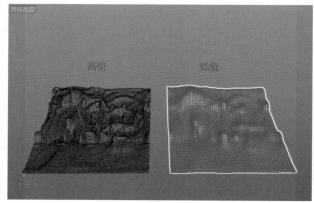

图5-43

- 底部级别/顶部级别：用于设置地貌从上往下/从下往上的细节显示级别，如图5-44所示。

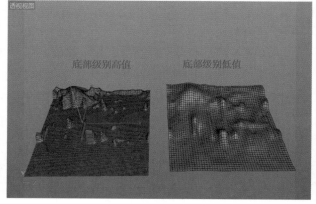

图5-44

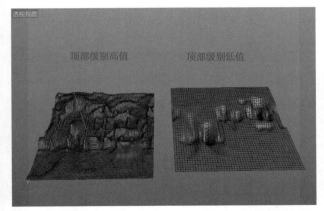

图5-44（续）

5.2 样条

样条曲线是指通过绘制的点生成曲线，然后通过这些点来控制曲线。样条曲线结合其他命令可以生成三维模型，是一种基本的建模方法。

创建样条曲线有两种方法：

1. 长按█按钮不放，打开创建样条曲线工具栏菜单，选择相应的样条曲线，如图5-45所示。

2. 执行主菜单>创建>样条>样条曲线，创建一个样条曲线对象，如图5-46所示。

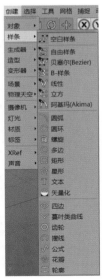

图5-45

图5-46

5.2.1 自由绘制样条曲线

Cinema 4D提供了6种可以自由绘制的样条曲线类型，分别为"自由样条"、"贝塞尔"、"B-样条"、"线性"、"立方"和"阿基玛"，如图5-47所示。

图5-47

1. 自由样条 █自由样条

自由样条开放性很强，可以自由绘制样条曲线，如图5-48所示。

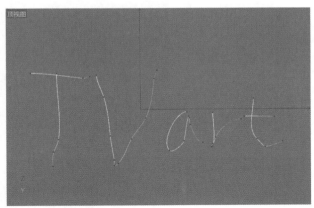

图5-48

- 移动控制点：绘制完一条自由曲线以后，单击✛移动工具，即可选择曲线上的点进行移动。

—— 小技巧 ——

选择一个控制点后，控制点上会出现一个摇曳手柄，调整手柄的两端可以对曲线进行控制，如果只想控制单个手柄，按住Shift键进行移动即可。

- 添加控制点：选中样条曲线，按住Ctrl键，用鼠标左键单击需要添加点的位置，即可为曲线添加一个控制点。
- 选择多个控制点：有两种方法可以选择：1.执行主菜单>选择>框选；2.按住Shift键依次加选。

2. 贝塞尔样条 █贝塞尔(Bezier)

"贝塞尔"样条也称贝兹曲线，是工作中常用的曲线之一。在视图中单击一次即可绘制一个控制点，绘制两个点以上时，系统会自动在两点之间计算一条贝塞尔曲线（此时形成的是由直线段构成的曲线，类似于后文中"线性"曲线），如图5-49所示。

如果在绘制一个控制点时，按住鼠标不放，然后拖曳鼠标，就会在控制点上出现一个手柄，两个控制点之间的曲线变为光滑的曲线，这时可以自由控制曲线的形状，如图5-50所示。

完成绘制"贝塞尔"曲线后同样可以进行编辑，方法与"自由"曲线基本相同。唯一不同的地方是给"贝塞尔"曲线添加控制点时，不需要按住Ctrl键，直接单击即可。

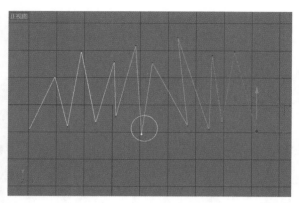

图5-49

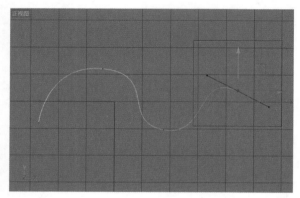

图5-50

3. B-样条

在视图中单击鼠标左键即可绘制。当B-样条的控制点超过3个时，系统会自动计算出控制点的平均值，然后得出一条光滑的线（只有首尾点会经过所绘制的样条线上），如图5-51所示。

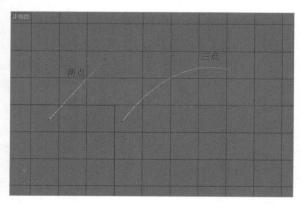

图5-51

4. 线性样条

点与点之间使用直线进行连接，如图5-52所示。

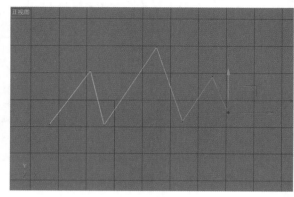

图5-52

5. 立方样条

"立方"样条类似于"B-样条"曲线，不过"立方"样条的曲率高于"B-样条"的曲率，而且"立方"样条会经过绘制的控制点，曲线的弯曲程度更大，如图5-53所示。

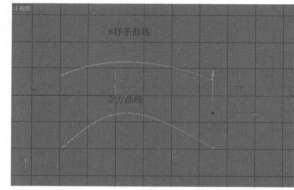

图5-53

6. 阿基玛样条

"阿基玛"绘制的样条，较为接近控制点的路径，如图5-54所示。

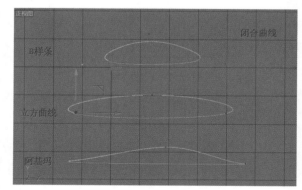

图5-54

绘制完样条曲线后，在"属性"管理器中会出现相应的参数，如图5-55所示。

- 类型：该参数下包含了"线性"、"立方"、"阿基玛"、"B-样条"和"贝塞尔"5种类型，当创建完一条曲线以后，可以自由修改曲线的类型，非常方便，如图5-56所示。

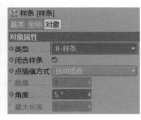 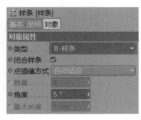

图5-55　　　　　　　　　　图5-56

- 闭合样条：样条曲线的闭合方法有两种，一种是绘制时直接闭合（用鼠标单击起点附近，系统将自动捕捉到起点）；另一种就是勾选"闭合样条"选项。

- 点插值方式：用于设置样条曲线的插值计算方式，包括"无"、"自然"、"统一"、"自动适应"和"细分"5种方式，如图5-57所示。

图5-57

5.2.2　原始样条曲线

Cinema 4D提供了一些设置好的样条曲线，例如圆环、矩形、星形等，可以通过执行主菜单>创建>样条进行绘制，也可以通过"样条线"工具栏进行绘制，如图5-58所示。

图5-58

1. 圆弧

执行主菜单>创建>样条>圆弧，绘制一段圆弧。
属性面板>对象>对象选项卡，如图5-59所示。

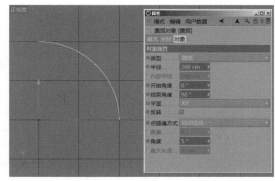

图5-59

- 类型：圆弧对象包含4种类型，分别为"圆弧"、"扇区"、"分段"和"环状"，如图5-60所示。

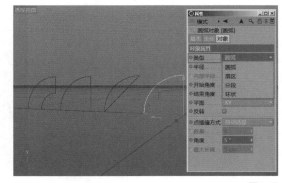

图5-60

- 半径：设置圆弧的半径。
- 开始角度：设置圆弧的起始位置。
- 结束角度：设置圆弧的末点位置。
- 平面：以任意两个轴形成的面，为矩形放置的平面，如图5-61所示。

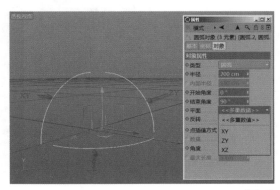

图5-61

• 反转：反转圆弧的起始方向。

2. 圆环 ◯ 圆环

执行主菜单>创建>样条>圆环，绘制一个圆环。

属性面板>对象>对象选项卡，如图5-62所示。

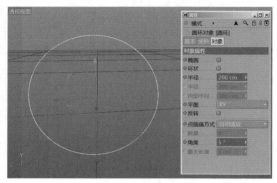

图5-62

• 椭圆/半径：勾选椭圆选项后，圆形变成椭圆；"半径"用于设置椭圆的半径，如图5-63所示。

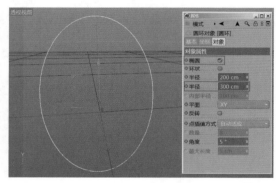

图5-63

• 环状/内部半径：勾选环状选项后，圆形变成一个圆环；"内部半径"用于设置圆环内部的半径，如图5-64所示。

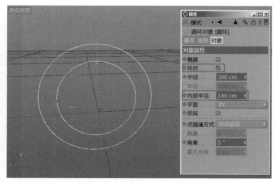

图5-64

• 半径：设置整个圆的半径。

3. 螺旋 ◎ 螺旋

执行主菜单>创建>样条>螺旋，绘制一段螺旋。

属性面板>对象>对象选项卡，如图5-65所示。

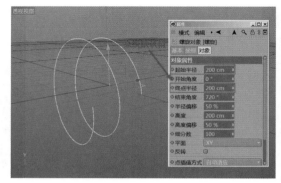

图5-65

• 起始半径/终点半径：设置螺旋起点和终点的半径大小，如图5-66所示。

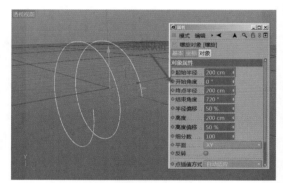

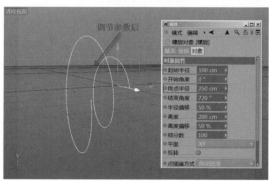

图5-66

• 开始角度/结束角度：设置螺旋的长度。
• 半径偏移：设置螺旋半径的偏移程度，如图5-67所示。
• 高度：设置螺旋的高度。
• 高度偏移：设置螺旋高度的偏移程度，如图5-68所示。

- 细分数：设置螺旋线的细分程度，值越高越圆滑。

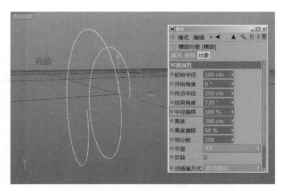

图5-67

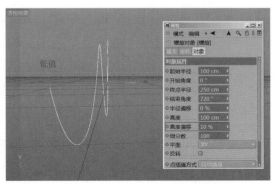

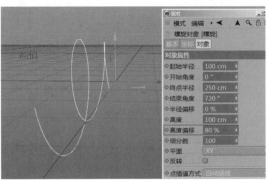

图5-68

4. 多边

执行主菜单>创建>样条>多边，绘制一条多边曲线。属性面板>对象>对象选项卡，如图5-69所示。

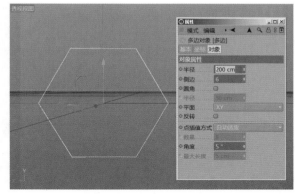

图5-69

- 侧边：设置多边形的边数，默认为六边形，如图5-70所示。

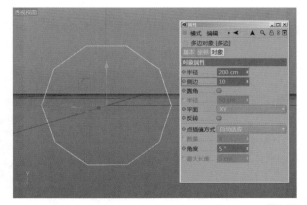

图5-70

- 圆角/半径：勾选圆角选项后，多边形曲线变为圆角多边形曲线；半径控制圆角大小，如图5-71所示。

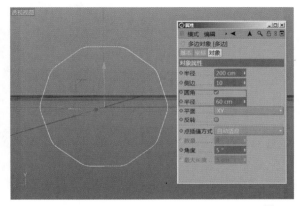

图5-71

5. 矩形 矩形

执行主菜单>创建>样条>矩形，绘制一个矩形。

属性面板>对象>对象选项卡，如图5-72所示。

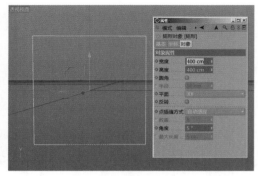

图5-72

- 宽度/高度：用于调节矩形的高度和宽度。
- 圆角：勾选该项后，矩形将变为圆角矩形，可以通过"半径"来调节圆角半径。

6. 星形 星形

执行主菜单>创建>样条>星形，绘制一个星形。

属性面板>对象>对象选项卡，如图5-73所示。

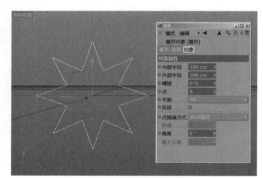

图5-73

- 内部半径/外部半径：这两项分别用来设置星形内部顶点和外部顶点的半径大小，如图5-74所示。

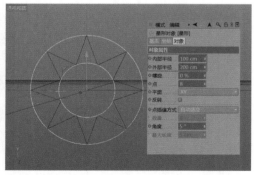

图5-74

- 螺旋：设置星形内部控制点的选择程度，如图5-75所示。

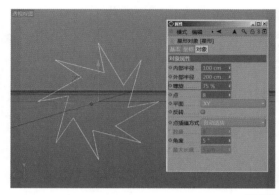

图5-75

7. 文本 文本

执行主菜单>创建>样条>文本，创建一个文本。

属性面板>对象>对象选项卡，如图5-76所示。

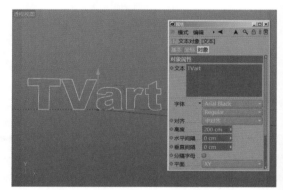

图5-76

- 文本：在这里输入需要创建的文字。
- 字体：自动载入系统已安装字体。
- 对齐：用于设置文字的对齐方式，包括"左"、"中对齐"和"右"3种对齐方式（以坐标轴为参照进行对齐）。
- 高度：设置文字的高度。
- 水平间隔/垂直间隔：设置横排/竖排文字的间隔距离。
- 分隔字母：勾选该项后，当转化为多边形对象时，文字会被分离为各自独立的对象，如图5-77所示。

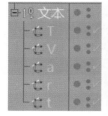

图5-77

8. 矢量化 矢量化

执行主菜单>创建>样条>矢量化，绘制一个矢量化样条。

属性面板>对象>对象选项卡，如图5-78所示。

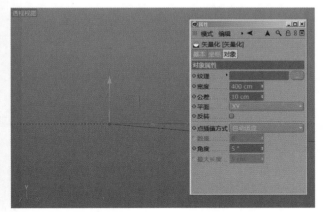

图5-78

- 纹理：默认的矢量化样条是一个空白对象，当载入纹理图像以后，系统会根据图像明暗对比信息自动生成轮廓曲线，如图5-79所示。

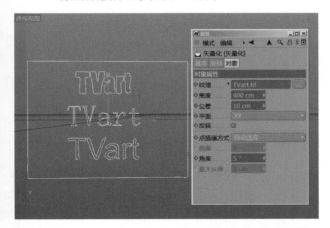

图5-79

- 宽度：设置生成轮廓曲线的整体宽度。
- 公差：设置生成轮廓曲线的误差范围，值越小计算得越精细，如图5-80所示。

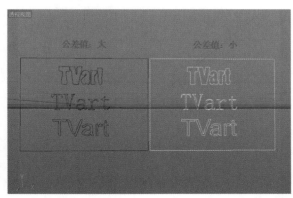

图5-80

9. 四边 四边

执行主菜单>创建>样条>四边形，绘制一个四边形。

属性面板>对象>对象选项卡，如图5-81所示。

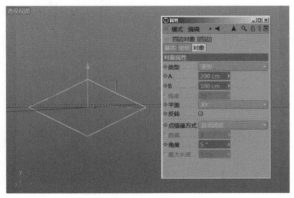

图5-81

- 类型：提供了包括"菱形"、"风筝"、"平行四边形"和"梯形"4种选择，如图5-82所示。

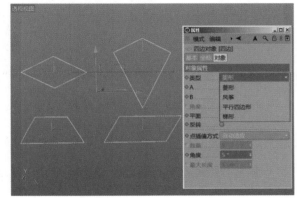

图5-82

- A/B：分别代表四边形在水平方向/垂直方向上的长度。
- 角度：只有当四边形为"平行四边形"或者"梯形"时，此项才会被激活，用于控制四边形的角度。

10. 蔓叶类曲线

执行主菜单>创建>样条>蔓叶类曲线，绘制一条蔓叶类曲线。

属性面板>对象>对象选项卡，如图5-83所示。

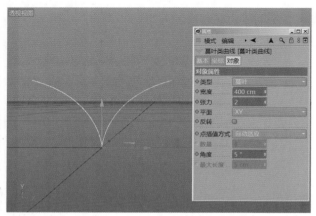

图5-83

- 类型：有3种类型，分别为"蔓叶"、"双扭"和"环索"，如图5-84所示。

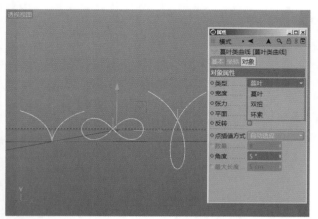

图5-84

- 宽度：设置蔓叶类曲线的生长宽度。
- 张力：设置曲线之间张力伸缩的大小，只能用于控制"蔓叶"和"环索"两种类型的曲线。

11. 齿轮

执行主菜单>创建>样条>齿轮，绘制一条齿轮曲线。

属性面板>对象>对象选项卡，如图5-85所示。

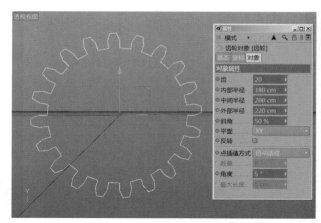

图5-85

- 齿：设置齿轮的数量多少。
- 内部半径/中间半径/外部半径：分别设置齿轮内部、中间和外部的半径。
- 斜角：设置齿轮外侧斜角角度的大小。

12. 摆线

执行主菜单>创建>样条>摆线，绘制一条摆线。

属性面板>对象>对象选项卡，如图5-86所示。

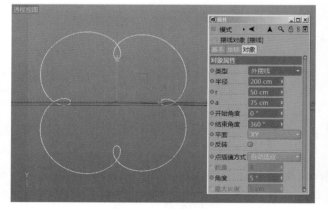

图5-86

- 类型：分为"摆线"、"外摆线"和"内摆线"3种类型。
- 半径/r/a：在绘制"摆线"时，"半径"代表动圆的半径，a代表固定点与动圆半径的距离，当摆线类型为"外摆线"和"内摆线"时，r才能被激活，此时"半径"代表固定圈的半径，r参数代表动圆的半径，a参数代表固定与动圆半径的距离。
- 开始角度/结束角度：设置摆线轨迹的起始点和结束点。

注 意

一个动圆沿着一条固定的直线或者固定的圈缓慢滚动时，动圆上一个固定点所经过的轨迹就称为摆线，摆线是数学中非常迷人的曲线之一。

13. 公式 ✓ 公式

执行主菜单>创建>样条>公式，绘制一条公式曲线。属性面板>对象>对象选项卡，如图5-87所示。

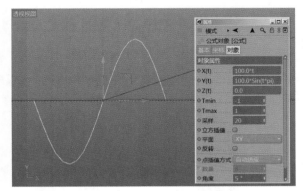

图5-87

- X（t）/Y（t）/Z（t）：在这3个参数的本文框内输入数学函数公式后，系统将根据公式生成曲线。
- Tmin/Tmax：用于设置公式中t参数的最大值和最小值。
- 采样：用于设置曲线的采样精度。
- 立方插值：勾选该项后，曲线将变得平滑。

14. 花瓣 ✿ 花瓣

执行主菜单>创建>样条>花瓣，绘制一条花瓣曲线。属性面板>对象>对象选项卡，如图5-88所示。

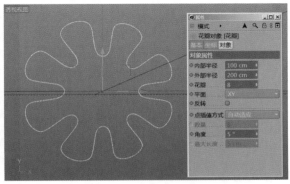

图5-88

- 内部半径/外部半径：用于设置花瓣曲线内部和外部的半径。

- 花瓣：设置花瓣的数量。

15. 轮廓 轮廓

执行主菜单>创建>样条>轮廓，绘制一条轮廓曲线。属性面板>对象>对象选项卡，如图5-89所示。

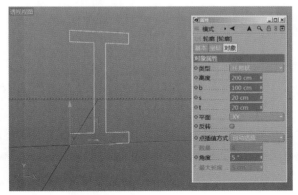

图5-89

- 类型：轮廓有5种类型，分别为"H形状"、"L形状"、"T形状"、"U形状"和"Z形状"，如图5-90所示。

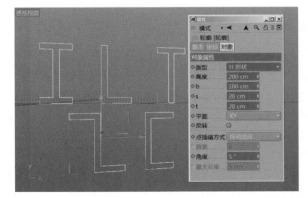

图5-90

- 高度/b/s/t：这4个参数分别用于控制轮廓曲线的高度和各部分的宽度。

NON-UNIFORM RATIONAL
B-SPLINES

第6章　NURBS

06

挤压、旋转、放样等6种类型的NURBS使用方法及相应属性详解

NURBS是大部分三维软件所支持的一种优秀的建模方式，它能够很好地控制物体表面的曲线度，从而创建出更逼真、生动的造型。NURBS是非均匀有理样条曲线（Non-Uniform Rational B-Splines）的缩写。

Cinema 4D提供的NURBS建模方式分为细分曲面、挤压、旋转、放样、扫描和贝塞尔6种，如图6-1所示。

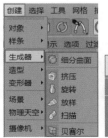

图6-1

6.1 细分曲面

细分曲面 是非常强大的三维设计雕刻工具之一，通过为细分曲面对象上的点、边添加权重，以及对表面进行细分，来制作出精细的模型。

执行主菜单>创建>生成器>细分曲面，会在场景中创建一个细分曲面对象。再创建一个立方体对象，现在两者之间是互不影响的，它们之间没有建立任何关系，如图6-2所示。

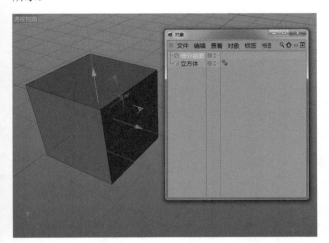

图6-2

如果想让细分曲面命令对立方体对象产生作用，就必须让立方体对象成为细分曲面对象的子对象。产生作用之后的立方体就会变得圆滑，并且其表面会被细分，如图6-3所示。

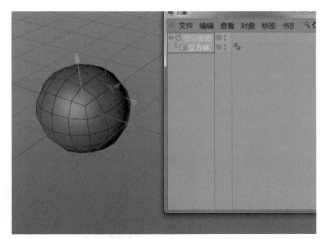

图6-3

— 注 意 —

在Cinema 4D中，无论是NURBS工具、造型工具或变形器工具，它们都不会直接作用在模型上，而是以对象的形式显示在场景中，如果想为模型对象施加这些工具，就必须使这些模型对象和工具对象形成层级关系。

属性面板>对象>对象选项卡，如图6-4所示。

图6-4

- 编辑器细分：该参数控制视图中编辑模型对象的细分程度，也就是只影响显示的细分数，如图6-5所示。

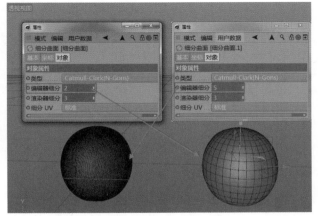

图6-5

- 渲染器细分：该参数控制渲染时显示出的细分程度，也就是只影响渲染结果的细分数，如图6-6所示。

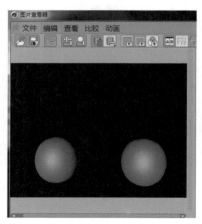

图6-6

— 注意 —

渲染器细分参数修改后必须在图片查看器中才能观察到渲染后的真实效果，不能用渲染当前视图的方法查看到。

6.2 挤压

挤压是针对样条线建模的工具，可将二维曲线挤出成为三维模型。执行主菜单>创建>生成器>挤压，会在场景中创建一个挤压对象。再创建一个花瓣样条对象，让花瓣样条对象成为挤压对象的子对象，即可将花瓣样条挤压成为三维的花瓣模型，如图6-7所示。

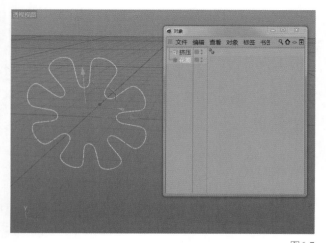

图6-7

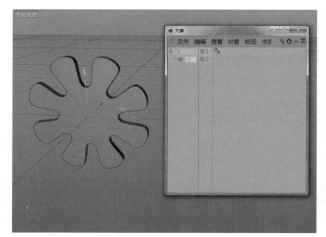

图6-7（续）

属性面板>对象>对象选项卡，如图6-8所示。

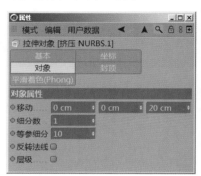

图6-8

- 移动：该参数包含3个数值的输入框，从左至右依次代表在x轴上的挤出距离、在y轴上的挤出距离和在z轴上的挤出距离，如图6-9所示。

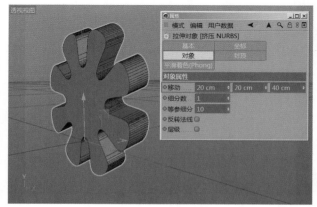

图6-9

- 细分数：控制挤压对象在挤压轴上的细分数量，如图6-10所示。

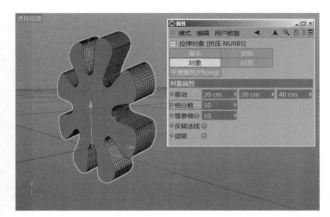

图6-10

- 等参细分：执行视图菜单栏>显示>等参线，可以发现该参数控制等参线的细分数量，如图6-11所示。

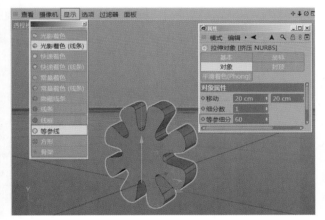

图6-11

- 反转法线：该选项用于反转法线的方向，如图6-12所示。

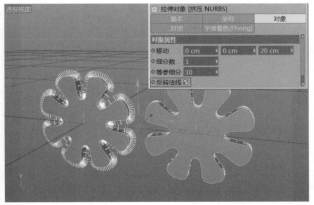

图6-12

- 层级：勾选该项后，如果将挤压过的对象转换为可

编辑多边形对象，那么该对象将按照层级进行划分显示，如图6-13所示。

封顶>封顶选项卡，如图6-14所示。

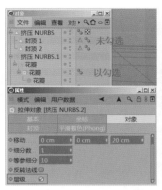

图6-13　　　　　　　　图6-14

- 顶端/末端：这两个参数都包含了"无"、"封顶"、"圆角"和"圆角封顶"4个选项，如图6-15所示。

图6-15

- 步幅/半径：这两个参数分别控制圆角处的分段数和圆角半径，如图6-16所示。

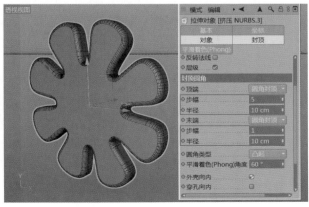

图6-16

- 圆角类型：该参数可对"圆角"和"圆角封顶"这两个类型进行设置，包括"线性"、"凸起"、"凹陷"、"半圆"、"1步幅"、"2步幅"和"雕刻"7种类型，如图6-17所示。

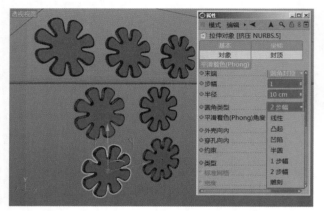

图6-17

- 平滑着色（Phong）角度：设置相邻多边形之间的平滑角度，数值越低相邻多边形之间越硬化。
- 外壳向内：设置挤压轴上的外壳是否向内，如图6-18所示。

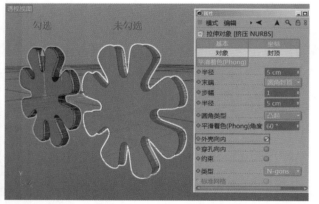

图6-18

- 穿孔向内：当挤压的对象上有穿孔时，可设置穿孔是否向内。
- 约束：以原始样条作为外轮廓。
- 类型：该参数包含"三角形"、"四边形"和"N-gons"3种类型，如图6-19所示。

平滑着色（Phong）选项卡，如图6-20所示。

- 平滑着色（Phong）角度：该参数设置相邻多边形之间的平滑角度，数值越低相邻多边形之间就越硬化，默认参数为60°。

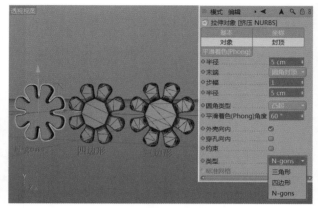

图6-19

图6-20

6.3 旋转

旋转生成器可将二维曲线围绕y轴旋转生成三维的模型。

执行主菜单>创建>生成器>旋转，会在场景中创建一个旋转NURBS对象，再创建一个样条对象，让样条对象成为旋转NURBS对象的子对象，就能使该样条围绕y轴旋转生成一个三维的模型，如图6-21所示。

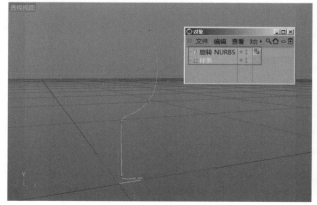

图6-21

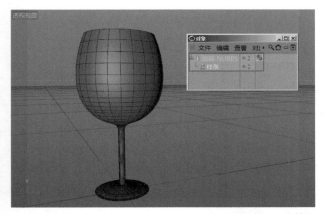

图6-21（续）

象绕y轴旋转时移动的比例，如图6-24所示。

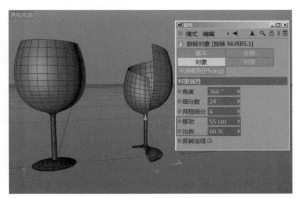

图6-24

注意

创建样条对象时最好在二维视图中创建，能更好地把握模型的精准度。

属性面板>对象>对象选项卡，如图6-22所示。

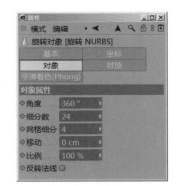

- 角度：控制旋转对象围绕y轴旋转的角度，如图6-23所示。

图6-22

图6-23

- 细分数：该参数定义旋转对象的细分数量。
- 网格细分：用于设置等参线的细分数量。
- 移动/比例：移动参数用于设置旋转对象绕y轴旋转时纵向移动的距离；比例参数用于设置旋转对

6.4 放样 放样

放样生成器可根据多条二维曲线的外边界搭建曲面，从而形成复杂的三维模型。

执行主菜单>创建>生成器>放样，会在场景中创建一个放样NURBS对象。再创建多个样条对象，并让样条对象成为放样NURBS对象的子对象，即可让这些样条生成复杂的三维模型，如图6-25所示。

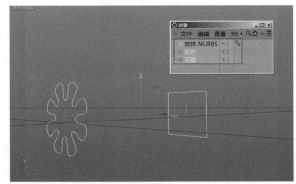

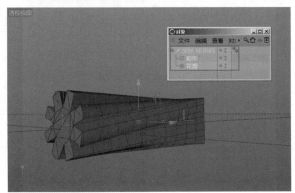

图6-25

属性面板>对象>对象选项卡，如图6-26所示。

图6-26

- 网孔细分U/网孔细分V：这两个参数分别设置网孔在U方向（沿圆周的截面方向）和V方向（纵向）上的细分数量，如图6-27所示。

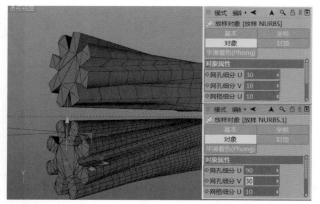

图6-27

- 网格细分U：用于设置等参线的细分数量，如图6-28所示。

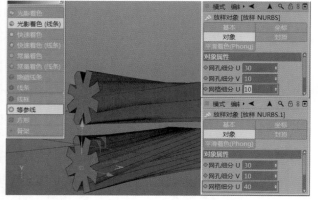

图6-28

- 有机表格：未勾选状态下，放样时是通过样条上的各对应点来构建模型；如果勾选该项，放样时就自

由、有机地构建模型形态，如图6-29所示。

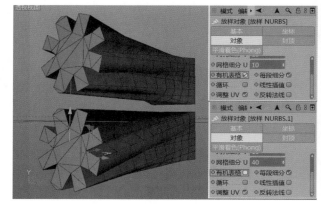

图6-29

- 每段细分：勾选该项后，V方向（纵向）上的网格细分就会根据设置的"网孔细分V"中的参数均匀细分。
- 循环：勾选该项后，两条样条将连接在一起，如图6-30所示。

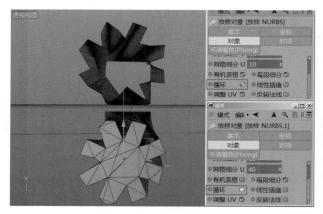

图6-30

- 线性插值：勾选该项后，在样条之间将使用线性插值。

6.5　扫描　⬚ 扫描

扫描生成器可以将一个二维图形的截面，沿着某条样条路径移动形成三维模型。

执行主菜单>创建>生成器>扫描，就会在场景中创建一个扫描NURBS对象。再创建两个样条对象，一个充当截面一个充当路径，让这两个样条对象成为扫描NURBS对象的子对象，即可扫描生成一个三维模型，如图6-31所示。

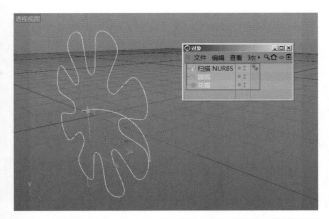

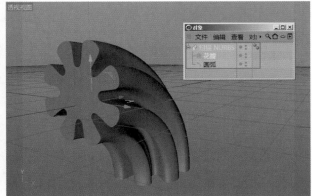

图6-31

注意

两个样条成为扫描NURBS对象的子对象时，代表截面的样条在上，代表路径的样条在下。

属性面板>对象>对象选项卡，如图6-32所示。

图6-32

- 网格细分：设置等参线的细分数量。
- 终点缩放：设置扫描对象在路径终点的缩放比例，

如图6-33所示。

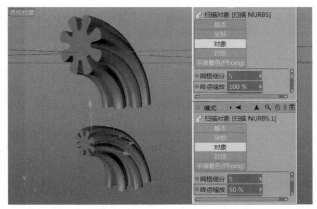

图6-33

- 结束旋转：设置对象到达路径终点时的旋转角度，如图6-34所示。

图6-34

- 开始生长/结束生长：这两个参数分别设置扫描对象沿路径移动形成三维模型的起点和终点，如图6-35所示。

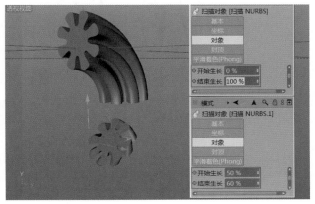

图6-35

- 细节：该选项组包含"缩放"和"旋转"两组表

格，在表格的左右两侧分别有两个小圆点，左侧的小圆点控制扫描对象起点处的缩放和旋转程度，右侧的小圆点控制扫描对象终点处的缩放和旋转程度。另外，可以在表格中按住Ctrl键并单击添加小圆点，来调整模型的不同形态。如果想删除多余的点，只需将该点向右上角拖曳出表格即可，如图6-36所示。

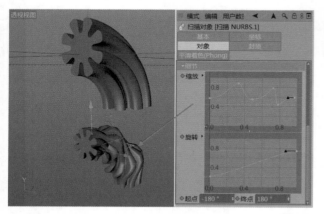

图6-36

6.6 贝塞尔

贝塞尔生成器与其他NURBS命令不同，它不需要任何子对象，就能创建出三维模型。

执行主菜单>创建>生成器>贝塞尔，会在场景中创建一个贝塞尔NURBS对象，它在视图中显示的是一个曲面，对曲面进行编辑和调整，从而形成想要的三维模型，如图6-37所示。

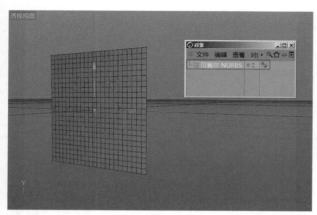

图6-37

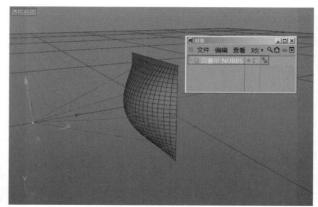

图6-37（续）

属性面板>对象>对象选项卡，如图6-38所示。

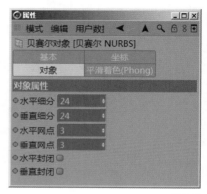

图6-38

- 水平细分/垂直细分：这两个参数分别设置在曲面的x轴方向和y轴方向上的网格细分数量，如图6-39所示。

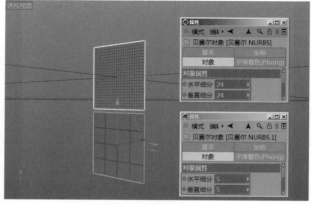

图6-39

- 水平网点/垂直网点：这两个参数分别设置在曲面的x轴方向和y轴方向上的控制点数量，如图6-40所示。

图6-40

注 意

"水平网点"和"垂直网点"是贝塞尔NURBS对象
比较重要的参数，通过移动这些控制点，可以对曲面的
形态作出调整，它与对象转化为可编辑多边形对象之后
的点元素是不同的。

- 水平封闭/垂直封闭：这两个选项分别用于在x轴
  方向和y轴方向上的封闭曲面，常用于制作管状物
  体，如图6-41所示。

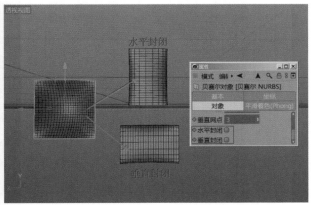

图6-41

MODELING OBJECTS

第7章　造型工具组

07

阵列、晶格、布尔等9种造型工具使用方法及相应属性详解

Cinema 4D中的造型工具非常强大,可以自由组合出各种不同的效果,它的可操控性和灵活性是其他三维软件无法比拟的,下面对它的9项基本功能作一个初步讲解,如图7-1所示。

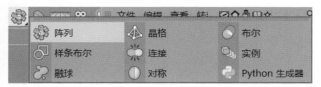

图7-1

7.1 阵列

执行主菜单>创建>造型>阵列,创建一个阵列对象,再新建一个参数化几何体(这里用宝石来举例),将宝石对象作为阵列对象的子对象,如图7-2所示。

图7-2

属性面板>对象>对象选项卡,如图7-3所示。

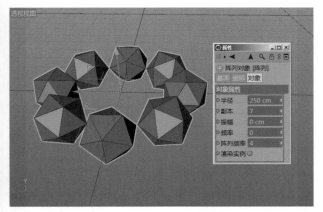

图7-3

- 半径/副本:设置阵列的半径大小和阵列中物体的数量多少,如图7-4所示。
- 振幅/频率:阵列波动的范围和快慢(播放动画时才有效果),如图7-5所示。

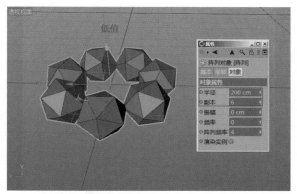

图7-4

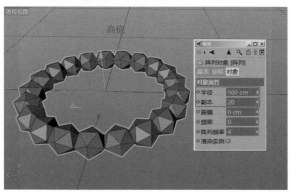

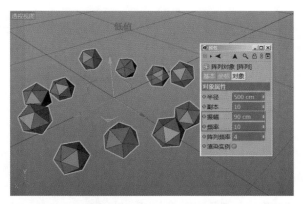

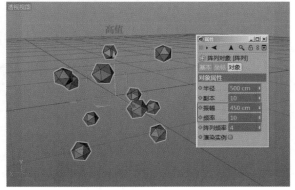

图7-5

- 阵列频率：阵列中每个物体波动的范围，需要与振幅和频率结合使用。

7.2 晶格

执行主菜单>创建>造型>晶格，创建一个晶格对象。再创建一个宝石，将宝石对象作为晶格对象的子对象，如图7-6所示。

图7-6

属性面板>对象>对象选项卡，如图7-7所示。

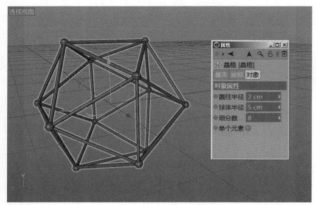

图7-7

- 圆柱半径：几何体上的样条变为圆柱，控制圆柱的半径大小。
- 球体半径：几何体上的点变为球体，控制球体的半径大小。
- 细分数：控制圆柱和球体的细分，如图7-8所示。

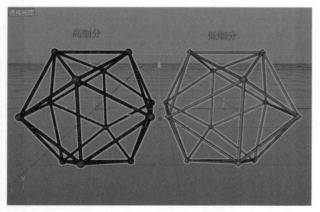

图7-8

- 单个元素：勾选该项后，当晶格对象转化为多边形对象时，晶格会被分离成各自独立的对象，如图7-9所示。

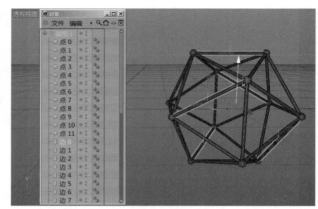

图7-9

7.3 布尔

执行主菜单>创建>造型>布尔，创建一个布尔对象。布尔需要两个以上的物体进行运算，这里创建一个立方体和一个球体来举例说明，如图7-10所示。

图7-10

属性面板>对象>对象选项卡，如图7-11所示。

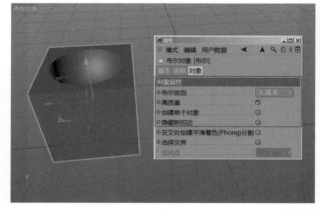

图7-11

- 布尔类型：提供了4种类型，分别通过"A减B"、"A加B"、"AB交集"和"AB补集"对物体之间进行运算，从而得到新的物体，如图7-12所示。（这里A为立方体，B为球体）

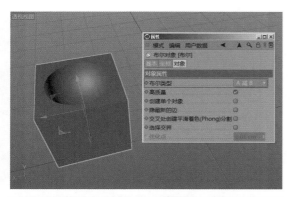

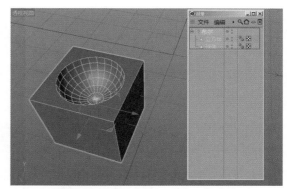

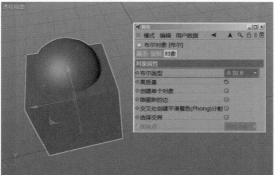

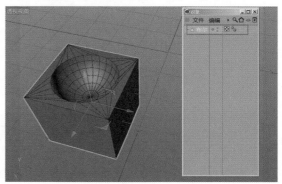

图7-13

- 隐藏新的边：布尔运算后，线的分布不均匀，勾选该项后，会隐藏不规则的线，如图7-14所示。

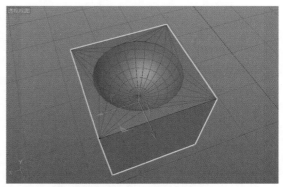

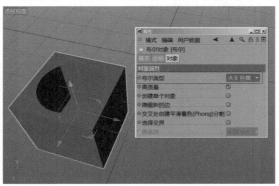

图7-12

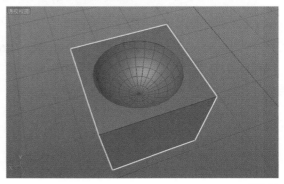

- 创建单个对象：勾选该项后，当布尔对象转化为多边形对象时，物体被合并为一个整体，如图7-13所示。

图7-14

- 交叉处创建平滑着色（Phong）分割：对交叉的边缘进行圆滑，在遇到较复杂的边缘结构时才有效。
- 优化点：当勾选创建单个对象时，此项才能被激活，对布尔运算后物体对象中的点元素进行优化处理，删除无用的点（值较大时才会起作用）。

7.4 样条布尔

执行主菜单>创建>造型>样条布尔，创建一个样条布尔对象，由于样条布尔需要两个以上的样条才能运算，这里创建一个矩形样条和一个圆环样条来举例说明，如图7-15所示。

图7-15

属性面板>对象>对象选项卡，如图7-16所示。

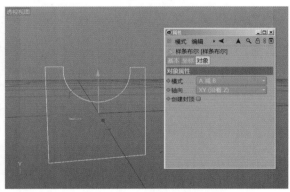

图7-16

- 模式：提供了4种模式，分别通过"A加B"、"A减B"、"B减A"、"AB交集"对样条曲线之间进行运算，从而得到新的样条曲线，如图7-17所示（这里A为矩形样条，B为圆环样条）。

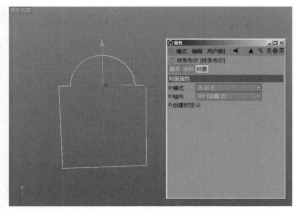

图7-17

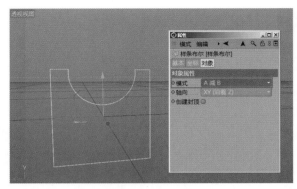

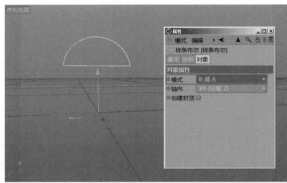

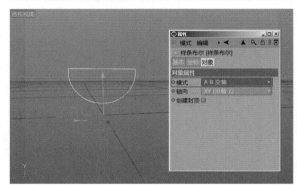

图7-17（续）

- 创建封顶：勾选该项后，样条曲线会形成一个闭合的面，如图7-18所示。

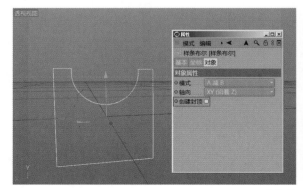

图7-18

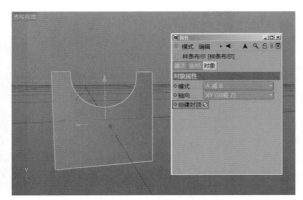

图7-18（续）

7.5 连接

执行主菜单>创建>造型>连接，创建一个连接对象，连接需要两个以上的物体才能运算，这里创建两个立方体来举例说明（尽量使用结构相似的两个物体进行连接），如图7-19所示。

图7-19

属性面板>对象>对象选项卡，如图7-20所示。

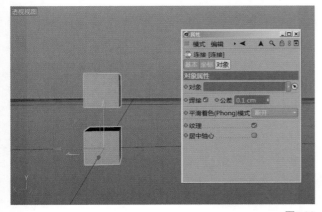

图7-20

- 焊接：勾选该项后，才能对两个物体进行连接。
- 公差：勾选焊接后，调整公差的数值，两个物体就会自动连接，如图7-21所示。
- 平滑着色（Phong）模式：对接口处进行平滑处理。
- 居中轴心：勾选该项后，当物体连接后，其坐标轴移动至物体的中心。

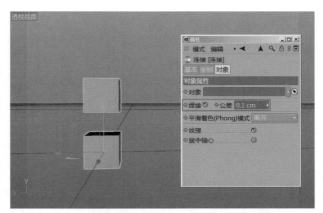

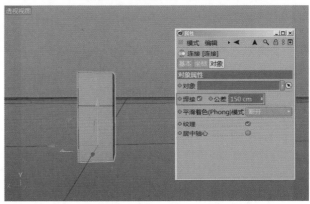

图7-21

7.6 实例

执行主菜单>创建>造型>实例，创建一个实例对象，实例需要和其他的几何体合用，这里创建一个球体，拖曳到实例的属性面板参考对象右侧的空白区域中。

属性面板>对象>对象选项卡，如图7-22所示。

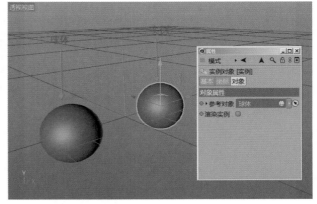

图7-22

现在实例继承了球体的所有属性，接下来对实例和立方体进行一个布尔运算，如图7-23所示。

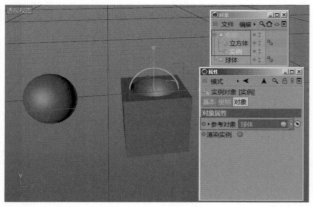

图7-23

　　如果对这个布尔的效果不满意，可以再创建一个宝石，拖曳到实例的属性面板参考对象右侧的空白区域中，这时实例马上继承宝石的所有属性，即该宝石和立方体又进行了一次布尔运算，不需要重新再用宝石和立方体进行布尔，非常方便，如图7-24所示。

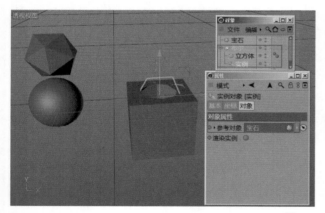

图7-24

7.7　融球

　　执行主菜单> 创建>造型>融球，创建一个融球对象。再创建两个球体，将两个球体对象作为融球对象的子对象，如图7-25所示。

图7-25

属性面板>对象>对象选项卡，如图7-26所示。

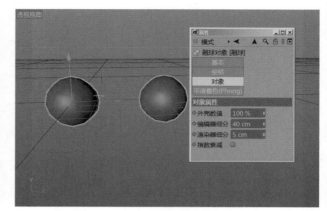

图7-26

• 外壳数值：设置融球的溶解程度和大小，如图7-27所示。

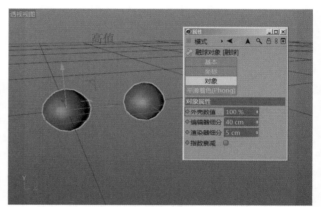

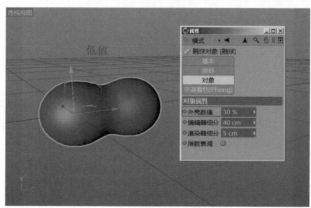

图7-27

• 编辑器细分：设置视图显示中融球的细分数，值越小，融球越圆滑，如图7-28所示。

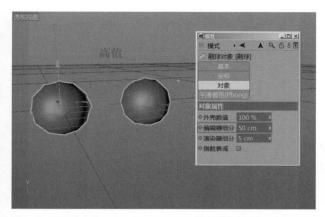

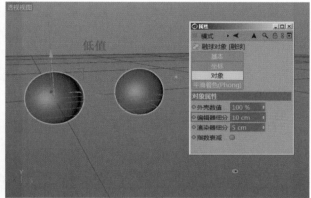

图7-28

- 渲染器细分: 设置渲染时融球的细分数, 值越小, 融球越圆滑(这里不能单击进行渲染, 必须单击进行渲染), 如图7-29所示。

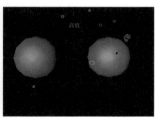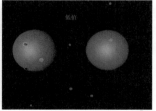

图7-29

- 指数衰减: 勾选该项后, 融球大小和圆滑程度有所衰减。

7.8 对称

执行主菜单>创建>造型>对称, 创建一个对称对象。

创建一个立方体, 将立方体对象作为对称对象的子对象, 如图7-30所示。

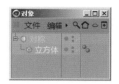

图7-30

属性面板>对象>对象选项卡, 如图7-31所示。

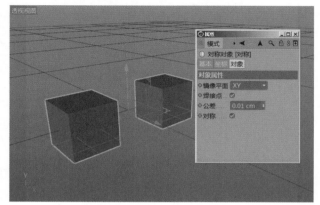

图7-31

- 镜像平面: 提供3种选择, 分别为"XY"、"ZY"、"XZ", 如图7-32所示。

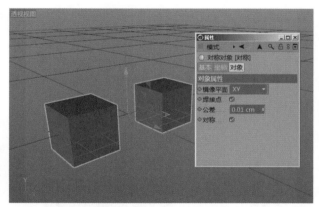

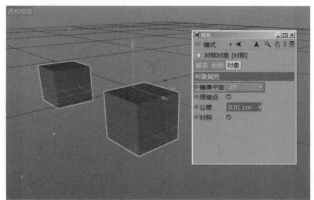

图7-32

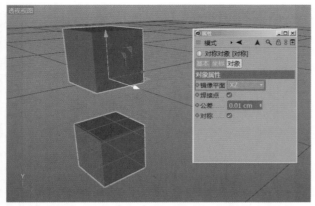

图7-32（续）

- 焊接点/公差：勾选焊接点以后，公差被激活，调节公差数值，两个物体会连接到一起。

7.9 Python生成器

Python生成器需要用到编程语言来进行操作，如图7-33所示。

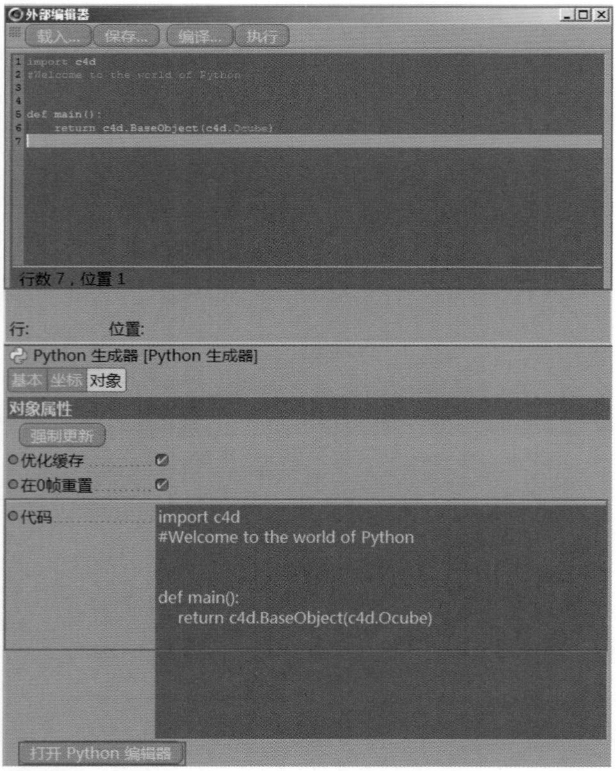

图7-33

DEFORMATION OBJECTS

第8章　变形工具组

08

扭曲、爆炸、置换等29种变形工具使用方法及相应属性详解变形器工具是通过给几何体添加上各式各样的变形效果，从而达到一种令人满意的几何形态，Cinema 4D的变形工具和其他的三维软件相比，出错率更小，灵活性更大，速度也更快，是工作中必不可少的一项基本工具。

Cinema 4D提供的变形器有扭曲、膨胀、斜切、锥化、螺旋、FFD、网格、挤压&伸展、融解、爆炸、爆炸FX、破碎、修正、颤动、变形、收缩包裹、球化、表面、包裹、样条、导轨、样条约束、摄像机、碰撞、置换、公式、风力、减面和平滑共29种，如图8-1所示。

创建变形器有两种方法：1. 长按 按钮不放，打开添加变形器工具栏菜单，选择相应的变形器；2. 执行主菜单>创建>变形器来创建一个变形器，如图8-2所示。

图8-1　图8-2

8.1　扭曲

用于对场景中的对象进行扭曲变形操作的工具。

执行主菜单>创建>变形器>扭曲，会在场景中创建一个扭曲对象。再创建一个圆柱对象，现在两者之间是互不影响的，它们之间没有建立任何关系，如图8-3所示。

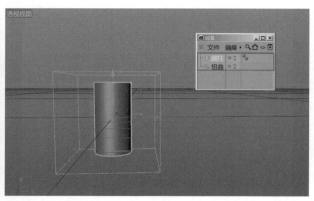
图8-3

如果想让扭曲工具对圆柱对象产生作用，就必须让扭曲对象成为圆柱对象的子对象。产生作用之后的圆柱就会根据扭曲一些属性的调整而变形扭曲，如图8-4所示。

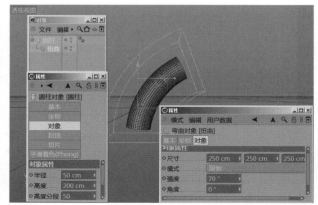
图8-4

注意

被扭曲的模型对象要有足够的细分段数，否则执行扭曲命令的效果就不会很理想。

属性面板>对象>对象选项卡，如图8-5所示。

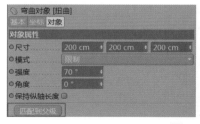
图8-5

• 匹配到父级：当变形器作为物体子层级的时候，执行匹配到父级，可自动与父级大小位置进行匹配，如图8-6所示。

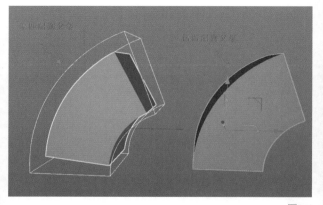
图8-6

• 尺寸：该参数包含3个数值的输入框，从左到右依次代表x、y、z轴上扭曲的尺寸大小，如图8-7所示。

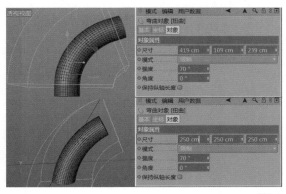

图8-7

- 模式：设置模型对象扭曲模式，分别有"限制"、"框内"和"无限"3种。限制是指模型对象在扭曲框的范围大小内产生扭曲的作用；框内是指模型对象在扭曲框内才能产生扭曲的效果；无限是指模型对象不受扭曲框的限制，如图8-8所示。

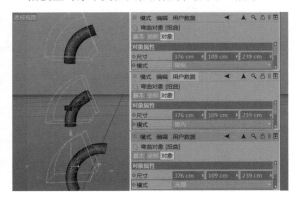

图8-8

- 强度：控制扭曲强度的大小形态，如图8-9所示。

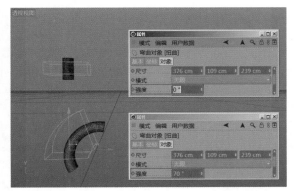

图8-9

- 角度：控制扭曲的角度变化，如图8-10所示。
- 保持纵轴长度：勾选该项后，将始终保持模型对

象原有的纵轴长度不变，如图8-11所示。

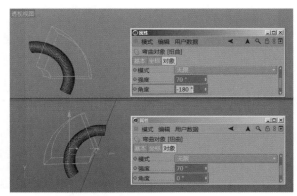

图8-10

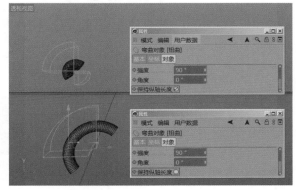

图8-11

8.2 膨胀 ⦿ 膨胀

用于对场景中的对象进行膨胀变形操作的工具。

执行主菜单>创建>变形器>膨胀，会在场景中创建一个膨胀对象。再创建一个圆锥对象，让膨胀对象成为圆锥对象的子对象，适当调整膨胀属性参数即可使圆锥膨胀变形，如图8-12所示。

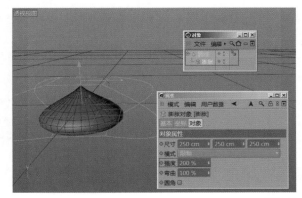

图8-12

—— 注 意 ——————

被膨胀的模型对象要有足够的细分段数，否则执行膨胀命令的效果就不会很理想。

- 匹配到父级：当变形器作为物体子层级的时候，执行匹配到父级，可自动与父级大小位置进行匹配。

属性面板>对象>对象选项卡，如图8-13所示。

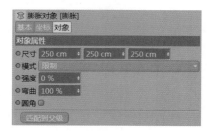

图8-13

- 弯曲：设置膨胀时的弯曲程度，如图8-14所示。

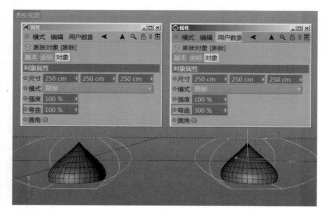

图8-14

- 圆角：勾选该项后，能保持膨胀为圆角，如图8-15所示。

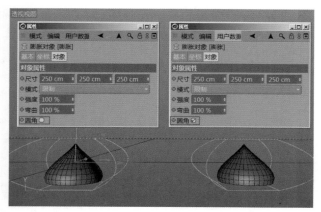

图8-15

8.3　斜切

用于对场景中的对象进行斜切变形操作的工具。

执行主菜单>创建>变形器>斜切，会在场景中创建一个斜切对象。再创建一个立方体对象，让斜切对象成为立方体对象的子对象，适当调整斜切属性参数即可使立方体斜切变形，如图8-16所示。

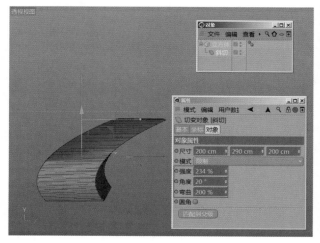

图8-16

—— 注 意 ——————

被斜切的模型对象要有足够的细分段数，否则执行斜切命令的效果就不会很理想。

- 匹配到父级：当变形器作为物体子层级的时候，执行匹配到父级，可自动与父级大小位置进行匹配。

属性面板>对象>对象选项卡，如图8-17所示。

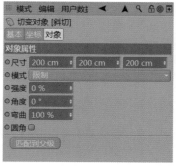

图8-17

8.4　锥化

用于对场景中的对象进行锥化变形操作的工具。

执行主菜单>创建>变形器>锥化，会在场景中创建一个锥化对象。再创建一个球体对象，让锥化对象成为球体对象的子对象，适当调整锥化属性参数就能使球体锥化变形，如图8-18所示。

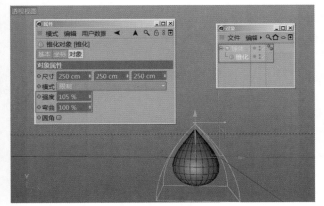

图8-18

注意

被锥化的模型对象要有足够的细分段数，否则执行锥化命令的效果就不会很理想。

- 匹配到父级：当变形器作为物体子层级的时候，执行匹配到父级，可自动与父级大小位置进行匹配。

属性面板>对象>对象选项卡，如图8-19所示。

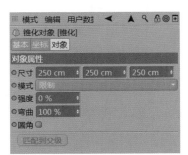

图8-19

8.5 螺旋

用于对场景中的对象进行螺旋变形操作的工具。

执行主菜单>创建>变形器>螺旋，会在场景中创建一个螺旋对象。再创建一个立方体对象，让螺旋对象成为立方体对象的子对象，适当调整螺旋角度的属性参数就能使立方体螺旋变形，如图8-20所示。

注意

被螺旋的模型对象要有足够的细分段数，否则执行螺旋命令的效果就不会很理想。

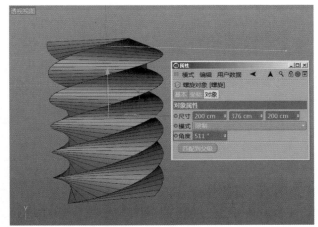

图8-20

- 匹配到父级：当变形器作为物体子层级的时候，执行匹配到父级，可自动与父级大小位置进行匹配。

属性面板>对象>对象选项卡，如图8-21所示。

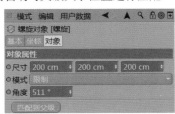

图8-21

8.6 FFD

用于对场景中的对象进行晶格控制变形操作的工具。通过对FFD上面的点的变形，来控制模型对象的形态让其达到变形的目的。

执行主菜单>创建>变形器>FFD，会在场景中创建一个FFD对象，再创建一个圆柱对象，让FFD对象成为圆柱对象的子对象，通过调整FFD上的点来使圆柱变形，如图8-22所示。

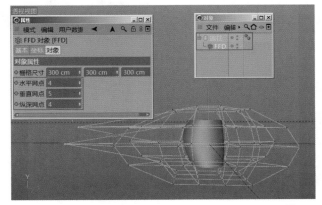

图8-22

Cinema 4D完全学习手册（第2版）

—— 注意 ——

被FFD的模型对象要有足够的细分段数，否则执行FFD命令的效果就不会很理想。

- 匹配到父级：当变形器作为物体子层级的时候，执行匹配到父级，可自动与父级大小进行匹配。

属性面板>对象>对象选项卡，如图8-23所示。

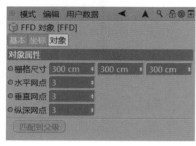

图8-23

- 栅格尺寸：该参数包含3个数值的输入框，从左到右依次代表x、y、z轴向上栅格的尺寸大小。
- 水平网点/垂直网点/纵深网点：这3个数值输入框分别代表x、y、z轴向上网点分布的数量。

8.7 网格

用于对场景中的对象进行网格变形操作的工具。

执行主菜单>创建>变形器>网格，会在场景中创建一个网格对象。再创建一个球体对象和立方体对象，让网格对象成为球体对象的子对象，通过调整立方体上的点来使球体变形，如图8-24所示。

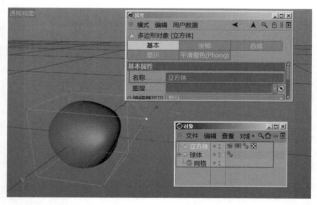

图8-24

—— 注意 ——

在使用网格前必须先初始化才能起作用。被网格变形的模型对象要有足够的细分段数，否则执行网格命令的效果就不会很理想。

属性面板>对象>对象选项卡，如图8-25所示。

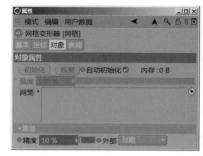

图8-25

- 网笼：空白区域可添加控制模型的对象。

衰减>衰减选项卡，处理网格对模型影响的衰减，此项必须在网格工具正常执行时才有效，如图8-26所示。

图8-26

8.8 挤压&伸展

用于对场景中的对象进行挤压&伸展变形操作的工具。

执行主菜单>创建>变形器>挤压&伸展，会在场景中创建一个挤压&伸展对象。再创建一个立方体对象，让挤压&伸展对象成为立方体对象的子对象，通过调整挤压&伸展的因子属性参数使立方体变形，如图8-27所示。

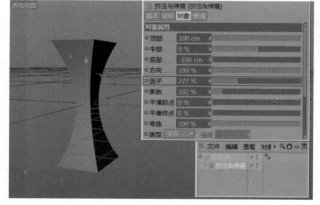

图8-27

—— 注意 ——

被挤压&伸展的模型对象要有足够的细分段数，否则执行挤压&伸展命令的效果就不会很理想。

- 匹配到父级：当变形器作为物体子层级的时候，执行匹配到父级，可自动与父级大小位置进行匹配。

属性面板>对象>对象选项卡，如图8-28所示。

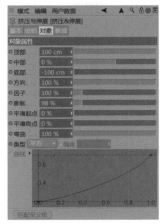

图8-28

- 因子：控制挤压&伸展的程度，先调整此参数，然后其他参数才能起作用，如图8-29所示。

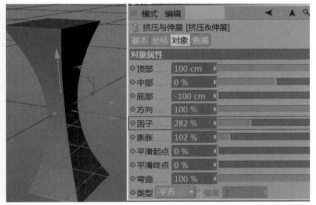

图8-29

- 顶部/中部/底部：这3个参数分别是控制模型对象顶部、中部和底部的挤压&伸展形态，如图8-30所示。
- 方向：设置挤压&伸展模型对象沿x轴的方向扩展。
- 膨胀：设置挤压&伸展模型对象的膨胀变化。
- 平滑起点/平滑终点：这两个参数分别设置挤压&伸展模型对象时起点和终点的平滑程度。
- 弯曲：设置挤压&伸展模型对象的弯曲变化。
- 类型：分别有"平方"、"立方"、"四次方"、"自定义"和"样条"这5种类型可选，选择"样条"类型时将激活下方曲线，可调节曲线控制挤压&伸展模型对象的细节。

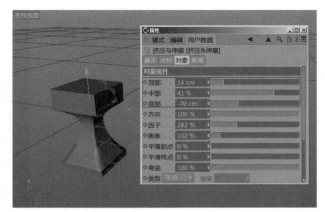

图8-30

衰减>衰减选项卡，如图8-31所示。

图8-31

- 形状：包括"无限"、"圆柱"、"圆环"、"圆锥"、"方形"、"无"、"来源"、"球体"、"线性"和"胶囊"10种形状，选择不同的形状会激活相应的参数选项。

8.9 融解 融解

用于对场景中的对象进行融解变形操作的工具。

执行主菜单>创建>变形器>融解，就会在场景中创建一个融解对象。再创建一个宝石对象，让融解对象成为宝石对象的子对象，通过调整融解对象的属性参数来使宝石对象融解变形，如图8-32所示。

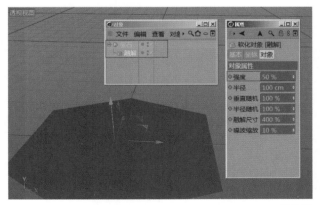

图8-32

—— 注意 ——

被融解的模型对象要有足够的细分段数，否则执行融解命令的效果就不会很理想。

属性面板>对象>对象选项卡，如图8-33所示。

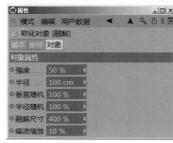

图8-33

- 强度：设置融解强度的大小，如图8-34所示。

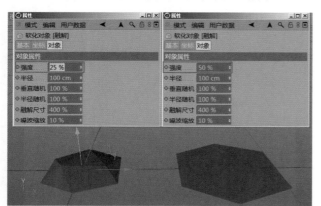

图8-34

- 半径：设置融解对象的半径变化。
- 垂直随机/半径随机：这两个参数是设置融解对象垂直和半径的随机值。
- 融解尺寸：设置融解对象的融解尺寸大小。
- 噪波缩放：设置融解对象的噪波缩放变化。

8.10 爆炸 爆炸

可以使场景中的对象产生爆炸效果。

创建一个球体对象，执行主菜单>创建>变形器>爆炸，让爆炸对象成为球体对象的子对象，通过调整爆炸对象的属性来控制球体的爆炸效果，如图8-35所示。

—— 注意 ——

被爆炸的模型对象要有足够的细分段数，否则执行爆炸命令的效果就不会很理想。

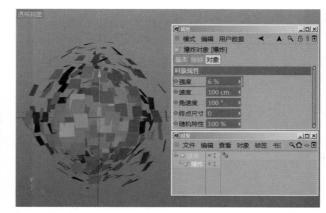

图8-35

属性面板>对象>对象选项卡，如图8-36所示。

图8-36

- 强度：设置爆炸程度，值为0时不爆炸，值为100时爆炸完成。
- 速度：设置碎片到爆炸中心的距离，值越大碎片到爆炸中心的距离越远，反之越近。
- 角速度：设置碎片的旋转角度。
- 终点尺寸：设置碎片爆炸完成后的大小。

8.11 爆炸FX 爆炸FX

爆炸FX可以使场景中的对象产生爆炸，爆炸效果更逼真。创建一个挤压字体对象，执行主菜单>创建>变形器>爆炸FX，将爆炸FX对象和挤压对象打一个组，爆炸效果如图8-37所示。

—— 注意 ——

被爆炸FX的模型对象要有足够的细分段数，否则执行爆炸FX命令的效果就不会很理想。

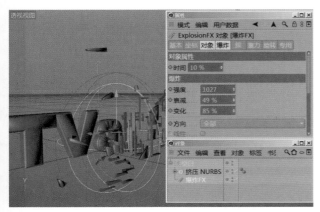

图8-37

属性面板>对象>对象选项卡，如图8-38所示。

图8-38

- 时间：控制爆炸的范围，与场景中的绿色变形器同步。

爆炸>爆炸选项卡，如图8-39所示。

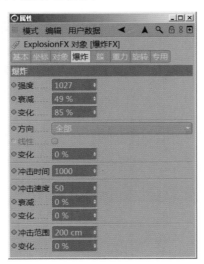

图8-39

- 强度：设置爆炸强弱，值越大爆炸力越强，反之越弱。
- 衰减（强度）：爆炸强度的衰减，该值为0时，爆炸强度相同，当值大于0时，强度从爆炸中心向外逐渐变弱。

- 变化（强度）：该值为0时，所有碎片的爆炸强度都相同，当该值不为0时，碎片的爆炸强度有随机变化。
- 方向：控制爆炸方向，沿某个轴向或是某个平面上。
- 线性：当方向设为单轴时，该选项被激活，勾选此项可以使所有爆炸碎片受的力相同。
- 变化（方向）：可影响方向的随机值，使每个碎片的爆炸方向略有不同。
- 冲击时间：类似爆炸强度，值越大，爆炸越剧烈。
- 冲击速度：该值与爆炸时间共同控制爆炸范围。
- 衰减（冲击速度）：冲击速度为0时，衰减将不起作用。当值为0时没有衰减，当值为100时，爆炸范围将缩小到爆炸范围（绿色变形器）。
- 变化（冲击速度）：微调爆炸范围的随机变化。
- 冲击范围：物体表面以外的爆炸范围（红色变形器）不加速爆炸。
- 变化（冲击范围）：物体表面以外的爆炸范围的细微变化。

簇>簇选项卡，如图8-40所示。

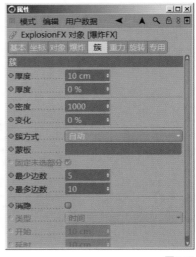

图8-40

- 厚度：设置爆炸碎片的厚度，正值为向法线方向挤压，负值则向法线的负方向挤压，值为0时无碎片无厚度。
- 厚度（百分比）：设置爆炸碎片的厚度的随机比例。
- 密度：每一组碎片的密度，如果想要爆炸忽略群集的重量，则设置密度为0。

- 变化（密度）：设置每一组碎片的密度变化。
- 簇方式：设置形成爆炸碎片对象的类型。
- 固定未选部分：当簇方式选为使用选集标签时，该选项被激活，未被选择的部分将不参与爆炸。
- 最少边数/最多边数：当簇方式选为自动时，该选项被激活，用该值来设置形成碎片多边形的最大边数和最小边数。
- 消隐：勾选该项会使碎片变小最终消失。
- 类型：设置碎片消失的控制方式为时间或距离。
- 开始/延时：可以通过这两个值来设置爆炸碎片大小消失所需要的时间或距离。

重力 > 重力选项卡，如图8-41所示。

图8-41

- 加速度：重力加速度，默认为9.81。
- 变化（加速度）：重力加速度的变化值。
- 方向：重力加速度的方向。
- 范围：重力加速度的范围（蓝色变形器）。
- 变化：重力加速度的微调。

旋转 > 旋转选项卡，如图8-42所示。

图8-42

- 速度：碎片旋转速度。
- 衰减：碎片旋转速度的逐渐变慢。
- 变化：碎片旋转速度的变化值。
- 转轴：控制碎片的旋转轴。
- 变化（转轴）：控制碎片旋转轴的倾斜。

专用>专用选项卡，如图8-43所示。

图8-43

- 风力：默认方向为z轴，负值方向为z轴负方向，正值为z轴正方向。
- 变化（风力）：风力大小的变化。
- 螺旋：默认沿Y方向旋转的力，正值为逆时针，负值为顺时针。
- 变化（螺旋）：旋转力的随机变化值。

8.12 破碎

破碎可以使场景中的对象产生破碎的效果。

创建一个球体对象，将球体对象向y轴方向移动约400cm，执行主菜单>创建>变形器>破碎，让破碎对象成为球体对象的子对象。通过调整破碎的对象属性来控制球体的破碎效果，因破碎自带重力效果，所以几何对象破碎后会自然下落，且默认水平面为地平面，如图8-44所示。

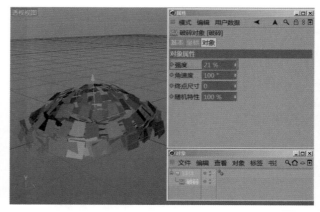

图8-44

— 注意 —

被破碎的模型对象要有足够的细分段数，否则执行破碎命令的效果就不会很理想。

- 匹配到父级：当变形器作为物体子层级的时候，执行匹配到父级，可自动与父级大小进行匹配。

属性面板>对象>对象选项卡，如图8-45所示。

图8-45

- 强度：破碎的起始和结束，0%时破碎开始，100%时破碎结束。
- 角速度：碎片的旋转角度。
- 终点尺寸：破碎结束时碎片的大小。
- 随机特性：破碎形态的微调。

8.13 修正

用于对场景中的对象进行修正变形操作的工具。执行主菜单>创建>变形器>修正，会在场景中创建一个修正对象。

— 注意 —

被修正的模型对象要有足够的细分段数，否则执行修正命令的效果就不会很理想。

- 匹配到父级：当变形器作为物体子层级的时候，执行匹配到父级，可自动与父级大小进行匹配。

属性面板>对象>对象选项卡，如图8-46所示。

图8-46

8.14 颤动

用于对场景中的对象进行颤动变形操作的工具。

执行主菜单>创建>变形器>颤动，会在场景中创建一个颤动对象，再创建一个球体对象，让颤动对象成为球体对象的子对象，通过调整颤动的属性参数再给模型物体做动画来实现颤动的变形效果，如图8-47所示。

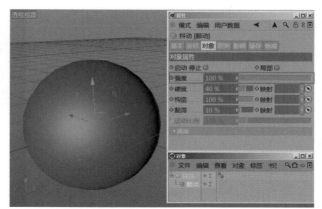

图8-47

— 注意 —

一定要给模型对象做关键帧动画。被颤动的模型对象要有足够的细分段数，否则执行颤动命令的效果就不会很理想。

属性面板>对象>对象选项卡，如图8-48所示。

图8-48

- 强度：设置颤动强度的大小。
- 硬度/构造/黏滞：这3个参数都是用来辅助颤动的细节变化。

8.15 变形

执行主菜单>创建>对象>宝石，新建一个宝石对象，将宝石转换为多边形，复制"宝石"为"宝石.1"，调整"宝石.1"的形状（这里调整宝石的顶点），变形的基本要求是两个物体顶点的数目要保持一致，如图8-49所示。接下来，将原始的"宝石"添加角色标签>姿态变形，如图8-50所示。

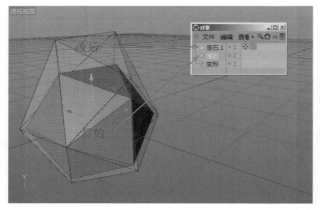

图8-49

图8-50

属性面板>对象>对象选项卡，进入属性面板勾选点模式，如图8-51所示。

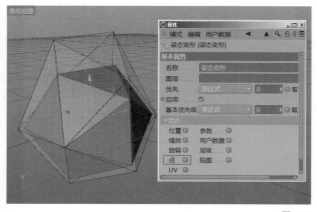

图8-51

进入姿态变形标签的属性面板，将"宝石.1"拖入到

姿态右侧的空白区域，通过强度控制原始宝石的变形程度，如图8-52所示。此时"宝石"已经变形成功，为方便观看，将"宝石.1"隐藏，如图8-53所示。

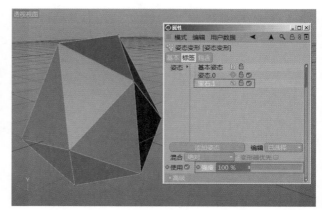

图8-52

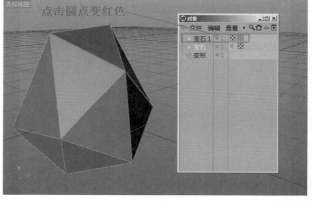

图8-53

最后执行主菜单>创建>变形器>变形，新建一个变形对象，与造型工具相反，变形工具需要成为对象的子对象，如图8-54所示。进入属性面板控制宝石的变形，如图8-55所示。

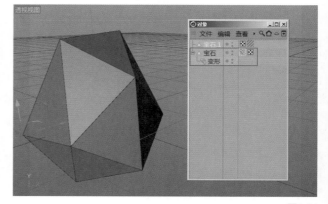

图8-54

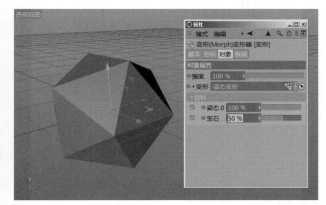

图8-55

8.16 收缩包裹 收缩包裹

执行主菜单>创建>变形器>收缩包裹，新建一个收缩包裹对象，然后新建一个球体（变形体），让收缩包裹对象成为球体的子对象，如图8-56所示。

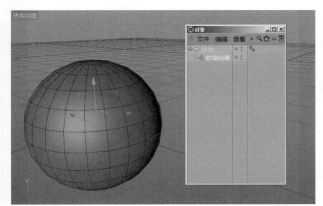

图8-56

再创建一个变形对象圆锥体，将圆锥体拖到收缩包裹属性面板中，目标对象右侧的空白区域，如图8-57所示。

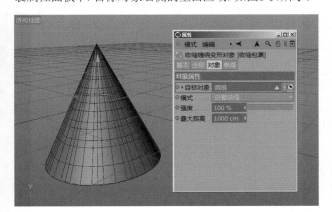

图8-57

此时已经变形成功，用同样的方法隐藏圆锥体，通过调整强度的百分比，控制变形程度，如图8-58所示。

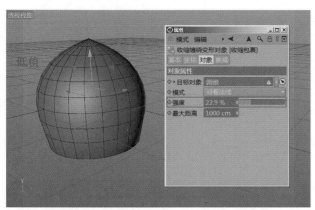

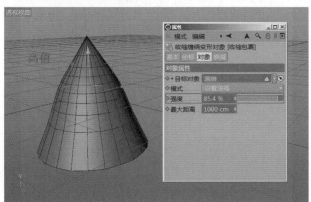

图8-58

8.17 球化 球化

执行主菜单>创建>变形器>球化，创建一个球化对象，新建一个立方体，增加立方体的分段数，然后让球化成为立方体的子对象，如图8-59所示。

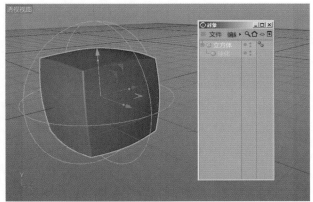

图8-59

属性面板>对象>对象选项卡，如图8-60所示。

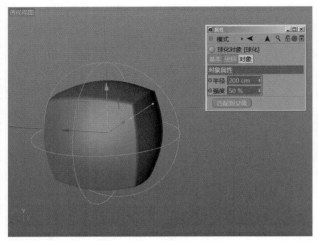

图8-60

- 匹配到父级：当变形器作为物体子层级的时候，执行匹配到父级，可自动与父级大小进行匹配。
- 半径：设置球化的大小。
- 强度：设置变形的程度，值越大，变形越厉害，如图8-61所示。

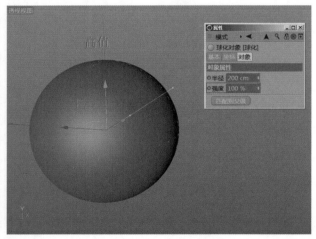

图8-61

8.18 表面

执行主菜单>创建>变形器>表面，创建一个表面对象，再新建一个文本样条，给文本样条添加一个挤压NURBS工具，如图8-62所示。然后将文字对象作为挤压NURBS的子对象（这里需要先将挤压NURBS工具转换为多边形，再选择层级下的物体，用鼠标右键单击所有物体，选择连接对象+删除），如图8-63所示。

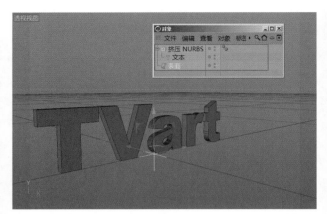

图8-62

图8-63

再新建一个平面，将该平面拖入表面属性面板中的对象>表面右侧的空白区域，如图8-64所示。最后单击初始化，将文字依附到平面的表面上，如图8-65所示。

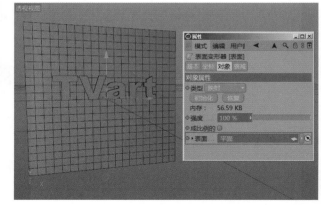

图8-64

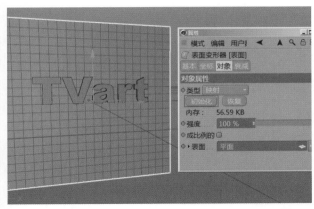

图8-65

8.19 包裹 包裹

执行主菜单>创建>变形器>包裹，创建一个包裹对象，再创建一个立方体，增加分段数，将立方体沿z轴缩放，如图8-66所示。

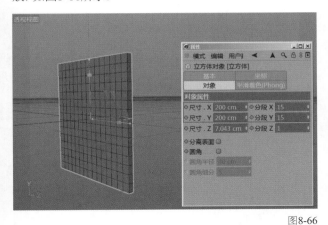

图8-66

将包裹对象作为立方体的子对象，如图8-67所示。

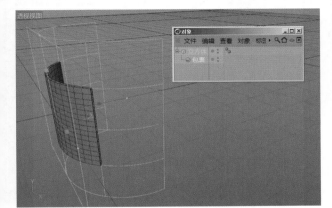

图8-67

属性面板>对象>对象选项卡，如图8-68所示。

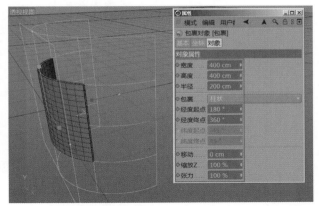

图8-68

- 宽度：设置包裹物体的范围，值越高，包裹的范围越窄，如图8-69所示。

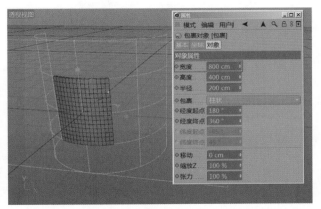

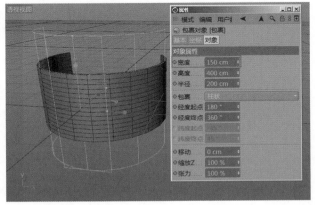

图8-69

- 高度：设置包裹的高度。
- 半径：设置包裹物体的半径大小。
- 包裹：包含两种类型，分别是"球状"和"柱状"，如图8-70所示。

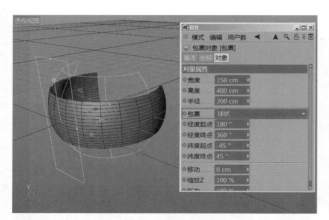

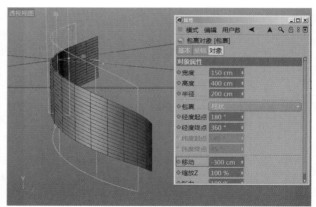

图8-71（续）

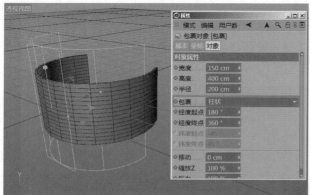

图8-70

- 经度起点/经度终点：设置包裹物体起点和终点的位置。
- 移动：设置包裹物体在y轴上的拉伸，如图8-71所示。
- 缩放Z：设置包裹物体在z轴上的缩放。
- 张力：设置包裹变形器对物体施加的强度。
- 匹配到父级：当变形器作为物体子层级的时候，执行匹配到父级，可自动与父级大小位置进行匹配。

8.20 样条

执行主菜单>创建>变形器>样条，创建一个样条对象，再创建一个平面和两个圆环样条，将样条变形器作为平面的子对象。然后把两个圆环样条分别拖入样条变形器属性面板>对象>原始曲线和修改曲线右侧的空白区域，如图8-72所示。

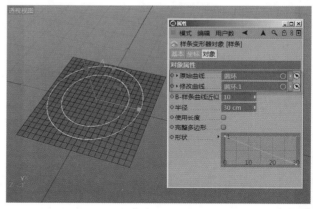

图8-72

通过两个圆环样条之间的位置来控制平面的形变，可在属性面板对样条变形器进行设置。

属性面板>对象>对象选项卡，如图8-73所示。

- 半径：控制两个圆环样条之间的物体形变的半径大小，如图8-74所示。
- 完整多边形：勾选该项后，物体的变形更圆滑。
- 形状：通过曲线来控制物体的形状，如图8-75所示。

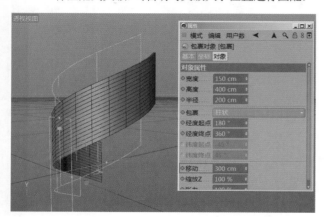

图8-71

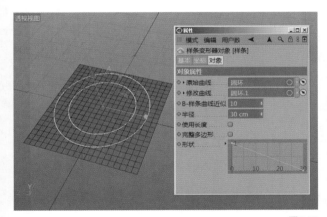

图8-73

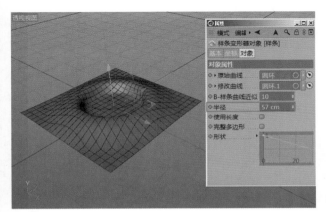

图8-74

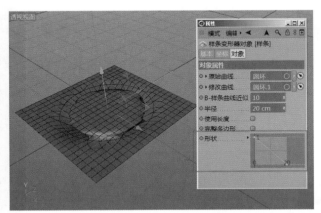

图8-75

8.21 导轨

执行主菜单>创建>变形器>导轨，创建一个导轨对象，再创建一个立方体，提高立方体分段数。并绘制两个样条曲线，将导轨作为立方体的子对象。然后将两个样条曲线分别拖入到导轨属性面板>对象>左边z曲线和右边z曲

线右侧的空白区域，如图8-76所示。

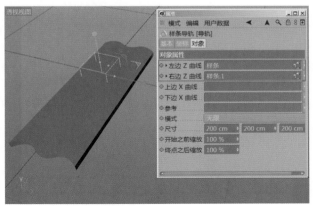

图8-76

通过两个样条曲线的位置来控制立方体的形变，可进入属性面板对导轨进行设置。

属性面板>对象>对象选项卡，如图8-77所示。

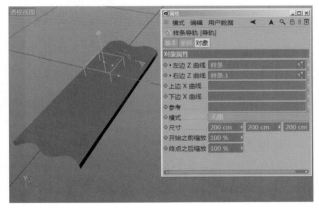

图8-77

- 模式：有3种类型，分别为"限制"、"框内"和"无限"。
- 尺寸：通过对x、y、z轴进行缩放来控制物体的形变。

8.22 样条约束

执行主菜单>创建>变形器>样条约束，创建一个样条约束对象，再分别创建一个胶囊和一段螺旋线，提高胶囊的分段数，如图8-78所示。

属性面板>对象>对象选项卡。

将样条约束作为胶囊的子对象，进入样条约束的属性面板>对象>样条，将螺旋线拖入样条右侧的空白区域，轴向改为和胶囊的轴向一致，这里是正Y方向，如图8-79所示。

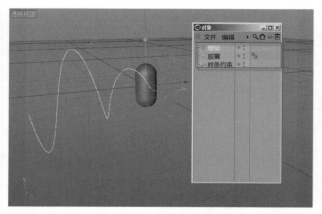

图8-78

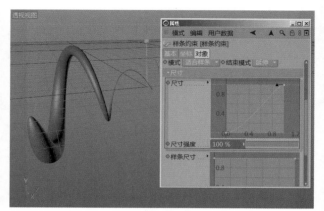

图8-80（续）

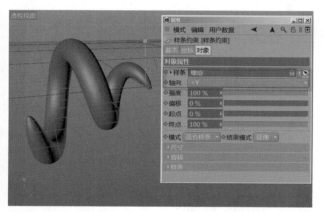

图8-79

- 强度：设置样条对模型的约束强度。
- 偏移：设置模型在样条上的偏移大小。
- 起点/终点：设置模型在样条上的起点和终点位置。
- 尺寸/旋转：通过曲线来控制模型和样条的尺寸与旋转，如图8-80所示。

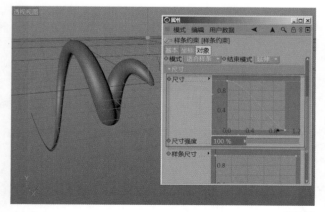

图8-80

8.23 摄像机 摄像机

执行主菜单>创建>变形器>摄像机，创建一个摄像机变形器对象，再创建一个胶囊和一个摄像机，将摄像机变形器作为胶囊的子对象，如图8-81所示。

图8-81

属性面板>对象>对象选项卡。

进入摄像机属性面板>对象>摄像机，将摄像机拖入到摄像机参数右侧的空白区域，如图8-82所示。

- 强度：该参数控制摄像机变形器对模型的变形强弱（这里需要进入点层级，通过调整网点的位置对模型进行变形），如图8-83所示。
- 网格X/网格Y：该参数控制网格的疏密程度。

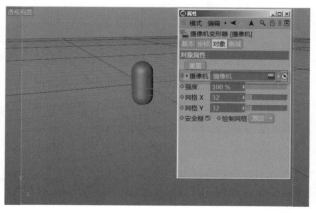

图8-82

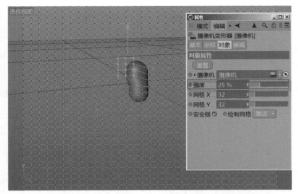

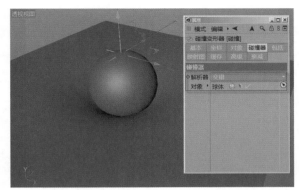

图8-85

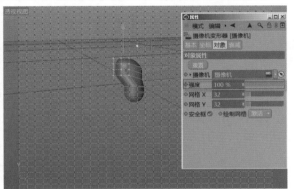

图8-83

8.24 碰撞

执行主菜单>创建>变形器>碰撞，创建一个碰撞变形器对象，再新建一个平面和一个球体，将碰撞作为平面的子对象，如图8-84所示。

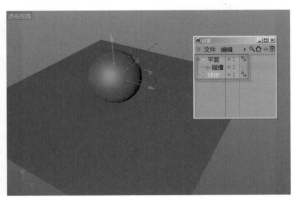

图8-84

属性面板>对象>对象选项卡。

进入碰撞的属性编辑面板>碰撞器>对象，把球体拖入对象右侧的空白区域，如图8-85所示。

8.25 置换

执行主菜单>创建>变形器>置换，创建一个置换变形器对象，新建一个平面（增加一些分段数），将置换作为平面的子对象，进入置换属性面板>着色>着色器，把需要的图片导入到着色器中，如图8-86所示。

属性面板>对象>对象选项卡。

• 强度/高度：控制置换的强弱大小和整体高度。

着色>着色选项卡。

• 贴图：通过偏移X/Y、长度X/Y、平铺来控制贴图的位置和形状。

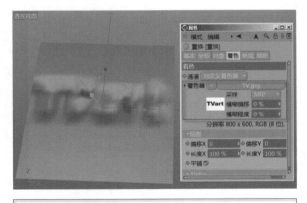

图8-86

8.26 公式 公式

执行主菜单>创建>变形器>公式，创建一个公式变形器对象，新建一个平面，将公式作为平面的子对象。

属性面板>对象>对象选项卡，如图8-87所示。

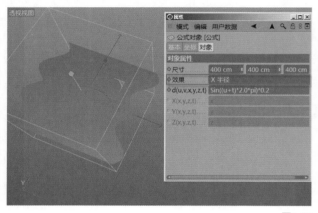

图8-87

- 效果：提供6种类型，分别为"手动"、"球状"、"柱状"、"X半径"、"Y半径"和"Z半径"，如图8-88所示。

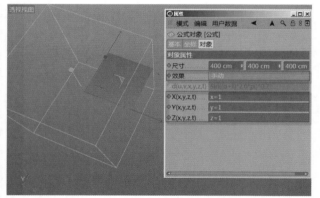

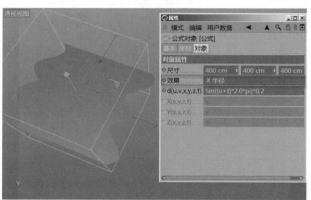

图8-88

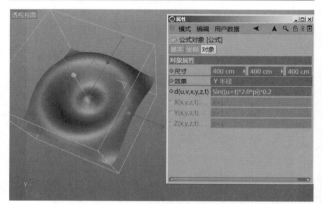

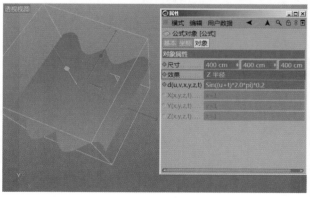

图8-88（续）

8.27 风力 风力

执行主菜单>创建>变形器>风力,创建一个风力变形器对象,新建一个平面,将风力作为平面的子对象。

属性面板>对象>对象选项卡,如图8-89所示。

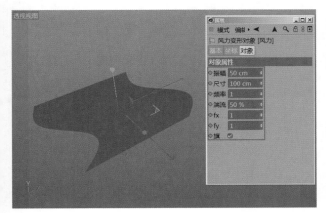

图8-89

- 振幅:设置模型形状的波动范围。
- 尺寸:设置模型形状的波动大小,数值越小,波动越大,如图8-90所示。
- 频率:设置模型波动的频率快慢。
- 湍流:设置模型波动的形状。

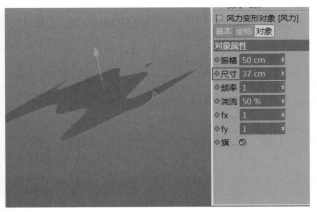

图8-90

8.28 减面 减面

执行主菜单>创建>变形器>减面,创建一个减面对象,新建一个地形,将减面作为地形的子对象。减面的最大功能是在减少模型面的同时,保持模型的基本形状不发生大的改变,如图8-91所示。

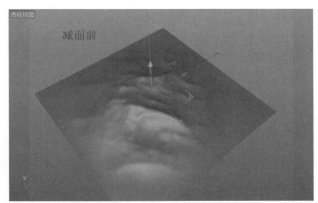

减面前

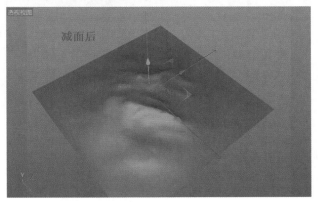

减面后

图8-91

属性面板>对象>对象选项卡,如图8-92所示。

- 削减强度:设置减面对模型面的削减程度,值越高,削减的面越多。

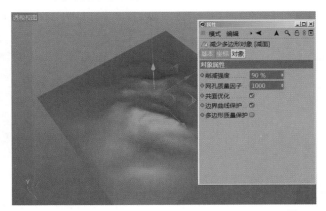

图8-92

8.29 平滑 平滑

执行主菜单>创建>变形器>平滑,创建一个平滑变形器对象,新建一个球体,转换为多边形对象,进入点模式,移动球体上的点。这时将平滑作为球体的子对象,如图

8-93所示。

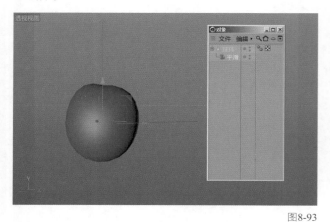

图8-93

属性面板>对象>对象选项卡，如图8-94所示。

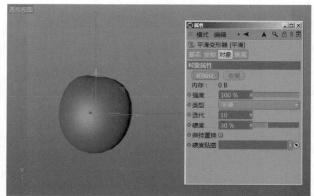

图8-94

- 强度：设置平滑的程度大小。
- 类型：有3种类型，分别为"平滑"、"松弛"和"强度"。
- 硬度：设置平滑的软硬程度，值越小，越圆滑。

第9章 对象和样条的编辑操作与选择

09

对多边形对象的编辑操作

点、边、面模式下的命令菜单详解

对样条曲线的编辑操作

样条曲线在点模式下的命令菜单详解

9.1　编辑对象

对象包含3种元素，分别为点、边和面。对象的操作是建立在这3种元素的基础上的，想要对这些元素进行编辑，需要切换到相应的编辑模式下，按回车键可以在编辑模式之间进行切换。

当把参数对象转换成多边形对象后，用鼠标右键选择命令菜单可对多边形对象进行编辑，以下分别为多边形对象点模式选择命令菜单、边模式选择命令菜单和面模式选择命令菜单，如图9-1～图9-3所示。

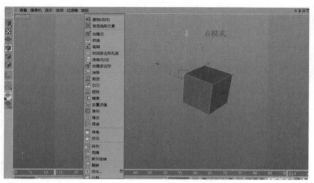

图9-1

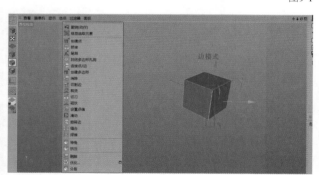

图9-2

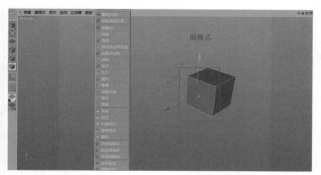

图9-3

9.1.1　创建点

创建点命令存在于点、边、面模式下，执行该命令，并在多边形对象的边面上单击，即生成一个新的点，如图9-4所示。

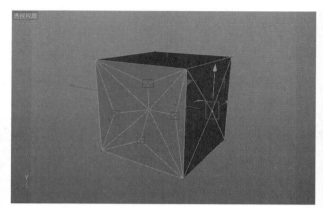

图9-4

9.1.2　桥接

桥接命令存在于点、边、面模式下，需要在同一多边形对象下执行（如果是两个对象需要先对其执行右键对象>连接对象命令）。在点模式下，执行该命令，需依次选择三到四个点生成一个新的面，如图9-5所示。

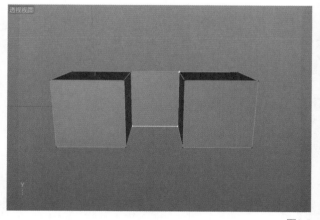

图9-5

在边模式下，执行该命令，需依次选择两条边生成一个新的面，如图9-6所示。

在面模式下，先选择两个面，执行该命令，再在空白区域单击，出现一条与面垂直的白线，释放鼠标，则使两个选择的面桥接起来，如图9-7和图9-8所示。

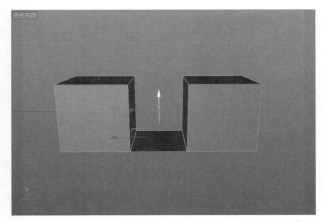

图9-6

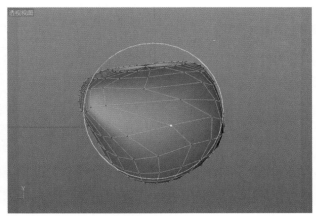

图9-9

9.1.4 封闭多边形孔洞

封闭多边形孔洞命令存在于点、边、面模式下，当多边形有开口边界时，可以执行该命令，把开口的边界闭合，如图9-10所示。

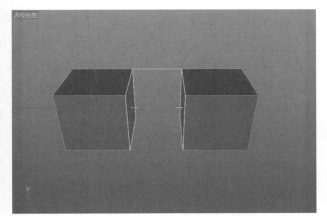

图9-7

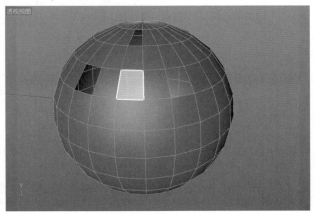

图9-10

9.1.5 连接点/边

连接点/边命令存在于点、边模式下。在点模式下，选择两个不在一条线上但相邻的两点，执行该命令，两点间将出现一条新的边，如图9-11所示。

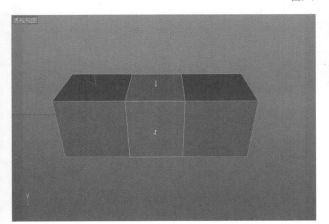

图9-8

9.1.3 笔刷

笔刷命令存在于点、边、面模式下，执行该命令，可以以软选择的方式对多边形进行雕刻涂抹，如图9-9所示。

在边模式下，选择相邻边，执行该命令，经过选择边的中点出现新的边；选择不相邻的边，执行该命令，所选边在中点位置细分一次，如图9-12所示。

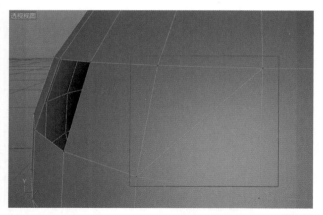

图9-11

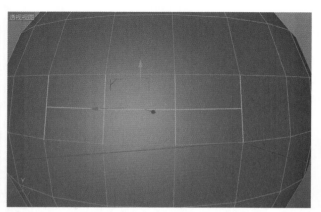

图9-12

9.1.6 创建多边形

创建多边形命令存在于点、边、面模式下，执行该命令，可以自由绘制多边形对象。也可以在原多边形对象的基础上扩展，如图9-13所示。

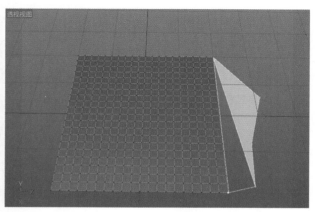

图9-13

9.1.7 消除

消除命令存在于点、边、面模式下，执行该命令，可以移除一些点、边，形成新的多边形拓扑结构。

—— 注 意 ——

该命令有别于删除，"消除"命令执行后多边形对象不会出现孔洞，而删除会出现孔洞。

9.1.8 切割边

边分割命令只存在于边模式下，选择要分割的边，执行该命令，可以在所选择的边之间插入环形边，与"连接点/边"命令类似。不同的是该命令可以插入多条环形边，并可以用属性面板"选项"选项卡中的参数进行调节。"偏移"可控制新创建边的添加位置；"缩放"可控制新创建边的间距；"细分数"可控制新创建边的数量；"创建N-gons"不要勾选，否则会不显示分割的边，如图9-14所示。

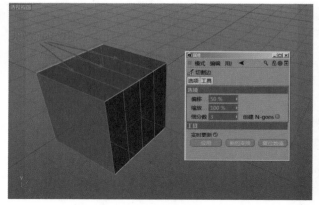

图9-14

9.1.9 熨烫

熨烫命令存在于点、边、面模式下，执行该命令，按住鼠标左键拖曳来调整点、线、面的平整程度。

9.1.10 切刀

切刀命令存在于点、边、面模式下，这是非常重要的一个命令，可以自由切割多边形，按住鼠标左键拖曳画出一条直线，直线或直线的视图映射与多边形对象的交叉处出现新的点，并且出现新的连接边。在属性面板"选项"选项卡中可以更改切刀的模式，常用的模式是"直线"和"循环", 如图9-15所示。

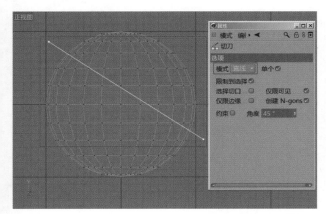

图9-15

9.1.11 磁铁

磁铁命令存在于点、边、面模式下, 该命令类似于"笔刷"命令, 执行该命令, 也可以以软选择的方式对多边形进行雕刻涂抹, 如图9-16所示。

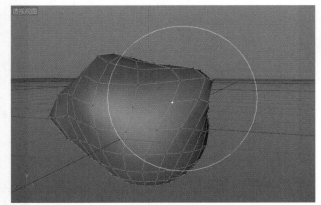

图9-16

9.1.12 镜像

镜像命令存在于点、面模式下, 想要精确复制对象, 需要在属性面板"镜像"选项卡中设置好镜像的"坐标系统"和"镜像平面"的参数。在点模式下执行该命令, 可以对点进行镜像, 如图9-17所示。

在面模式下执行该命令, 可以对面进行镜像, 如图9-18所示。

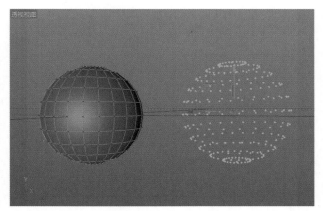

图9-17

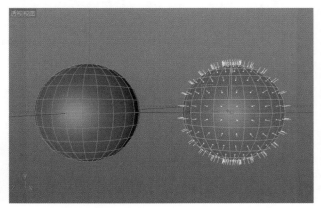

图9-18

9.1.13 设置点值

设置点值命令存在于点、边、面模式下, 执行该命令, 可以对选择的点、线、面的位置进行调整。

9.1.14 滑动

用于控制边的滑动, 可以支持多条边同时进行滑动操作, 如图9-19所示。

图9-19

• 偏移: 当偏移模式为"等比例"方式时, 这个数值可以测量偏移位置的百分比 (这个数值也可以在操作视图中交互式调节), 当偏移数值-100%, 或者100%的时候, 可以使滑动边达到相邻的两个边位置如图9-20~图9-22所示。

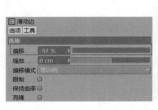

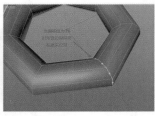

图9-20

图9-21

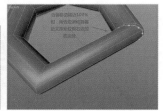

图9-22

如果限制选项被激活，边的滑动范围会被限制在两条邻边之间，如果此选项未被勾选，边的滑动范围可以超过邻边的限制。

- 缩放：使用这个参数可以将滑动边，沿着点的滑行方向进行向上或向下的移动。
- 偏移模式：固定距离，如果在这种方式下，所选中的每条边所产生的滑动距离是固定的。偏移属性用来定义边滑动的绝对值，即选择边，从原始位置偏移的距离，如图9-23所示。

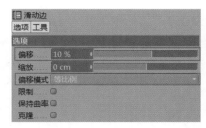

图9-23

- 等比例：在等比例方式下滑动边每条边的滑动距离与这条边的邻边位置有关，这种方式往往是比较常用的，如图9-24所示。

图9-24

如果在滑动时，按住Ctrl键不放可以将滑动边进行复制。

- 限制：如果启用，所选的边在滑动的时候只能在邻边范围内进行滑动，如果取消勾选所选择的边可以超出邻边范围滑动。
- 保持曲率：如果这一项未被勾选，所滑动的边，只能在多边形的表面进行滑动。如果勾选此选项，滑动边在滑动的起始点与终点之间会创建一条弧线，滑动边会一直沿着这条弧线滑动，如图9-25所示。

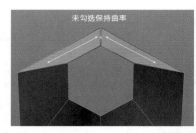

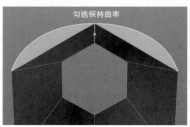

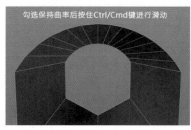

图9-25

- 克隆：如果勾选，所选择的每一条滑动边将在活动的过程中被复制。勾选后与按住Ctrl/CMD键进行滑动的结果一样。

9.1.15 旋转边

旋转边命令只存在于边模式下，选择一条边，执行该命令，所选择的边就会以顺时针的方向旋转连接至下一个点上，如图9-26和图9-27所示。

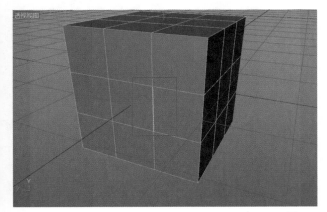

图9-26

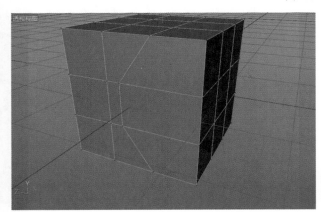

图9-27

9.1.16 缝合

缝合命令存在于点、边、面模式下，执行该命令，可以实现点与点、边与边以及面与面的对接。

9.1.17 焊接

焊接命令存在于点、边、面模式下，执行该命令，使所选择的点、边、面合并在指定的一个点上。

9.1.18 导角

R15版本中同样对多边形倒角命令也做了进一步的参数追加和完善，新增参数如图9-28所示。

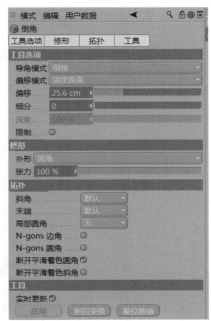

图9-28

工具选项

- 导角模式：导角模式分为实体和倒棱两种方式，用户可以根据自己的需要判断对所选多边形执行哪种方式的导角，如果使用倒棱方式，物体的边会形成斜面。如果使用实体方式，一般都是为了在多边形模型使用细分曲面工具时，来突出边缘的轮廓结构，如图9-29和图9-30所示。

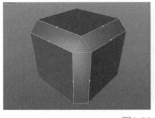

图9-29   图9-30

偏移模式

- 固定距离：当倒角工具在多边形边层级下使用时，至少有两条新的边会在原始边的两侧创建出来，这两个边会在相邻的每个多边形上进行滑动，在这两条边之间会创建一个新的多边形面，由倒角所产生的这两条边在多边形表面上的滑动距离是相等的，这个距离由偏移属性来确定，如图9-31和图9-32所示。

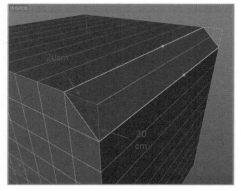

图9-31

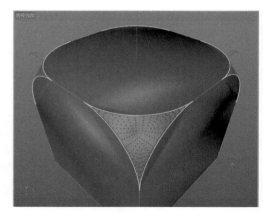

图9-34

图9-32

上图为默认立方体设置为多边形后对其中一条边在固定距离模式下设置偏移值为20cm时得到的结果，图中侧面的每个白色矩形网格的边长为20cm，当时用多边形面层级进行倒角时，所选定的面将会产生挤压和缩放，缩放的程度由偏移值定义，如图9-33所示。

径向

这种模式一般只用于三边相交的位置，在点的位置会生成一个球面的形状，由偏移值来确定球面的半径大小，如图9-35所示。

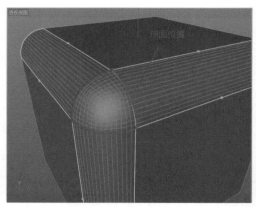

图9-35

均匀

当倒角工具在多边形边层级下使用时，至少有两条新的边会在原始边的两侧创建出来，这两个边会在相邻的每个多边形上进行滑动。在这两条边之间会创建一个新的多边形面，偏移值定义了倒角后新生成的两条边到邻边距离的百分比，如图9-36和图9-37所示。

在使用点模式时，所选择的点将被溶解，溶解后会新生成一些点，这些点将沿着与所选择点相连接的边，组成一个拐角。所形成的拐角大小由偏移值来确定，如图9-34所示。

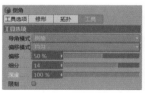

图9-36

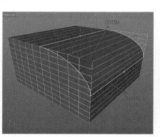

图9-37

当对多边形面层级进行倒角时，所选择的多边形面将被缩放和挤压。此时的偏移量定义的是当前多边形面大小与原有表面大小值的比例。如果此时的偏移值设置为50%，将导致所选面汇聚成一个点，如图9-38所示。

图9-38

在使用点模式时，所选择的点将被溶解，溶解后会新生成一些点，这些点将沿着与所选择点相连接的边，组成一个拐角。偏移值定义所选点倒角后到下一个点的距离百分比，如图9-39所示。

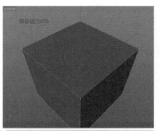

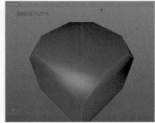 

图9-39

- 偏移：用来控制倒角的大小，较小的偏移值形成较小范围的倒角，反之，则会形成较大的倒角范围。根据偏移模式不同可以用百分比或者单位数值方式来控制倒角大小，如果勾选下方的限制属性，倒角的最大范围将被限定。
- 细分：细分设置可以用来控制倒角后新生成面的细分数量，这一区域会以黄色高亮方式显示在操作视图上，如果这个数值为0那么在倒角后会在物体表面创建硬化边缘结构。可以通过提高细分数

值，为倒角创建圆滑边缘结构，如图9-40所示。

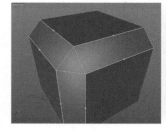 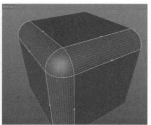

图9-40

- 深度：在细分设置不为0的情况下，会在物体的倒角处创建圆弧形的倒角轮廓，（例如，如果对一个立方体的边缘进行倒角，从面看，你会看到立方体倒角处出现一个外突的弧形轮廓），用户可以通过深度属性设置分别调整轮廓正向或负向的移动。也可以在操作视图中拖曳鼠标进行交互式操作，如图9-41所示。

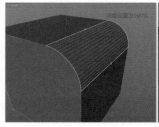 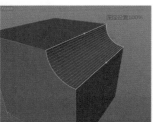

图9-41

- 限制：限制属性控制在倒角过程中，所选元素的倒角范围是否会超出相邻元素所处的范围，如果不勾选限制属性则倒角范围便会超出相邻元素所处的范围，这样会造成相重叠的面，如果勾选限制属性，倒角的范围将会被限制在所选相邻元素所处的范围内，如图9-42所示。

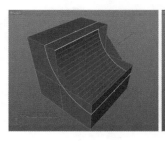 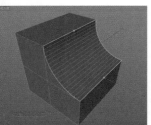

图9-42

修形

- 外形：用户可以对倒角形成的新区域给出任意的外形结构，可以使用外形属性来定义这个形状，有

圆角、用户和轮廓3种方式可供选择。

- 圆角：当外形方式设置为圆角时，如果张力属性保持为100%，那么倒角处的轮廓将始终会是一个圆弧形（细分属性不为0时）。

- 张力：当外形属性设置为圆角时，张力属性可以使用，可以利用张力属性来调整弧形的切线的长度和方向，如果这个数值设置为100%圆弧的切线方向，将会出现在相邻的表面之上。较低（或者较高）的数值会使圆弧出现较为凹陷或突出的形状。另外还要注意的是深度属性的设置，深度属性的设置会影响圆弧的曲率，如图9-43和图9-44所示。

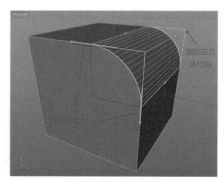

图9-43

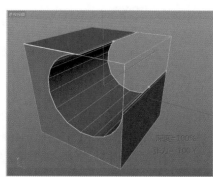

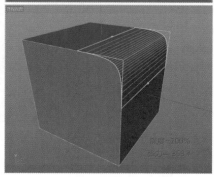

图9-44

- 用户：在外形属性为用户方式下，可以使用一个函

数曲线来塑造倒角轮廓的结构。如果禁用下方的对称属性，函数曲线的形状会直接映射到整个轮廓结构上。通过之前的深度属性可以强调曲线的方向和幅度。并且设置较高的细分值可以更精确地显示曲线的结构，如图9-45所示。

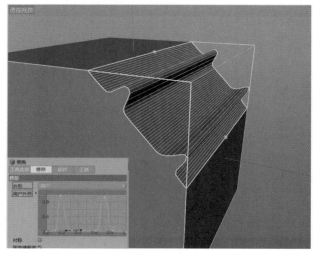

图9-45

- 对称：如果禁用，在倒角轮廓上只会出现一次曲线结构，如果勾选，函数曲线的结构将在倒角轮廓上重复出现，如图9-46所示。

- 固定横截面：如果用户在对一个扭曲或转折的管道结构的边缘进行倒角，在外形设置为用户，或者轮廓方式时，如果勾选了固定横截面属性，那么在倒角模型的拐角处，将不会出现轮廓扭曲变形的效果，如图9-47所示。

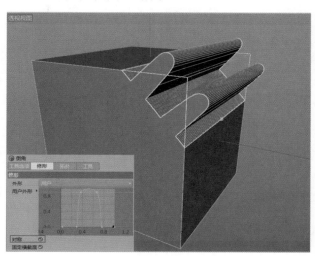

图9-46

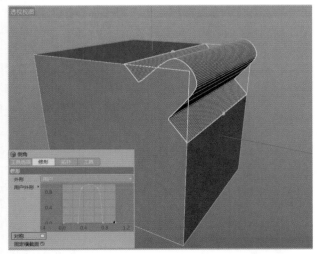

图9-46（续）

图9-47

- 轮廓：在此模式下，用户可以自由定义倒角轮廓的形状，可以将一条样条线拖曳入轮廓样条属性后面的空白区域。这个样条线的形状就可以用来定义倒角轮廓的形状。样条曲线的点插值方式会影响倒角轮廓处的细分数量，如果使用轮廓方式，那么原有的细分属性将不再有作用，如图9-48所示。

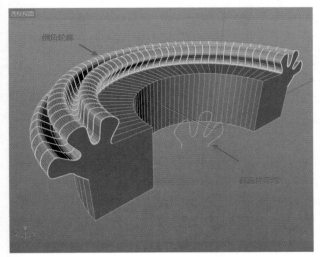

图9-48

样条线使用的条件：

1. 不能使用闭合的样条线作为倒角截面；

2. 要选定正确的轮廓平面的朝向（让轮廓平面与截面曲线的轮廓一致）；

3. 设置正确的样条曲线的平面属性，与倒角的轮廓平面对应。

拓扑

拓扑主要是用来调节边层级在倒角过程中，拐角处和所选边末尾的拓扑结构，以及在对倒角后新生成面的拓扑结构的控制，具体参数如图9-49所示。

图9-49

- 斜角：斜角方式只能用在边层级模式下的倒角操作中，如果用户选择了一个多边形表面连续的边，斜角属性一般都是对所选边的拐角处，或者多条边一起的公共点，进行拓扑结构的处理。各选项的处理效果如图9-50所示。

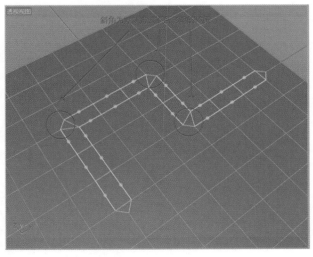

图9-50

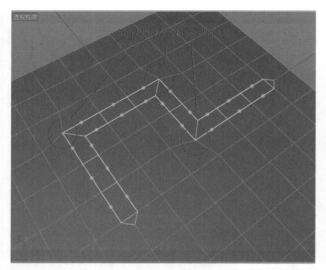

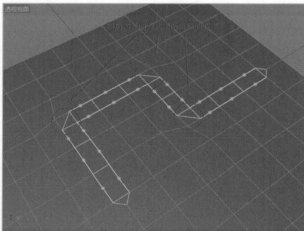

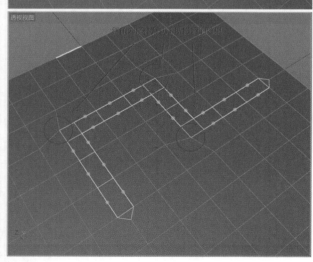

图9-50（续）

- 末端：这个属性控制在倒角过程中，所选倒角边的
  末端所呈现的拓扑结构的类型。

默认：倒角边末端的拓扑结构将沿着未发生倒角
的边缘向外延伸，延伸的长度由偏移值控制，如图9-51
所示。

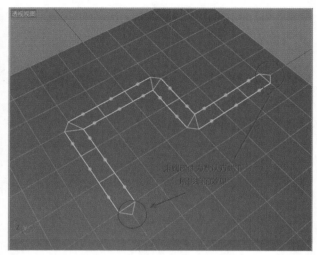

图9-51

延伸：如果选择延伸方式，角边末端的拓扑结构将沿
着未发生倒角的边缘向外延伸，延伸范围不受偏移数值影
响。将延伸至整个相邻的边，如图9-52所示。

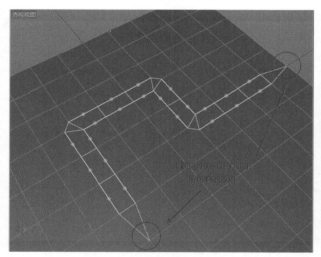

图9-52

插入：如果选择这种方式，倒角边末端会产生生硬
的结构，未被倒角的边将保持原始状态不变，如图9-53
所示。

- 局部圆角：这个设置只用在特殊情况下，在倒角时
  如果选择的3条边交于一点，这个参数可以对拐角
  处的效果产生如下影响。

无：如果设置为无，在倒角处将产生线性边缘。

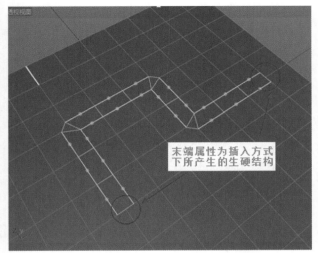

图9-53

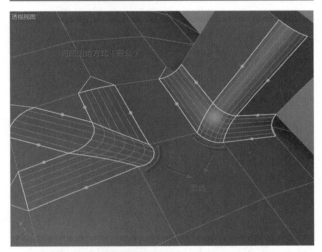

完全：如果设置为完全，在倒角边缘将产生圆角。

凸角：凸角效果与完全的区别只有在深度属性设置为负值时才可以看得出来。当深度属性设置为负值时，原本的圆角会出现反向的结果如图9-54所示。

- **N-gons边角**：定义多边形倒角在交点（拐角）处形成多边形的细分结构，在拐角处的会出现由排列规则的多边形网格所构成的细分结构。

如果勾选则会用N边形取代拐角上的规则网格，一般情况下应当尽量避免N-边形的出现，如图9-55所示。

- **N-gons圆角**：用来定义边层级在倒角过程中新生成多边形表面的细分结构。（非拐角/交点处）在新生成的多边形表面上会出现由排列规则的多边形网格所构成的细分结构。如果勾选则会用N边形取代多边形表面的规则网格，一般情况下应当尽量避免N-边形的出现，如图9-56所示。

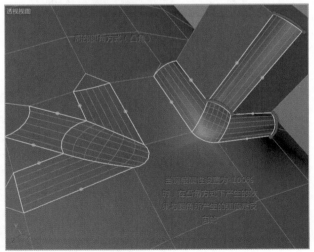

图9-54（续）

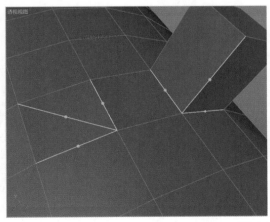

图9-54

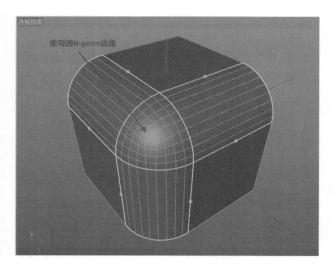
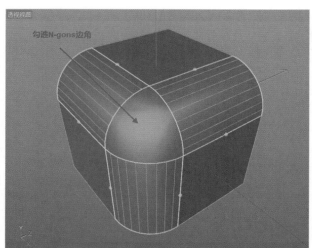

图9-55

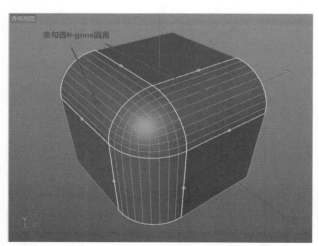
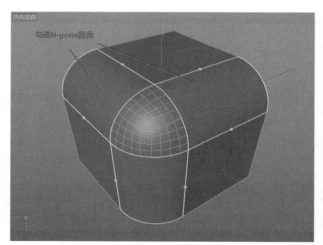

图9-56

- 断开平滑着色圆角：勾选后可以将倒角过程中的让由多边形边缘生的多边形平面产生锐利硬化的转折，如图9-57所示。

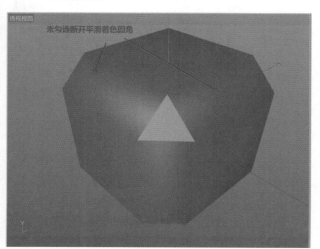
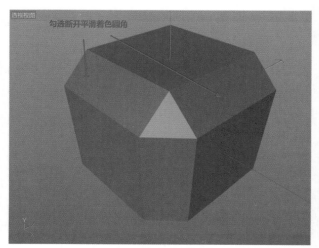

图9-57

- 断开平滑着色斜角：勾选后可以将倒角过程中的让由多边形定点处所产生的多边形平面产生锐利硬化的转折，如图9-58所示。

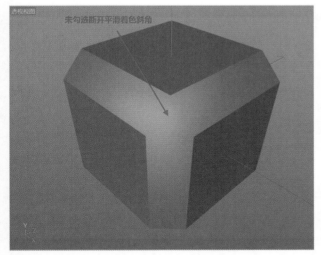

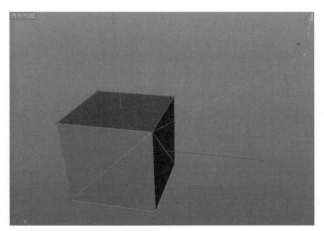

图9-59

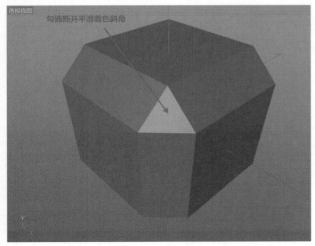

图9-58

图9-60

选择一个面，执行该命令，所选择的面会被挤压，如图9-61所示。

9.1.19 挤压

挤压命令存在于点、边、面模式下，执行该命令后所选择的元素会被挤压。挤压的程度可以用属性面板选项卡中的参数进行调节，偏移控制挤压的高度，细分数控制挤压的段数；创建N-gons正常情况下会取消勾选。选择一个点，执行该命令，所选择的点会被挤压，如图9-59所示。

选择一条边，执行该命令，所选择的边会被挤压，如图9-60所示。

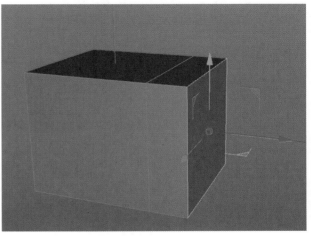

图9-61

9.1.20　内部挤压

内部挤压命令只存在于面模式下。执行该命令，可以使选择的面上挤压插入一个新的面。内部挤压的程度可以用属性面板"选项"选项卡中的参数进行调节，"偏移"控制向内挤压的宽度；"细分数"控制向内挤压形成的分段数，如图9-62所示。

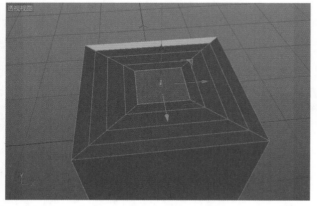

图9-62

9.1.21　矩阵挤压

矩阵挤压命令只存在于面模式下。选择一个面，执行该命令，可以出现重复挤压的效果。矩阵挤压的程度可以用属性面板"选项"选项卡中的步、移动、缩放、旋转等参数的调节来达到不同的效果，如图9-63所示。

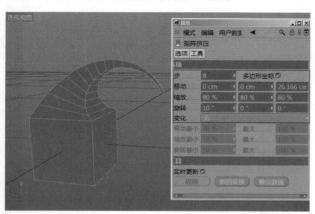

图9-63

9.1.22　偏移

偏移命令只存在于面模式下，有些类似于"挤压"命令。当选择一个面执行该命令时，二者没有区别；当选择

两个或两个以上的面执行该命令时，结果就不同了，以下为选择3个面分别进行"挤压"和"偏移"命令，左边为执行"挤压"命令，右边为执行"偏移"命令，如图9-64所示。

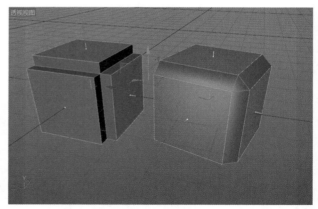

图9-64

9.1.23　沿法线移动

沿法线移动命令只存在于面模式下，执行该命令后，选择的面将沿该面的法线方向移动，如图9-65所示。

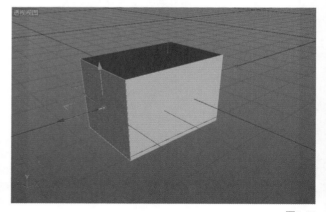

图9-65

9.1.24　沿法线缩放

沿法线缩放命令只存在于面模式下，执行该命令后，选择的面将在垂直于该面的法线的平面上缩放，如图9-66所示。

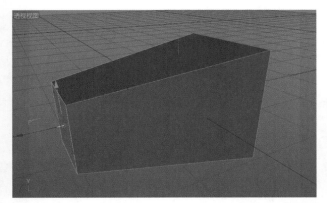

图9-66

9.1.25 沿法线旋转

沿法线旋转命令只存在于面模式下，执行该命令后，选择的面将以该面的法线为轴旋转，如图9-67所示。

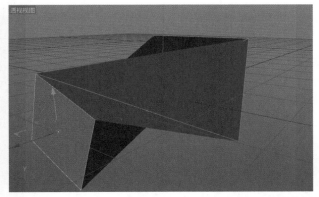

图9-67

9.1.26 对齐法线

对齐法线命令只存在于面模式下，即统一法线，执行该命令后，将使所有选择面的法线统一，如图9-68所示。

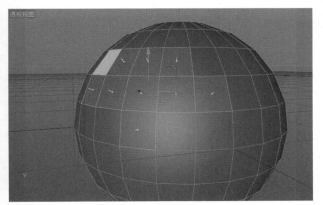

图9-68

9.1.27 反转法线

反转法线命令只存在于面模式下，执行该命令后，将使选择面的法线反转，如图9-69所示。

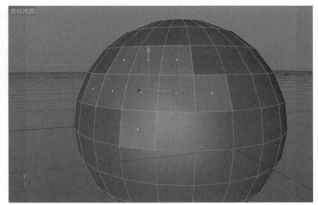

图9-69

9.1.28 阵列

阵列命令存在于点和面模式下，在面模式下执行该命令后，可以按一定的规则来复制选择的面，排列的方法位置以及数量可以通过属性面板"选项"选项卡中的参数进行调节，如图9-70所示。

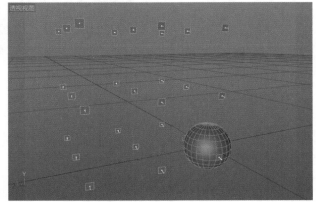

图9-70

9.1.29 克隆

克隆命令存在于点和面模式下，类似于"阵列"命令，只是效果略有不同，在面模式下执行该命令后，形成面的克隆，如图9-71所示。

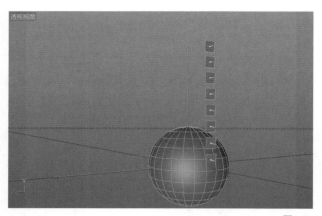

图9-71

9.1.30 坍塌

坍塌命令只存在于面模式下，选择一个面执行该命令，选择的面将会坍塌消失形成一个点，如图9-72所示。

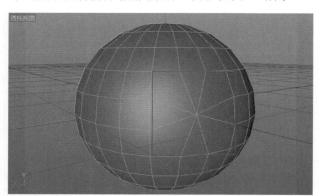

图9-72

9.1.31 断开连接

断开连接命令存在于点和面模式下，选择面执行该命令，可以使选择的面从多边形对象上分离出来，如图9-73所示。

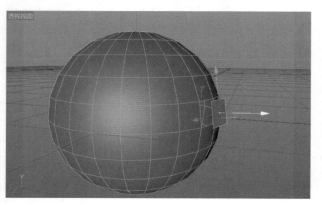

图9-73

9.1.32 融解

融解命令存在于点、边、面模式下，选择一个点，执行该命令，结果是选择的点和与这个点相邻的线都被融解消除了，如图9-74所示。

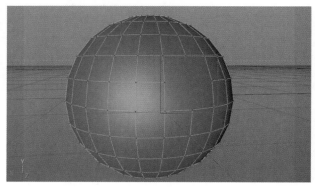

图9-74

选择一条边，执行该命令，结果是选择边被融解消除了，如图9-75所示。

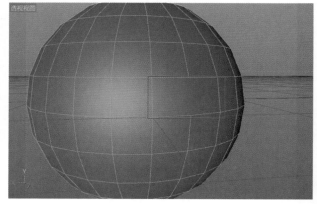

图9-75

选择一些相邻的面，执行该命令，结果是选择的面合并成了一个整体的面，如图9-76和图9-77所示。

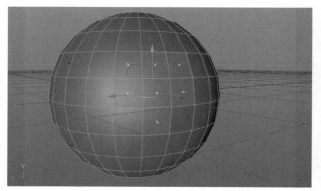

图9-76

图9-77

9.1.33 优化

优化命令存在于点、边、面模式下，该命令用于对多边形的优化，尤其是可以合并相邻近未焊接的点，可以消除残余的空闲点，还可通合优化公差来控制焊接范围，如图9-78所示。

图9-78

9.1.34 分裂

分裂命令只存在于面模式下，选择面执行该命令，选择的面将被复制出来并成为一个独立的多边形，如图9-79所示。

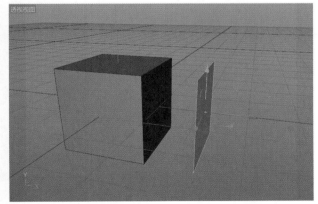

图9-79

9.1.35 断开平滑着色

断开平滑着色命令只存在于边模式下，选择边执行该命令，选择的边将不会进行平滑着色，渲染结果就是一个不光滑的硬边，如图9-80和图9-81所示。

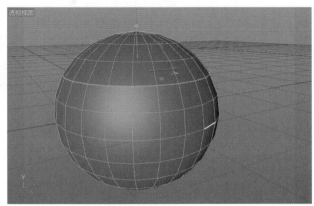

图9-80

图9-81

9.1.36 恢复平滑着色

恢复平滑着色命令只存在于边模式下，选择已经断开平滑着色的边，执行该命令，可以使选择的边恢复正常。

9.1.37 选择平滑着色断开边

选择平滑着色断开边命令只存在于边模式下，当不在该模式下时，可以执行该命令快速选出已经断开平滑着色的边。

9.1.38 细分

细分命令只存在于面模式下，选择面执行该命令，选择的面将被细分成多个面，细分级别可以自主设置，如图9-82所示。

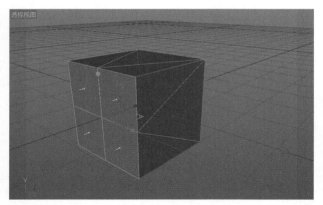

图9-82

9.1.39 三角化

三角化命令只存在于面模式下，选择面执行该命令，选择的面将被分成三角面，如图9-83所示。

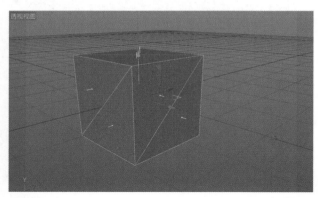

图9-83

9.1.40 反三角化

反三角化命令只存在于面模式下，选择已经被分成三角面的面执行该命令，选择的面将还原回原来的四边面。

9.1.41 三角化N-gons

三角化N-gons命令是当多边形对象为N-gons结构时，可执行该命令使多边形对象的N-gons结构都变成三角面。

9.1.42 移除N-gons

移除N-gons命令是当多边形对象为N-gons结构时，可执行该命令使多边形对象恢复成多边形结构。

9.2 编辑样条

样条是通过指定一组控制点而得到的曲线，曲线的大致形状由这些点予以控制。在样条的点模式下，可以通过鼠标右键选择命令菜单来对样条进行编辑，如图9-84所示。

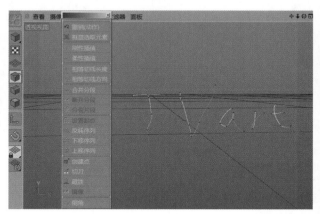

图9-84

9.2.1 撤销（动作）

撤销（动作），执行该命令，可进行返回操作，如同按Ctrl+Z组合键。

9.2.2 框显选取元素

框显选取元素，执行该命令，所有选择的点将最大化显示在视图中，如图9-85所示。

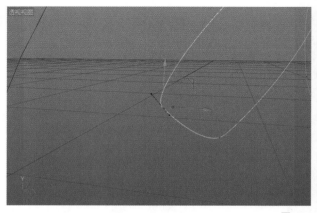

图9-85

9.2.3 刚性插值

刚性插值，执行该命令后，效果如图9-86所示。

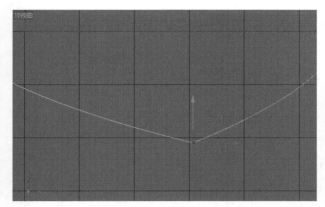

图9-86

9.2.4 柔性插值

柔性插值,执行该命令后,效果如图9-87所示。

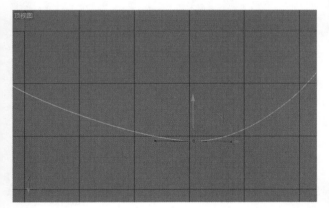

图9-87

9.2.5 相等切线长度

相等切线长度,执行该命令后,贝塞尔点两侧的手柄会变成一样长短,如图9-88所示。

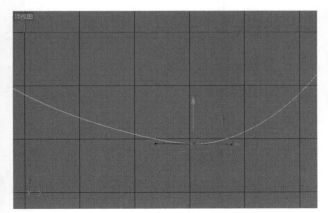

图9-88

9.2.6 相等切线方向

相等切线方向,执行该命令后,贝塞尔点两侧的手柄会打平直,如图9-89所示。

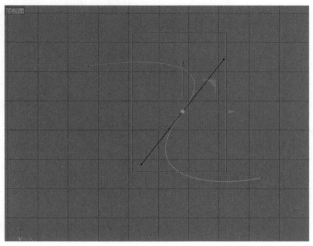

图9-89

9.2.7 合并分段

合并分段,选择同一样条内的两段非闭合样条中的任意两个首点或尾点,执行该命令,使两段样条连接成一段样条,如图9-90和图9-91所示。

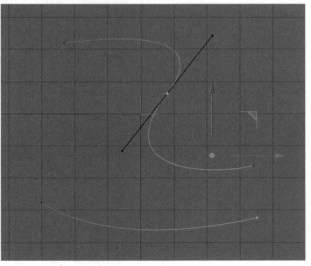

图9-90

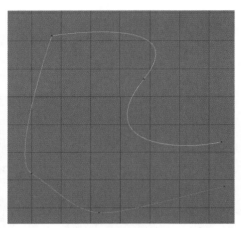

图9-91

9.2.8　断开分段

断开分段，选择一非闭合样条中除首尾点外的任意一点，执行该命令，结果是与该点相邻的线段被去除，该点成为一个孤立的点，如图9-92和图9-93所示。

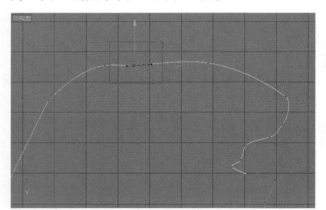

图9-92

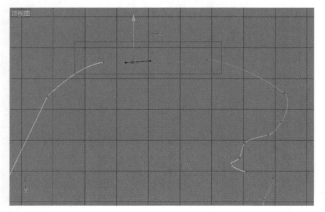

图9-93

9.2.9　分裂片段

分裂片段，选择一个由多段样条组成的样条，执行该命令，结果使组成该样条的多段样条各自成为独立的样条，如图9-94和图9-95所示。

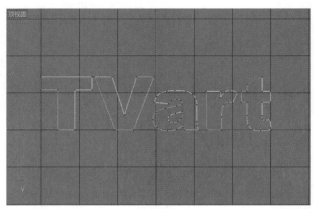

图9-94

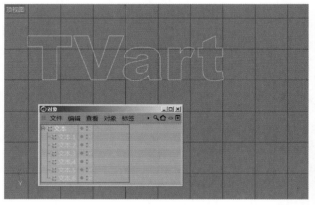

图9-95

9.2.10　设置起点

设置起点，在闭合样条中可以选择任意一点，执行该命令，将选择的点设置为该样条的起始点；在非闭合样条中，只能选择首点或尾点来执行该命令。

9.2.11　反转序列

反转序列，可以执行该命令来反转样条的方向。

9.2.12　下移序列

下移序列，在闭合样条执行该命令后，样条的起始点变成样条的第二个点。

9.2.13　上移序列

上移序列，在闭合样条执行该命令后，样条的起始点变成样条的倒数第二个点。

9.2.14　创建点

创建点，添加点工具，执行该命令，在样条上单击加点。

9.2.15　切刀

切刀，添加点工具，执行该命令，在视图中按鼠标左键拖曳出一条直线，只要与样条或样条的视图映射相交的地方就会添加点，如图9-96所示。

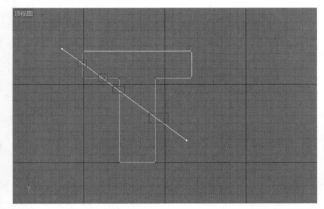

图9-96

9.2.16　磁铁

磁铁，可以通过执行该命令来对点进行类似软选择后的移动，如图9-97所示。

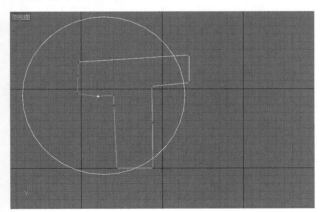

图9-97

9.2.17　镜像

镜像，可以执行该命令来对样条进行水平或垂直的镜像，如图9-98所示。

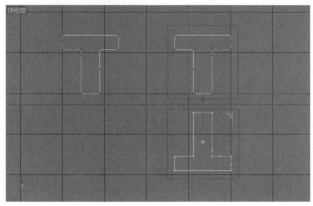

图9-98

9.2.18　倒角

倒角，选择一个点，执行该命令，按住鼠标左键拖曳，形成一个圆角，如图9-99所示。

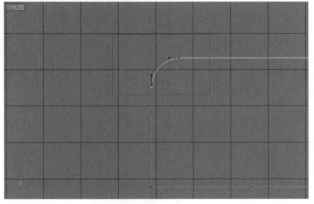

图9-99

9.2.19　创建轮廓

创建轮廓，执行该命令，按住鼠标左键拖曳出现一个新的样条，新样条与原样条各部分都是等距的，如图9-100所示。

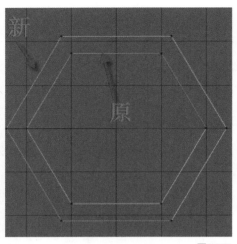

图9-100

9.2.20 截面

截面，选择两个样条，执行该命令，在视图中按鼠标左键拖曳出一条直线，只要与两样条相交就有新的样条生成，如图9-101所示。

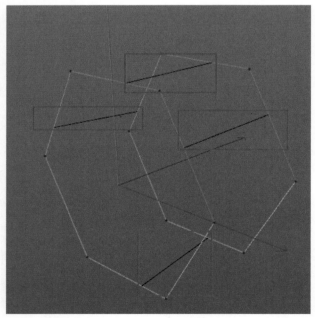

图9-101

9.2.21 断开连接

断开连接，在样条上选择任意一点，执行该命令，该点将被拆分成两个点，如图9-102所示。

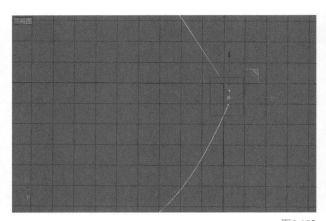

图9-102

9.2.22 排齐

排齐，选择样条上所有的点，执行该命令，所有点将排列在以样条首点和尾点连接的直线上，如图9-103和图9-104所示。

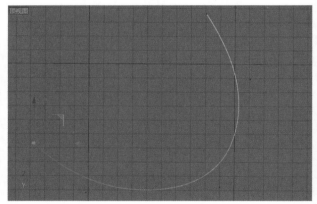

图9-103

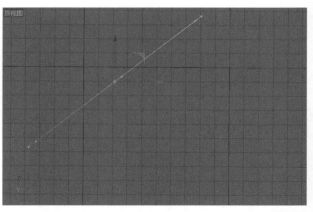

图9-104

9.2.23 投射样条

投射样条，该命令可以使样条投射到对象上。

9.2.24 平滑

平滑，选择样条上相邻的两个或两个以上的点，执行该命令，按鼠标左键拖曳使样条上原来两个点之间的线段上出现更多的点。

9.2.25 分裂

分裂，分裂功能和断开功能略有不同。当使用分裂，断开连接的表面留下一个单独的对象，原来的对象没有改变，这个工具也可以应用到由多个样条组成的样条分离单独的部分。

9.2.26 细分

细分，选择样条，执行该命令，使样条整体上增加更多的点；选择样条上的局部点，执行该命令，样条局部会增加点，如图9-105和图9-106所示。

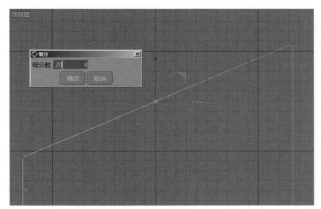

图9-105

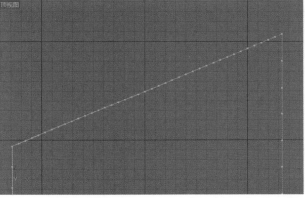

图9-106

FIRST EXPERIENCE OF
MODELING

第10章　建模初体验

10

10.1 基础几何体建模

10.1.1 方体

立方体的重要参数介绍,如图10-1所示。

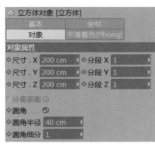

图10-1

- 尺寸.X/尺寸.Y/尺寸.Z:这3个参数共同调节立方体的外形,用来设置立方体的长度、宽度和高度。
- 分段X/分段Y/分段Z:这3个参数用来设置长宽高方向上的分段数量。
- 圆角:勾选该选项可以使立方体形成圆角或切角。
- 圆角半径:用来设置圆角的大小。
- 圆角细分:用来设置圆角的分段,值越高,圆角就越光滑,当值为1时圆角变成切角,如图10-2所示。

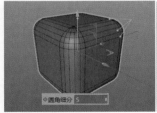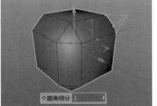

图10-2

10.1.2 圆锥

圆锥的重要参数介绍,如图10-3所示。

图10-3

- 顶部半径/底部半径:决定圆锥的顶面和底面两个圆的大小。

- 高度:决定圆锥的高度。
- 高度分段:设置沿圆锥主轴的分段数。
- 旋转分段:设置圆锥的边数,如图10-4所示。

图10-4

- 方向:决定圆锥创建初始的朝向,如图10-5所示。

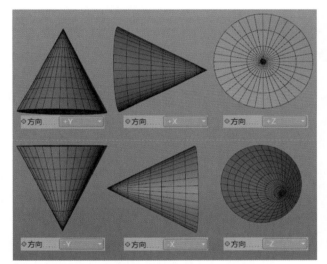

图10-5

- 封顶:勾选该项时,圆锥的顶面和底面有封盖。
- 封顶分段:设置围绕圆锥顶部和底部中心的同心分段数。
- 圆角分段:当顶部和底部任一选项被勾选后,该选项被激活,用来决定圆角光滑程度,值为1时呈现切角状态,如图10-6所示。

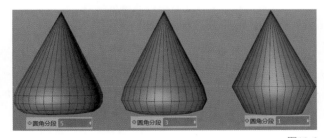

图10-6

- 顶部/底部:勾选激活后,可设置圆锥在顶部和底部的圆角的大小，如图10-7所示。

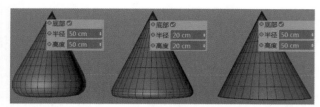

图10-7

- 切片：控制是否开启"切片"功能。
- 起点/终点：设置圆锥沿中心轴旋转成形的完整性，从起点的角度到终点的角度等于360°时，圆锥的底面成完整的圆，小于360°时，圆锥底面呈现扇形，如图10-8所示。

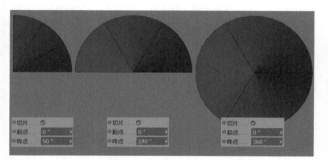

图10-8

10.1.3　圆柱体

圆柱体重要参数如图10-9所示。

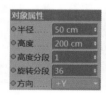

图10-9

- 半径：决定圆柱的顶面和底面大小。
- 高度：决定圆柱的高度。
- 高度分段：设置沿圆柱主轴的分段数。
- 旋转分段：设置圆柱的边数。
- 方向：决定圆柱创建初始的朝向。
- 封顶：勾选该项时，圆柱的顶面和底面有封盖。
- 分段（封顶）：设置围绕圆柱轴心的同心分段数。
- 圆角：勾选该项，圆柱会呈现圆角效果。
- 分段（圆角）：决定圆角光滑程度，值为1时呈现切角状态。

- 半径（圆角）：决定圆角的大小。
- 切片：控制是否开启"切片"功能。
- 起点/终点：设置圆柱沿中心轴旋转成形的完整性，从起点的角度到终点的角度等于360°时，是完整的圆柱，小于360°时，圆柱呈现扇形。

10.1.4　球体

球体重要参数，如图10-10所示。

图10-10

- 半径：决定球的大小。
- 分段：决定球的细分程度。
- 类型：决定构成球体的几何结构，如图10-11所示。

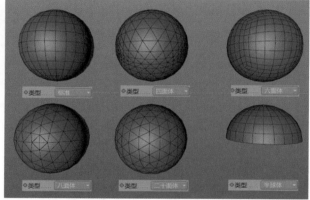

图10-11

- 理想渲染：勾选该项后，分段数将不影响渲染，渲染结果都很光滑，如图10-12所示。

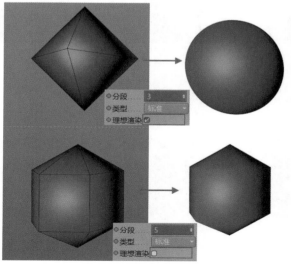

图10-12

10.1.5 管道

管道的重要参数，如图10-13所示。

图10-13

- 内部半径/外部半径：分别控制内圈与外圈的大小。
- 旋转分段：设置管道内外圈的边数。
- 封顶分段：设置管道内半径和外半径之间的分段数。
- 高度：决定管道的高度。
- 高度分段：设置沿管道主轴方向的分段数。
- 方向：决定管道创建初始的朝向。
- 圆角：勾选该项，管道会呈现圆角效果。
- 分段：决定圆角光滑程度，值为 1 时呈现切角状态。
- 半径：决定圆角的大小。
- 切片：控制是否开启"切片"功能。
- 起点/终点：设置管道沿中心轴旋转从起点的角度到终点的角度达到360°时，管道的顶底面呈完整的环状。

10.1.6 圆环

圆环的重要参数，如图10-14所示。

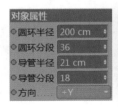

图10-14

- 圆环半径：设置从环形中心到横截面圆形的中心的距离。
- 圆环分段：设置围绕环形的分段数目，减小数值可以创建多边形环。
- 导管半径：设置横截面圆的半径。

- 导管分段：设置环形横截面圆形的边数。
- 方向：决定圆环创建初始的朝向。
- 切片：控制是否开启"切片"功能。
- 起点/终点：设置圆环横截面圆形沿中心轴旋转从起点的角度到终点的角度等于360°时，圆环呈完整的环状。

10.1.7 胶囊

胶囊的重要参数如图10-15和图10-16所示。

图10-15   图10-16

- 半径：设置胶囊的半径及胶囊封顶半球的大小。
- 高度：决定胶囊除封顶之外的高度。
- 高度分段：设置沿胶囊主轴方向的分段数。
- 封顶分段：设置胶囊封顶半球的分段数。
- 旋转分段：设置绕胶囊主轴方向的分段数。
- 方向：决定胶囊创建初始的朝向。
- 切片：控制是否开启"切片"功能。
- 起点/终点：设置胶囊沿中心轴旋转成形的完整性，从起点的角度到终点的角度等于360°时，胶囊呈完整的环状。

10.1.8 角锥

角锥参数如图10-17所示。

图10-17

- 尺寸：3个值分别为x、y和z轴方向上的大小。
- 分段：角锥表面的细分程度。
- 方向：决定角锥创建初始的朝向。

10.2 基础几何体建模实例

10.2.1 简约沙发的案例制作

沙发效果图如图10-18和图10-19所示。

图10-18

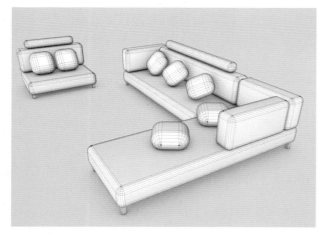

图10-19

01 执行主菜单创建>对象>立方体，在场景中创建立方体，如图10-20所示。

图10-20

02 在属性面板中，修改立方体参数如图10-21所示。

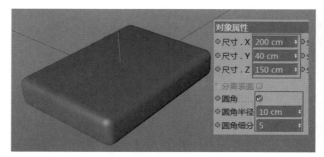

图10-21

03 选择上一步创建的立方体，按住Ctrl键沿y轴方向移动复制出一个长方体，然后在属性面板中，修改立方体参数并移动位置如图10-22所示。

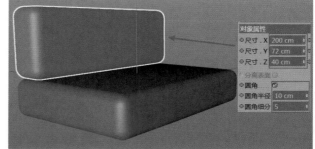

图10-22

04 继续沿y轴移动复制一个立方体，参数和位置如图10-23所示。

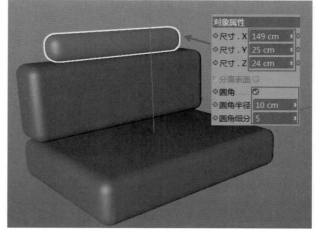

图10-23

05 继续创建立方体，参数和位置如图10-24所示。

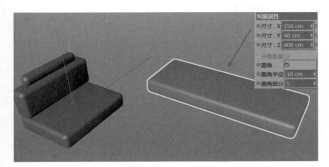

图10-24

06 选择上一步创建的立方体，按住Ctrl键在正视图沿y轴方向移动复制出一个长方体，然后在属性面板中，修改立方体参数并移动位置，如图10-25所示。

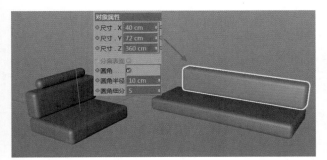

图10-25

07 选择上一步创建的立方体，按住Ctrl键沿z轴方向移动复制出一个长方体，然后在属性面板中，修改立方体参数并移动位置，如图10-26所示。

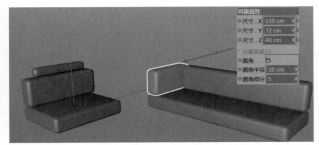

图10-26

08 继续创建立方体，位置和参数，如图10-27所示。

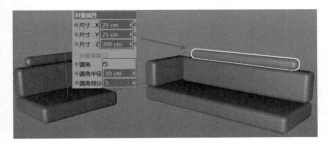

图10-27

09 继续创建立方体，位置和参数如图10-28所示。

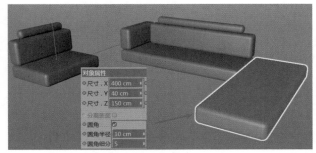

图10-28

10 选择上一步创建的立方体，按住Ctrl键沿y轴方向移动复制出一个长方体，然后在属性面板中，修改立方体参数并移动位置，如图10-29所示。

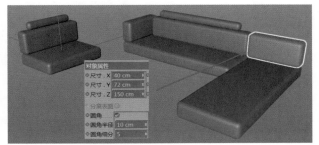

图10-29

11 选择上一步创建的立方体，按住Ctrl键沿x轴方向移动复制出一个长方体，然后在属性面板中，修改立方体参数并移动位置如图10-30所示。

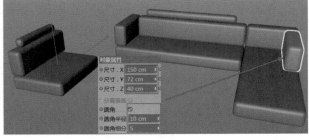

图10-30

12 创建立方体，参数和位置如图10-31所示。

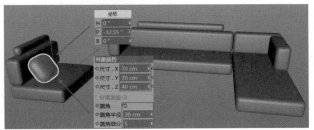

图10-31

13 选择上一步创建的立方体，按住Ctrl键沿x轴方向移动复制出一个长方体，如图10-32所示。

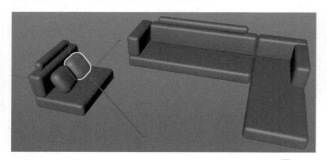

图10-32

14 用同样的方法复制多个立方体，放置在如图10-33所示位置。

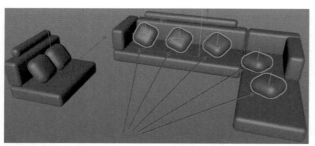

图10-33

15 创建立方体，参数如图10-34所示。

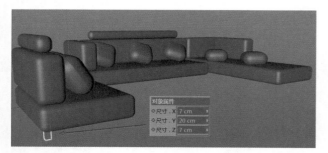

图10-34

16 选择上一步创建的立方体，移动复制出11个长方体，并放置在如图10-35和图10-36所示的位置。

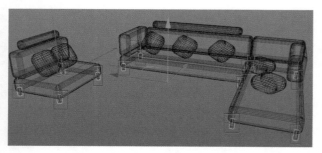

图10-35

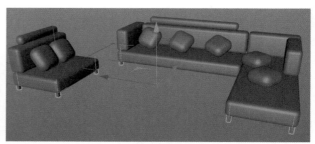

图10-36

10.2.2 简易书架的案例制作

书架效果图如图10-37和图10-38所示。

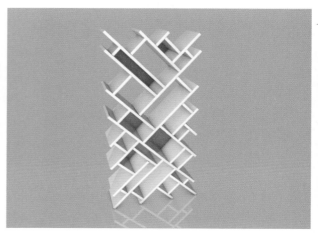

图10-37

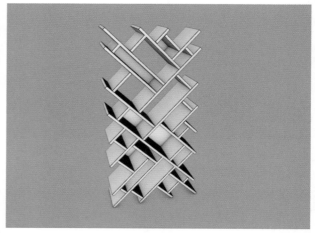

图10-38

01 执行主菜单创建>对象>平面，在场景中创建平面作为参考，如图10-39所示。

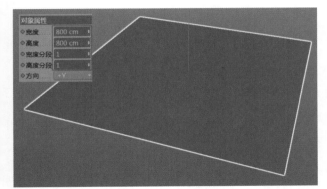

图10-39

02 执行主菜单创建>对象>立方体,在场景中创建立方体,并沿z轴方向旋转45°,位置和参数如图10-40所示。

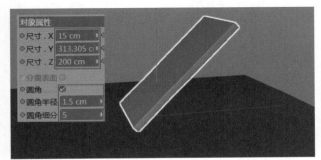

图10-40

03 选择上一步创建的立方体,确认坐标系统为对象坐标系统 📕,按Ctrl键沿x轴方向移动复制出第二个立方体,并调整参数和位置如图10-41所示。

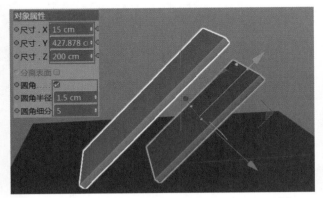

图10-41

04 用同样的方法复制出多个立方体,调整参数及位置如图10-42所示,这里参数就不再详细说明了,只调整尺寸.X和尺寸.Y的参数就可以了。

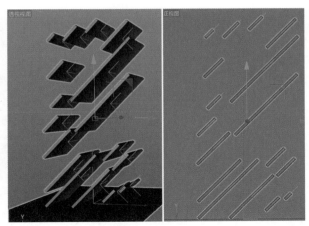

图10-42

05 创建立方体,并沿z轴方向旋转-45°,位置和参数如图10-43所示。

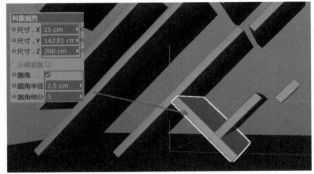

图10-43

06 选择上一步创建的立方体,确认坐标系统为对象坐标系统 📕,按Ctrl键沿x轴方向移动复制出第二个立方体,并调整参数和位置如图10-44所示。

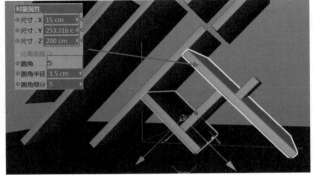

图10-44

07 用同样的方法复制出多个立方体,调整参数及位置如图10-45所示,这里参数就不再详细说明了,只调整尺寸.X和尺寸.Y的参数即可。

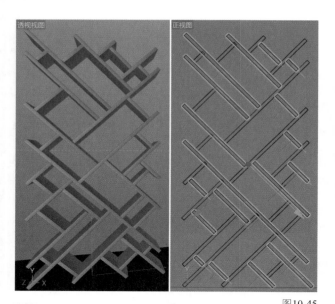

图10-45

08 创建立方体，并沿z轴方向旋转-45°，位置和参数如图10-46所示。

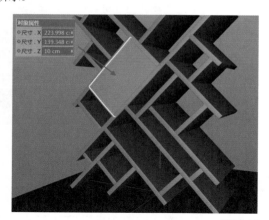

图10-46

09 选择上一步创建的立方体，确认坐标系统为对象坐标系统 ，按Ctrl键沿x轴方向移动复制出第二个立方体，并调整参数和位置如图10-47所示。

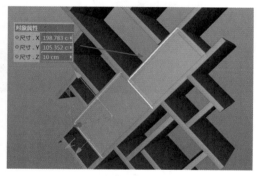

图10-47

10 用同样的方法复制出多个立方体，调整参数及位置如图10-48所示，只调整尺寸.X和尺寸.Y的参数即可。

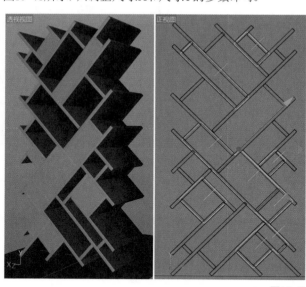

图10-48

10.2.3 餐桌椅的案例制作

餐桌椅效果图如图10-49和图10-50所示。

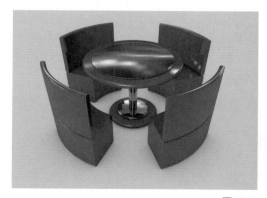

图10-49

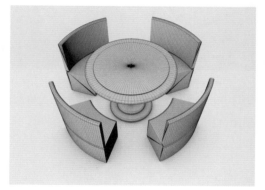

图10-50

01 执行主菜单创建>对象>圆柱，并设置参数如图10-51所示。

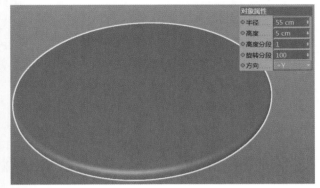

图10-51

02 选择创建好的圆柱，按Ctrl键沿y轴方向移动复制出一个圆柱，并调整参数和位置如图10-52所示。

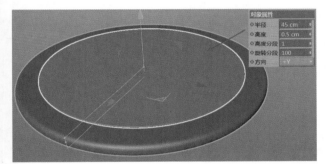

图10-52

03 选择上一步创建好的圆柱，继续移动复制圆柱，并调整参数和位置如图10-53所示。

图10-53

04 继续移动复制圆柱，并调整参数和位置如图10-54所示。

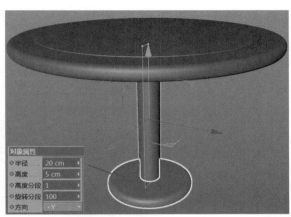

图10-54

05 继续移动复制圆柱，并调整参数和位置如图10-55所示。

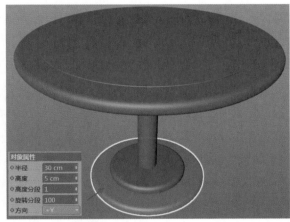

图10-55

06 在场景中创建管道，调整参数和位置如图10-56所示。

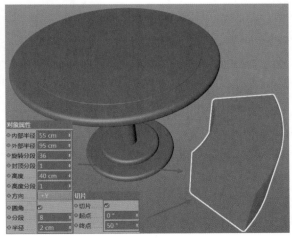

图10-56

07 选择创建好的管道，按Ctrl键沿y轴方向移动复制出一个圆柱，并调整参数和位置如图10-57所示。

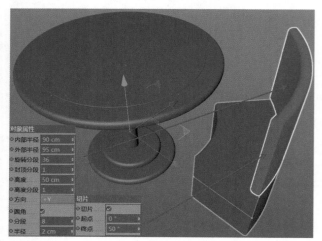

图10-57

08 同时选择已经创建好的两个管道，按Ctrl键沿y轴方向旋转复制出两个管道，用同样的方法将其他4个也复制出来，如图10-58所示。

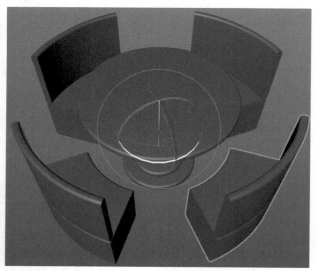

图10-58

10.2.4 水杯的案例制作

水杯效果图如图10-59和图10-60所示。

图10-59

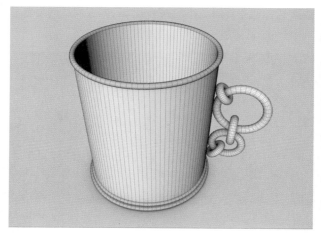

图10-60

01 在场景中创建圆柱，参数如图10-61所示设置。

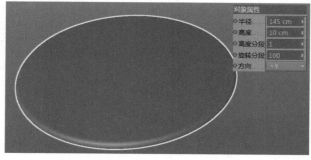

图10-61

02 选择创建好的圆柱，按Ctrl键沿y轴方向移动复制出一个圆柱，并调整参数和位置如图10-62所示。

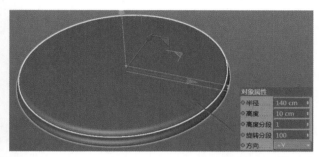

图10-62

03 在场景中创建管道，参数和位置如图10-63所示。

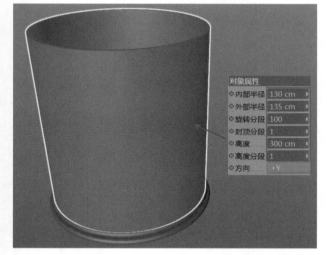

图10-63

04 在场景中创建圆环，参数和位置如图10-64所示。

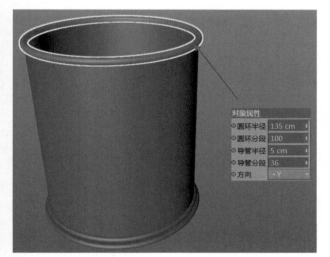

图10-64

05 继续创建圆环，参数和位置如图10-65所示。

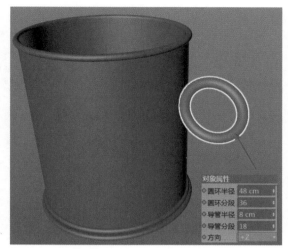

图10-65

06 选择上一步创建好的圆环，按Ctrl键沿y轴负方向移动复制出一个圆环，并调整参数和位置如图10-66所示。

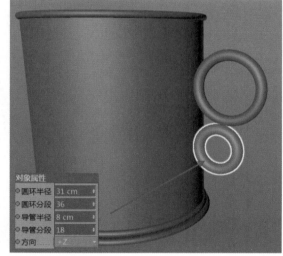

图10-66

07 继续创建圆环，参数和位置如图10-67所示。

图10-67

08 再次创建两个圆环，位置和参数如图10-68所示。

图10-68

10.2.5　葡萄装饰品的案例制作

葡萄装饰品效果图如图10-69和图10-70所示。

图10-69

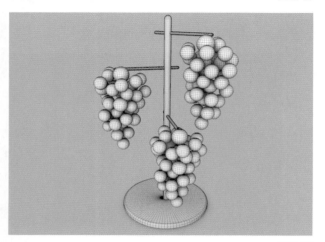

图10-70

01 在场景创建圆柱，参数如图10-71所示。

图10-71

02 选择创建好的圆柱，按Ctrl键沿y轴方向移动复制出一个圆柱，并调整参数和位置如图10-72所示。

03 在场景创建圆柱，参数和位置如图10-73所示。

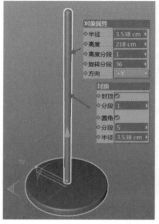

图10-72

图10-73

04 选择上一步创建的圆柱，移动复制两个圆柱并将它们旋转放置在如图10-74所示的位置。

图10-74

05 在场景中创建球，并进行移动复制操作，摆放成一串葡萄的形状，选择所有复制出来的球体，在对象面板中执行右键菜单>群组对象，使它们成一个组，如图10-75所示。

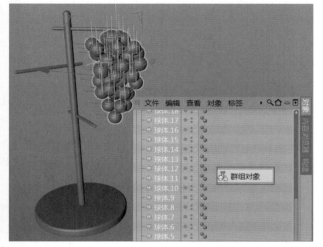

图10-75

06 选择上一步打好的组，在对象面板中按Ctrl键拖曳，复制出两个组，两个组做适当的旋转，并放置在如图10-76所示的位置。

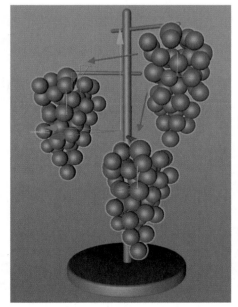

图10-76

10.2.6 卡通城堡的案例制作

卡通城堡效果图如图10-77和图10-78所示。

图10-77

图10-78

01 在场景中创建立方体，参数如图10-79所示。

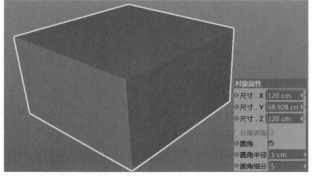

图10-79

02 移动复制上一步创建的立方体，调整参数和位置如图10-80所示。

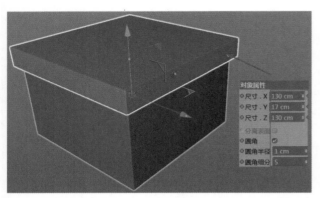

图10-80

03 继续复制立方体，调整参数和位置如图10-81所示。

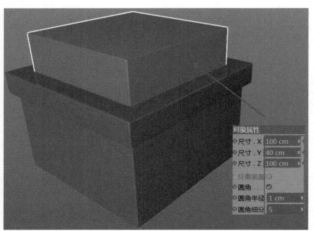

图10-81

04 继续复制立方体，调整参数和位置如图10-82所示。

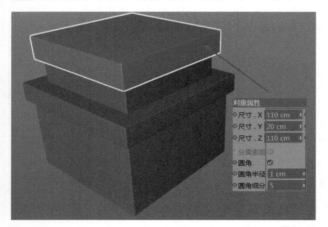

图10-82

05 创建立方体，参数和位置如图10-83所示。

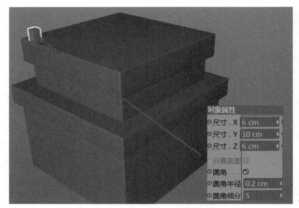

图10-83

06 选择上一步创建的立方体，移动复制多个，并放置在如图10-84所示的位置。

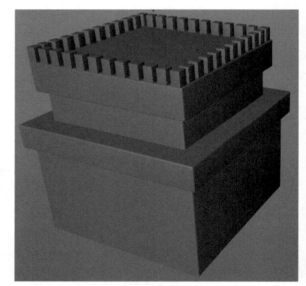

图10-84

07 创建立方体，参数和位置如图10-85所示。

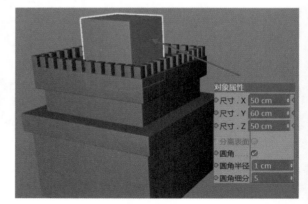

图10-85

08 选择上一步创建好的立方体,沿y轴方向移动复制出一个立方体,调整参数和位置如图10-86所示。

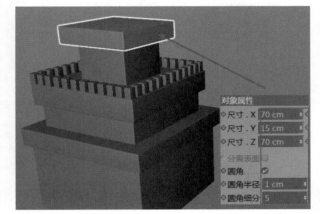

图10-86

09 创建立方体,参数和位置如图10-87所示。

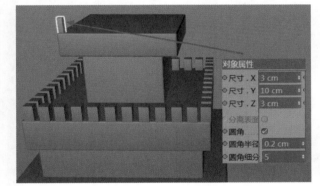

图10-87

10 选择上一步创建的立方体,移动复制多个,并放置在如图10-88所示位置。

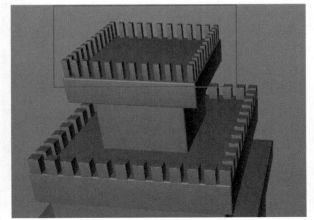

图10-88

11 创建圆柱,参数和位置如图10-89所示。

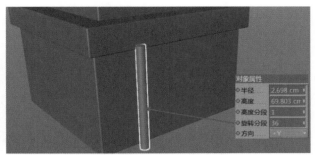

图10-89

12 选择上一步创建的圆柱,移动复制,并调整参数和位置如图10-90所示。

图10-90

13 继续复制圆柱,调整位置和参数如图10-91所示。

图10-91

14 继续复制圆柱,调整位置和参数如图10-92所示。

图10-92

15 创建圆锥，调整位置和参数如图10-93所示。

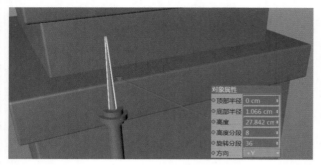

图10-93

16 选择如图10-94所示的对象，按Alt+G组合键，把它们编组，并且移动复制组至如图10-94所示位置。

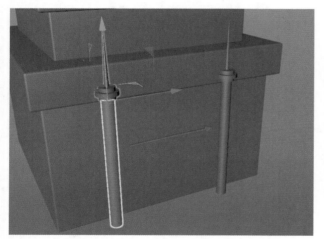

图10-94

17 在场景中创建立方体，参数和位置如图10-95所示。

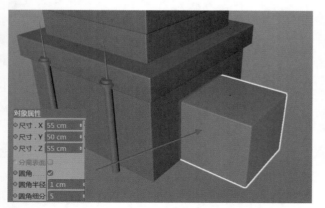

图10-95

18 创建圆锥，参数和位置如图10-96所示。

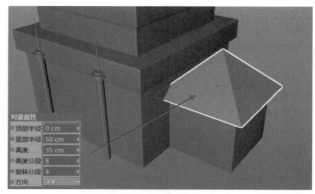

图10-96

19 创建圆柱，参数和位置如图10-97所示。

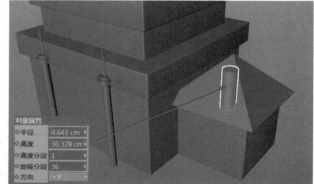

图10-97

20 继续创建圆锥，参数和位置如图10-98所示。

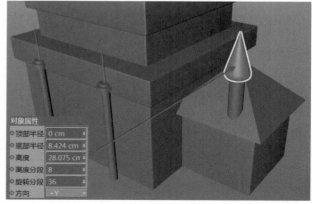

图10-98

21 继续创建圆锥，参数和位置如图10-99所示。

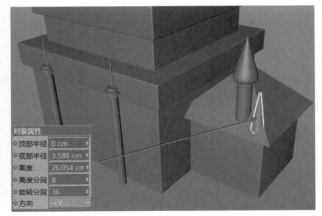

图10-99

22 继续创建圆柱，参数和位置如图10-100所示。

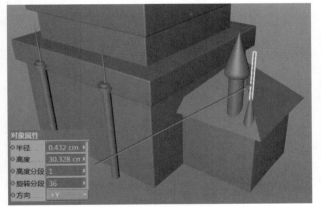

图10-100

23 选择上一步创建好的圆柱，移动复制，并设置参数和位置，如图10-101所示。

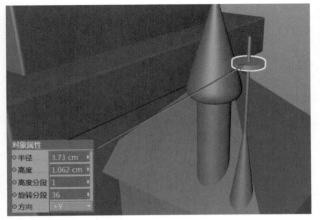

图10-101

24 继续复制圆柱，参数和位置如图10-102所示。

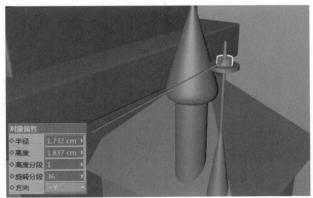

图10-102

25 用以上3步同样的方法制作出如图10-103所示的圆柱。

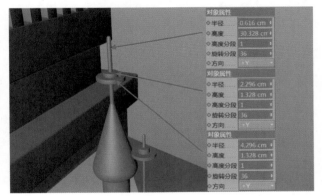

图10-103

26 创建管道，沿z轴旋转45°，位置和参数如图10-104所示。

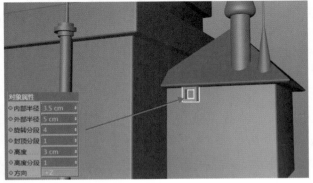

图10-104

27 选择上一步创建的管道，单击 将坐标系统切换为世界坐标系统，移动复制两个。放置在如图10-105所示的位置。

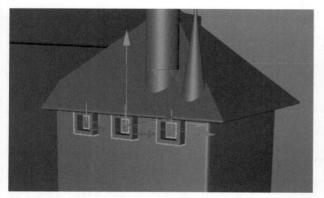

图10-105

28 创建圆管，参数和位置如图10-106所示。

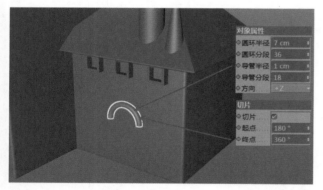

图10-106

29 创建圆柱，参数和位置如图10-107所示，注意圆柱的半径要和上一步创建的圆环的导管半径一至，以便对接。

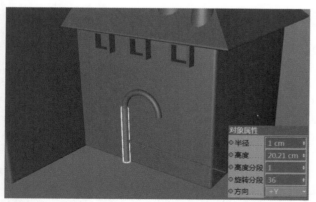

图10-107

30 沿x轴方向移动复制圆柱到如图10-108所示位置。

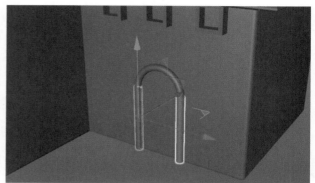

图10-108

31 选择如图10-109所示的对象，按Alt+G组合键编组。

图10-109

32 选择上一步编好的组，移动复制到如图10-110所示位置。

图10-110

33 创建立方体，位置和参数如图10-111所示。

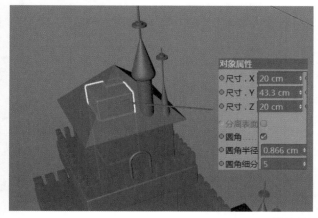

图10-111

34 创建圆锥位置和参数如图10-112所示。

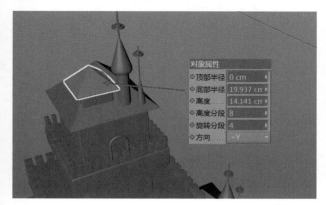

图10-112

35 创建圆柱位置和参数如图10-113所示。

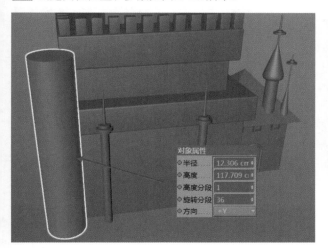

图10-113

36 移动复制上一步创建的圆柱，并设置位置和参数如图10-114所示。

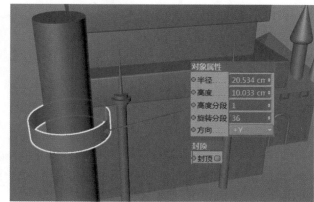

图10-114

37 创建圆锥，参数和位置如图10-115所示。

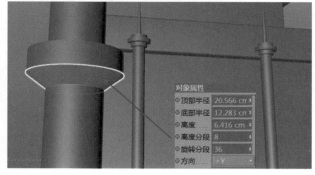

图10-115

38 创建圆环，参数和位置如图10-116所示。

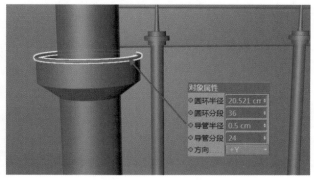

图10-116

39 选择如图10-117所示3个对象，移动复制，并调整参数和位置如图10-117所示。

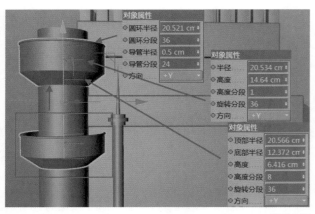

图10-117

40 创建3个圆柱，参数和位置如图10-118所示。

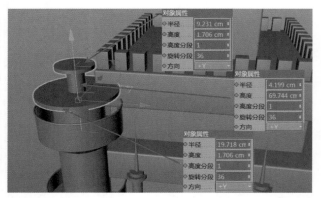

图10-118

41 创建3个圆锥，参数和位置如图10-119所示。

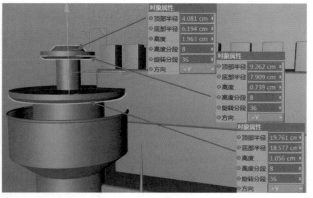

图10-119

42 继续创建圆锥，参数和位置如图10-120所示。

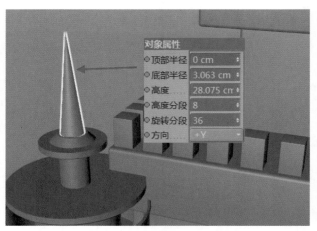

图10-120

43 选择上一步创建的圆锥，移动复制，并调整参数和位置如图10-121所示。

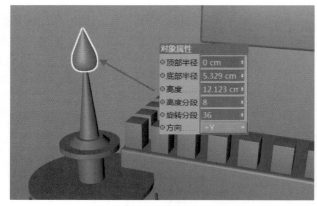

图10-121

44 创建圆柱，移动复制4个位置和参数如图10-122所示。

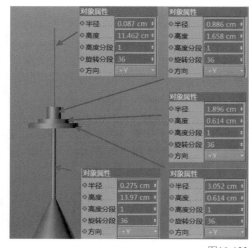

图10-122

45 继续创建圆锥，参数和位置如图10-123所示。

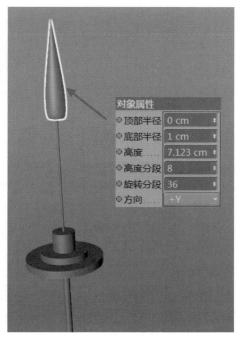

图10-123

如图10-124所示3个小窗户的做法和前面讲过的做法一样这里就不再多讲了。

图10-124

46 选择如图10-125所示的对象编组，并移动复制，稍做删减然后调整位置。

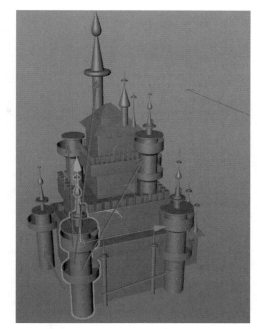

图10-125

47 选择如图10-126所示对象，移动复制并缩放放置在如图10-126所示位置。

图10-126

10.2.7 台灯的案例制作

台灯效果图如图10-127和图10-128所示。

图10-127

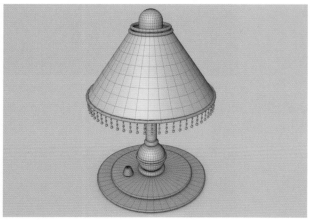

图10-128

01 创建圆柱，参数如图10-129所示。

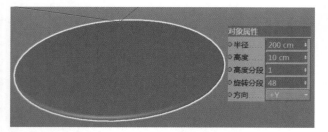

图10-129

02 选择上一步创建的圆柱，沿y轴移动复制，并调整参数和位置如图10-130所示。

图10-130

03 创建圆环，调整参数和位置如图10-131所示。

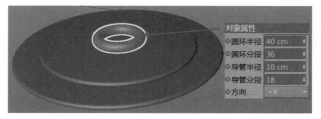

图10-131

04 创建胶囊，参数和位置如图10-132所示。

图10-132

05 选择上两步创建的圆环，移动复制出一个，参数和位置如图10-133所示。

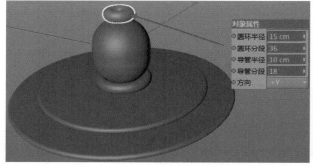

图10-133

06 选择上两步创建的胶囊，移动复制出一个，参数和位置如图10-134所示。

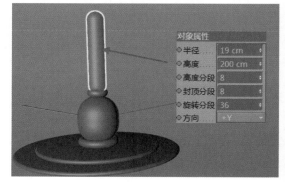

图10-134

07 选择上两步创建的圆环,移动复制出一个,参数和位置如图10-135所示。

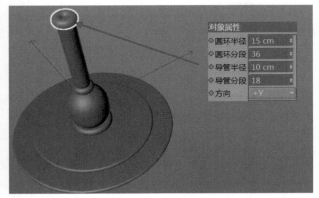

图10-135

08 选择上一步创建的圆环,移动复制出两个,参数和位置如图10-136所示。

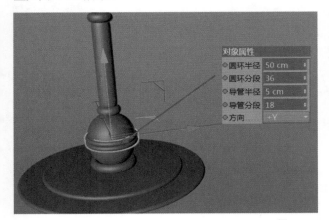

图10-136

09 创建球体,参数位置如图10-137所示。

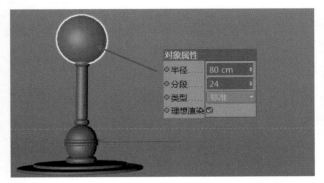

图10-137

10 创建胶囊,参数和位置如图10-138所示。

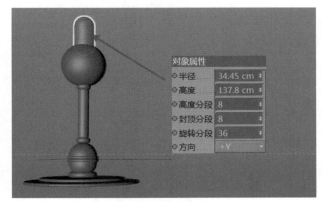

图10-138

11 创建圆锥,参数和位置如图10-139所示。

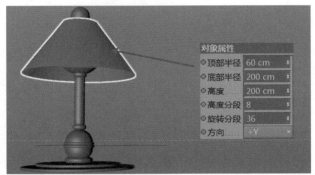

图10-139

12 创建3个圆环,参数和位置如图10-140所示。

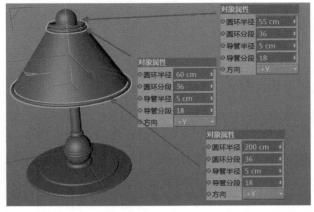

图10-140

13 创建圆柱,位置和参数如图10-141所示。

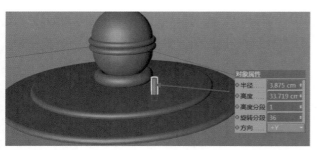

图10-141

14 创建圆锥，参数和位置如图10-142所示。

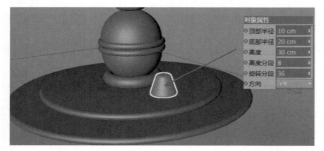

图10-142

15 创建3个宝石，缩小放置在如图10-143所示的位置。

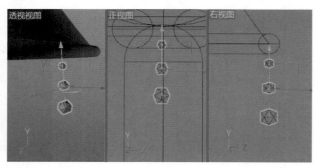

图10-143

16 创建两个角锥，缩小放置在如图10-144所示的位置。

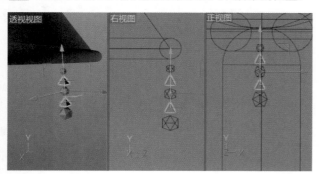

图10-144

17 选择创建的宝石和角锥对象，编组，选择组在对象面板中按Ctrl键拖曳，复制63个，选中所有的组，执行主菜单工具>环绕对象>排列，设置好参数后，单击应用按钮，参数如图10-145和图10-146所示。

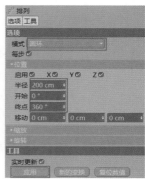

图10-145   图10-146

18 选择排列好的组，移动到如图10-147所示位置。

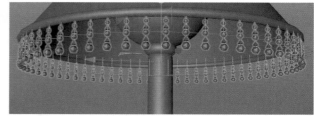

图10-147

10.3　样条线及NURBS建模

10.3.1　倒角字的制作

倒角字效果图如图10-148和图10-149所示。

图10-148

图10-149

01 执行主菜单>创建>样条>文本，在正视图创建文字，在对象属性面板中输入需要的文字，在字体选项中选择合适的字体，如图10-150所示。

图10-150

02 在正视图创建矩形，参数如图10-151所示。

图10-151

03 在对象面板中，按Ctrl键拖曳，复制出8个矩形，选择所有矩形，执行主菜单工具>环绕对象>排列，设置好参数后单击应用按钮，结果如图10-152所示。

图10-152

04 选择所有的矩形，按C键转换成多边形对象，在对象窗口中执行右键菜单>连接对象+删除，使所有的矩形合并成一个对象，该对象自动命名为矩形9，选择文体，进入对象属性面板，勾选分隔字母后，按C键转换成多边形对象，

结果每个字母都变成了单独的对象，如图10-153所示。

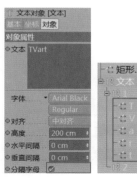

图10-153

05 选择所有字母，将它们与文体脱离父子关系，选择T和V两个字母，执行连接对象+删除合并成一个对象，该对象自动重命名为T.1，选择a、r和t字母，执行连接对象+删除合并成一个对象，该对象自动重命名为a1。

06 执行主菜单>造型>样条布尔，将矩形.9和T.1作为样条布尔的子对象，样条布尔的结果和参数如图10-154所示。

图10-154

07 选择样条布尔按C键转换成多边形对象，选择样条布尔和a1，执行连接对象+删除合并成一个对象，该对象自动重命名为样条布尔1。

08 执行主菜单>创建>生成器>挤压，并将样条布尔1作为挤压NURBS的子对象，并设置挤压NURBS的参数，结果如图10-155所示。

图10-155

Cinema 4D完全学习手册（第2版）

10.3.2 CCTV台标的制作

CCTV台标效果图如图10-156和图10-157所示。

图10-156

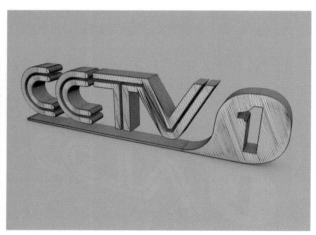

图10-157

01 在正视图中执行视图菜单选项>配置视图，在属性面板中切换到背景选项卡，单击图像后面的按钮调入CCTV1的台标图片，并调整参数如图10-158所示。

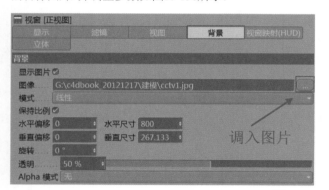

图10-158

02 创建矩形，调整大小和位置如图10-159所示。

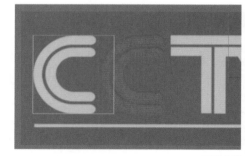

图10-159

03 按C键将矩形转换为多边形对象，并设置对象属性，结果如图10-160所示。

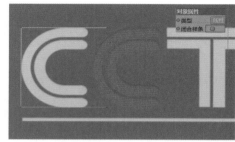

图10-160

04 进入点层级调整点至如图10-161所示状态。

图10-161

05 执行右键菜单>创建轮廓，轮廓参数和结果如图10-162所示。

图10-162

160

06 选择如图10-163所示的点执行右键菜单>倒角，参数和结果如图10-163所示。

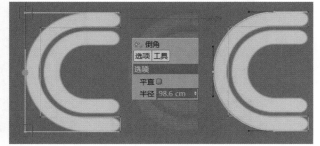

图10-163

07 选择如图10-164所示的点执行右键菜单>倒角，并调整位置，参数和结果如图10-164所示。

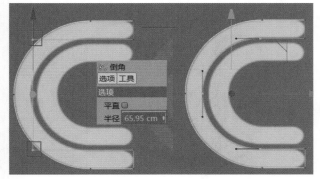

图10-164

08 选择如图10-165所示的点执行右键菜单>倒角，并调整位置，参数和结果如图10-165所示。

图10-165

09 下面两个点也用同样的方法做成圆角。用同样的方法制作出其他几个C，如图10-166所示。

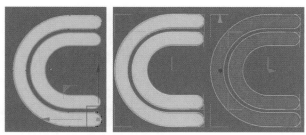

图10-166

10 执行主菜单创建>样条>线性，绘制出如图10-167所示样条。并在对象面板中执行连接对象+删除使它们合并成一个对象。

图10-167

11 对如图10-168所示点执行倒角。

图10-168

12 结果如图10-169所示。

图10-169

13 对于没有匹配的地方做适当调整，结果如图10-170所示。

图10-170

14 进入点层级，在如图10-171所示位置执行右键菜单>创建点，选择新创建的点执行右键菜单>柔性插值，出现调节手柄后，调整点的位置和手柄，结果如图10-171所示。

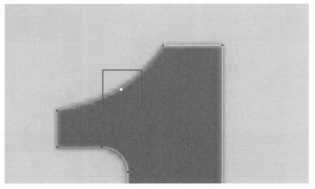

图10-171

15 选择矩形，矩形1和矩形6，执行连接对象+删除，合并成一个对象，该对象自动命名为样条，选择矩形2和矩形3执行连接对象+删除，合并成一个对象，该对象自动命名为矩形，选择合并后的两个样条对象，调整对象属性如图10-172所示。

图10-172

16 创建挤压NURBS，将样条和矩形作为挤压NURBS的子对象。结果如图10-173所示。

图10-173

10.3.3 米奇的案例制作

米奇效果图如图10-174和图10-175所示。

图10-174

图10-175

01 执行主菜单创建>样条>圆环，在正视图中创建圆环样条，并移动复制两个，适当缩小放置在如图10-176所示的位置。

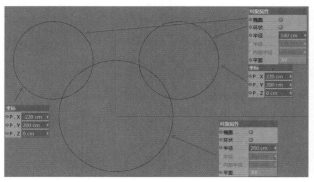

图10-176

02 再次创建圆，参数和位置如图10-177所示。

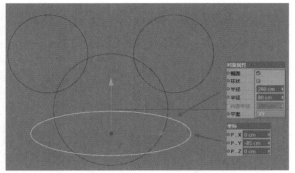

图10-177

03 选择已经创建好的4个圆环，按C键转换为多边形对象，执行主菜单>创建>造型>样条布尔，在对象面板中将圆环和圆环1作为样条布尔的子对象，样条布尔结果及参数如图10-178所示。

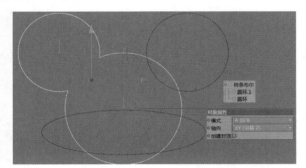

图10-178

04 继续创建样条布尔，自动重命名为样条布尔1，在对象面板中将样条布尔和圆环2作为样条布尔1的子对象，样条布尔1的参数和样条布尔参数一致，结果如图10-179所示。

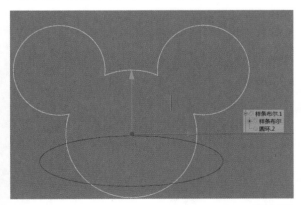

图10-179

05 继续创建样条布尔，将其重命名为样条布尔2，在对象面板中将样条布尔1和圆环3作为样条布尔2的子对象，样条布尔2的参数和样条布尔参数一致，结果如图10-180所示。

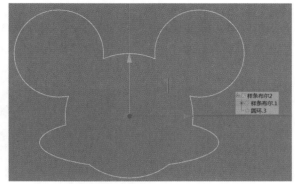

图10-180

06 创建圆环样条，将其命名为圆环4，并设置参数，移动复制出一份，命名为圆环5，把两个圆环放置在如图10-181所示的位置。

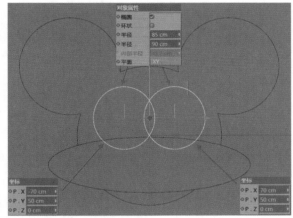

图10-181

07 将圆环3复制一份，重命名为圆环6，创建样条布尔，将其重命名为样条布尔3，在对象面板中将圆环4和圆环5作为样条布尔3的子对象，样条布尔3的参数和之前创建的样条布尔参数一致，结果如图10-182所示。

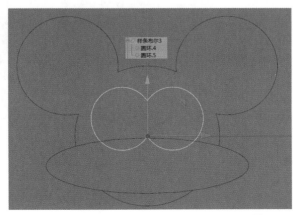

图10-182

08 继续创建样条布尔，将其重命名为样条布尔4，在对
象面板中将样条布尔3和圆环6作为样条布尔4的子对象，
样条布尔4的参数和样条布尔参数一致，结果如图10-183
所示。

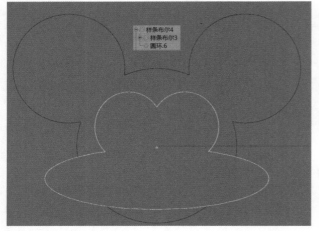

图10-183

09 将样条布尔4和样条布尔2按C键转换成多边形对象，
选择样条布尔4，进入点层级，执行右键菜单>创建点，在
如图10-184所示位置添加两个点。

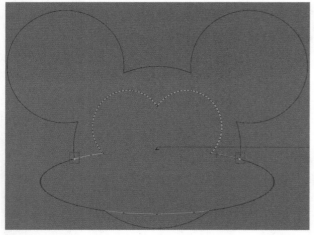

图10-184

10 选择如图10-185所示的点按Delete键删除，结果如图
10-186所示。

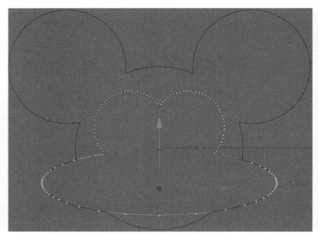

图10-185

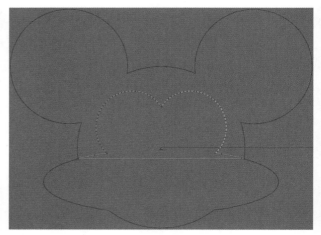

图10-186

11 选择如图10-187所示的最右侧的点，执行右键菜单>
设置起点，并设置对象参数，结果如图10-188所示。

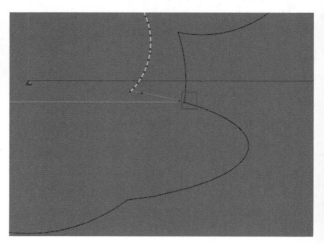

图10-187

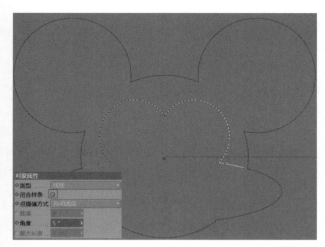

图10-188

12 创建4个圆环，参数和位置如图10-189所示。

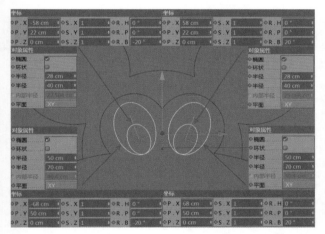

图10-189

13 再次创建圆环样条，位置和参数如图10-190所示。

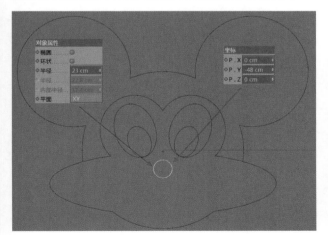

图10-190

14 创建两段弧，参数和位置如图10-191所示。

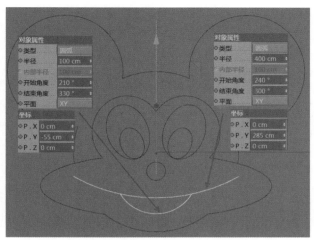

图10-191

15 继续创建两段弧，参数和位置如图10-192所示。

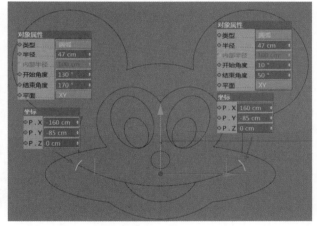

图10-192

16 选择所有的样条对象，按C键转换成多边形对象，选择所有的勾选闭合样条属性的对象，在对象面板中执行右键菜单>连接对象+删除，合并成一个样条对象，如图10-193所示。

图10-193

17 选择所有的未勾选闭合样条属性的对象，在对象面板中执行右键菜单>连接对象+删除，合并成一个样条对象，如图10-194所示。

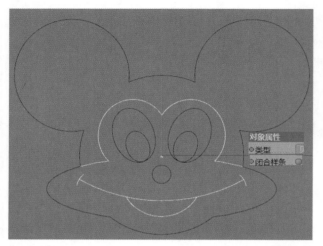

图10-194

18 创建圆环样条，参数如图10-195所示，并复制一份，自动命名为圆环1。

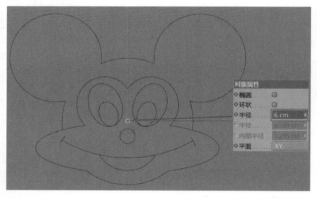

图10-195

19 执行主菜单>创建>生成器>扫描，创建两个扫描NURBS，在对象面板中将圆环和圆弧4作为扫描NURBS.1的子对象。将圆环1和圆环5作为扫描NURBS的子对象，结果如图10-196所示。

—— **注 意** ——————————

　在应用扫描NURBS时，应将扫描的截面放在子层级的上方，扫描的路径放在子层级的下方。

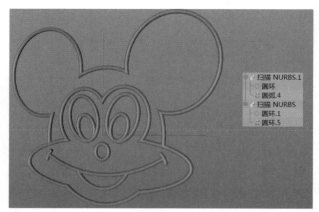

图10-196

10.3.4 小号的案例制作

　　小号效果图如图10-197和图10-198所示。

图10-197

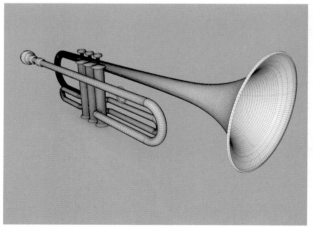

图10-198

01 在正视图中执行视图菜单选项>配置视图,在属性面板中切换到背景选项卡,单击图像后面的按钮调入小号图片作为参考,并调整参数如图10-199所示。

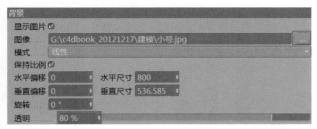

图10-199

02 在正视图中绘制如图10-200所示样条。

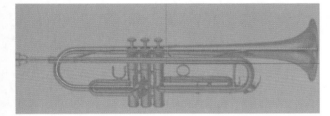

图10-200

03 样条在透视图中效果如图10-201所示。

图10-201

04 创建圆环,参数如图10-202所示。

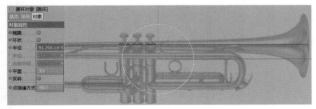

图10-202

05 执行主菜单>创建>生成器>扫描,将圆环和上两步创建的样条作为扫描NURBS的子对象,具体参数和结果如图10-203和图10-204所示。

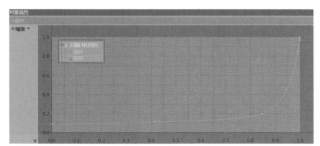

图10-203

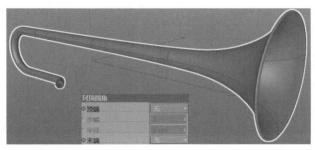

图10-204

06 绘制如图10-205所示样条。

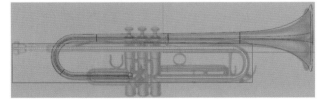

图10-205

07 透视图中效果如图10-206所示。

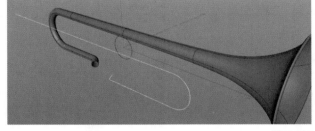

图10-206

08 将上两步创建的圆环复制一份,创建扫描NURBS,自动命名为扫描NURBS.1,将圆环和上一步创建的样条作为扫描NURBS.1的子对象,具体参数和结果如图10-207和图10-208所示。

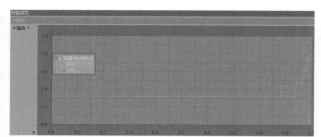

图10-207

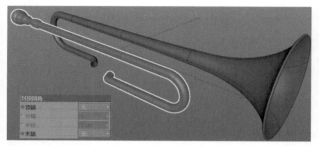

图10-208

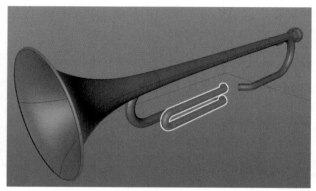

图10-211

图10-212

09 绘制如图10-209所示样条。

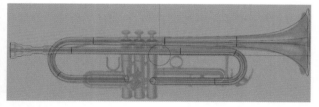

图10-209

12 继续绘制样条，如图10-213所示。

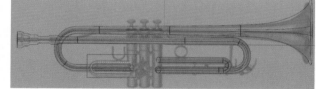

图10-213

10 透视图中效果如图10-210所示。

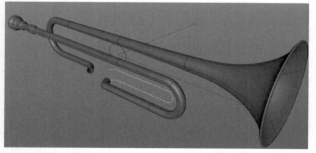

图10-210

13 透视图效果如图10-214所示。

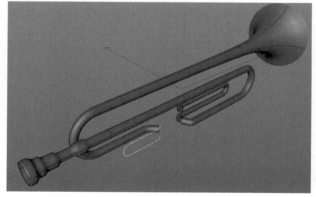

图10-214

11 再次复制上两步创建的圆环，创建扫描NURBS，自动命名为扫描NURBS.2，将圆环和上一步创建的样条作为扫描NURBS.2的子对象，具体参数和结果如图10-211和图10-212所示。

14 用上三步的方法制作出如图10-215所示对象，该对象命名为扫描NURBS.3。

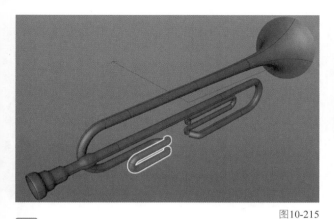

图10-215

15 绘制直线样条，如图10-216所示。

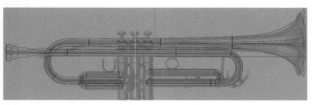

图10-216

16 复制前面创建的圆环，创建扫描NURBS，自动命名为扫描NURBS.4，将圆环和上一步创建的样条作为扫描NURBS.4的子对象，具体参数和结果如图10-217和图10-218所示。

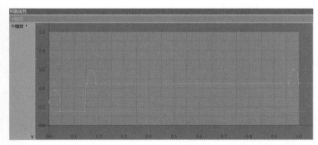

图10-217

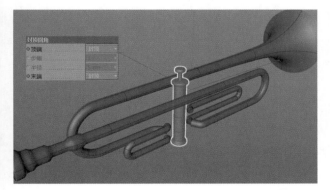

图10-218

17 将上一步创建的对象移动复制两份如图10-219所示。

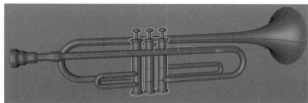

图10-219

18 用前面步骤所讲的方法制作出如图10-220所示的对象。

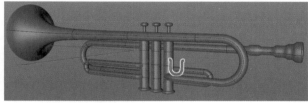

图10-220

19 创建3个圆柱对象和一个圆环对象，放置在如图10-221所示位置。

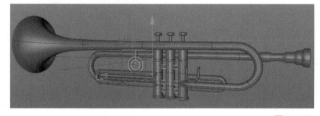

图10-221

10.3.5 酒瓶酒杯的案例制作

酒瓶酒杯效果图如图10-222和图10-223所示。

图10-222

图10-223

01 在正视图绘制如图10-224 所示样条。

02 执行主菜单创建＞ 生成器＞旋转，并将上一步绘制的样条作为旋转NURBS的子对象，参数和结果如图10-225 所示。

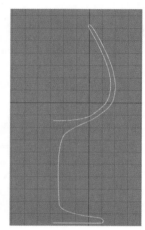

图10-224

图10-225

03 在正视图绘制如图10-226所示样条。

04 创建旋转NURBS，并将上一步绘制的样条作为旋转NURBS的子对象，参数和结果如图10-227所示。

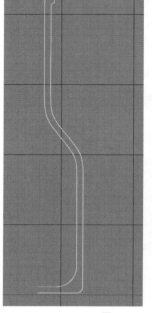

图10-226

图10-227

10.3.6 马灯的案例制作

马灯效果图如图10-228和图10-229所示。

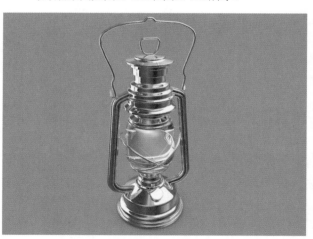

图10-228

图10-229

01 在正视图中创建如图10-230所示样条。

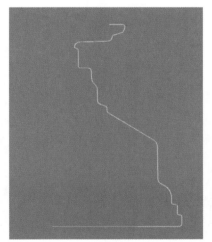

图10-230

02 创建旋转工具,将样条作为旋转子层级,参数及结果如图10-231所示。

图10-231

03 创建如图10-232所示样条。

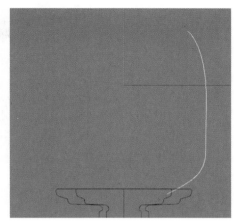

图10-232

04 创建旋转NURBS,并将上一步绘制的样条作为旋转NURBS的子对象,参数和上一步旋转NURBS参数一致,结果如图10-233所示。

05 创建如图10-234所示样条。

图10-233

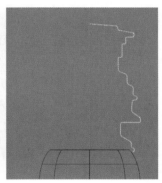

图10-234

06 创建旋转 NURBS,并将上一步绘制的样条作为旋转NURBS的子对象,参数和上一步旋转NURBS参数一致,结果如图10-235所示。

图10-235

07 创建圆环并修改成如图10-236所示的样条。

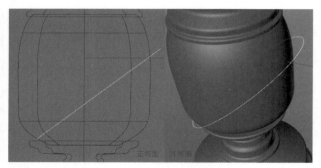

图10-236

08 创建圆环样条，创建扫描NURBS，并将圆环和上一步创建的样条作为扫描NURBS的子对象，结果如图10-237所示。

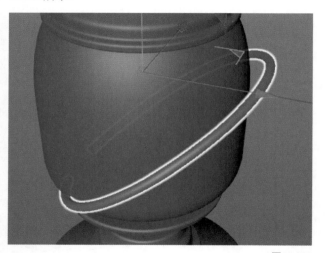

图10-237

09 用同样的方法制作出如图10-238所示的模型。

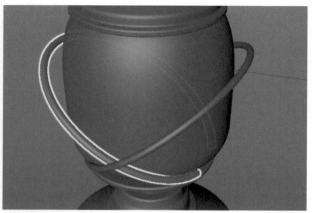

图10-238

10 创建如图10-239所示样条。

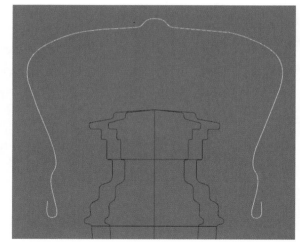

图10-239

11 创建圆环样条，创建扫描NURBS，并将圆环和上一步创建的样条作为扫描NURBS的子对象，结果如图10-240所示。

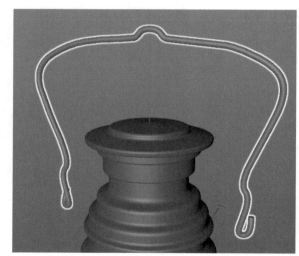

图10-240

12 创建如图10-241所示的两个样条，一条作为路径，另一条作为截面。

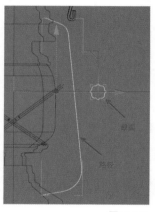

图10-241

13 创建圆环样条，创建扫描NURBS，并将上一步创建两个样条作为扫描NURBS的子对象，结果如图10-242所示。

14 将上一步创建的扫描NURBS对象旋转复制一份，如图10-243所示。

图10-242   图10-243

15 创建如图10-244所示的样条。

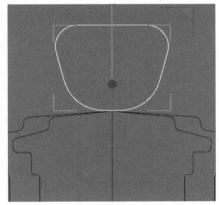

图10-244

16 创建圆环样条，创建扫描NURBS，并将圆环和上一步创建的样条作为扫描NURBS的子对象，结果如图10-245所示。

图10-245

17 创建如图10-246所示样条。

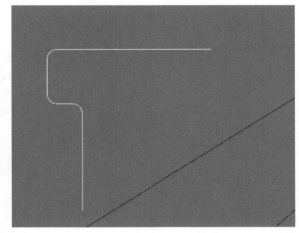

图10-246

18 创建旋转NURBS，并将上一步绘制的样条作为旋转NURBS的子对象，结果如图10-247所示。

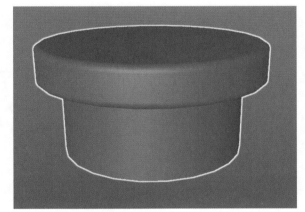

图10-247

19 选择上一步创建的旋转NURBS对象，按C键转换成多边形物体，旋转移动放置在如图10-248所示的位置。

图10-248

10.3.7 花瓶的案例制作

花瓶效果图如图10-249和图10-250所示。

图10-249

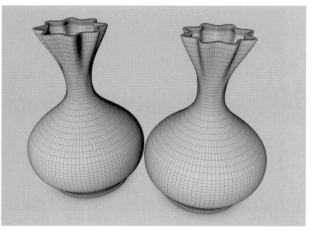

图10-250

01 创建圆环，按C键转换成多边形对象，进入点层级，执行右键菜单>细分，参数和结果如图10-251所示。

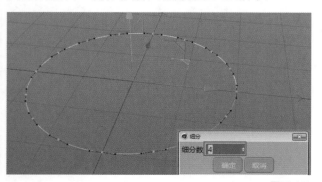

图10-251

02 选择上一步创建的圆环，移动复制，并缩放调整至如

图10-252所示状态。

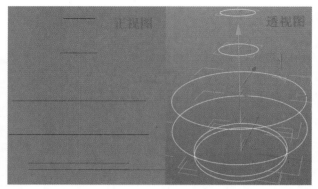

图10-252

03 选择第一步创建的圆，移动复制到如图10-253所示的位置。

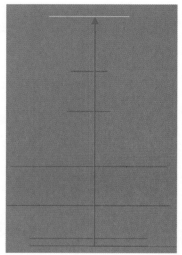

图10-253

04 进入点层级，在顶视图，隔点选择缩小，将圆调整成如图10-254所示的形状。

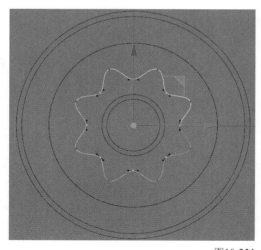

图10-254

05 复制两份上一步修改过的圆环,放置在如图10-255所示位置。

06 执行主菜单创建>生成器>放样,并将所有的圆环作为放样NURBS的子对象,结果如图10-256所示。

图10-255

图10-256

07 子对象排列顺序如图10-257所示。

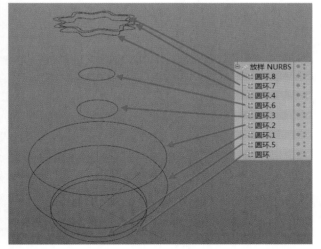
图10-257

—— 注 意 ——

在应用放样NURBS时,子对象的排列顺序就是放样对象的面形成的顺序。

10.3.8 香水瓶的案例制作

香水瓶效果图如图10-258和图10-259所示。

图10-258

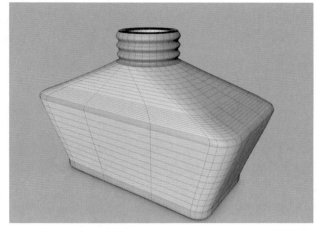
图10-259

01 在顶视图创建矩形,按C键转换成多边形对象,进入点层级,将4个点做倒角,结果如图10-260所示。

图10-260

02 选择上一步创建的矩形,移动复制5份,进行缩放操作,放置在如图10-261所示的位置。

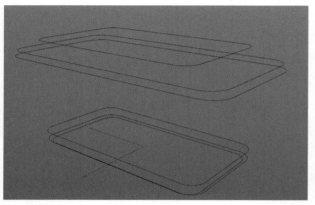

图10-261

03 在顶视图创建圆环如图10-262所示。

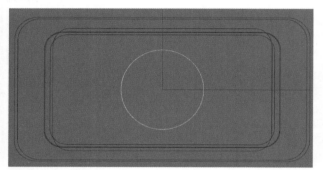

图10-262

04 选择上一步创建的圆环，移动复制8份，进行缩放操作，放置在如图10-263所示的位置。

图10-263

05 创建放样NURBS，并把所有的样条对象作为放样NURBS的子对象，设置参数结果如图10-264所示。完成了一个实心的瓶子。需要注意子对象的排列顺序。

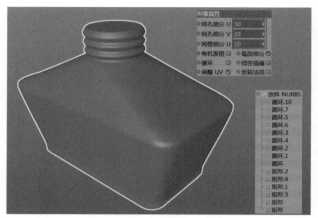

图10-264

06 接下来制作瓶子的内部。选择放样NURBS，将其可见性关闭，选择其中一个圆环复制3份，进行缩放操作，放置在如图10-265所示位置。

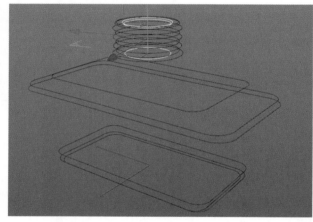

图10-265

07 选择其中一个矩形，复制3份，进行缩放操作，放置在如图10-266所示位置。

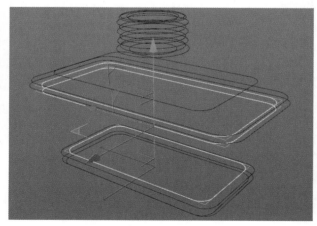

图10-266

08 选择上两步创建的6个对象，将它们也作为放样NURBS的子对象，结果如图10-267所示。

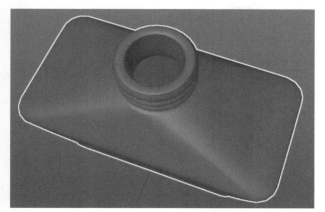

图10-267

10.4 造型工具建模

10.4.1 骰子的案例制作

骰子效果图如图10-268和图10-269所示。

图10-268

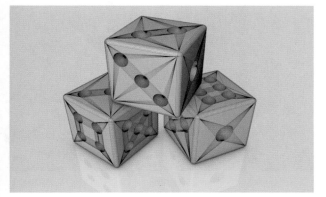

图10-269

01 创建立方体，参数如图10-270所示。

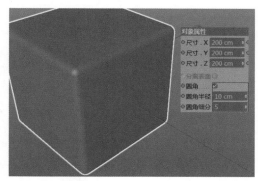

图10-270

02 创建20个球体，调整位置和大小，20个球体和立方体6个面的位置关系如图10-271所示。

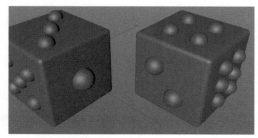

图10-271

03 选择所有对象，按C键转换成多边形对象，在对象面板中选择20个球体，执行右键菜单>连接对象+删除，使它们合并成一个对象。

04 执行主菜单创建>造型>布尔，并将上一步合并的对象和立方体作为布尔的子对象，设置布尔参数，结果如图10-272所示。

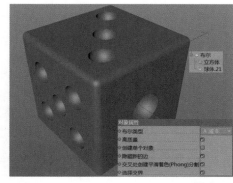

图10-272

—— 注 意 ——

在应用布尔时，布尔的结果与布尔子对象的顺序有关，上层子对象为布尔参数里的A物体，下层子对象为布尔参数里的B物体。

10.4.2　插线板的案例制作

插线板效果图如图10-273和图10-274所示。

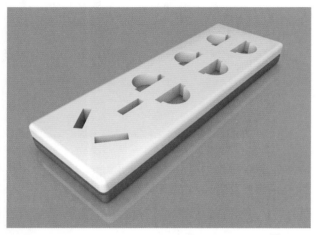

图10-273

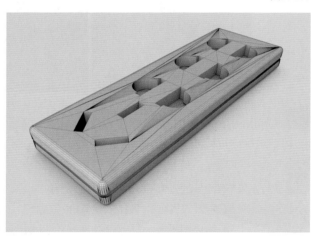

图10-274

01 创建立方体，参数如图10-275所示。

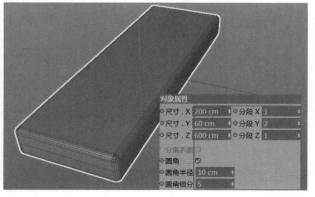

图10-275

02 在顶视图创建如图10-276所示样条，在层面板中执行右键菜单>连接对象+删除，使它们合并成一个对象。

03 创建挤压NURBS，将上一步创建的样条作为挤压NURBS的子对象，设置参数并调整位置与第一步创建立方体有相交部分，如图10-277所示。

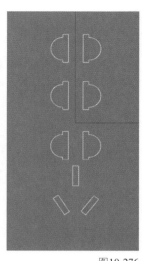

图10-276

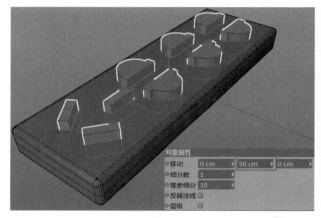

图10-277

04 创建布尔，将挤压NURBS和立方体作为布尔的子对象，调整参数结果如图10-278所示。

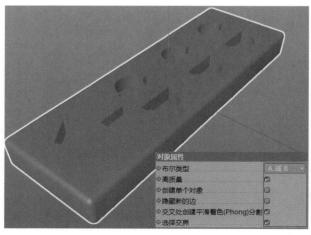

图10-278

05 在顶视图创建如图10-279所示样条。

06 创建圆环样条，适当缩放，创建扫描NURBS，将圆环和上一步创建的样条作为扫描NURBS的子对象，结果如图10-280所示。

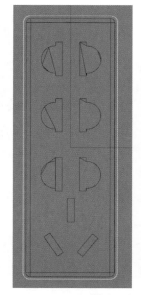

图10-279

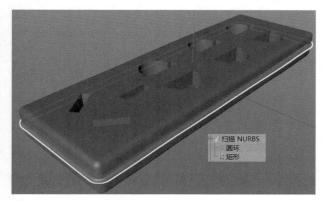

图10-280

07 创建布尔，将上一步创建的扫描NURBS对象和上三步创建的布尔对象作为布尔的子对象，并设置参数，结果如图10-281所示。

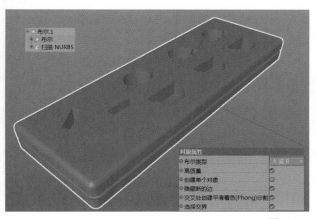

图10-281

10.4.3 原子结构球的制作

原子结构球效果图如图10-282和图10-283所示。

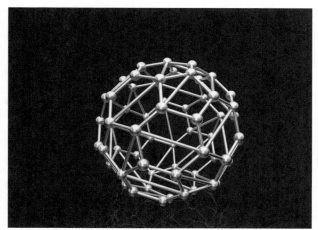

图10-282

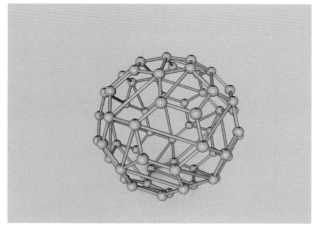

图10-283

01 创建宝石，参数如图10-284所示。

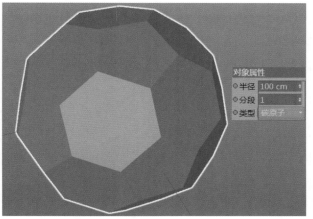

图10-284

02 执行主菜单创建>造型>晶格，并将上一步创建的宝石对象作为晶格的子对象，设置晶格参数，结果如图10-285所示。

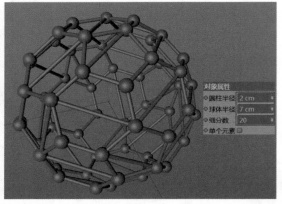

图10-285

10.4.4 冰激凌的案例制作

冰激凌效果图如图10-286和图10-287所示。

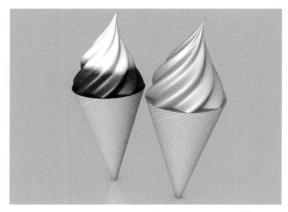

图10-286

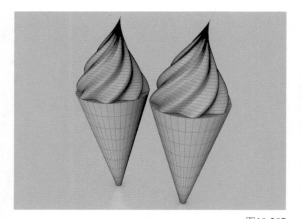

图10-287

01 创建圆锥，参数如图10-288所示。

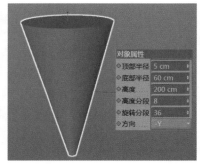

图10-288

02 在顶视图创建圆环样条，调整成如图10-289所示形状。

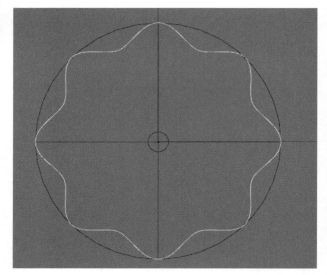

图10-289

03 创建挤压 NURBS，将上一步创建的样条作为挤压 NURBS的子对象，参数和结果如图10-290所示。

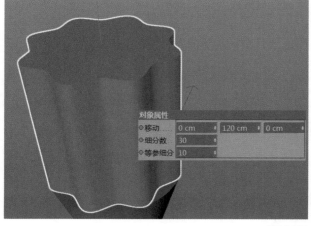

图10-290

04 创建锥化，将上一步创建的挤压物体和锥化打一个组，调整锥化参数和位置，结果如图10-291所示。

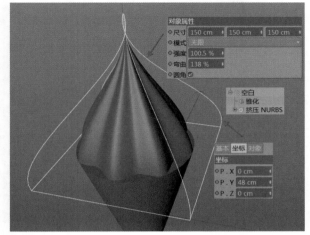

图10-291

05 创建螺旋，将上一步创建的组和螺旋打一个组，调整螺旋参数和位置，结果如图10-292所示。

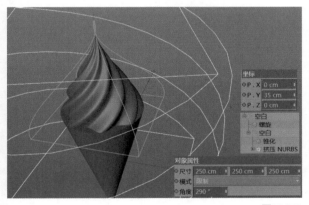

图10-292

06 创建扭曲，将上一步创建的组和扭曲打一个组，调整扭曲参数和位置，结果如图10-293所示。

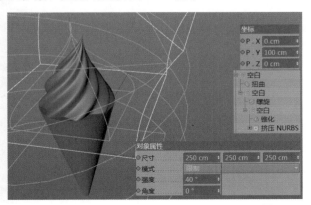

图10-293

10.4.5 沙漏的案例制作

沙漏效果图如图10-294和图10-295所示。

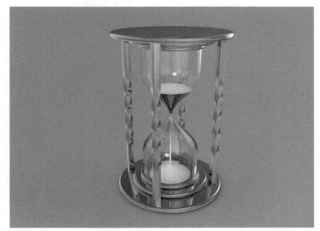

图10-294

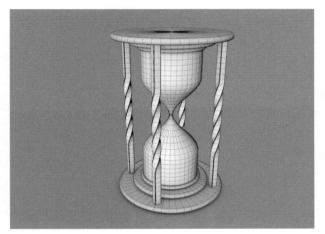

图10-295

01 创建圆柱，参数如图10-296所示。

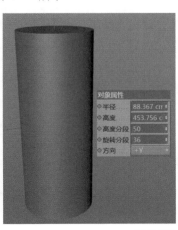

图10-296

02 创建膨胀，将圆柱作为膨胀的子对象，设置膨胀参数，结果如图10-297所示。

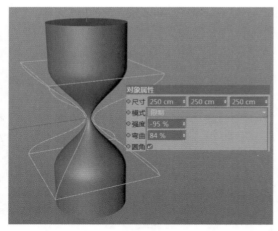

图10-297

03 创建两个圆环，位置和参数如图10-298所示。

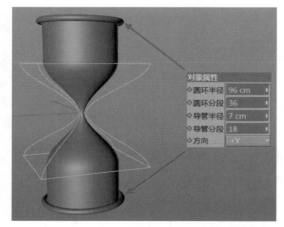

图10-298

04 创建4个圆柱，位置和参数如图10-299所示。

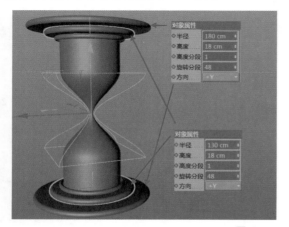

图10-299

05 创建立方体，位置和参数如图10-300所示。

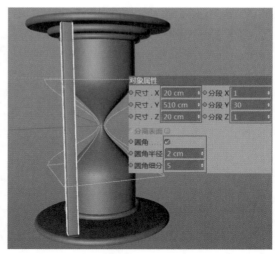

图10-300

06 创建螺旋，将上一步创建的立方体作为螺旋的子对象，调整螺旋的参数结果如图10-301所示。

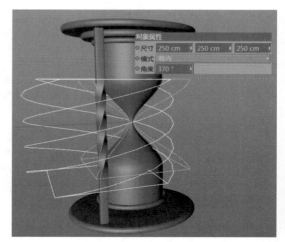

图10-301

07 移动复制3个立方体，如图10-302所示。

图10-302

DETAILED EXPLANATION OF MODELING

第11章　材质详解与应用

11

了解材质的基本概念

了解影响材质的相关属性

在C4D中创建及保存材质

材质的参数详解

相关实例练习

11.1 材质与表现

在三维图像的设计应用中，材质是非常微妙而又充满魅力的一项内容，物体的颜色、纹理、透明、光泽等特性都需要通过材质来表现，它在三维作品中有着举足轻重的作用。

在生活中你会发现四周充满了各种各样的材质，如金属、石头、玻璃、塑料和木材等，如图11-1～图11-4所示。

图11-1

图11-2

图11-3

图11-4

所谓质感，直观解释就是指光线照射在物体表面时表现出的视觉效果，在三维制作中则是通过设置纹理、灯光、阴影等元素对物体本身的视觉形态进行真实的再现。生活中的很多质感我们都是熟悉的，但如果不仔细观察它们，就不能发现它细腻而微妙的地方，那么质感又是由哪些元素构成的呢？

1. 时间

环顾四周，不同物体有各自的独特特征外，同种物体除了共同的特征还有各自的年龄特征，由于长时间的存在或使用而形成老化、伤痕的纹理特征。在描绘物体的色彩和花纹时，更要描绘出在其基本特征的基础上而捕捉到的可以体现出其质感的纹理，很多物体岁月造成的痕迹使物体跟平常的模样有很大的差别，如图11-5所示。

图11-5

2. 光照

光照对材质影响非常重要，物体离开了光，材质就无法体现。在黑夜或无光的环境下，物体不能漫射光出来，材质就不可分辨，即使有微弱的光也很难分辨物体材质，而在正常的光照下，则很容易分辨。此外，彩色光照也会使物体的表面颜色难于辨认，而在白色光照下则容易辨认。

3. 色彩与纹理

通常物体呈现的颜色是漫反射的一些光色，这些光色作用于眼睛，从而使我们来确认物体的颜色及纹理。在三维制作中可以按照自己的感觉来定义物体颜色和纹理。

4. 光滑与反射

物体表面是否光滑，可以视觉观察出来。光滑的物体，表面会出现明显的高光，如玻璃、金属、车漆等，而表面粗糙的物体，高光则不明显，如瓦片、砖块、橡胶等。这是光线反射的结果，光滑的物体能"镜射"出光源形成高光区，当物体表面越光滑，对光源的反射就越清晰，所以在三维材质编辑中，越光滑的物体高光范围越小，亮度越高。当高光清晰程度接近光源本身时，物体表面就会"镜射"出接近周围环境的面貌，从而产生了反射，如图11-6和图11-7所示。

图11-6

图11-7

5. 透明与折射

当光线从透明物体内部穿过，由于物体密度不同，光线射入后会发生偏转，这就是折射，如图11-8所示。不同透明物体的折射率不一样，同种物体折射率在温度不同时也会不一样。比如，当爆炸发生时，会有一股热浪向四周冲出，而穿过热浪看后面的景象，会发生明显的扭曲现象。这是因为热浪的高温改变了空气密度，而使空气折射率发生变化。

图11-8

当把手掌放置在光源前面,从手掌背光部分看会出现透光现象,这种透明形式在三维软件中称为"半透明",除了皮肤,类似的还有纸、蜡烛等,如图11-9所示。

6. 温度

从水变成冰块,从铁变成液态铁,这些都是由于温度变化而变化了形态,同时它们的材质也发生了变化,如图11-10所示。

 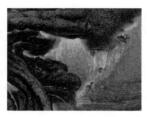

图11-9   图11-10

因此,在三维制作中表现质感时,先要对物体的形态、构造、特征进行全面分析。近距离观察物体,捕捉到表面特征,深刻理解物体构造,才能模拟出真实感强的质感。

11.2 材质类型

在材质窗口菜单中执行创建>新材质,可创建新的材质球。这是Cinema 4D的标准材质,是最常用的材质。还可通过在材质窗口空白区域双击或者按Ctrl+N组合键创建新材质,如图11-11和图11-12所示。

图11-11   图11-12

标准材质拥有多个功能强大的物理通道,可以进行外置贴图和内置程序纹理的多种混合和编辑,除标准材质外,Cinema 4D还提供多种着色器,可直接选择所需材质。如图11-13和图11-14所示。

用户还可以通过"另存材质"命令将所选材质保存为外部文件,或者通过"另存全部材质"命令将所有材质保存为外部文件,当想用保存的材质时,只需通过"加载材质"命令加载材质即可。

图11-13   图11-14

11.3 材质编辑器

双击新创建的材质球,打开材质编辑器。编辑器主要分为两部分,左侧为材质预览区和材质通道,右侧为通道属性,如图11-15所示。在材质预览区单击鼠标右键,即弹出属性菜单,执行打开窗口命令,弹出独立窗口,可缩放视窗尺寸,便于观察细节。菜单中还可调节材质的显示大小、方式等,如图11-16和图11-17所示。当在左侧选择通道后,右侧就会显示该通道的属性,可勾选激活所需的通道。

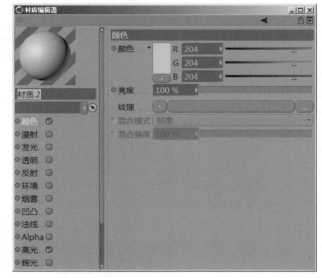

图11-15

 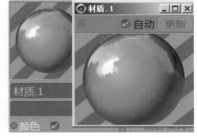

图11-16   图11-17

1. 颜色

颜色即物体的固有色，可以选择任意颜色作为物体的固有色，单击颜色显示框下面▶按钮，即弹出颜色的选择模式，可根据自己的需要切换成RGB、HSV等模式，如图11-18和图11-19所示。亮度属性为固有色整体明暗度，可直接输入百分比数值，也可滑动滑块调节。纹理属性中可单击▶按钮，加载贴图作为物体的外表颜色。单击混合模式所在行中的按钮后会弹出混合模式选项，可选择不同的模式来对图像进行混合，混合强度可输入数据或调节滑块来控制贴图的混合值，还可调节模糊偏移和程度值来使纹理产生模糊效果，如图11-20所示。

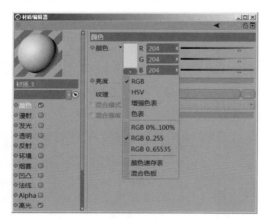

图11-18

图11-19

图11-20

纹理选项是每个材质通道都有的属性，单击纹理参数中的▶按钮，将弹出子菜单，会列出多种纹理供选择，如图11-21所示。

（1）清除：即清除所加纹理效果。

（2）加载图像：加载任意图像来实现对材质通道的影响。

（3）创建纹理：执行该命令将弹出"新建纹理"窗口，用于自定义创建纹理，如图11-22所示。

（4）复制通道/粘贴通道：这两个命令用于将通道中的纹理贴图复制、粘贴到另一个通道。

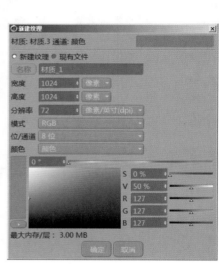

图11-21　　　　　　　　　　　　　图11-22

（5）加载预置/保存预置：可将添加设置好的纹理保存在计算机中，并可加载进来。

（6）噪波：是一种程序着色器。执行该命令后，单击纹理预览图，进入噪波属性设置面板，可设置噪波的颜色、比例、周期等。右上角◀按钮可与上一级别来回切换，如图11-23和图11-24所示。

（7）渐变：执行该命令后，单击纹理预览图进入渐变属性设置面板，滑块移动或双击可更改渐变颜色，还可更改渐变的类型、湍流等，如图11-25和图11-26所示。

图11-23

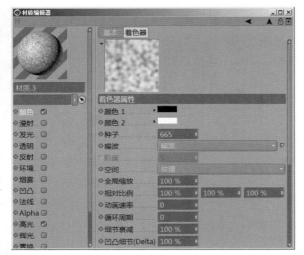

图11-24

图11-25

图11-26

（8）菲涅耳（Fresnel）：菲涅耳（1788 ～ 1827）是一位法国土木工程兼物理学家，由于他对物理光学有卓越的贡献，被人们称为"物理光学的缔造者"，很多成果就以他的名字命名。当物体透明且表面光滑时，物体表面的法线和观察视线所成的角度越接近 90°，则物体的反射越强而透明度越低；所成角度越接近 0°，则物体反射越弱且透明度越高，这就是"菲涅耳效应"，如图11-27 和图 11-28 所示。

图11-27

图11-28

进入该命令属性面板，通过滑块调色来控制菲涅耳属性，可模拟物体从中心到边缘的颜色、反射、透明等属性的变化，如图11-29所示。

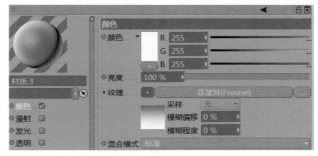

图11-29

（9）颜色：进入该属性面板，可修改颜色来控制材质通道的属性，如图 11-30 所示。

图11-30

（10）图层：执行完命令进入图层属性面板，单击 图像 按钮，会弹出图像加载对话框，选择图像即加载好一个图层，可多次加载图像为多个图层，如图 11-31 所示。单击 着色器 可加载其他纹理为图层，如图 11-32 所示。单击 效果 按钮可加入效果调整层，对当前层以下的层整体调节，如图 11-33 所示。单击 文件夹 按钮可添加一个文件夹图层，其他图层可拖曳加入文件夹图层中进行整体编辑和管理，如图 11-34 所示。单击 删除 按钮可删除图层。

图11-31

图11-32

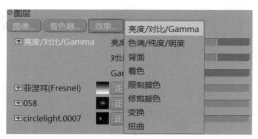

图11-33

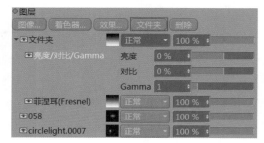

图11-34

（11）着色：执行命令进入着色属性面板，单击纹理按钮可再次加入各种纹理效果。渐变滑块调节的颜色控制所加纹理的颜色，如图11-35所示。

图11-35

（12）背面：执行命令进入背面属性面板，单击纹理按钮可添加各种纹理，配合色阶、过滤宽度来调节纹理的效果，如图11-36所示。

图11-36

（13）融合：执行命令进入融合属性面板，打开模式选项的■按钮，展开多个选项，可选择不同的融合模式，如图11-37所示。混合选项可键入数据或滑动滑块控制融合的百分比。单击混合通道▶按钮及基本通道▶按钮可加载纹理，两个或多个纹理融合成新的纹理，如图11-38所示。

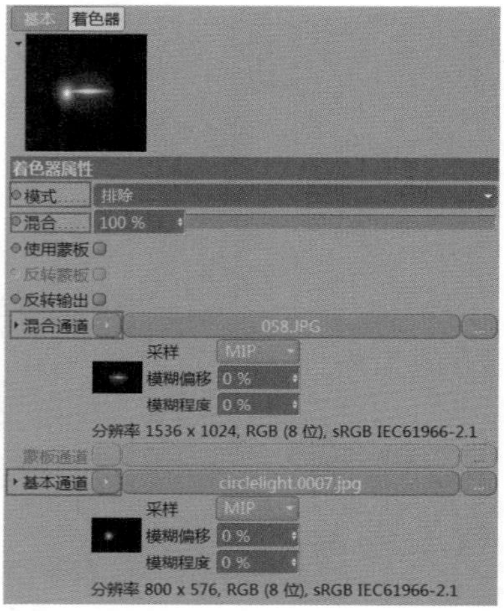

图11-37   图11-38

（14）过滤器：执行命令进入过滤器属性面板，单击纹理按钮可加载纹理，并可在属性栏中调节纹理的色调、明度、对比度等，如图11-39所示。

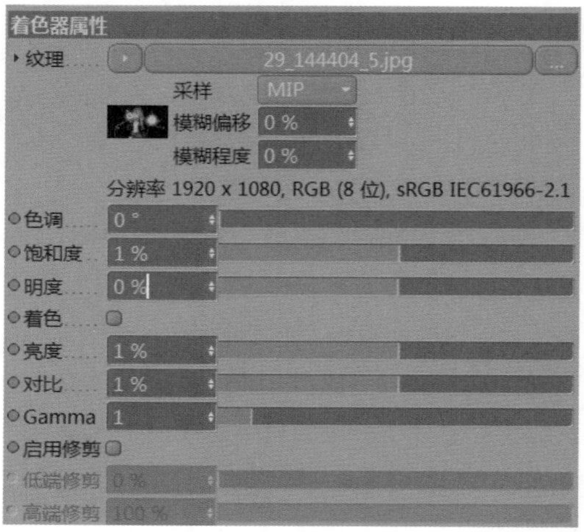

图11-39

（15）Mograph：此纹理分为多个 Mograph 着色器，此类着色器只作用于 Mograph 物体，如图 11-40 所示。

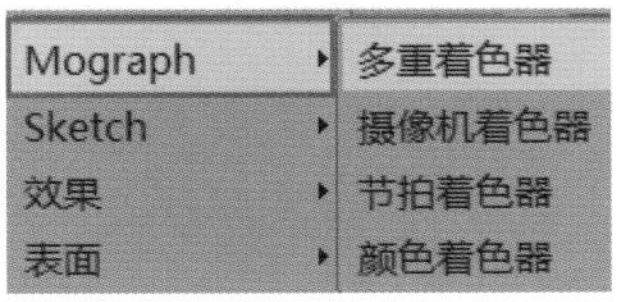

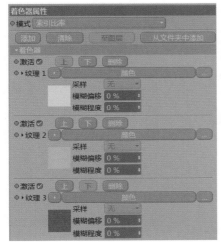

图11-40

执行命令进入多重着色器属性面板，单击纹理 按钮可选择各种纹理，单击 添加 按钮可添加多个纹理层，将模式切换成索引比率，物体可显示多个纹理效果，如图11-41和图11-42所示。

图11-41

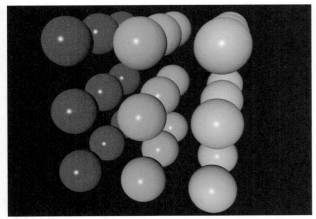

图11-42

执行命令进入摄像机着色器属性面板，从对象窗口中拖曳摄像机到摄像机载入栏，摄像机里所显示的画面就会被当作贴图添加在场景中的物体上，并可调整此贴图的水平或垂直缩放。包含前景/包含背景控制前景和背景色是否参与物体贴图，如图11-43和图11-44所示。

图11-43

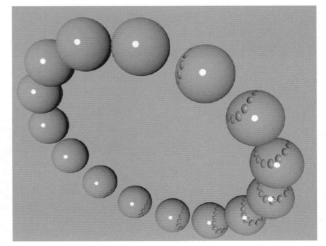

图11-44

执行命令进入节拍着色器属性面板，键入节拍每分钟数值，控制颜色改变的频率，曲线可调整颜色改变的强弱，如图11-45所示。

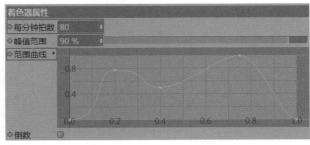

图11-45

执行命令进入颜色着色器属性面板，单击通道按钮切换颜色或索引比率通道。当选择颜色选项，Mograph物体的颜色为默认颜色；当切换至索引比率，Mograph物体的颜色就会根据样条的曲率而改变，如图11-46至图11-48所示。

图11-46

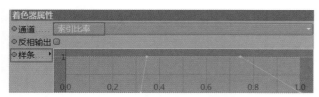

图11-47

图11-48

（16）Sketch：分为几种素描方式，如图11-49所示。

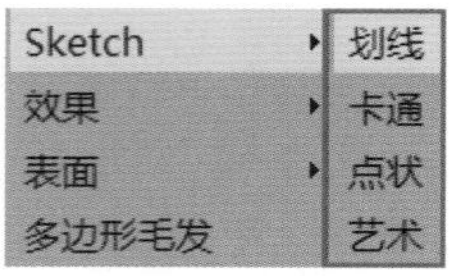

Sketch	▸	划线
效果	▸	卡通
表面	▸	点状
多边形毛发		艺术

图11-49

执行命令进入划线属性面板，单击纹理 按钮，加载图像，在属性栏中可对贴图的UV进行偏移、密度等的调整，如图11-50和图11-51所示。

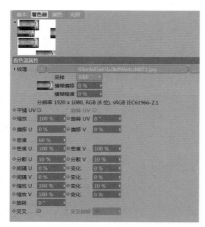

图11-50

图11-51

执行命令进入卡通属性面板，滑动或单击漫射滑块可调节卡通显示颜色，还可勾选设置颜色显示的方式，如摄像机、灯光等，如图11-52和图11-53所示。

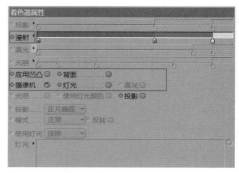

图11-52

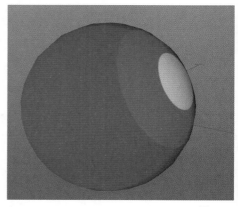

图11-53

执行命令进入点状属性面板，单击形状按钮，可切换点形状，如棋盘、网格等。其他属性可修改纹理的颜色、缩放等，如图11-54和图11-55所示。

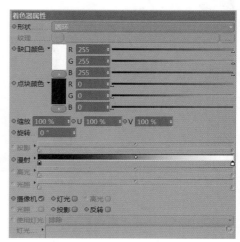

图11-54

图11-55

执行命令进入艺术属性面板，单击纹理按钮，可加载各种纹理，全局选项使纹理可以平直方式投射在物体上，并可对纹理UV等作调整，如图11-56和图11-57所示。

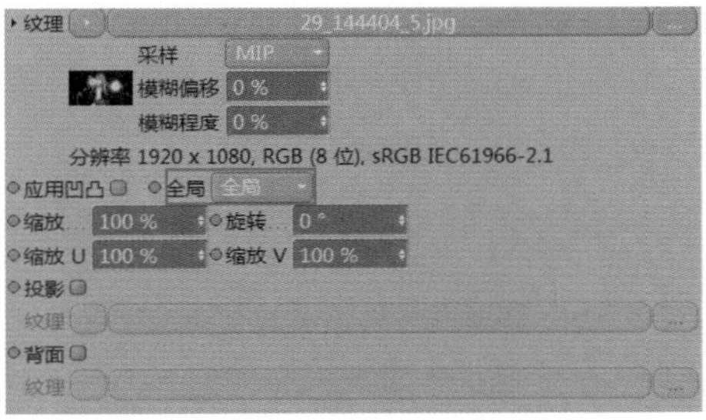

图11-56

图11-57

（17）效果：有多重效果供选择，常用效果有各向异性、投射、环境吸收等，每种效果都有各自的特性可调，如图 11-58 和图 11-59 所示。如各向异性，执行命令进入各向异性属性面板，有各级高光及各向异性具体参数可调节，如图 11-60 和图 11-61 所示。

（18）表面：提供多种物体仿真纹理，如图 11-62 和图 11-63 所示。如木材，执行命令进入木材属性面板，有木材类型、颜色等可调节，如图 11-64 和图 11-65 所示。

图11-58

图11-59

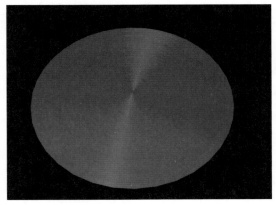

图11-60

图11-61

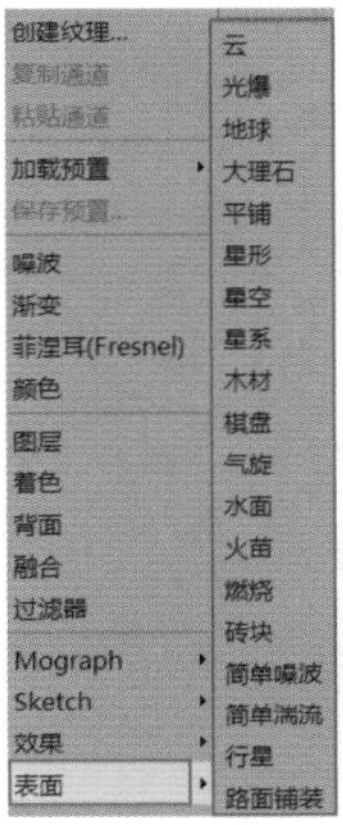

图11-62

图11-63

图11-64

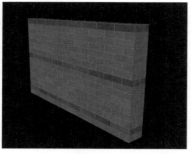

图11-65

（19）多边形毛发：模拟毛发的一种纹理。进入属性面板，可对颜色、高光等进行调节，如图11-66所示。

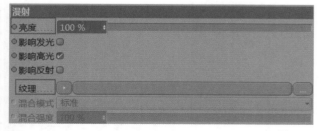

图11-66

2. 漫射

漫反射是投射在粗糙表面上的光，向各个方向反射的现象。物体呈现出的颜色跟光线有着密切联系，漫射通道就是定义物体反射光线的强弱。打开漫反射属性面板，直接键入数值或滑动滑块可调节漫反射亮度，纹理选项可加入各种纹理来影响漫射，如图11-67所示。颜色相同漫射强弱差异直接影响材质的效果，如图11-68和图11-69所示。

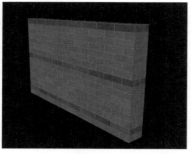

图11-67

漫射强

图11-68

漫射弱

图11-69

3. 发光

材质自发光属性，常用来表现自发光的物体，如荧光灯、火焰等。它不能产生真正的发光效果，不能充当光源，但如果使用GI渲染器并开启全局照明选项，物体就会起到真正发光效果。进入属性面板，颜色参数可自由调节物体发光颜色，滑块调节自发光的亮度，还可加载纹理影响自发光，如图11-70和图11-71所示。

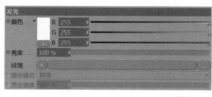

图11-70

图11-71

4. 透明

物体的透明度可由颜色的明度信息和亮度选项定义，纯透明的物体不需要颜色通道，用户若想表现彩色的透明物体，可在吸收颜色选项调节物体颜色。折射率是调节物体折射强度的，直接键入数值即可，一般常见的材质折射率如下所示。

真空 1.000

空气 1.000

水 1.333

酒精 1.360

玻璃 1.500

绿宝石 1.576

红宝石 1.770

石英 1.644

水晶 2.000

钻石 2.417

用户还可根据材质特性在纹理选项加载纹理来影响透明效果，透明玻璃都具有菲涅耳（Fresnel）的特性，观察角度越正透明度越高，如图11-72和图11-73所示。

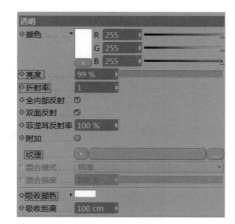

图11-72

图11-75

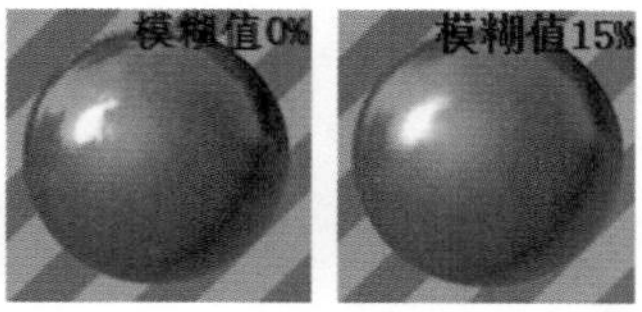

图11-76

6. 环境

用户可以使用环境通道虚拟一个环境当作物体的反射来源,这样会获得比使用反射通道更快的渲染速度。在属性面板中纹理选项可加载各种纹理来当作物体的反射贴图,如图11-77和图11-78所示。

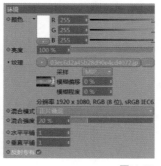

图11-77

图11-78

7. 烟雾

烟雾效果可配合环境对象使用,将材质赋予环境对象,可使环境中有烟雾笼罩的气氛,烟雾颜色、亮度可任意调节,如图11-79所示。距离参数大小可模拟物体在烟雾环境中的可见距离,如图11-80和图11-81所示。

图11-79

图11-73

5. 反射

此通道定义物体的反射能力,用户可以用颜色来定义物体的反射强度,也可以通过调节亮度值来定义,还可加载纹理来控制它的反射强度和内容,如图11-74和图11-75所示。反射的模糊度也可直接键入数值调节,增加采样值可提高模糊质量,如图11-76所示。

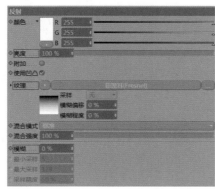

图11-74

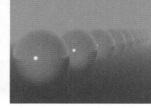

图11-80

图11-81

8. 凹凸

该通道是以贴图的黑白信息来定义凹凸的强度,强度参数定义凹凸显示强度,加载纹理可确定凹凸形状,如图

11-82所示。此凹凸只是视觉意义上的凹凸，对物体法线没影响，它是一种"假"凹凸，如图11-83所示。

图11-82

图11-83

9. 法线

在通道属性面板中的纹理加载法线贴图，可使低模显示高模的效果。法线贴图是从高精度模型上烘焙生成的带有3D纹理信息的特殊纹理，如图11-84和图11-85所示。

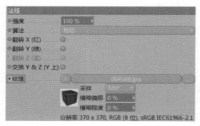

图11-84

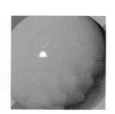

图11-85

10. Alpha

Alpha通道是按照贴图的黑白信息对物体进行镂空处理，纯黑即全透明，纯白即全保留。进入属性面板，在纹理选项即可加载法线贴图。其他属性可对纹理效果做调整，如图11-86和图11-87所示。

图11-86

图11-87

11. 高光

高光是材质质感表现的一个很重要的属性，同样的一个材质，不同的高光则能表现不同的质感。单击 按钮可切换塑料、金属和固有色3种模式，塑料模式的高光颜色不受物体固有色影响而始终呈现白色，如塑料、玻璃等；金属模式的高光颜色会受物体固有色影响而表现出固有的颜色倾向。高光宽度、高度、衰减、范围均可自由调节，如图11-88和图

11-89所示。金属、玻璃的高光表现得高亮、集中；木头、橡胶的高光则相对柔和，如图11-90和图11-91所示。

图11-88

图11-89

图11-90

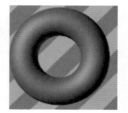

图11-91

12. 高光色

塑料模式下的高光颜色始终呈现白色，在此通道就可修改高光颜色，还可添加纹理对高光颜色及内容做调整，如图11-92和图11-93所示。

图11-92

图11-93

13. 辉光

辉光通道能表现物体发光发热，可用来模拟霓虹灯、岩浆等质感。进入属性面板，可调节辉光内外部强度、半径等，如图11-94和图11-95所示。

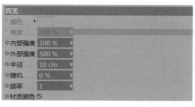

图11-94

图11-95

14. 置换

置换是一种真正的凹凸，它比凹凸通道制作的效果有更多的细节，更加真实，但会耗费更多的计算时间。进入属性面板，可调节置换凹凸的强度、类型等，如图11-96和图11-97所示。

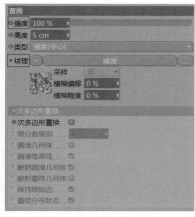

图11-96

图11-97

15. 编辑

编辑面板是对材质显示的设置，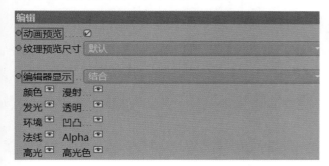动画预览，可在视图中预览带有动画的纹理。激活 按钮，控制此通道在编辑器中的显示，如图11-98所示。

图11-98

16. 光照

此属性面板控制场景中光照参与全局照明、焦散的相关设置，如图11-99所示。

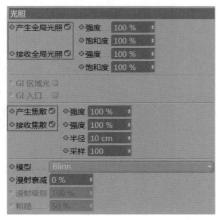

图11-99

17. 指定

指定面板显示该材质所赋予的物体列表，如图11-100和图11-101所示。

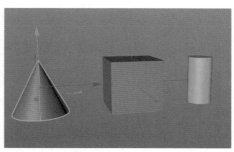

图11-100

图11-101

11.4 纹理标签

对象指定材质后，在对象窗口会出现纹理标签，如果对象被指定了多个材质，会出现多个纹理标签，如图11-102所示。

图11-102

单击纹理标签，可打开标签属性，如图11-103所示。

图11-103

• 材质选项：单击材质左边的小三角可以展开材质的基本属性缩略图，可以在这里对材质的颜色、亮度、纹理贴图、反射、高光等进行设置，类似于一个迷你版的材质编辑器，如图11-104所示。材质后面是材质名称，可双击此处进行材质编辑。

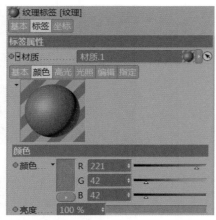

图11-104

- 选集选项：当创建了多边形选集后，可把多边形选集拖曳到该栏中，这样只有多边形选择集包含的面被指定了该材质，通过这种方式可以为不同的面指定不同的材质，如图11-105和图11-106所示。

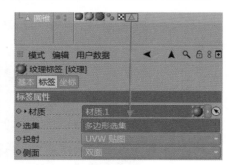

图11-105

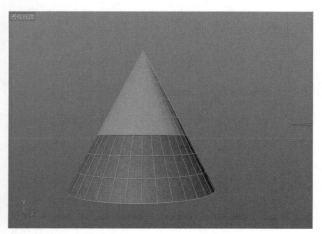

图11-106

除此之外，选集还有另外一种用法，在场景中创建文本，添加一个挤压，参数和效果如图11-107和图11-108所示。

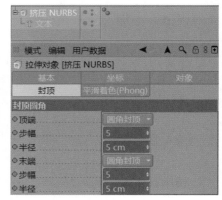

图11-107

图11-108

创建一个新材质，指定给挤压对象，如图11-109所示。

图11-109

再创建一个新的材质，把材质颜色设定成绿色，指定给挤压对象，选择新创建的纹理标签，在选集栏输入"C1"，效果如图11-110和图11-111所示。

图11-110

图11-111

按住Ctrl键并按住左键拖曳复制材质1的纹理标签，单击复制出来的材质标签，在选集栏输入"C2"，如图11-112至图11-114所示。

图11-112

图11-113

图11-114

再创建一个新的材质，设定材质颜色为红色，指定给挤压对象，选择新创建的纹理标签，在选集栏输入"R1"，效果如图11-115和图11-116所示。

图11-115

图11-116

按住Ctrl键并左键拖曳复制材质2的纹理标签，单击复制出来的材质标签，在选集栏里输入"R2"，如图11-117至图11-119所示。

图11-117

图11-118

图11-119

通过以上几步的操作，就为一个挤压对象的正面、背面、侧面、正面倒角、背面倒角指定了不同的材质，这是一种特殊的用法，挤压对象正面的选集为C1，背面选集为C2，正面倒角的选集为R1，背面倒角选集为R2。

- 投射选项：当材质内部包含纹理贴图后，可以通过"投射"参数来设置贴图在对象上的投射方式，投射方式有球状、柱状、平直、立方体、前沿、空间、UVW贴图、收缩包裹、摄像机贴图，如图11-120所示。

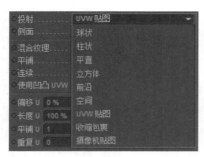

图11-120

球状：该投射方式是将纹理贴图以球状形式投射在对象上，如图11-121所示。

柱状：该投射方式是将纹理贴图以柱状形式投射在对象上，如图11-122所示。

平直：该投射方式仅适合于平面，如图11-123所示。

空间：该投射方式类似于"平直"投射，但不会像"平直"投射那样拉伸边缘像素，而会穿过对象，如图11-126所示，左为平直投射，右为空间投射。

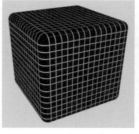 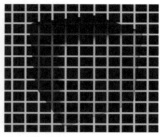

图11-124　　　　　　图11-125

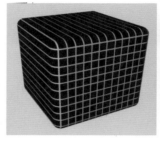 

图11-126

UVW贴图：正常情况下，创建一个几何体对象都有UVW坐标，可选择UVW贴图投射方式，如图11-127所示。

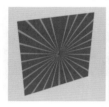 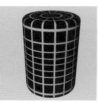 

图11-121

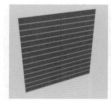 

图11-122

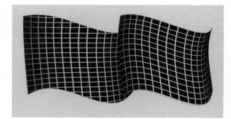

图11-127

收缩包裹：该投射方式是指纹理的中心被固定到一点并且余下的纹理会被拉伸来覆盖对象，如图11-128所示。

图11-128

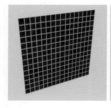  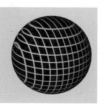

图11-123

立方体：该投射方式是将纹理贴图投射在立方体的6个面上，如图11-124所示。

前沿：该投射方式是将纹理贴图从视图的视角投射到对象上，投射的贴图会随着视角的变换而变换，如果将一张纹理贴图同时投射到一个多边形对象和一个背景上，看起来会非常匹配，如图11-125所示。

摄像机贴图：该投射方式与"前沿"投射方式类似，不同的是纹理是从摄像机投射到对象上，不会随视角变化而变化，但会随摄像机朝向而改变投射角度，图11-129所示是摄像机贴图投射方式的工作原理。

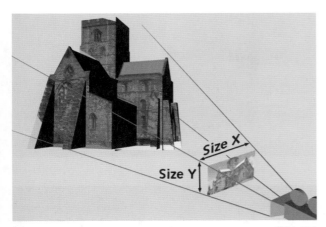

图11-129

- 侧面选项：侧面参数用于设置纹理贴图的投射方向，包含双面、正面和背面3个选项，可以在一个对象上加两个材质，分别设置正面和反面，可实现双面材质，如图11-130所示。

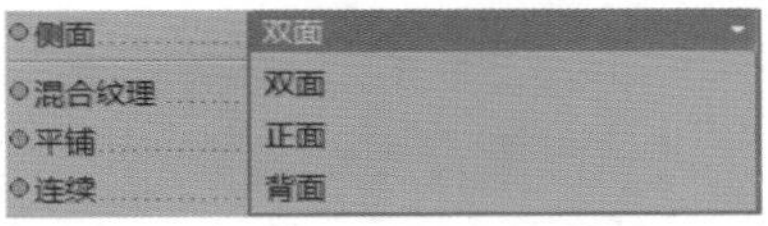

图11-132

图11-130

双面：该选项是指纹理贴图将投射在多边形每个面的正反两面上，如图11-131所示。

图11-133

- 混合纹理选项：一个对象可以被指定多个材质，就会有多个纹理标签。新指定的材质会覆盖前面指定的材质，但是，如果新指定的材质是镂空材质，镂空部分会透出前面指定的材质纹理，相当于一个混合材质，如图11-134所示。

图11-131

正面：该选项是指纹理贴图将投射在多边形每一个面的正面上（也就是法线面上），如图11-132所示。

背面：该选项是指纹理贴图将投射在多边形每一个面的背面上（也就是非法线面上），如图11-133所示。

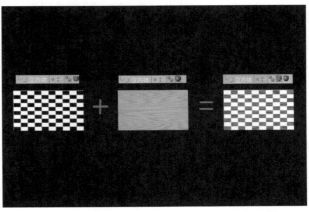

图11-134

当对象被指定一种材质时，混合纹理选项不起作用，当对象被指定两种和两种以上材质后，可以通过混合纹理来实现两种材质的混合，如图11-135所示。

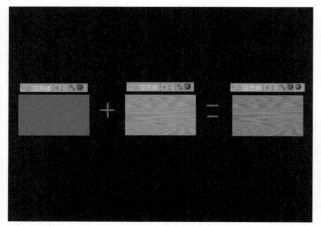

图11-135

- 平铺选项："平铺U"和"平铺V"参数，这两个参数分别用于设置纹理图片在水平方向和垂直方向上的重复数量。默认的平铺U和平铺V参数为1，值为1时对象上的纹理图片不会重复，如图11-136所示。如果设置平铺值为2，则在水平方向和垂直方向上，纹理将重复两次；当平铺U和平铺V参数大于2时，如果启用"平铺"选项，那么重复的纹理图片都将显示，如图11-137所示。如果取消勾选"平铺"选项，那么重复的纹理图片将只显示第一张，如图11-138所示。

图11-136　　　　图11-137　　　　图11-138

- 连续：当平铺U和平铺V的值大于1时，启用连续选项，结果是纹理图像镜像显示，这样可以避免接缝产生，如图11-139所示。
- 使用凹凸UVW：设置纹理贴图的投射方式为"UVW贴图"后，该选项才能被激活，同时该选项的效果需要应用到凹凸通道才能显示，如图11-140所示，左侧为启用的效果，右侧为禁用的效果。

图11-139

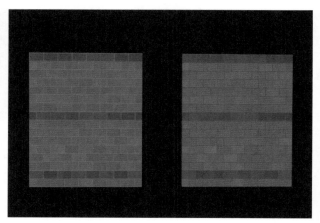

图11-140

- 偏移U和偏移V参数：这两个参数用于设置纹理贴图在水平方向和垂直方向上的偏移距离，如图11-141所示。

图11-141

- 长度U和长度V参数：这两个参数用于设置纹理贴图在水平方向和垂直方向上的长度，与平铺U及平铺V是同步的，如图11-142所示。
- 平铺U和平铺V参数：这两个参数用于设置纹理贴图在水平方向和垂直方向上的平铺次数，与长度U和长度V参数同步，如图11-142所示。

图11-142

- 重复U和重复V：这两个参数决定纹理贴图在水平方向和垂直方向上的最大重复次数，如超过设定值的次数，纹理贴图在对象上将不被显示，如图11-143所示。

图11-143

11.5　金属材质实例制作

11.5.1　金属字（银）案例制作

金属材质效果图如图11-144所示。

图11-144

01 打开"下载资源"中的金属字初始文件，场景中灯光已经布好，在材质面板中双击创建一个新的材质，并双击材质球下面的材质名称改名为金属字。按鼠标左键拖曳材质球到挤压NURBS对象上，如图11-145所示。

图11-145

02 双击金属字材质球弹出材质编辑器对话框，调整颜色、反射、高光如图11-146、图11-147和图11-148所示。

图11-146

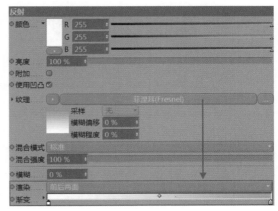

图11-147

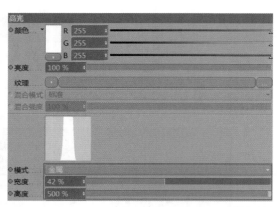

图11-148

03 渲染结果如图11-149所示。

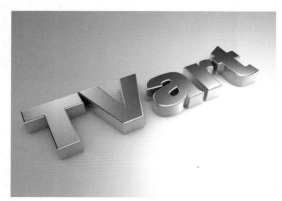

图11-149

04 渲染结果显示地面有点亮，在材质面板中新建材质，改名为地面。将地面材质指定给平面。双击地面材质球弹出材质编辑器对话框，调整发光、反射如图11-150和图11-151所示。

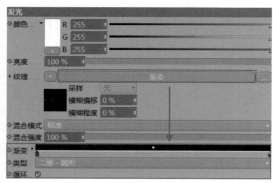

图11-150

图11-151

05 渲染结果如图11-152所示。

图11-152

11.5.2　金属字（铜）案例制作

金属字效果图如图11-153所示。

图11-153

01 打开"下载资源"中的金属字2初始文件，场景中灯光和摄影机已经设定好了，在材质面板中双击创建一个新的材质，并双击材质球下面的材质名称改名为侧面。按住鼠标左键拖曳材质球到挤压NURBS对象上，如图11-154所示。

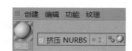

图11-154

02 双击侧面材质球，弹出材质编辑器对话框，设置颜色、反射、高光如图11-155、图11-156和图11-157所示。

图11-155

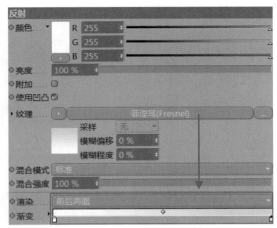

图11-156

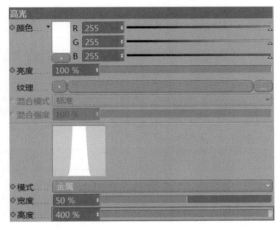

图11-157

03 渲染结果如图11-158所示。

图11-158

04 现在字体是一个材质，我们将为它的侧面和正面分别指定不同的材质来增强质感。在材质面板中创建一个新的材质，并双击材质球下面的材质名称改名为正面。按住左键拖曳材质球到挤压NURBS对象上，选择当前材质纹理

标签在标签属性下面的选集中输入大写C1，如图11-159所示。这样就为挤压NURBS对象的正面指定了一个不同的材质。

图11-159

05 再次拖曳材质球到挤压NURBS对象上，选择当前材质纹理标签在标签属性下面的选集中输入C2，C为大写，如图11-160所示。这样就为挤压NURBS对象的背面和正面指定相同的材质。

图11-160

06 双击正面材质球，弹出材质编辑器对话框，设置颜色、反射、高光如图11-161、图11-162和图11-163所示。

图11-161

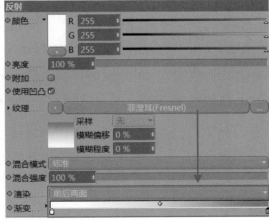

图11-162

203

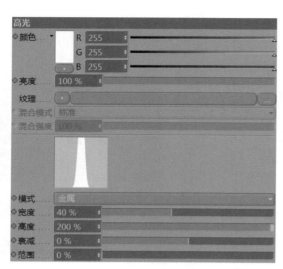

图11-163

07 渲染结果如图11-164所示。

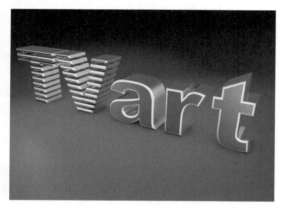

图11-164

08 在材质面板中创建一个新的材质，并双击材质球下面的材质名称改名为倒角。按住鼠标左键拖曳材质球到挤压NURBS对象上，选择当前材质纹理标签在标签属性下面的选集中输入大写R1，如图11-165所示。这样就为挤压NURBS对象的正面倒角指定了一个不同的材质。

图11-165

09 再次拖曳材质球到挤压NURBS对象上，选择当前材质纹理标签在标签属性下面的选集中输入R2，如图11-166所示。这样就为挤压NURBS对象的背面倒角和正面倒角

指定了相同的材质。

图11-166

10 双击倒角材质球，弹出材质编辑器对话框，设置颜色、反射、高光如图11-167、图11-168和图11-169所示。

图11-167

图11-168

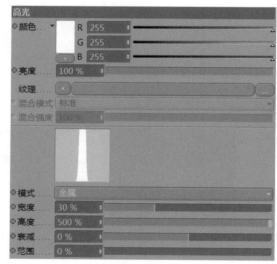

图11-169

11 渲染结果如图11-170所示。

12 现在的效果不是很好，是由于环境不够亮，接下来给地面和天空指定材质，在材质面板中创建一个新材质，改名为地面。将地面材质指定给圆盘。双击地面材质球，弹出材质编辑器对话框，设置发光、反射如图11-171和图11-172所示。

图11-170

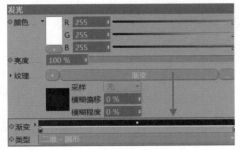

图11-171

图11-172

13 在材质面板中创建一个新材质,改名为天空。将天空材质指定给天空。双击天空材质球,弹出材质编辑器对话框,在发光通道里添加图层纹理,图层的下层导入"下载资源"中提供的215.jpg,图层的上层使用效果色调/纯度/明度,调整参数如图11-173所示。

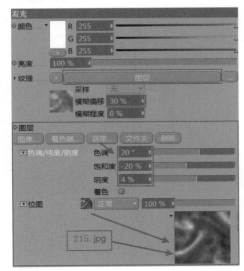

图11-173

14 渲染结果如图11-174所示。

图11-174

11.5.3 不锈钢小闹钟案例制作

不锈钢小闹钟效果图如图11-175所示。

图11-175

01 打开"下载资源"中的小闹钟初始文件,场景里的灯光和摄影机已经布置好,在材质面板中创建新的材质球改名为不锈钢表壳,将新建的材质指定给表壳,双击不锈钢表壳材质,弹出材质编辑器,调整颜色、反射、高光如图11-176、图11-177和图11-178所示。

图11-176

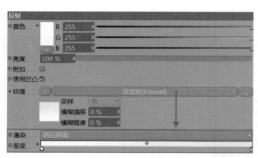

图11-177

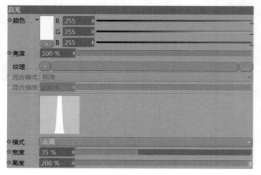

图11-178

02 创建新的材质球，改名为玻璃，把材质指定给玻璃面，双击玻璃材质，在材质编辑器中调整透明、高光如图11-179和图11-180所示。

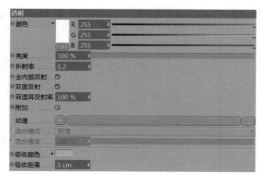

图11-179

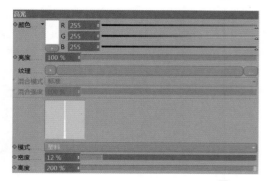

图11-180

03 创建新的材质球，改名为表盘，把材质指定给表盘，双击表盘材质，在材质编辑器颜色通道中指定"下载资源"中提供的纹理clock.jpg，单击表盘纹理标签，将投射方式改为平直，在工具栏中单击 显示纹理坐标，如图11-181所示。

图11-181

04 单击表盘纹理标签，在坐标属性中将旋转H改为-90°，在纹理标签上执行右键命令适合对象，结果如图11-182所示。

图11-182

05 将颜色通道中的纹理复制粘贴到发光通道里。如图11-183所示。

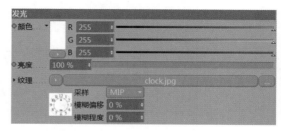

图11-183

06 创建新的材质球，改名为表针，把材质指定给表针，双击表针材质，在材质编辑器中设置颜色如图11-184所示。

图11-184

07 选择表针材质球，按Ctrl键+左键拖曳，复制出一个材质球，改名为表针2，将材质指定给表针2，进入表针2材质编辑器设置颜色如图11-185所示。

图11-185

08 创建新的材质球，改名为垫圈，把材质指定给垫圈，双击垫圈材质，在材质编辑器中设置颜色、高光如图11-186和图11-187所示。

图11-186

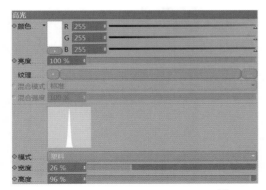

图11-187

09 创建新的材质球，改名为地面，把材质指定给地面，在材质编辑器中发光通道中添加纹理棋盘，参数和颜色如图11-188所示。

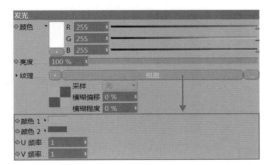

图11-188

10 在反射通道设置如图11-189所示。

图11-189

11 创建新的材质球，改名为天空，把材质指定给天空，在材质编辑器中发光通道中的纹理中指定过滤器，在过滤器的纹理中指定预设里面的BasicStudio2.hdr，并设置参数如图11-190所示。

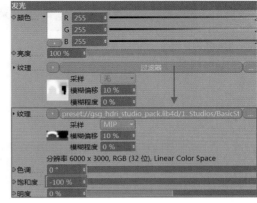

图11-190

12 渲染结果如图11-191所示。

图11-191

11.5.4 陶瓷茶具案例制作

陶瓷茶具效果图如图11-192所示。

01 打开"下载资源"中的陶瓷茶具初始文件，场景中灯光和摄影机已经设定好了，在材质面板中创建一个新的材质，改名为陶瓷，将陶瓷材质指定给茶具，双击陶瓷材质

球，弹出材质编辑器对话框，设置颜色、发光、反射、高光
如图11-193～图11-196所示。

02 渲染结果如图11-197所示。

图11-192

图11-197

图11-193

03 在材质面板中新建材质，改名为金边，将材质指定给茶
具边缘的面，双击金边材质球，弹出材质编辑器对话框，设
置颜色、反射、高光如图11-198、图11-199和图11-200所示。

图11-194

图11-198

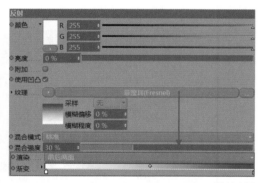

图11-195

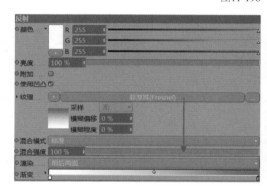

图11-199

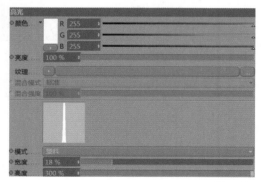

图11-196

图11-200

04 渲染如图11-201所示。

图11-201

05 接下来给地面和天空及反光板等环境指定材质。在材质面板中创建一个新材质，改名为天空。将天空材质指定给天空。双击天空材质球，弹出材质编辑器对话框，在发光通道里添加图层纹理，图层的下层导入"下载资源"中提供的215.jpg，图层的上层使用效果色调/纯度/明度，调整参数如图11-202所示。

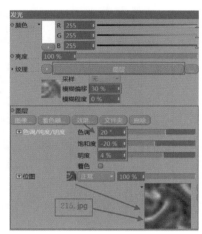

图11-202

06 在材质面板中创建一个新材质，改名为地面。将地面材质指定给地面。双击地面材质球，弹出材质编辑器对话框，在颜色通道里指定平铺贴图，如图11-203所示。

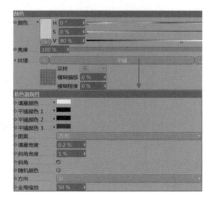

图11-203

07 反射通道设置如图11-204所示。

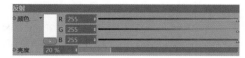

图11-204

08 在材质面板中创建一个新材质，改名为反光板。将反光板材质指定给反光板。双击反光板材质球，弹出材质编辑器对话框，设置颜色、发光如图11-205和图11-206所示。

图11-205

图11-206

09 渲染结果如图11-207所示。

图11-207

11.6 玻璃酒瓶实例制作

玻璃酒瓶效果图如图11-208所示。

图11-208

01 打开"下载资源"中的玻璃酒瓶初始文件，场景中灯光和摄影机已经设定好了，在材质面板中创建一个新的材质，改名为玻璃，将玻璃材质指定给瓶子，双击玻璃材质球，弹出材质编辑器对话框，设置颜色、透明、反射、高光如图11-209～图11-212所示。

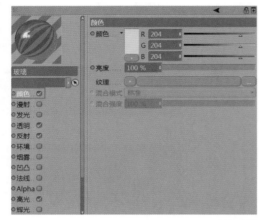

图11-209

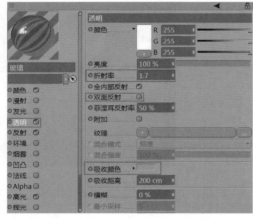

图11-210

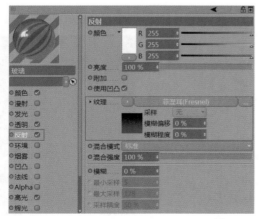

图11-211

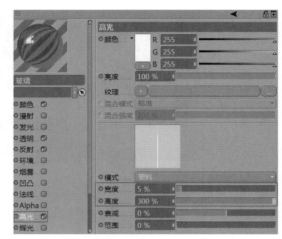

图11-212

02 继续创建一个新的材质，改名为酒瓶防滑把手，设置颜色、高光如图11-213和图11-214所示。

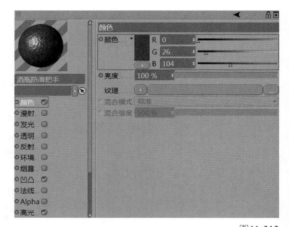

图11-213

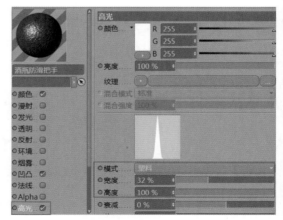

图11-214

03 开启凹凸，在凹凸内连结噪波纹理，调整噪波如图11-215所示。

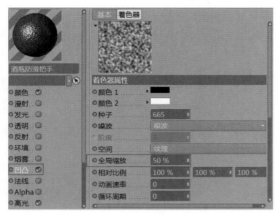

图11-215

进入面层级选中瓶口部分的面，将材质直接赋予。

04 继续创建一个新的材质，改名为酒瓶金属边缘，打开材质编辑面板设置颜色、反射、高光如图11-216～图11-218所示。

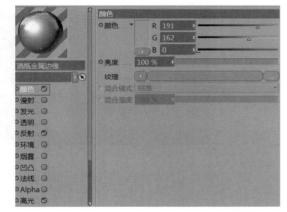

图11-216

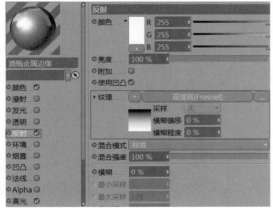

图11-217

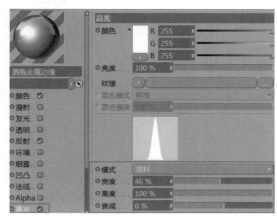

图11-218

面层级选中金属边缘区域直接赋予即可。

05 继续创建材质，改名为酒瓶标签。材质颜色、反射、高光如图11-219～图11-221所示。

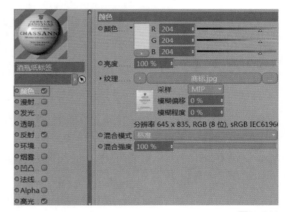

图11-219

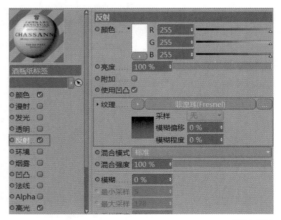

图11-220

06 酒瓶材质做到这里结束，接下来开始搭设环境，单击内容浏览器>预置>Prime>Materials>HDRI>HDRI 011将材质球拖曳进材质窗口，直接赋予给天空。

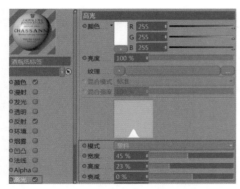

图11-221

07 创建地面材质，直接开启反射，将反射强度降低，如图11-222所示。

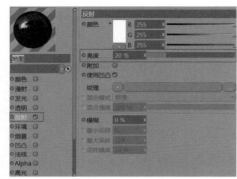

图11-222

08 地面会对酒瓶产生影响，给地面添加合成标签，在排除中将酒瓶拖曳进去，如图11-223所示。

图11-223

09 天空对地面产生影响，给天空加合成标签直接排除地面。如图11-224所示。

图11-224

10 想要增添细节可以添加两个反光板。创建两个平面赋予发光材质，如图11-225所示，摆放位置如图11-226所示。

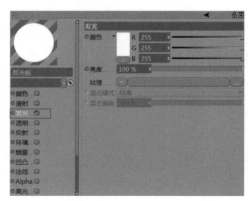

图11-225

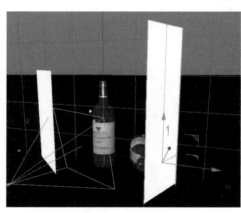

图11-226

11 反光板对地面会产生影响，所以直接加合成标签将地面排除掉，如图11-227所示。

图11-227

12 至此，酒瓶材质全部完成。

DETAILED EXPLANATION OF LIGHT OBJECT

第12章　灯光详解

12

了解灯光的基本概念

C4D中的5种灯光类型

灯光的常用参数详解

灯光应用技巧及布光方法

自然界中人们看到的光来自于太阳或借助于产生光的设备，包括白炽灯、荧光灯、萤火虫等。光是人类生存不可或缺的，是人类认识外部世界的依据。在三维软件中，灯光是表现三维效果非常重要的一部分，能够表达出作品的灵魂。没有了光，任何漂亮的材质都将成为空谈，我们就不可能通过视觉来获得信息，所呈现的将是一片黑暗。现实中光的效果如图12-1所示。

图12-1

　　光的功能在于照亮场景及营造烘托氛围，在CG中，其实就是对这个真实世界的光和影的模拟。Cinema 4D准备了很多用于光影制作的工具，对它们进行组合使用，可以制作出各种各样的效果，如图12-2所示。

图12-2

12.1 灯光类型

Cinema 4D提供的灯光种类较多,按照类型可以分为"泛光灯"、"聚光灯"、"远光灯"和"区域光"4种,"聚光灯"和"远光灯"分别又包含了不同的类型。另外,Cinema 4D还提供了默认灯光和日光等类型。执行主菜单>创建>灯光,如图12-3所示。或者单击工具栏的█按钮,长按鼠标左键不放,在弹出的菜单中即可创建各种类型的灯光,如图12-4所示。

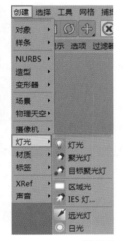

图12-3

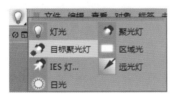

图12-4

12.1.1 默认灯光

新建一个Cinema 4D文件时,系统会有一个默认的灯来帮助照亮整个场景,以便在建模和进行其他操作时能够看清物体。一旦新建了一个灯光对象,这盏默认灯光的作用就消失了,场景将采用新建的这个灯光作为光源。默认的灯光是和默认摄像机绑定在一起的,当用户渲染视图改变视角时,默认灯光的照射角度也会随之改变。新建一个球体,为了方便观察,可为球体赋予一个有颜色且高光较强的材质,改变摄像机的视角就可以发现高光位置在跟着发生变化,如图12-5所示。

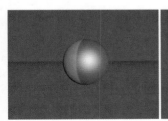

图12-5

默认灯光的照射角度可以通过"默认灯光"对话框来单独改变,在执行视图窗口中菜单栏>选项>默认灯光,即可打开"默认灯光"对话框,如图12-6所示。按住鼠标左键在"默认灯光"窗口中摇动,可改变灯光照射角度,如图12-7所示。

图12-6   图12-7

12.1.2 泛光灯 灯光

泛光灯是最常见的灯光类型,光线从单一的点向四周发射出来,它类似于现实中的灯泡,如图12-8所示。

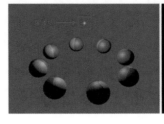

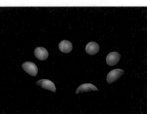

图12-8

— 注意 —————————

移动泛光灯的位置可以发现,泛光灯离物体对象越远,它照亮的范围就越大。

12.1.3 聚光灯

聚光灯的类型包含"聚光灯"、"目标聚光灯"、"IES灯"、"四方聚光灯"、"圆形平行聚光灯"和"四方平行聚光灯"6种。其中,"聚光灯"、"目标聚光灯"和"IES灯"可以通过执行菜单栏或者工具栏的图标来创建;"四方聚光灯"、"圆形平行聚光灯"和"四方平行聚光灯"需要在灯光的属性面板>常规>类型下进行选择,如图12-9所示。

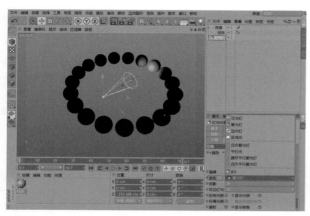

图12-9

1. 聚光灯/目标聚光灯

这两种灯光都是光线向一个方向呈锥形传播，也称为发束的发散角度。创建这两种灯光后，可以看到灯光对象呈圆锥形显示，如图12-10所示。

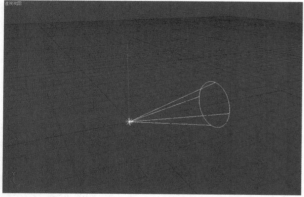

图12-10

选择聚光灯，可以看到在圆锥的底面上有5个黄点，其中位于圆心的黄点用于调节聚光灯的光束长度，而位于圆周上的黄点则用来调整整个聚光灯的光照范围，如图12-11所示。

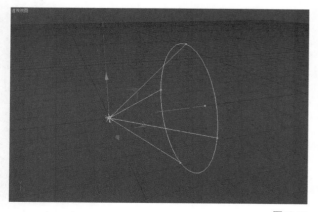

图12-11

默认创建的聚光灯位于世界坐标轴的原点，并且光线由原点向z轴的正方向发射，即如图12-10所示效果。如果想要灯光照射在物体对象上，需要配合各个视图对聚光灯进行移动、旋转等操作放置在理想的位置上。默认创建的目标聚光灯自动照射在世界坐标轴的原点，也就是说，目标聚光灯的目标为世界坐标轴的原点。这样默认创建的对象将会刚好被目标聚光灯照射，如图12-12所示。

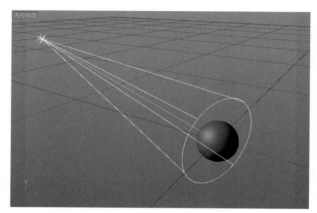

图12-12

注意

聚光灯类似于现实中的手电筒，还有舞台上的追光灯，常用来突出显示某些重要的对象。

目标聚光灯创建后，对象窗口除了聚光灯外，还有一个"灯光.目标.1"存在，如图12-13所示。

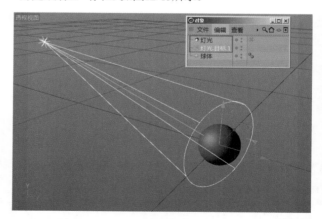

图12-13

目标聚光灯与聚光灯最大的区别在于它多出来的"目标表达式"标签和"灯光.目标.1"对象。通过"目标表达式"标签和"灯光.目标.1"对象，可以随意更改目标聚光灯所照射的目标对象，调节起来更加方便快捷。移动目标点更改聚光灯照射目标，如图12-14所示。

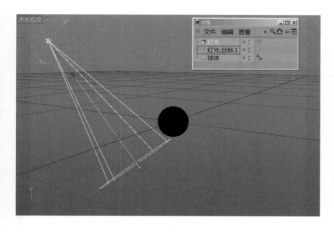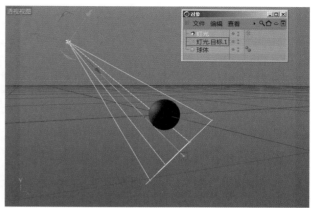

图12-14

选择聚光灯右侧的"目标表达式"标签,将目标对象拖曳到目标表达式属性面板>目标对象右侧空白区域,则聚光灯的照射目标改为该目标对象,如图12-15所示。

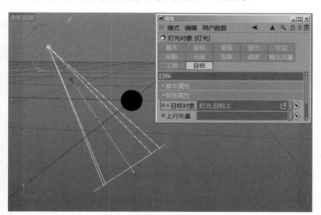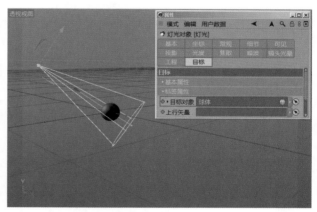

图12-15

注意

默认的目标对象为"灯光.目标.1"。

2. IES灯

光域网是一种关于光源亮度分布状况的三维表现形式,存储于IES文件当中。光域网是灯光的一种物理性质,确定光在空气中发散的方式,不同的灯,在空气中的发散方式是不一样的。比如手电筒,它会发一个光束,还有一些壁灯、台灯,它们发出的光,又是另外一种形状,那些不同形状图案就是光域网造成的。之所以会有不同的图案,是因为每个灯在出厂时,厂家对每个灯都指定了不同的光域网。在三维软件里,如果给灯光指定一个特殊的文件,就可以产生与现实生活相同的发散效果,这特殊的文件,标准格式是.IES。

Cinema 4D中创建IES灯时,会弹出一个窗口,提示加载一个.IES的文件。这种文件可以在网上下载到。

Cinema 4D还提供了很多.IES的文件,这些文件可以在窗口>内容浏览器中找到,如图12-16所示。

图12-16

— **注 意** —

如果是从网上下载的光域网文件，那么在创建IES灯时直接加载即可使用；如果是使用Cinema 4D提供的光域网文件，那么还需要进行一些操作。

创建一盏聚光灯，然后在聚光灯属性面板>常规>类型>选择IES，如图12-17所示。

图12-17

切换到"光度"选项卡，此时"光度数据"和"文件名"参数被激活，如图12-18所示。

图12-18

在内容浏览器中选择一个IES光域网文件，然后拖曳至"文件名"右侧的空白区域上，此时选择的域网文件就

被应用了，并且会显示该文件的路径、预览图像以及其他信息，如图12-19所示。

图12-19

不同的IES灯的效果如图12-20所示。

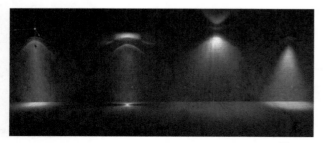

图12-20

3. 四方聚光灯/圆形平行聚光灯/四方平行聚光灯

这3种聚光灯的区别在于灯光的传播形状，根据外形常用于制作幻灯机的投影灯、车灯等，如图12-21所示。

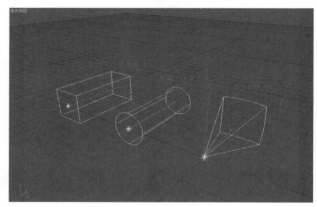

图12-21

12.1.4 远光灯 远光灯

远光灯发射的光线是沿着某个特定的方向平行传播的，没有距离的限制，除非为其定义了衰减，否则没有起点和终点。

远光灯常用来模拟太阳，无论物体位于远光灯的正面或者背面，只要是位于光线的传播方向上，物体的表面都会被照亮，如图12-22所示。

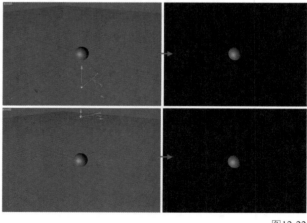

图12-22

远光灯还包括一种类型，叫做"平行光"，在灯光属性面板>常规>类型下选择，如图12-23所示。

图12-23

平行光与远光灯的区别在于,平行光有起点,例如,将平行光放在物体的背面,物体的表面就不会被照亮,如图12-24所示。

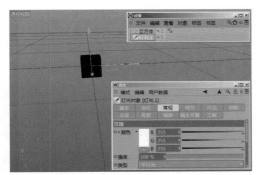

图12-24

12.1.5　区域光

区域光是指光线沿着一个区域向周围各个方向发射光线,形成一个有规则的照射平面。它属于高级的光源类型,常用来模拟室内来自窗户的天空光。面光源十分柔和、均匀,最常用的粒子就是产品摄影中的反光板。默认创建的区域光是一个矩形区域,如图12-25所示。

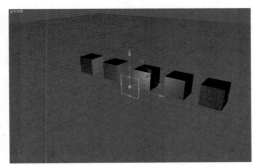

图12-25

可以通过调节矩形框上的黄点来改变区域的大小,如图12-26所示。

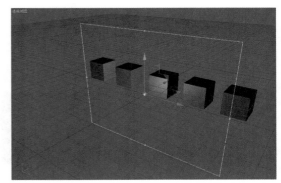

图12-26

区域光的形状也可以通过属性面板细节选项卡中的形状参数来改变。

12.2　灯光常用参数详解

创建一盏灯光对象后,属性面板会显示该灯光的参数,Cinema 4D提供了各种类型的灯光,这些灯光的参数大部分都相同。有些特殊的灯光,Cinema 4D设置了一个"细节"选项卡,这里的参数因为灯光对象的不同而改变,以区分各种灯光的细节效果。以泛光灯为例,灯光的参数设置面板如图12-27所示。

图12-27

12.2.1　常规

常规>常规选项卡>参数设置面板,如图12-28所示。主要设置灯光的基本属性,包括颜色、灯光类型和投影等参数。

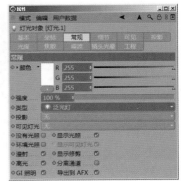

图12-28

1. 颜色

用于设置灯光的颜色。

2. 强度

用于设置灯光的照射强度，也就是灯光的亮度。数值范围可以超出100%，没有上限，可以拖来加大强度。0%的灯光强度代表灯光没有光线，如图12-29所示。

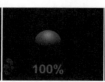

图12-29

3. 类型

用于更改灯光的类型。

4. 投影

该参数包含4个选项，分别是"无"、"阴影贴图（软阴影）"、"光线跟踪（强烈）"和"区域"，如图12-30所示。

图12-30

- 无：选择该项，则灯光照射在物体上不会产生阴影，如图12-31所示。
- 阴影贴图（软阴影）：灯光照射在物体上时产生柔和的阴影，阴影的边缘处会出现模糊，如图12-32所示。

图12-31

图12-32

- 光线跟踪（强烈）：灯光照射在物体上时会产生形状清晰且较为强烈的阴影，阴影的边缘处不会产生任何模糊，如图12-33所示。
- 区域：灯光照射在物体上会根据光线的远近产生不同变化的阴影，距离越近阴影就越清晰，距离越远阴影就越模糊，它产生的是较为真实的阴影效果，如图12-34所示。

图12-33

图12-34

5. 可见灯光

用于设置在场景中的灯光是否可见以及可见的类型。该参数包含"无"、"可见"、"正向测定体积"和"反向测定体积"4个选项，如图12-35所示。

图12-35

- 无：表示灯光在场景中不可见。
- 可见：表示灯光在场景中可见，且形状由灯光的类型决定。选择该项后，泛光灯在视图中将显示为球形，且渲染时同样可见，拖曳球形上的黄点可以调节光源的大小，如图12-36所示。

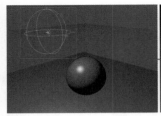

图12-36

- 正向测定体积：选择该项后，灯光照射在物体上会产生体积光，同时阴影衰减将被减弱。为了方便观察，这里使用聚光灯来做测试，且灯光的亮度设置200%，如图12-37所示。左边图片的可见灯光设置"可见"，右边图片的可见灯光设置为"正向测定体积"。

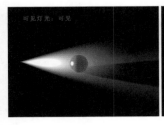

图12-37

—— 注意 ——

注意聚光灯的亮度和线框尺寸，否则可能无法看清效果，如图12-38所示。

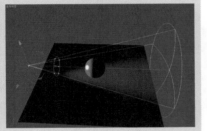

图12-38

- 反向测定体积：选择该项后，在普通光线产生阴影的地方会发射光线，常用于制作发散特效，如图12-39所示。

图12-39

6. 没有光照

选择该项后，场景中将不显示灯光的光照效果。如果设置可见灯光为"可见"、"正向测定体积"或"反向测定体积"，那么光源还是可见。

7. 显示光照

选择该项后，在视图中会显示灯光的控制器线框，如图12-40所示。默认勾选。

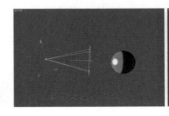

图12-40

8. 环境光照

通常光线的照射角度决定了物体对象表面被照亮的程度，但 ☑ 勾选环境光照后，物体上的所有表面都将具有相同的亮度。这个亮度也可以通过"细节"选项卡中的"衰减"参数进行调节，如图12-41所示。这里选择的衰减类型为"平方倒数"。

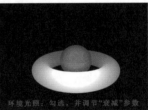

图12-41

9. 显示可见灯光

选择该项后，视图中将显示可见灯光的线框，选择线框上的黄点拖曳可以放大线框，如图12-42所示。

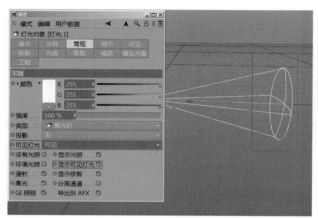

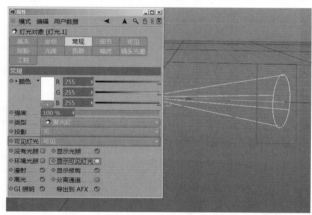

图12-42

10. 漫射

取消勾选该项后，灯光照射在某个物体上时，该物体的颜色将被忽略，但高光部分会被照亮，如图12-43所示。

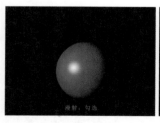

图12-43

11. 显示修剪

在细节选项卡，☑勾选近处修剪、远处修剪，可以对灯光进行修剪，☑勾选显示修剪后，会以线框显示灯光的修剪范围，同时可以调整修剪范围，如图12-44所示。默认勾选。

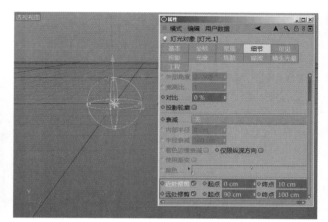

图12-44

12. 高光

默认☑勾选，如果取消勾选，那么灯光投射到场景中的物体对象上将不会产生高光效果，如图12-45所示。

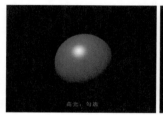

图12-45

13. 分离通道

勾选☑该项后，在渲染场景时，漫射、高光和阴影将被分离出来并创建为单独的图层。前提还需要在"渲染设置"窗口中设置相应的多通道参数，如图12-46所示。

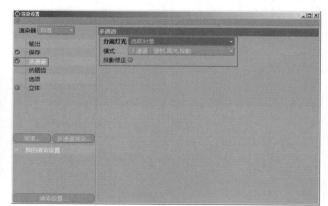

图12-46

渲染设置完毕后，勾选了"分离通道"的灯光对象就会被分层渲染，分离的图层如图12-47所示。

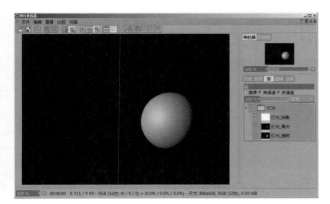

图12-47

14. GI照明

GI照明也就是全局光照照明，如果取消勾选该项，那么场景中的物体对象将不会在其他物体上产生反射光线，如图12-48所示。

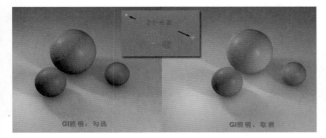

图12-48

12.2.2 细节

细节选项卡中的参数会因为灯光对象的不同而有所改变。除了区域光之外，其他几类灯光的细节选项卡中包含的参数大致都相同，只是被激活的参数有些区别，如图12-49～图12-51所示。

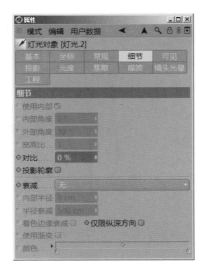

图12-49

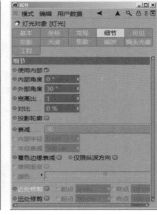

图12-50　　　　　　　　　　　图12-51

1. 使用内部/内部角度

勾选✔使用内部选项后，内部角度参数才能被激活，通过调整该参数，可以设置光线边缘的衰减程度。高数值将导致光线的边缘较硬，低数值将导致光线的边缘较柔和，如图12-52所示。

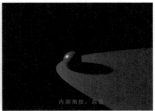

图12-52

── 注意 ──

"使用内部"选项只能用于聚光灯，根据聚光灯类型的不同，"内部角度"可能会显示为"内部半径"，如"圆形平行聚光灯"。

2. 外部角度

用于调整聚光灯的照射范围，通过灯光对象线框上的黄点也可以调整，如图12-53所示。

── 注意 ──

"外部角度"取值范围是0°～175°，如果是"外部半径"则没有上限，但不能是负值。"内部角度"和"内部半径"也是一样。另外，"外部角度（外部半径）"的数值决定了"内部角度（内部半径）"参数的最大值，也就是说内部的取值范围不可超过外部。

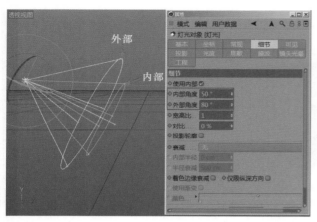

图12-53

3. 宽高比

标准的聚光灯是一个锥形的形状，该参数可以设置锥体底部圆的横向宽度和纵向高度的比值，取值范围为0.01～100。

4. 对比

当光线照射到物体对象上时，对象上的明暗变化会产生过渡，该参数用于控制明暗过渡的对比度，如图12-54所示。

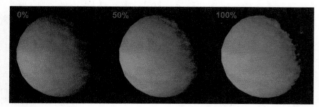

图12-54

5. 投影轮廓

如果在常规选项卡中设置灯光强度参数为负值，那么在渲染时可以看到投影的轮廓，如图12-55所示。

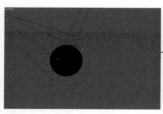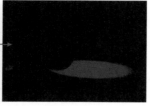

图12-55

但是在实际的运用中是不用设置光照强度为负值的，如图12-56所示，左边是3个光源都启用了投影的效果，可以看出3个投影比较破坏画面的整体协调性，而右边的图则禁用了3个光源的投影，同时在球体的正上方添加了一个光源（启用了投影），并勾选"投影轮廓"选项，可以看出画面比左边的图看起来更和谐美观。

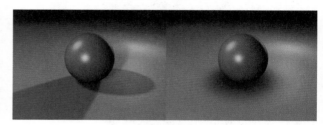

图12-56

6. 衰减

现实中，一个正常的光源可以照亮周围的环境，同时周围的环境也会吸收这个光源发出的光线，从而使光线越来越弱，也就是光线随着传播的距离而产生了衰减。在Cinema 4D中，虚拟的光源也可以实现这种衰减的现象。在"衰减"参数中包含了5种衰减类型，分别是"无"、"平方倒数（物理精度）"、"线性"、"步幅"和"倒数立方限制"，如图12-57所示。

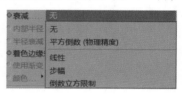

图12-57

每种衰减类型的效果如图12-58所示。

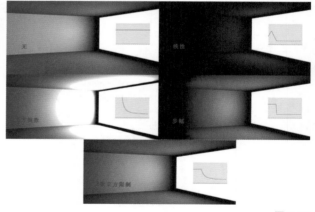

图12-58

7. 内部半径/半径衰减

"半径衰减"用于定义衰减的半径大小，位于数值内区域的光亮度会产生0%～100%的过渡；而"内部半径"参数用于定义一个不衰减的区域，衰减将从内部半径的边缘开始，如图12-59所示。

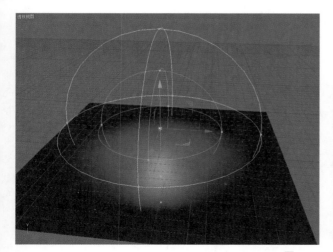

图12-59

─── 注 意 ───

只有"线性"的衰减方式,内部半径才会被激活。

8. 着色边缘衰减

只对聚光灯有效。✓勾选"使用渐变"选项,并且调整渐变颜色,就可以观察出启用和禁用的区别,如图12-60所示。

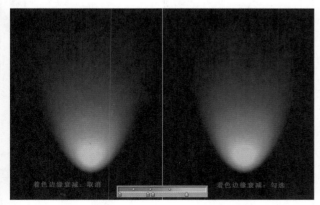

图12-60

9. 仅限纵深方向

勾选✓该选项后,光线将只沿着z轴的正方向发射,如图12-61所示。

图12-61

10. 使用渐变/颜色

这两个参数用于设置衰减过程中的渐变颜色,如图12-62所示。

图12-62

11. 近处修剪/起点/终点

勾选✓ "近处修剪"后,在灯光对象上会出现两个蓝色线框显示的球体(以泛光灯为例),调大"起点"和"终点"参数可以观察到这两个线框。起点参数表示内部球体的半径,终点参数表示外部球体的半径,如图12-63所示。

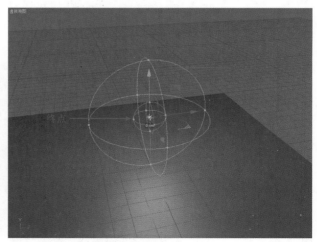

图12-63

如果设置的"起点"和"终点"参数都没有超过灯光与对象之间的距离,渲染一下就可以发现没有任何光线被修剪,如图12-64所示。

图12-64

如果只有"终点"参数超过了灯光与对象之间的距离，那么随着"起点"数值的逐渐增大，就会有越来越多的光线被修剪掉，如图12-65所示。

图12-65

如果"起点"和"终点"参数都超过了灯光与对象之间的距离，那么超过距离部分的光线将被完全修剪，如图12-66所示。

图12-66

12. 远处修剪/起点/终点

勾选 ☑ "远处修剪"选项后，在灯光对象上会出现两个绿色线框显示的球体。"终点"参数用于控制投射在对象上的光线范围，位于范围外的光线将被修剪；"起点"参数用于控制投射在对象上的光线过渡的范围，位于范围内的光线不产生任何过渡，如图12-67和图12-68所示。

图12-67

图12-68

12.2.3　细节（区域光）

区域光的细节选项卡属性面板，如图12-69所示。

图12-69

1. 形状

用于调节区域光的形状，包含"圆盘"、"矩形"、"直线"、"球体"、"圆柱"、"圆柱（垂直的）"、"立方体"、"半球体"和"对象/样条"9种类型，如图12-70所示。

图12-70

每种类型的效果，如图12-71所示。

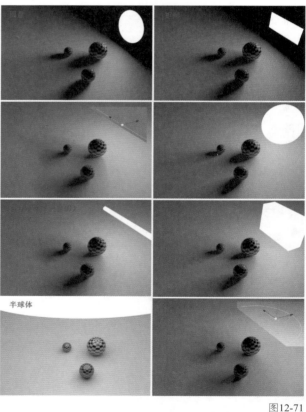

图12-71

2. 对象

只有设置"形状"为"样条/对象"时，该参数才可使用。这时，可以从对象窗口中拖曳任何多边形或者样条线到该参数的右侧空白区域，以作为区域光的形状。

3. 水平尺寸/垂直尺寸/纵深尺寸

分别用于设置区域光在x、y、z轴方向上的尺寸大小。

4. 衰减角度

用于设置光线衰减的角度，取值范围是0°～180°，如图12-72所示。

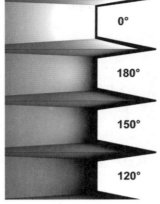

图12-72

5. 采样

如果一个物体的表面看上去好像被几个光源所照射，那么就需要提高该参数的数值，如图12-73所示。取值范围为16～1000。

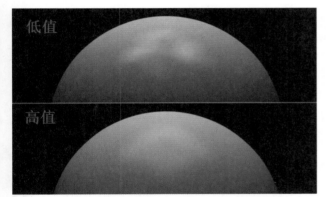

图12-73

6. 增加颗粒

该参数与"采样"参数相关，如图12-74所示。

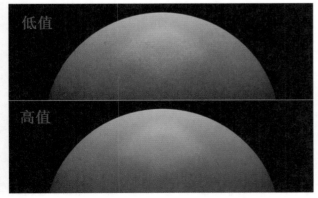

图12-74

7. 渲染可见/反射可见

设置区域光在渲染时和反射时是否可见，如图12-75所示。

图12-75

12.2.4　可见

可见选项卡参数设置，如图12-76所示。

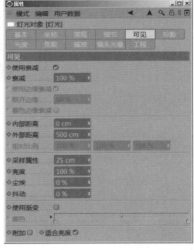

图12-76

1. 使用衰减/衰减

勾选使用衰减选项后，衰减参数才会被激活，衰减是指按百分比减少灯光的密度，默认数值为100%。也就是说从光源的起点到外部边缘之间，灯光的密度从100%～0%逐渐减少，如图12-77所示。

图12-77

2. 使用边缘衰减/散开边缘

这两个参数只与聚光灯有关，"使用边缘衰减"控制是否对可见光的边缘进行衰减，如图12-78所示。

图12-78

3. 着色边缘衰减

只对聚光灯有效，同时启用"使用边缘衰减"选项后才会被激活。勾选该项后，内部的颜色将会向外部呈放射状传播，如图12-79所示。

图12-79

4. 内部距离/外部距离

内部距离控制内部颜色的传播距离，外部距离控制可见光的可见范围。

5. 相对比例

控制泛光灯在x、y、z轴向上的可见范围，如图12-80所示。

图12-80

6. 采样属性

该参数与可见体积光有关（灯光的可见方式为"正向测定体积"或者"反向测定体积"），用于设置可见光的体积阴影被渲染计算的精细度，高数值则粗略计算，但渲染速度快；低数值则精细计算，但渲染速度较慢，如图12-81所示。

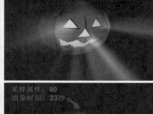
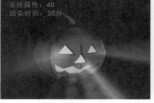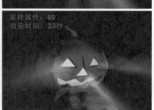

图12-81

7. 亮度

用于调整可见光源的亮度。

8. 尘埃

用于使可见光的亮度变得模糊。

9. 使用渐变/颜色

这两个参数用于为可见光添加渐变颜色，如图12-82所示。

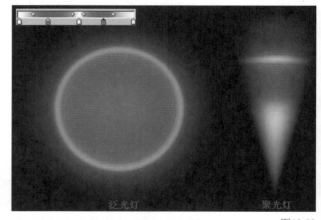

图12-82

10. 附加

勾选该项后，场景中如果存在多个可见光源，那么这些光源将叠加到一起，如图12-83所示。

图12-83

11. 适合亮度

用于防止可见光曝光过度，勾选☑该项后，可见光的亮度会被削减至曝光效果消失，如图12-84所示。

图12-84

12.2.5 投影

每种灯光都有4种投影方式，分别是"无"、"阴影贴图（软阴影）"、"光线跟踪（强烈）"和"区域"。不同的投影方式，投影选项卡的参数也不同。

1. 无

如果没有设置任何投影方式，那么投影选项卡的属性面板中，没有参数可以设置，只有投影参数处于可选状态。

2. 阴影贴图（软阴影）

选择该投影方式后，投影选项卡的属性面板如图12-85所示。

图12-85

• 密度：用于改变阴影的强度，如图12-86所示。

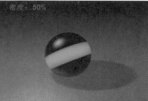

图12-86

• 颜色：用于设置阴影的颜色，如图12-87所示。

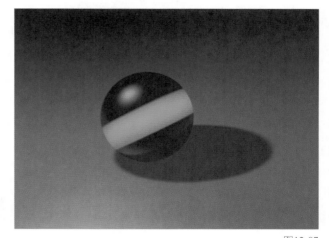

图12-87

• 透明：如果赋予对象的材质设置了"透明"或者Alpha通道，那么就需要勾选☑该选项，如图12-88所示。

图12-88

• 修剪改变：勾选☑该项后，在"细节"选项卡中设置的修剪参数将会应用到阴影投射和照明中。

• 投影贴图/水平精度/垂直精度：用于设置"投影贴图"投影的分辨率，Cinema 4D预制了几种不同的分辨率，如图12-89所示。也可以通过"水平精度"和"垂直精度"参数来自定义分辨率。

- 内存需求：设置一个投影分辨率后，Cinema 4D将自动计算显示该分辨率需要消耗的内存大小。
- 采样半径：用于设置投影的精度，数值越高越精确，但渲染时间也会越长。
- 绝对偏移：默认☑勾选，取消勾选后，"偏移（相对）"参数将被激活，此时阴影到对象的距离将根据光源到对象的距离来决定（相对偏移），光源离对象越远，阴影离对象也越远。

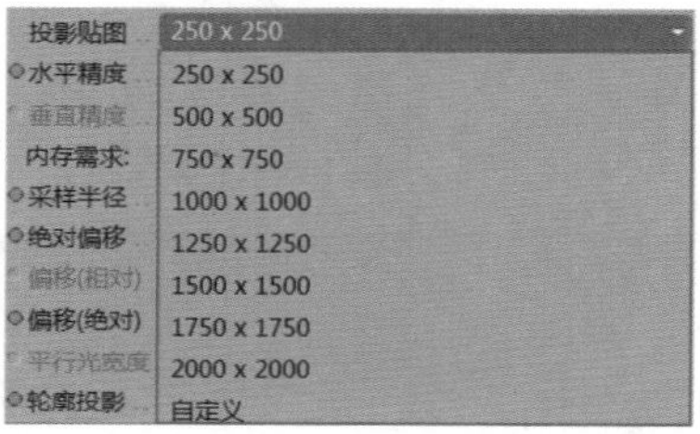

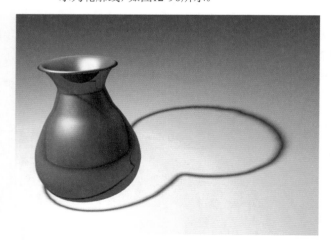

图12-89

- 偏移（相对）/偏移（绝对）：通常情况下，这两项默认设置的数值已经能够应付大部分的场景。如果对象太小，默认的偏移数值会导致对象与阴影间的距离变得太远，此时就需要降低偏移数值来使阴影显示在正确位置；如果对象太大，那么默认的偏移数值会导致阴影直接投射到对象上，此时就需要增大偏移数值来使阴影显示在正确位置。
- 轮廓投影：勾选☑该项后，物体对象的投影将显示为轮廓线，如图12-90所示。

图12-90

- 投影锥体/角度：勾选☑该项后，投影将生成为一个锥形的形状，而"角度"参数用于控制锥体的角度，如图12-91所示。

图12-91

- 柔和锥体：勾选☑该项后，锥体投影的边缘会变得柔和。

3. 光线跟踪（强烈）

设置投影方式为"光线跟踪（强烈）"后，"投影"选项卡的属性面板如图12-92所示。

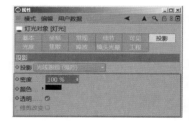

图12-92

具体的参数在前面已经讲过，这里不再赘述。

4. 区域

设置投影方式为"区域"后，"投影"选项卡的属性面板如图12-93所示。

图12-93

- 采样精度/最小取样值/最大取样值：这3个参数用于控制区域投影的精度，高数值会产生精确的阴影，同时也会增加渲染时间；低数值会导致投影出现颗粒状的杂点，但渲染速度很快，如图12-94所示。

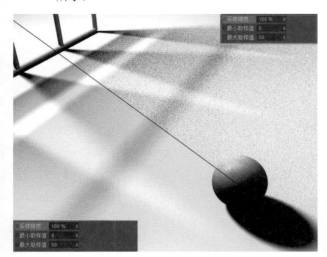

图12-94

12.2.6 光度

光度选项卡属性面板，如图12-95所示。

图12-95

1. 光度强度/强度

创建一盏IES灯后，"光照强度"选项就会自动激活，通过调整"强度"数值可以设置IES灯的光强度。当然，这两个参数也可以应用于其他类型的灯光。

2. 单位

除了"强度"参数外，该参数也可以影响光照的强度，同样也可应用于其他类型的灯光。该参数包含"烛光（cd）"和"流明（lm）"两个选项，如图12-96所示。

图12-96

- 烛光（cd）：表示光照强度是通过"强度"参数定义的。
- 流明（lm）：表示光照强度是通过灯光的形状来定义的，例如聚光灯，如果增加聚光灯的照射范围，那么光照强度也会相应的增加；反之亦然，如图12-97所示。

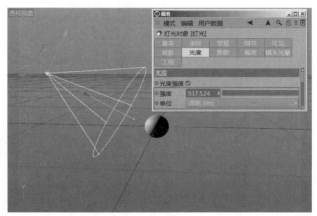

图12-97

--- 注 意 ---

应当先增加或减少灯光的照射范围，然后再勾选"光度强度"，并设置"单位"为"流明（lm）"，此时光照强度才会根据灯光的强度来确定。如果先设置了"单位"为"流明（lm）"，那么无论如何调整灯光形状，光照强度都不会再发生变化，此时要想调整光照强度，还是需要设置"强度"参数。

12.2.7 焦散

焦散是指当光线穿过一个透明物体时，由于物体表面的不平整，使光线折射没有平行发生，从而出现了漫折射，投影表面出现光子分散。使用焦散可以产生很多精致的效果。在Cinema 4D中，如果想要渲染灯光的焦散效果，需要在"渲染设置"中设置添加效果>焦散，如图12-98所示。

图12-98

焦散选项卡>
属性面板，如图
12-99所示。

图12-99

1. 表面焦散

用于激活光源的表面焦散效果。

2. 能量

用于设置表面焦散光子的初始总能量，主要控制焦散效果的亮度，同时也影响每一个光子反射和折射的最大值，如图12-100所示。

图12-100

3. 光子

影响焦散效果的精确度，数值越高效果越精确，同样的渲染时间也会增加，一般取值范围设置10000～1000000之间最佳，数值过低光子看起来就像一个个白点。

4. 体积焦散/能量/光子

这3个参数用于设置体积光的焦散效果，如图12-101所示。

 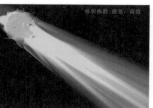

图12-101

12.2.8 噪波

噪波选项卡参数用于制造一些特殊的光照效果，其属性面板，如图12-102所示。

图12-102

1. 噪波

用于选择噪波的方式，包括"无"、"光照"、"可见"和"两者"4个选项，如图12-103所示。

图12-103

- 光照：选择该项后，光源的周围会出现一些不规则的噪波，并且这些噪波会随着光线的传播照射在物体对象上，如图12-104所示。

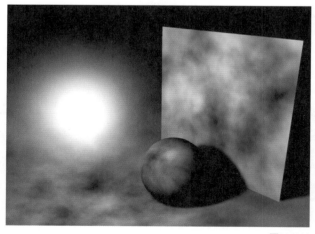

图12-104

- 可见：选择该项后，噪波不会照射到物体对象上，但会影响可见光源。该选项可以用于让可见光源模拟烟雾效果，如图12-105所示。

图12-105

• 两者：表示"照明"和"可见"选项的两个效果同时出现，如图12-106所示。

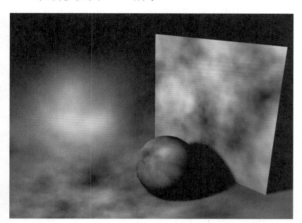

图12-106

2. 类型

用于设置噪波的类型，包含"噪波"、"柔性湍流"、"刚性湍流"和"波状湍流"4种，如图12-107所示。

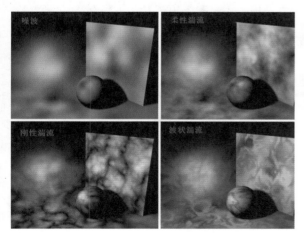

图12-107

12.2.9 镜头光晕

镜头光晕选项卡用于模拟现实世界中摄像机镜头产生的光晕效果，镜头光晕可以增加画面的气氛，尤其在深色的背景当中。其属性面板，如图12-108所示。

图12-108

1. 辉光

用于为灯光设置一个镜头光晕的类型，如图12-109所示。

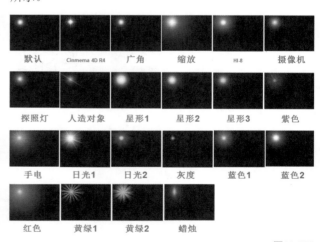

图12-109

2. 亮度

用于设置所选择的辉光的亮度。

3. 宽高比

用于设置所选择辉光的宽度和高度的比例。

233

4. 编辑按钮 编辑...

单击该按钮会打开"辉光编辑器"窗口，在这个编辑器中可以对辉光的相应属性进行设置，如图12-110所示。

图12-110

5. 反射

为镜头光晕设置一个镜头光斑（设置一个反射的辉光），如图12-111所示。反射也有很多选项可选，结合辉光类型可以搭配出多种不同的效果。

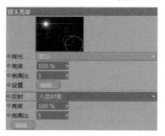

图12-111

6. 亮度

设置反射辉光的亮度。

7. 宽高比

设置反射辉光的宽度和高度的比例。

8. 编辑按钮

单击按钮会打开"镜头光斑编辑器"窗口，在编辑器中，可以对反射辉光的属性进行设置，如图12-112所示。

图12-112

9. 缩放

同时调节镜头光晕和镜头光斑的尺寸。

10. 旋转

只能用于调节镜头光晕的角度。

12.3 灯光应用技巧

在现实中，摄影师和画家都需要对光有非常好的理解，因为光是艺术表现的关键。摄影中好的布光能拍出更好的作品，而CG也和摄影一样，追求光和影的艺术。在CG表现时，场景中光源的布置是必须要考虑到位的，否则

很难渲染出高品质的作品，如图12-113所示。

图12-113

当我们站在空旷的草地上，周围没有任何遮挡物时，太阳就是一个直射光源，直接照亮身体和周围的草地，草地接收到太阳的光照后，吸收一些光线并漫反射出绿色的光线，这部分光线间接增强了太阳光的强度，如图12-114所示。如果进入伞下的阴影里，对物体而言，太阳光就不再是直射光源，照亮物体的都是来自天空和地面的漫反射光线，如图12-115所示。这里的太阳光就成为直射光照，而天空和地面的反射光则成为间接光照。这是两种不同的光照形式。

图12-114

图12-115

12.3.1　3点布光

CG布光在渲染器发展的早期，无法计算间接光照时，因为背光的地方没有光线进行反弹，就会得到一个全黑的背面。因此模拟物体真实的光照，需要多盏辅助灯光照射暗部区域，也就形成了众所周知的"3点布光"也叫"3点照明"的布光手法。如果场景很大，可以把它拆分成若干个较小的区域进行布光。一般有3盏灯即可，分别为主体光、辅助光与背景光。

布光顺序：1.先确定主体光的位置与强度；2.决定辅助光的强度与角度；3.分配背景光。布光效果应当主次分明，互相补充。在CG中，这种布光手法比较传统，且更接近于绘画的手法，利用不同的灯光对物体的亮部和暗部进行色彩和明度的处理。

3点布光的好处是容易学习和理解。它由在一侧的一个明亮主灯，在对侧的一个弱补充的辅助灯和用来给物体突出加亮边缘的在物体后面的背景灯组成，如图12-116所示。

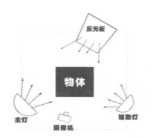

图12-116

在CG中，3点布光最大的问题是它是故意的，这种光照类型在自然中并不存在，因为它的效果太艺术化，看起来也就比较刻意不真实。渲染器发展到现在，已经具备了对间接光照进行计算的能力，新的Global Illumination技术已经解决了我们对暗部处理的问题。有的渲染器更是提供了进行全局光明的天空物体，这样不用灯光也可以模拟出真实的光照。但是布光的作用仍然至关重要。这里主要讲解一下三维软件中的布光技巧和方法。

12.3.2　布光方法

100名灯光师给一个复杂场景布光会有100种不同的方案与效果，但是布光的原则还是会遵守的，比如考虑灯光的类型、灯光的位置、照射的角度、灯光的强度和灯光的衰减等。如果想要照明一个环境或物体，在布光中可以尝试一些创造性的想法，并研究在自然中发生了什么，然后研究自己的解决方案。

1. 灯光类型

• 主光与辅光

进行布光前，首先要确定主光源。如果采用室外光为主要光照，那么太阳就是主光源。如果在室内采用灯光作为主光源，它的位置就很重要。由于光源照射角度不同，阴影产生的面积也不同，当主光源产生阴影面积过大时，就需要增加辅助光源对暗部进行适当的照明。在演播室拍摄节目时，照射主持人的光一般从前上方偏左或偏右进行照射，这样会造成主持人鼻子下方和颈部留下明显的阴影，为了处理这些阴影，就会使用一个辅助光照射一个反光板。在拍摄户外电影电视剧的片场，也可以看到会有工作人员手持白色板子跟着演员一起移动，实际上就是为了补充演员面部的曝光不足。

• 前光/测光/顶光/背景光

这些光不是相对物体位置而言，而是参考摄像机的照射方向，如图12-117所示。

图12-117

首先需要确定光线从哪个角度照射到对象上，也就是光线的方向。选择你的主光从哪个方向照射是最重要的决定之一，因为这会对一个场景呈现怎样的氛围，对图像要传达的情绪产生巨大的影响。它基本可以控制照明的整个基调。

在调整灯光的照射角度时，需要仔细观察明暗面积的比例关系，通过观察可以使调节灯光的照射角度有一个章法可循。

前光可以很快地照亮整个场景中的可视部分。在照射范围内，会产生非常均匀的光照效果，物体上的色调过渡也很柔和。但它的缺陷是缺乏立体感。如果光源很硬效果看起来则毫无吸引力。前光对显现形态或肌理的帮助很小，它会使物体看起来平面化。而且容易在物体的后面形成"包裹"物体外轮廓的阴影，如图12-118所示。

图12-118

也正因为这个原因，柔和弥散的前置光照在一些主题下也非常有效，如图12-119所示。测光在对象上产生明暗各占一半的效果，会让角色产生"阴阳脸"，如图12-120所示。

图12-119

图12-120

这种表现手法在表现CG人物时也会用到，如图12-121所示。

图12-121

测光对于展现形态和纹理非常好，给物体带来一种三维效果。测光可以用来给类似墙这样的表面投上艺术性的影子，创造气氛，如图12-122所示。使用测光的缺点是图片上阴影中的区域有时会丢失，而且会显现皱纹一类的瑕疵，使皮肤看起来比较粗糙。

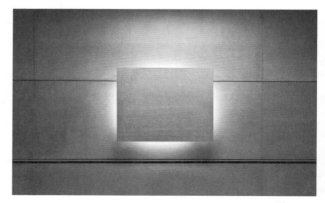

图12-122

顶光会使物体显得渺小，并在被照射物体的下部产生大面积的暗部和阴影，如图12-123所示。

图12-123

顶光并不常见，在强光下它因隐蔽掉下方大部分形态的艺术性投影而带来一种神秘的气氛。例如，人位于强光的正下方会在眼睛的位置产生黑洞，因为它们的眼窝在阴影当中。底光这种从正下方照明也很少见，会在物体和环境的上部产生大面积的暗部和阴影，如图12-124所示。黑暗笼罩在头顶，恐怖感也油然而生。它甚至能给最熟悉的东西带来一种奇怪的外表，因为通常时候看到的明暗会被颠倒。可以想象一个人用手电筒从下方照他的脸。因此底光能被用来制造不寻常的图像。可以发现，同一张脸，只是灯光放置的位置不同，看起来的效果就会完全不同。背光是一种高亮度的光源从对象的背后照射产生的，由于这种照射角度会在物体对象上产生明亮的外轮廓线，所以也叫轮廓光。光越强这个轮廓的光边就越显著。它通常用来把对象从背景中分离出来，也能加强对象和背景间的空间感，如图12-125所示。

图12-124

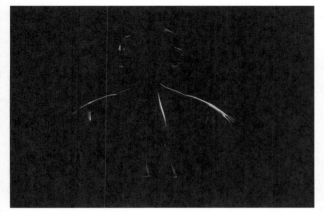

图12-125

注意看电视栏目时，可以发现主持人头发和肩部会有亮光，这就是为了将人物和背景分离出来的轮廓光的效果，如图12-126所示。

图12-126

背光（轮廓光）在CG和显示中的应用，如图12-127所示。

图12-127

- 直射光与反射光

直射光的类型有很多，步入点光源、线光源、面光源等。而反射光通常是以面的形式发射光线。这里指的是漫反射，而且专指利用反光板把直射光线反射到对象上的照明形式，如图12-128所示。再比如摄像师照相，并不会用闪光灯直接照射对象，而是把闪光灯向上旋转，朝着天花板照射，利用天花板反射出来的光线来摄影，这是一种非常典型的例子。它能得到非常柔和、均匀的光照效果。在三维渲染中要注意这种光线的使用，避免渲染输出的图像显得生硬毫无情感。

图12-128

• 特殊光效

特殊光效一般不以照明为主要目的，而是为了突出某些特殊的效果采用的局部照明。比如，大型标志建筑周围的投影灯，烘托出建筑在夜晚看起来仍然气势壮观。节日挂起的彩灯同样是为了烘托气氛，如图12-129所示。

想要突出一个画面中不起眼位置的物体时，可以使用一个单独光源对该物体进行照明，以吸引目光焦点。在三维渲染中使用这种效果光更加的自由，因为可以设置哪些物体被照射，哪些物体被排除。这样，就可以根据需要随意添加效果灯而不影响到其他物体。

图12-129

2. 布光步骤

在为场景布光之前，应该注意几个问题。

• 用途和目的

布置光源需要考虑是为了满足什么需要，换句话说，场景的基调和气氛是什么？在灯光中表达出一种基调，对整个图像的效果是至关重要的。在一些情况下，唯一的目的是清晰地看到一个或几个物体，而实际目的是更加复杂的。

灯光有助于表达一种情感，或引导目光焦点到一个特定的位置。可以使场景看起来更有深度和层次。因此，表达对象和应用领域不同，灯光照明的原则也不相同，在布光之前清楚照明的目的，然后根据各自的特点分配灯光才是正确的方法和首要步骤。

• 参考来源

在创作逼真的场景时，应该养成从实际照片和优秀电影中取材的习惯。好的参考资料可以提供一些线索和灵感。通过分析一张照片中高光和阴影的位置，通常可以重新构造对图像起作用的光线的基本位置和强度。通过现有的原始资料来布光，可以学到很多知识。

• 光的方向

在CG中模拟真实的环境和空间，一定要形成统一的光线方向，这也是布光主次原则的体现。

• 光的颜色

场景中的灯光颜色极为重要，能够反映画面的气氛和表现意图。从美术角度来分析，颜色有冷暖之分，不同的色调会使个人的心理感受不同，如图12-130和图12-131所示。

图12-130

图12-131

冷色为后退色，给人镇静、冷酷、强硬、收缩、遥远等感觉。暖色为前进色，给人亲近、活泼、愉快、温暖、激情和膨胀等感觉。所以每个画面都要有一个主色调，同时它们可以是相互联系，相互依存的。因为冷暖色是靠对比产生的。比如黄色和蓝色放在一起，黄色就是一种暖色，但黄色和红色放在一起，黄色就具有了冷色的特征。因此在画面确定统一的色调后，画面就可以为大面积的主色调分配小面积的对比色调。比如物体的亮部如果是冷色调，暗部则为暖色调，反之亦然。如图12-132所示，可以发现人物的主色调为偏红的暖色，但人物的暗部或者背景为紫色和青色，这样的色调对比使人物形象更加突出，视觉冲击力更加明显。

图12-132

3. 在Cinema 4D中布光

在使用Cinema 4D前，需要在开始就对最终的照明效果有一个概念，包括色彩、基调、画面构成、主次关系等。也就是说，以上讲到的步骤需要在脑海中有个基本框架。

• 主光源

多数情况，主光源会放在对象的斜上方45°的位置，也就是上面所说的四分之一光。但这也绝不是一个固定不变的准则。这个可以根据场景需要来放置。主光源通常是首先放置的光源，并使用它在场景中创建初步的灯光效果。主光源的作用是在场景内生成阴影和高光以及主色调，所以这里需要决定主光源的颜色、强度和阴影类型。

• 辅助光源

辅助光源用来填充场景的黑暗和阴影区域。主光源在场景中是最引人注意的光源，但辅助光源的光线可以提供景深和逼真的感觉。一般辅助光源不会生成阴影，否则场景中有多个阴影看起来不自然。辅助光源可以放在主光源相对的位置，颜色可以设置成与主光源成对比的颜色。也就是说，主光源和辅助光源处于冷暖对比的关系。当然，辅助光源的亮度需比主光源弱，以免破坏光线的主次关系。辅助光源可以不止一盏，但是太多的光会不容易管理，在使用辅助光源时必须明白"少就是多"的原则，不可机械地布光，在一定的范围内充分发挥个人的创造性。

• 背景光/轮廓光

布置好主光源和辅助光源后，需要强调物体的轮廓，可以加入背景光来将物体和背景分开。它经常放置在四分之三关键光的正对面，对物体引起很小的反射高光区（边缘光）。如果场景中有圆角边缘的物体，这种效果能增加场景的可信性。

• 调整光源

在确定所有灯光后，可以进行细微的调整。这时就体现个人对整体的把握能力了。这种能力需要平常多积累对色彩、光、空间和构图的感觉。注意调整弱光的时候，也要注意它的整体效果，把握好一个度。这和绘画有相似之处。

• 添加特殊光效

如果需要表达特殊的效果时，可以添加特殊光效。比如需要对某个物体进行艺术修饰。

4. 灯光应用实例

• 室内布光

室内设计的照明力求真实可信，不论是光源的亮度、色调还是照射范围都要体现出真实光源的物理属性，因为这种设计最终要应用到真正的工程中去。在表现家居、咖啡厅、办公区等不同空间时，需要不同的灯光照明。根据不同空间传达的气氛和特质进行布光安排，如图12-133所示。

图12-133

室内的布光经常会采用区域光来作辅助光源，因此，可以在门窗等主要同光位置放置等面积的面积光来制作出细腻的光照和阴影。为了达到柔和的光线，场景中的灯光都需要设置合适的衰减范围，表达出真实光线。在Cinema 4D中，可以利用渲染的颜色映射表现出来，达到柔和的光照效果。

• 对象布光

为特写的物体对象进行布光时，布置光源应该主要围绕这个物体来进行，利用合适的灯光来表现物体的造型和质感。为了模拟真实的空间和光照情况，一般采用HDRI贴图来进行对背景的处理，让有反射的物体能够反射出真实的环境，增加真实感。因此，HDRI贴图的选择就至关重要了。另外，为了达到均匀的光线和细致的光线变化，还需用到反光板作为补光，如图12-134所示。

图12-134

• 场景布光

场景的布光涉及更多的物体对象。需要我们有把握全局的能力，明确要表现的主体是哪些，衬景是哪些，然后再对主要物体做细致的表现。大的场景需要确定主光源和主色调，首先将正确的基调和气氛营造起来，然后再增加细节。特效光及环境大气的营造对场景气氛的塑造有着很重要的作用，在表现大场景时，可以适当地使用雾气、太阳光晕及镜头景深的效果，如图12-135和图12-136所示。

图12-135

图12-136

三维软件中灯光设置越复杂，渲染花费的时间越多，灯光管理也会变得更复杂。布光应当考虑清楚它在场景中是否十分必要。可以尝试独立查看每一个光源，来衡量它对场景的相对价值。如果它的作用不明确就删除。在有些情况下，比如建筑物光源、照亮的显示器和其他独立的小组合光源，可以使用贴图去模拟，而不使用实际灯光，以便节约渲染时间。

ANIMATION AND
CAMERA

第13章　动画与摄像机

13

关键帧的基本概念

时间轴工具详解

时间线窗口与动画

摄像机属性详解及应用技巧

13.1 关键帧与动画

13.1.1 关键帧

在影视动画制作中，帧是最小单位的单幅影像画面，相当于电影胶片上的每一格镜头。在动画软件的时间轴上帧表现为一格或一个标记。关键帧——相当于二维动画中的原画。指角色或者物体运动或变化中的关键动作所处的那一帧。

关键帧与关键帧之间的帧可以由软件来创建，叫做过渡帧或者中间帧，多个帧按照自定义的速率播放，即动画。播放速率即帧速率，常见帧速率有电影为每秒钟24帧，PAL制式每秒钟25帧，NTSC制式每秒钟30帧。

13.1.2 "Animation"界面

在Cinema 4D操作界面的右上角，从"界面"下拉菜单中可以切换"Animation"界面，便于动画制作。如图13-1和图13-2所示，中间为"时间轴"，靠下窗口为"时间线窗口"。

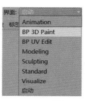

图13-1

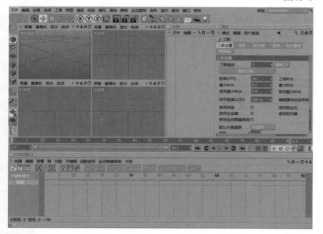

图13-2

13.1.3 时间轴工具设定

时间轴由时间线和工具按钮组成，时间线上显示最小单位为帧，即"F"。■方块为时间指针，可在时间线上任意滑动，也可在右端键入数值，指针可直接跳到那一帧。时间轴左下方的长条及两端数值可控制时间线的长度，在两端输入以"F"为单位的数值，即为时间线总长度，长条滑块滑动控制时间线上的显示长度，如图13-3所示。

图13-3

⏮，指针转到动画起点；

↻，指针转到上一关键帧；

◁，指针转到上一帧；

▷，向前播放动画；

▶，指针转到下一帧；

↻，指针转到下一关键帧；

⏭，指针转到动画终点；

⊘，记录位移、缩放、旋转以及活动对象点级别动画；

◉，自动记录关键帧；

⦿，设置关键帧选集对象；

✛▣◉，记录位移、旋转、缩放开/关；

Ⓟ，记录参数级别动画开/关；

⠿，记录点级别动画开/关；

▤，设置播放速率。

13.1.4 时间线窗口与动画

1. 记录关键帧

创建一个立方体，从对象管理器中选择立方体打开管理器右边的属性面板，在属性面板的坐标参数中，P、S、R分别代表立方体的移动、旋转、缩放，x、y、z分别代表它的3个轴向。在 P、S、R前面都有一个黑色的◉标记，按下Ctrl键并单击◉标记，即为对当前动画记录了关键帧，同时黑色◉标记会变成红色◉标记，如图13-4所示。

当在透视图中沿x轴方向移动立方体后，对象坐标参数中◉标记会变成◉标记，表示已有关键帧记录的属性被改变了，如图13-5所示，再次按下Ctrl键并单击◉标记，即记录至少两个表现立方体运动变化的关键帧。

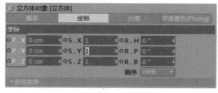

图13-4   图13-5

2. 关键帧模式

当记录完关键帧后，在时间线窗口会以关键帧模式显示所记录的关键帧，如图13-6所示。时间线窗口有小方块的记录点,同样有指针,播放时与时间轴上的指针同步。

在时间线窗口,按H键,最大化显示对象所有关键帧,即窗口工具栏里的■■按钮,单击■按钮可为当前时间做标记,按Alt键加中键平移关键帧视图;按Alt键加中键滑滚缩放视图;左键点选或框选关键帧,可左右移动更改关键帧所在时间;按Ctrl键单击指针可给对应属性添加关键帧。

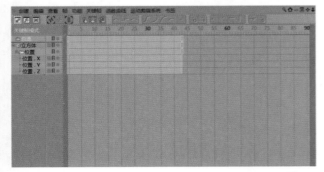

图13-6

3. 函数曲线类型

空格键可在关键帧模式和函数曲线之间切换,即界面工具栏中的■■按钮。选择立方体,窗口会显示立方体动画曲线,如图13-7所示。曲线模式的界面操作和关键帧模式的相同。

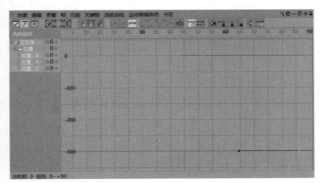

图13-7

先制作两个小球的任一轴向的位移动画,如图13-8所示。

图13-8

它们的函数曲线如图13-9所示。默认的函数曲线是缓入缓出,即先加速运动,再减速停止。

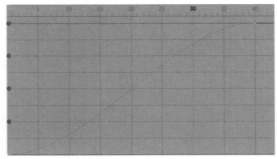

图13-9

- 线性,先在曲线窗口选择第二个球,任意选择一个关键帧,再按Ctrl+A组合键全选,右键菜单执行"线性"命令,曲线将变成直线,如图13-10和图13-11所示。快捷工具是窗口工具栏中的■按钮。小球将从开始到结束运动都是匀速的。

图13-10

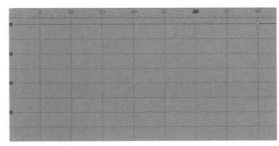

图13-11

- 缓入,全选关键帧右键执行"样条类型"里的"缓入"命令,曲线将在停止前变得缓和,如图13-12和图13-13所示。快捷工具是窗口工具栏中的■按钮。小球将在开始阶段匀速运动,到静止前是减速运动。

图13-12

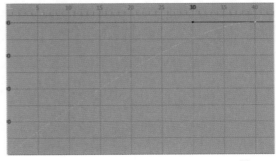

图13-13

- 缓出，全选关键帧右键执行"样条类型"里的"缓出"命令，曲线将在开始阶段缓和，如图13-14和图13-15所示。快捷工具是窗口工具栏中的■按钮。小球将在开始阶段加速运动，到静止前是匀速运动。

图13-14

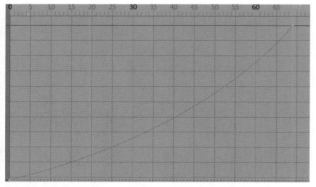

图13-15

- 缓和处理，全选关键帧右键执行"样条类型"里的"缓和处理"命令，曲线的开始和结束都变得缓和，如图13-16和图13-17所示。快捷工具是窗口工具栏中的■按钮。小球运动将是先加速后减速。

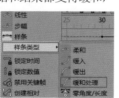

图13-16

图13-17

- 步幅，全选关键帧右键执行"步幅"命令，曲线变成水平直线和结束那一帧的垂直线，如图13-18和图13-19所示。快捷工具是窗口工具栏中的■按

钮。小球将在从开始到下一个关键帧之前都静止，到下一个关键帧时将直接移动到目标位置，形成跳跃的运动。

图13-18

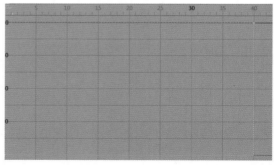

图13-19

- 限制，在制作好的小球运动轨迹中间添加关键帧，再按下Ctrl键复制关键帧往后偏移，曲线默认轨迹将是如图13-20所示。小球在运动过程中并不是静止再继续前行，而是在中途来回晃动一下再继续前行。

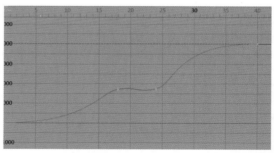

图13-20

全选关键帧右键执行"限制"命令，如图13-21所示，曲线轨迹将变成如图13-22所示，小球运动将在中途静止一段时间再继续前行。

图13-21

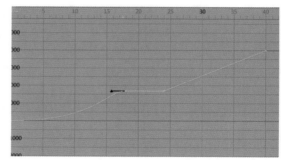

图13-22

除执行"限制"命令外，还可修改相切数值来使小球静止，框选曲线上新加的两个关键帧，在关键帧属性面板中将"居左数值"修改成"0"，可使两个关键帧之间水平相连，相同功能有工具栏中的 按钮。小球同样将在中途静止再继续前行。如图13-23所示。

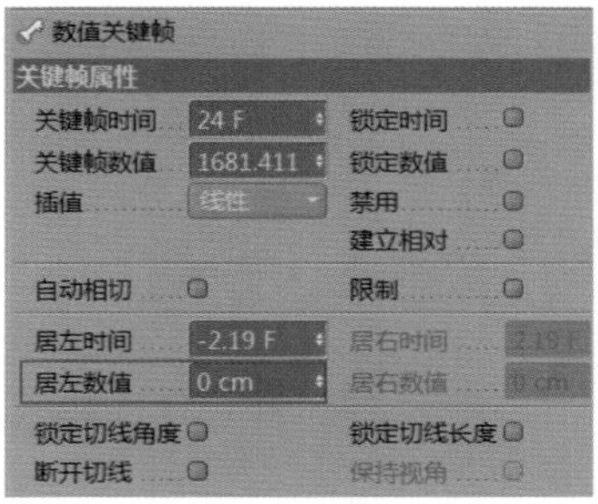

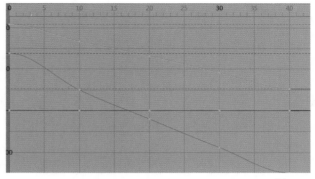

图13-26

分析小球运动轨迹得出，若小球在台阶上跳起就是小球y轴方向的位移运动，在曲线窗口中单独选择小球的y轴位移曲线，选择关键帧，按住Shift键分别拖曳手柄，将曲线形态调整成如图13-27所示，这样，小球将会逐级跳落台阶。

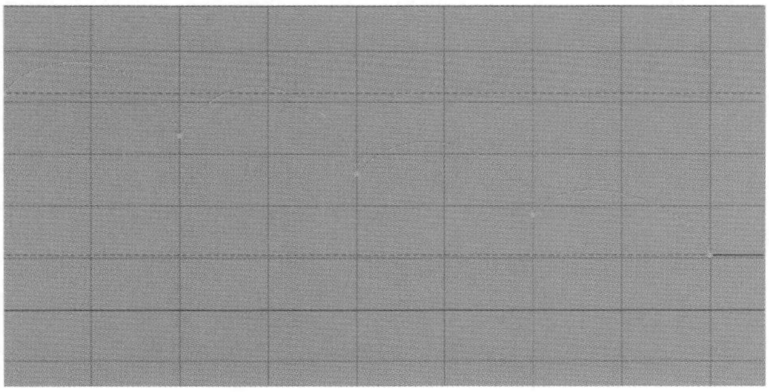

图13-23

• 自定义

通过制作小球跳落台阶的动画，熟悉通过关键帧手柄来控制物体运动轨迹。先制作一个台阶及一个球的简单场景，如图13-24所示。

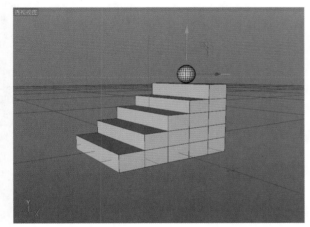

图13-24

图13-27

13.2 摄像机

在Cinema 4D中，视图窗口就是一个默认的"编辑器摄像机"，它是软件建立的一个虚拟摄像机，可以观察场景中的变化，但在实际动画制作中"编辑器摄像机"添加关键帧后不便于视图操控，这时，需要创建一个真正的摄像机来制作动画。

在侧视图中，每隔10帧记录下小球与每级台阶接触的位置，如图13-25所示。小球的曲线如图13-26所示。

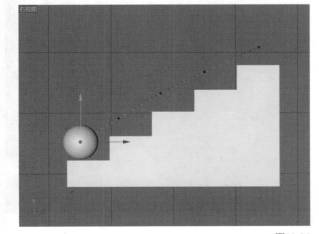

图13-25

在Cinema 4D的工具栏中单击 按钮，即可弹出可供选择的6种摄像机，如图13-28所示。

图13-28

Cinema 4D有6种摄像机：摄像机、目标摄像机、立体摄像机、运动摄像机、摄像机变换以及摇臂摄像机，6种摄像机的基本功能都相同，也有各自的特点。

摄像机，即自由摄像机，它可直接在视图中自由控制自身的摇移、推拉和平移。

单击菜单中的"摄像机"即可将自由摄像机创建。单击对象管理器中摄像机的图标，即可进入摄像机视图，如图13-29和图13-30所示。

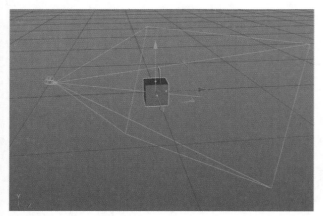

图13-29

图13-30

进入摄像机视图，可像操作透视图一样对摄像机进行摇移、推拉、平移，也可按住键盘的"1"、"2"、"3"键加左键，对应摄像机的平移、推拉和摇移来操作。

在对象管理器中单击"摄像机"，属性面板即可显示摄像机属性，如图13-31所示。

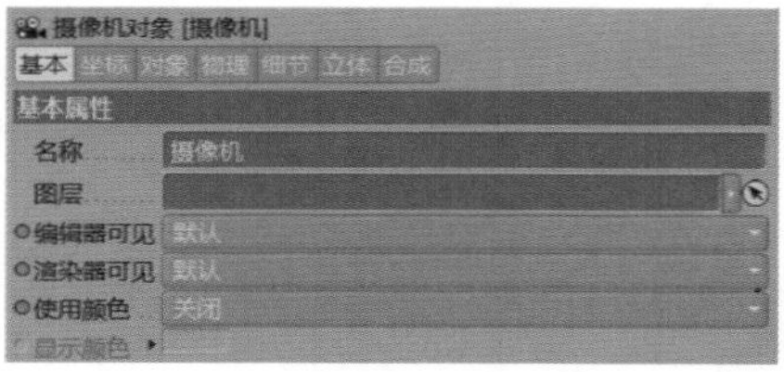

图13-31

1. 基本

在基本属性里可以更改摄像机名称，可对摄像机所处图层进行更改或编辑；还可设置摄像机在编辑器中和渲染器中是否可见；开启使用颜色选项可修改摄像机的显示颜色，如图13-31所示。

2. 坐标

摄像机的坐标属性和其他对象的坐标属性相同，可对P、S、R的x、y、z 3个轴向上的值进行设定。（HPB可切换成XYZ控制更直观）如图13-32所示。

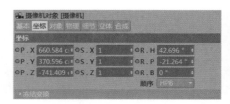

图13-32

3. 对象

对象属性选项如图13-33所示。

- 投射方式：单击图标，即弹出如图13-34所示菜单，有平行、右视图、正视图等多种投射方式，用户可根据需要选择。

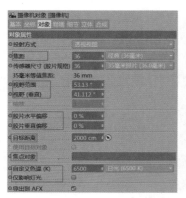

图13-33　　　　　　图13-34

- 焦距：焦距越长，可拍摄的距离越远，视野也越小，即长焦镜头；焦距短则拍摄距离近，视野广，即广角镜头。默认的36毫米为接近人眼视觉感受的焦距。图13-35所示为36毫米焦距的摄像机拍摄的物体；机位保持不变，同一摄像机15毫米焦距拍摄的画面如图13-36所示。

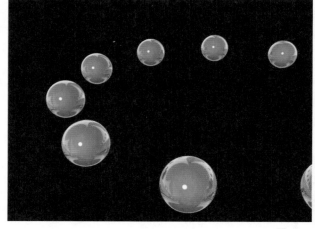

图13-35

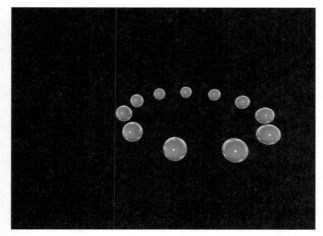

图13-36

- 传感器尺寸：修改传感器尺寸，焦距不变，视野范围将有变化。在现实摄像机上传感器尺寸越大，感光面积越大，成像效果越好。
- 视野范围/视野（垂直）：即摄像机的上下左右的视野范围，若修改焦距或传感器尺寸，均可影响到视野范围。
- 胶片水平偏移/胶片垂直偏移：可以在不改变视角的情况下改变对象在摄像机视图中的位置。
- 目标距离：即目标点与摄像机的距离，目标点是摄像机景深映射开始距离的计算起点。
- 焦点对象：可从对象管理器中拖曳一个对象到"焦点对象"右侧区域当作摄像机焦点。
- 自定义色温：调节色温，影响画面色调。图13-37和图13-38所示为不同色温下的图像。

图13-37

图13-38

4. 物理

在渲染设置中将渲染器切换成物理渲染器，即可激活物理选项里的属性，如图13-39和图13-40所示。在动画制作过程中主要影响画面的有以下参数。

图13-39　　　　　图13-40

- 光圈：光圈是用来控制光线透过镜头，进入机身内感光面的光量的装置。光圈值越小，景深越大。
- 快门速度：快门速度越快，拍摄高速运动的物体就会呈现更清晰的图像。
- 暗角强度/暗角偏移：可在画面四角压上暗色块，使画面中心更突出，如图13-41所示。

图13-41

- 光圈形状：对画面光斑的形状的控制，可为圆形、多边形等，如图13-42和图13-43所示。

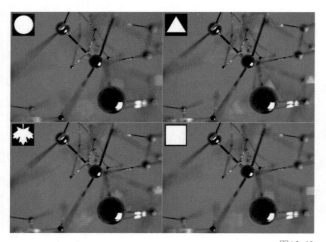

图13-42

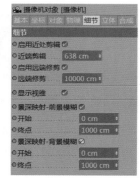

图13-43

5. 细节

- 近端剪辑/远端修剪：可对摄像机里所显示的物体的近端和远端进行修剪，如图13-44和图13-45所示。

图13-44

图13-45

- 景深映射-前景模糊/背景模糊：在标准渲染器添加"景深"效果，如图13-46所示，勾选激活前景模糊或背景模糊即可给摄像机添加景深。景深映射是以摄像机目标点为计算起点来设置景深大小，如图13-47所示。

图13-46

图13-47

6. 目标

- 当创建的是目标摄像机时，目标属性已激活。基本属性中可更改目标点名称、所处图层等；标签属性中可将其他对象拖曳入目标对象栏中，当作摄像机的目标点，如图13-48所示。
- 单击对象管理器中的"摄像机.目标"，属性栏中即显示"摄像机.目标"属性，可设置目标点在视图中的显示方式，点状、多边形均可，如图13-49所示。

图13-48

图13-49

7. 立体

当创建的是3D摄像机时，立体选项已激活。3D摄像机是两个摄像机以不同机位同时拍摄画面。

在透视图菜单中的"选项"命令下打开"立体"显示，透视图即显示双机拍摄的"重影"画面，如图13-50所示。

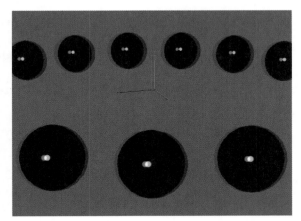

图13-50

立体属性栏中可调节摄像机模式，摄像机的安置方式等参数，模拟3D影像拍摄，如图13-51和图13-52所示。

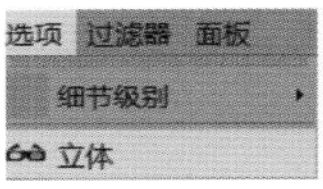

图13-51

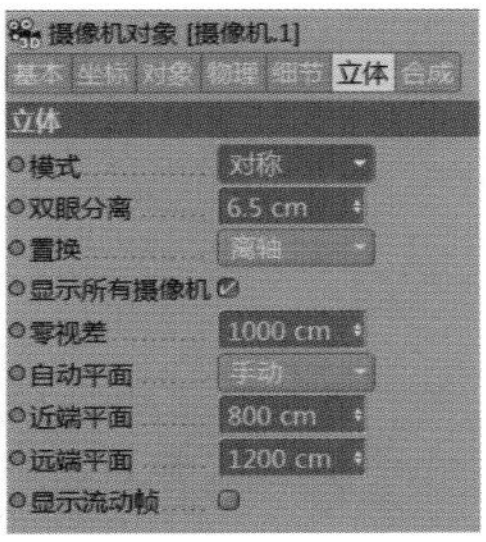

图13-52

摇臂摄像机标签主要是用来模拟真实世界的摄像机的平移运动。它模拟了一个现实世界中真实的摇臂式摄影机，这样的设计可以在拍摄时从场景的上方产生垂直和水平的控制，Cinema 4D的摇臂摄像机标签可以控制以下属性，如图13-53所示。

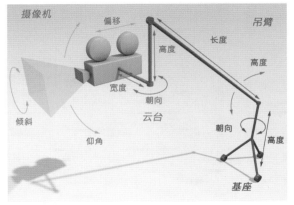

图13-53

摇臂摄像机的底座可以通过选择场景中的已有物体，或者空白对象，按住Alt/Command键进行创建，来定位摄影机的所在位置，相机的位置就会被这个所选对象控制，另外，也可以在摇臂摄像机标签的连接属性中指定，任意物体来控制摇臂摄像机，基座如图13-54所示。

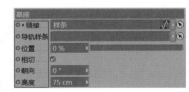

图13-54

- 连接：用户可以拖曳一个空白对象（物体对象或者曲线对象）到这区域中，摇臂摄像机的位置将被定义在连接对象所在的位置，值得注意的是，使用样条线时，摇臂摄影机的y轴方向，以及曲线的y轴方向应当向上，否则摇臂摄影机的方向将会出现错误。

- 导轨样条：可以将一条曲线拖曳入这个区域用来控制摇臂摄影机的矢量方向，即摇臂摄像机的y轴的方向将指向导轨曲线。

- 位置：如果连接属性被指定了一个样条曲线，便可以使用这个数值来定义摇臂摄像机在样条上的位置，位置范围在0%～100%的数值。

- 相切：如果希望摇臂摄像机的底座方向沿着样条的切线方向移动，可以将此选项勾选，否则，摇臂摄像机的方向将保持不变。

- 朝向：控制摇臂摄影机沿底座垂直轴向的旋转。

- 高度：定义摇臂摄像机基座的高度吊臂如图13-55所示。

图13-55

长度：定义摇臂摄像机吊臂的长度。

高度：使用此值来定义相机吊臂向上或者向下的平移。如果保持吊臂垂直被勾选，相机默认的水平方向在调节此参数时将保持不变。

目标：可以拖曳一个对象到目标属性右侧的区域当中，来控制吊臂的指向。云台如图13-56所示。

图13-56

高度：定义摇臂摄像机的摇臂末端到摄像机的垂直距离。

　　朝向：定义头部的水平旋转。如果设置为0°，相机会始终指向摇臂的方向。

　　宽度：定义摇臂摄像机末端的横向宽度。

　　目标：可以在属性右侧的空白区域拖曳入一个对象物体，用来控制摄像机云台的指向。摄像机如图13-57所示。

图13-57

- 仰角：垂直向上或者向下旋转摄像机。
- 倾斜：沿着摄像机的拍摄方向倾斜摄像机。
- 偏移：沿着摄影机的拍摄方向移动摄影机位置。
- 保持吊臂垂直：当摇臂摄像机的吊臂的高度属性发生变化时，摄像机的拍摄角度也会发生相应的改变。如果不希望出现这样的效果可以勾选保持吊臂垂直，在吊臂的高度发生变化时，摄像机的拍摄角度将保持不变。
- 保持镜头朝向：当勾选此选项时，调整摄像机基座的朝向时摄像机方向保持不变。

RENDER AND OUTPUT

第14章　渲染输出

14

14.1 渲染当前活动视图

（1）单击工具栏的■按钮（快捷键Ctrl+R），对当前被选择的视图窗口进行预览渲染，注意该工具渲染出的图像不能被导出。

（2）正在进行渲染或渲染完成后，鼠标指针单击视图窗口外的任意位置或对任意参数进行调整，将取消渲染效果。

14.2 渲染工具组

单击工具栏的■按钮长按鼠标左键不放，在弹出菜单中共有8个选项，如图14-1所示。

图14-1

14.2.1 区域渲染 ■ 区域渲染

选择区域渲染，拖曳鼠标并用左键框选视图窗口中需要渲染的区域，用来查看局部的预览渲染效果，如图14-2所示。

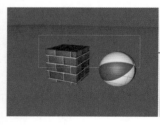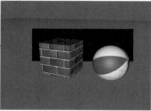

图14-2

14.2.2 渲染激活对象 ■ 渲染激活对象

用于渲染选择的对象，未选择的对象不会被渲染，如果没有选择对象则不能使用该工具，如图14-3所示。

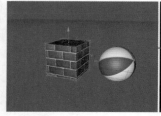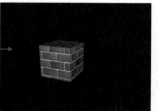

图14-3

14.2.3 渲染到图片查看器 ■ 渲染到图片查看器

用于将当前场景渲染到图片查看器（快捷键Shift+R），图片查看器中的图片可以被导出，如图14-4所示。

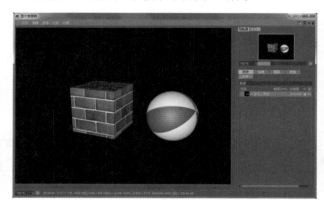

图14-4

14.2.4 创建动画预览 ▶ 创建动画预览...

快速生成当前场景的动画预览，常用于场景较为复杂不能即时播放动画的情况。选择该工具会弹出一个窗口（快捷键Alt+B），如图14-5所示，可以设置预览动画的参数，单击■■按钮开始预览动画。

图14-5

14.2.5 添加到渲染队列 ■ 添加到渲染队列...

将当前的场景文件添加到渲染队列当中。

14.2.6 渲染队列 ■ 渲染队列

进行批处理渲染，用于批量渲染多个场景文件。包含任务管理及日志记录功能。选择该工具会弹出一个窗口，如图14-6所示。单击文件>打开，导入场景文件，如图14-7所示。

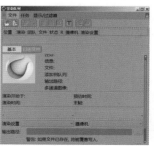

图14-6   图14-7

场景文件导入后，窗口内显示渲染文件的信息，如图14-8所示。

图14-8

- 1：文件：导入场景文件；任务：开始/停止渲染，或进行渲染设置等；显示/过滤器：查看日志记录。
- 2：渲染文件列表，导入的文件均显示在列表当中，如果文件名前有☑，表示渲染该文件，默认勾选。
- 3：黄色高亮表示文件被选中，这里显示被选中的场景文件信息。
- 4：渲染进度条，下方头部及尾部的数字，表示（被选中场景文件）渲染的起始帧及尾帧。
- 5：渲染设置：右侧下拉菜单可选择（被选中场景文件）使用的渲染设置，一般选择默认。摄像机：右侧下拉菜单可选择（被选中场景文件）渲染使用的摄像机。当场景中有多个摄像机时可以进行选择，否则使用默认摄像机。
- 6：输出路径：（被选中场景文件）渲染输出的存放路径，单击▇可指定存放路径。如果文件已经存在，新渲染的文件会覆盖原始文件。
- 7：多通道图像：（被选中场景文件）多通道渲染输出文件的存放路径，单击▇可指定存放路径。
- 8：日志：（被选中场景文件）渲染日志的存放路径。单击▇可指定存放路径。

—— 注意 ——

一个完整的项目/动画常常需要几个场景文件，当场景文件全部设置保存好之后，即可使用渲染队列批量渲染这些场景文件，这是Cinema 4D中非常便捷体贴的功能。工作中经常会使用到。

14.2.7 交互式区域渲染（IRR）

激活该工具会在视图中出现一个交互区域，对当前场景进行实时更新渲染，位于交互区域中的场景被渲染。交互区域的大小可以调节。渲染效果的清晰度可通过渲染区域右侧的白色小三角▶上下调节。箭头越往上，效果越清晰，但渲染速度也越慢，反之亦然。如果想关闭交互区域，再次单击"交互式区域渲染"按钮即可，如图14-9所示。

—— 注意 ——

当场景参数发生变化时，交互区域内会实时更新渲染效果。在工作中进行参数调节，尤其是调节材质时经常用到。快捷键为Alt+R，关闭时再次执行Alt+R组合键即可。

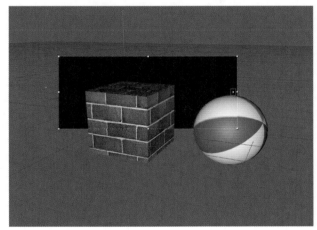

图14-9

14.3 编辑渲染设置

单击工具栏的▇按钮（快捷键Ctrl+B），会弹出"渲染设置"窗口，进行渲染参数的设置。当场景动画，材质等所有工作进行完毕后，在渲染输出前，需要对渲染器进行一些相应的设置。

—— 注意 ——

Cinema 4D中，可以添加并保存多个"渲染设置"，以后可以直接调用。"渲染设置"较多时，为了方便记忆，可以选中"输出"，在右侧注释内输入相应备注信息，如图14-10所示。按Delete键可删除"渲染设置"。

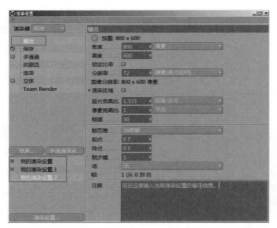

图14-10

14.3.1 渲染器

渲染器，用于设置Cinema 4D渲染时使用的渲染器。单击渲染器后面的 渲染器 标准 ▼ 按钮，在弹出选项中进行选择。

1. 标准 标准

使用Cinema 4D渲染引擎进行渲染，是最常用也是Cinema 4D默认的渲染方式。

2. 物理 物理

基于物理学模拟的渲染方式，模拟真实的物理环境，渲染速度比较慢。

3. 软件 软件

使用软件进行渲染，看起来就像没有渲染一样。

4. 硬件 硬件

使用硬件渲染，窗口右侧会出现"硬件"参数设置面板，可进行相应的设置，如图14-11所示。

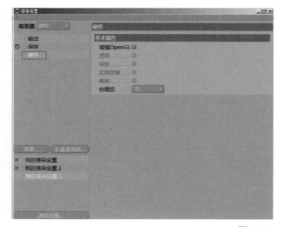

图14-11

5. CineMan CineMan

该渲染器需要安装相应的渲染引擎，否则不可使用。

14.3.2 输出

用于对渲染文件的导出进行设置，仅对"图片查看器"中的文件有效，如图14-12所示。

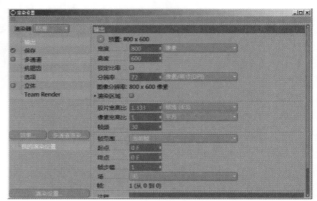

图14-12

1. 预置

单击 ▶ 按钮将弹出一个菜单，用于预设渲染图像的尺寸，菜单中包含多种预设好的图像尺寸及参数，如图14-13所示。胶片/视频是用于电视播放的尺寸设置，包括国内常用的PAL D1/DV，如图14-14所示。

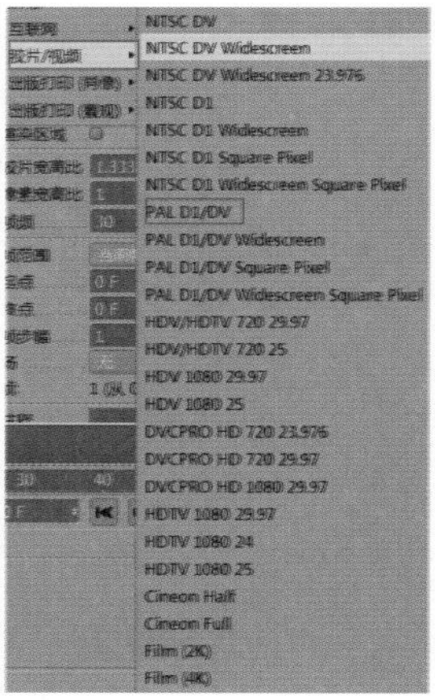

图14-13　　　　图14-14

2. 宽度/高度

用于自定义渲染图像的尺寸，并且可以对尺寸的单位进行调整，如图14-15所示。

图14-15

3．锁定比率

勾选该项后，图像宽度和高度的比率将被锁定，改变宽或高的其中一个数值后，另一数值会通过比率的计算自动更改。

4．分辨率

用于定义渲染图像导出时的分辨率大小，在右侧进行调整。修改该参数会改变图像的尺寸，一般使用默认的72。

注：分辨率是指位图图像中的细节精细度，测量单位是像素/英寸。每英寸像素越多，分辨率越高。一般来说，图像的分辨率越高，得到的印刷图像质量就越好。杂志/宣传品等印刷常采用300像素/英寸。

5．渲染区域

勾选该项后，将显示下拉面板，用于自定义渲染范围。也可复制自交互区域的范围参数，如图14-16和图14-17所示。

图14-16

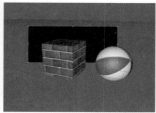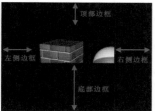

图14-17

6．胶片宽高比

用于设置渲染图像的宽度到高度的比率，可以自定义设置，也可以选择定义好的比率，如图14-18所示。

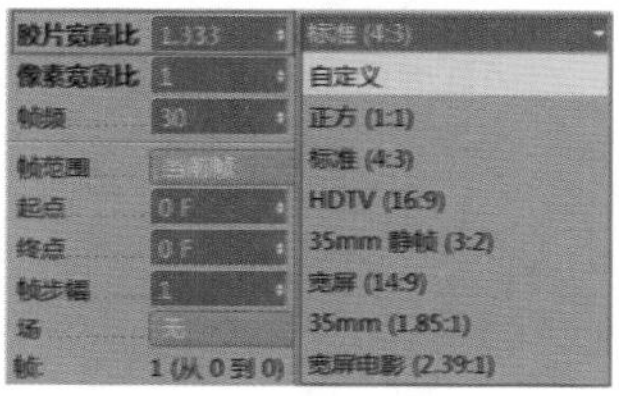

图14-18

7．像素宽高比

用于设置像素的宽度到高度的比率，可以自定义设置，也可以选择定义好的比率，如图14-19所示。

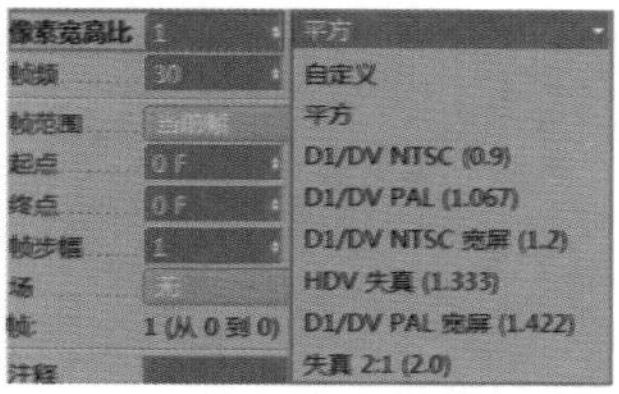

图14-19

8．帧频

用于设置渲染的帧速率。通常设置为25（亚洲常用帧速率）。

9．帧范围/起点/终点/帧步幅

这4个参数用于设置动画的渲染范围，在"帧范围"的右侧单击■按钮，弹出下拉菜单，包含"手动"、"当前帧"、"全部帧"和"预览范围"4个选项，如图14-20所示。

图14-20

- 手动：手动输入渲染帧的起点和终点。
- 当前帧：仅渲染当前帧。
- 全部帧：所有帧按顺序被渲染。
- 预览范围：仅渲染预览范围。

10．场

大部分的广播视频采用两个交换显示的垂直扫描场构成每一帧画面，这叫做交错扫描场。交错视频的帧由两个场构成，其中一个扫描帧的所有奇数场，称为奇场或上场；另一个扫描帧的所有偶数场，称为偶场或下场。现在，随着器件的发展，逐行系统也就应运而生，因为它的一幅画面不需要第二次扫描，所以场的概念也就可以忽略了。

该参数包含3个选项，分别是"无"、"偶数优先"和"奇数优先"，如图14-21所示。

图14-21

- 无：渲染完整的帧。
- 偶数优先/奇数优先：先渲染偶数场/先渲染奇数场。

14.3.3 保存

保存的参数面板如图14-22所示。

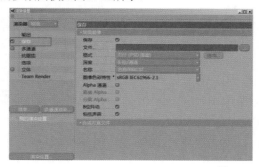

图14-22

1. 保存

勾选保存后，渲染到"图片查看器"的文件将自动保存。

2. 文件

单击■按钮可以指定渲染文件，保存到的路径和名称。

3. 格式

设置保存文件的格式，如图14-23所示。

图14-23

4. 选项

设置格式化为"Quick TimE影片"或"AVI影片"等之后，选项按钮才会被激活。单击 选项 按钮弹出一个窗口，可以选择不同的编码解码器来使用，图14-24所示为选择"Quick Tim影片"后弹出的窗口。

图14-24

5. 深度

定义每个颜色通道的色彩深度，BMP、IFF、JEPG、

PICT、TARGA、AVI影片格式支持8位/通道，PNG、RLA、RPF格式支持8位/通道和16位/通道，OpenEXR、Radiance（HDR）格式支持32位/通道，BodyPaint 3D（B3D）、DPX、Photoshop（PSD）、TIFF（B3D图层）、TIFF（PSD图层）格式支持8位通道、16位通道和32位通道。

6. 名称

渲染动画时，每一帧被渲染为图像后，会自动按顺序以序列的格式命名，命名格式为：名称（图像文件名）＋序列号＋TIF（扩展名），Cinema 4D提供了几种序列格式，如图14-25所示。

图14-25

7. Alpha通道

勾选该项后，渲染时将计算出Alpha通道。Alpha通道是与渲染图像有着相同分辨率的灰度图像，在Alpha通道中，像素显示为黑白灰色，白色像素表述当前位置存在图像，黑色则相反。

8. 直接Alpha

勾选该项后，如果后期合成程序支持直接Alpha，那么就可以避免黑色接缝与预乘Alpha有关。

9. 分离Alpha

勾选该项后，可将Alpha通道与渲染图像分开保存。一般情况下，Alpha通道是被整合在TARGA、TIFF等图像格式中，成为图像文件的一部分。

10. 8位抖动

勾选该项后，可提高图像品质，同时也会增加文件的大小。

11. 包括声音

勾选该选项后，视频中的声音将被整合为一个单独的文件。

14.3.4 多通道

多通道参数设置面板如图14-26所示。■勾选"多通道"后，可以在渲染时，将通过 多通道渲染 按钮加入的属性，分离为单独的图层，方便在后期软件中进行处理。这也就是工作中常说的"分层渲染"，如图14-27所示。

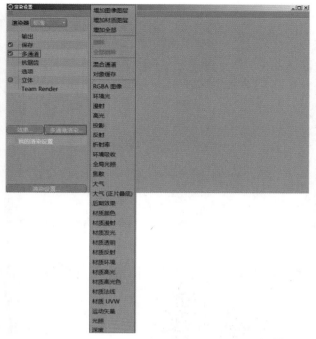

图14-26

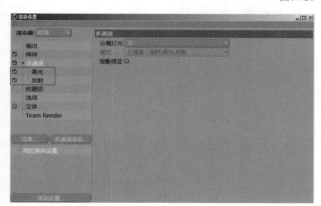

图14-27

1. 分离灯光

设置将被分离为单独图层的光源，包含"无"、"全部"和"选取对象"3个选项，如图14-28所示。

图14-28

- 无：光源不会被分离为单独的图层。
- 全部：场景中的所有光源都将被分离为单独的图层。

- 选取对象：将选取的通道分离为单独的图层，如图14-29所示。

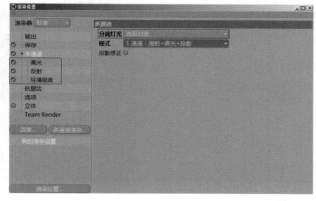

图14-29

通过 多通道渲染 按钮，加入需要被分层渲染的属性，☑勾选状态说明该属性需要被渲染分离为单独的图层。

注 意

通过 效果... 按钮加入环境吸收等效果时，如需对该效果进行分层渲染，同样需要单击 多通道渲染 按钮，添加该效果选项，分层渲染如图14-30所示。

图14-30

2. 模式

设置光源漫射、高光和投影这3类信息分层的模式，如图14-31所示。

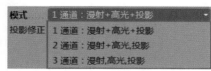

图14-31

- 1通道：漫射+反光+投影：为每个光源的漫射、高光和投影添加一个混合图层，如图14-32所示。

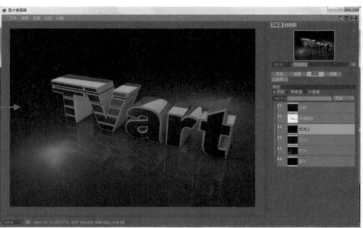

图14-32

- 2通道：漫反射＋高光，投影：为每个光源的漫射和高光添加一个混合图层，同时为投影添加一个图层，这些图层位于该光源的文件夹下，单击文件夹前方的▶按钮，即可展开文件夹，如图14-33所示。

图14-33

图14-35

- 3通道：漫射，高光，投影：为每个光源的漫射、高光和投影各添加一个图层，如图14-34所示。

图14-34

14.3.5　多通道渲染 多通道渲染...

　　单击渲染设置窗口的 多通道渲染... 按钮，会弹出一个菜单，如图14-36所示。菜单中可以选择将被渲染为单独图层的通道，也可以将选取的通道删除，还可以将几个通道合并为一个混合通道。

图14-36

3. 投影修正

　　当开启投影并渲染多通道时，因为抗锯齿的原因可能会出现轻微的痕迹，例如在物体边缘出现一条明亮的线，如图14-35所示。勾选该项可以修复这种现象。

14.3.6 抗锯齿

参数设置面板，如图14-37所示。

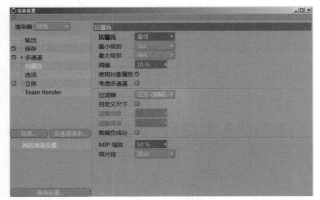

图14-37

1. 抗锯齿

用来消除渲染出的图像的锯齿边缘，包含"无"、"几何体"和"最佳"3个选项，如图14-38所示。

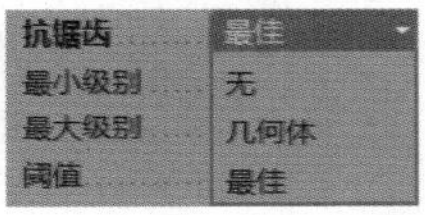

图14-38

- 无：关闭抗锯齿功能，快速进行渲染，但边缘有锯齿，如图14-39所示。
- 几何体：默认选项，渲染时物体边缘较为光滑，如图14-40所示。

—— 注意 ——

渲染输出时通常将抗锯齿设置为"最佳"。

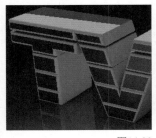

图14-39

图14-40

- 最佳：开启颜色抗锯齿，柔化阴影的边缘，同样也会使物体边缘较为平滑，如图14-41所示。

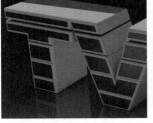

图14-41

2. 过滤器

设置抗锯齿模糊或锐化的模式，包含"立方（静帧）"、"高斯（动画）"、Mitchell、Sinc、"方形"、"三角"、Catmull和PAL/NTSC 8个选项，如图14-42所示。

图14-42

- 立方（静帧）：默认选项，用于锐化图像，适用于静帧图片，如图14-43所示。
- 高斯（动画）：用于模糊锯齿边缘来产生平滑的效果，可防止输出的图像闪烁，如图14-44所示。

图14-43 　　　　　图14-44

- Mitchell：选择该选项后，剪辑负成分按钮将被激活。
- Sinc：抗锯齿效果比"立方（静帧）"模式要好，但渲染时间太长。
- 方形：计算像素周围区域的抗锯齿程度。
- 三角：使用较少，因为以上选项产生的抗锯齿效果都比三角产生的效果要好。
- Catmull：产生比"立方（静帧）"、"高斯（动画）"、Mitchell和Sinc要差的抗锯齿效果，如图14-45所示。
- PAL/NTSC：产生的抗锯齿效果非常柔和，如图14-46所示。

图14-45　　　　　图14-46

259

过滤器的8种抗锯齿效果对比，如图14-47所示。

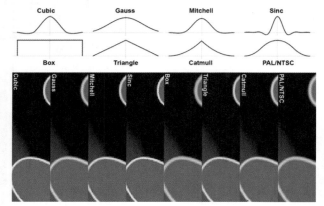

图14-47

3. 自定义尺寸

勾选该项后，可以自定义滤镜的宽度和高度，如图14-48所示。

图14-48

4. MIP缩放

缩放MIP/SAT的全局强度，如果这里设置为200%，那么对于每个材质中的MIP/SAT的强度将加强至两倍。

14.3.7 选项

选项的参数设置面板，如图14-49所示。

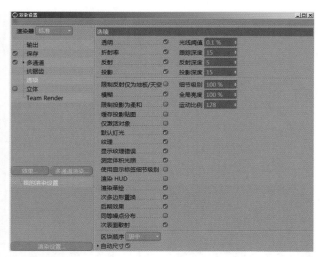

图14-49

1. 透明/折射率/反射/投影

这4个参数用于控制渲染图像中材质的透明、折射、反射以及投影是否显示，如图14-50所示。

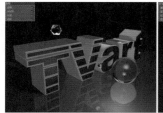

图14-50

分别单独关闭透明/折射率/反射/投影选项的渲染效果，如图14-51所示。

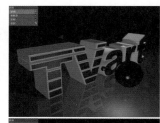

图14-51

反射选项控制"限制反射仅为地板/天空"以及激活"反射深度"参数；投影则控制"限制投影为柔和"和"缓存投影贴图"选项，以及激活"投影深度"。

2. 光线阈值

用于优化渲染时间。如果设置为15%，则光线的亮度一旦低于该数值，将在摄影机中停止运动。

3. 跟踪深度

用于设置透明物体渲染时可以被穿透的程度，不能被穿透的区域将显示为黑色，如图14-52所示。过高的数值将导致计算时间过长，过低的数值则不能计算出真实的透明效果，最高值为500。

图14-52

4. 反射深度

当一束光线投射到场景中，光线能够被具有反射特性的表面反射，如果有两个反射特性很高的物体面面相对（例如镜面），那么可能导致光线被无穷的反射，此时光线跟踪器会一直跟踪反射光线，从而无法完成渲染。为了防止这种情况，必须限制反射的深度，如图14-53所示。数值低将减少渲染时间，数值高则增加渲染时间。

图14-53

5. 投影深度

类似于"反射深度"的参数，用于设置投影在反射的物体表面，经过多次反射后是否出现，如图14-54所示。

图14-54

6. 限制反射为地板/天空

勾选该项后，光线跟踪器将只计算反射表面上地板和天空的反射。

7. 细节级别

用于设置场景中所有对象显示的细节程度，默认的100%将显示所有细节，50%将只显示一半的细节。如果对象已经定义好细节级别，那么将使用自定义的细节级别。

8. 模糊

勾选该项后，"反射"和"透明"的材质通道将应用模糊效果，默认勾选。

9. 全局亮度

用于控制场景中所有光源的全局亮度，如果设置为50%，那么每个灯光的强度都会在原来的基础上减半；如果设置为200%，那么每个灯光的强度都在原来的基础上增加2倍。

10. 限制投影为柔和

勾选该项后，只有柔和的投影才会被渲染，也就是说灯光的"投影"设置为"阴影贴图（软阴影）"。

11. 运动比例

在渲染多通道矢量运动时，该参数用于设置矢量运动的长度。数值过高会导致渲染结果不准确，数值过低会导致纹理被剪切。

12. 缓存投影贴图

可以加快渲染速度，默认保持勾选状态即可。

13. 仅激活对象

勾选该项后，只有选中的物体才会被渲染。

14. 默认灯光

如果场景当中没有任何光源，勾选该项后，将使用默认的光源渲染场景。

15. 纹理

可以设置纹理在渲染时是否出现，勾选该项后，则渲染出现。

16. 显示纹理错误

渲染场景时，如果某些纹理因为丢失而无法找到，将会弹出一个"资源错误"的提示窗口，如图14-55所示。勾选该项后，在弹出的对话框中单击"确定"按钮，将中断渲染；取消勾选该项后，单击"确定"按钮将放弃丢失的纹理，继续渲染。

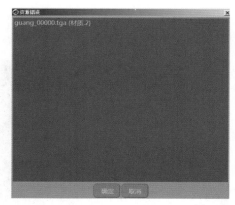

图14-55

17. 测定体积光照

如果需要体积光能够投射阴影，那么就需要勾选该项。但是在进行测试渲染时，最好取消勾选该项，因为会减慢渲染速度。

18. 使用显示标签细节级别

勾选该项后，渲染时将使用"显示"标签的细节级别。

19. 渲染HUD

勾选该项后，渲染时将同时渲染HUD信息。

选中对象，用鼠标右键单击对象的某个属性，在弹出菜单中选择"添加到HUD"，可添加该参数信息到HUD，如图14-56所示。或者长按鼠标左键，拖曳属性名称到视图窗口，也可添加参数信息到HUD。添加完毕后，如需渲染出HUD信息，除了需要勾选"渲染HUD"选项外，还需要在该HUD标签上单击鼠标右键，选择显示>渲染，如图14-57所示。

按快捷键Shift＋V可调出HUD的参数面板。

图14-56　　　　　　　图14-57

—— 注 意

按住Ctrl鼠标放在标签名上进行拖曳，可以移动该标签的位置。

渲染HUD，如图14-58所示。

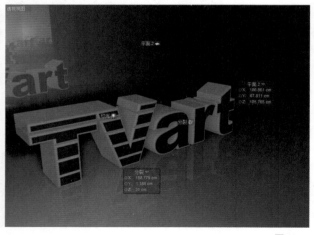

图14-58

20. 渲染草绘

勾选该项后，涂鸦效果将显示在渲染输出的图像中。

21. 次多边形置换

设置次多边形置换效果是否显示。

22. 后期效果

设置全局后期效果是否显示。

23. 区块顺序/自动尺寸

对渲染区块（黄色高亮边框）的渲染顺序和尺寸进行设置，如图14-59所示。

图14-59

区块顺序默认居中的效果以及选择从下到上的效果，如图14-60所示。

图14-60

14.3.8　效果

在渲染设置窗口中单击 效果... 按钮，会弹出一个菜单，如图14-61所示。

图14-61

通过该菜单中的选项，可以添加一些特殊效果。添加某种效果后，在渲染设置窗口中会显示该效果的参数设置面板，可以进行参数设置。例如，添加"全局光照"、"环境吸收"效果，如图14-62所示。

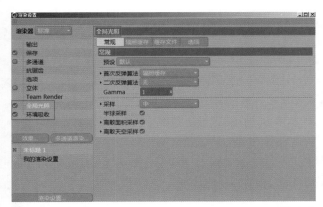

图14-62

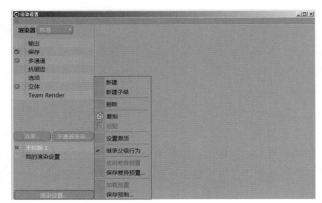

图14-64

如果想删除添加的效果，需要在该效果上单击鼠标右键，在弹出菜单中选择"删除"即可。在该弹出菜单中还可以选择添加其他效果，如图14-63所示。当然，选中效果按Delete键也可删除。

── 注 意 ────────

常用的效果会在后面单独举例进行讲解。

图14-63

14.3.9　渲染设置

在渲染设置窗口中单击 渲染设置 按钮，将弹出菜单，如图14-64所示。

1．新建

新建一个"我的渲染设置"，如图14-65所示。

图14-65

2．新建子级

同样新建一个"我的渲染设置"，且新建的"我的渲染设置"会自动成为之前激活的"我的渲染设置"的子级，如图14-66所示。

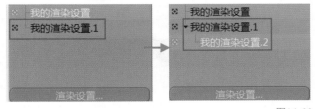

图14-66

3．删除

用于删除当前选择的"我的渲染设置"。

4．复制/粘贴

用于复制和粘贴"我的渲染设置"。

5．设置激活

将当前选择的"我的渲染设置"设置为激活状态，也可以通过单击"渲染设置"前面的 ■ 按钮，显示为 ■ ，来进行激活。

6．继承父级行为

默认为勾选状态，如果禁用，"渲染设置"的名称将变为粗体，如图14-67所示。

图14-67

7. 应用差异预置/保存差异预置/加载预置/保存预制

当新建一个"我的渲染设置"并调整过参数之后，如果没有进行保存，那么下次打开Cinema 4D时，新建的该渲染设置将不会存在。

保存差异预置和保存预制就用于保存自定义的"我的渲染设置"（保存在"内容浏览器"下的"预制>User>渲染设置"文件夹中），如图14-68所示。"应用差异预置"和"加载预置"则用于调用之前保存过的"我的渲染设置"。

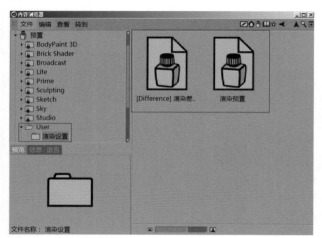

图14-68

14.4 全局光照

光具有反射和折射的性质，在真实世界中，光从太阳照射到地面是经过无数次的反射和折射。而在三维软件中，光虽然也具有现实中的所有性质，但是其光能传递效果并不明显（间接照明）。为了实现真实的场景效果，在渲染的时候就需要在渲染过程中有全局光照的介入。

要实现全局光照效果一般情况下有两种方式。

第一种：对于有经验的设计师可以通过在场景中设置精确的灯光位置与灯光参数来模拟真实的光能传递效果。这种方法的好处是可以拥有较快的渲染速度，但是实现这一方式需要设计师有更多的经验。

第二种：可以直接在渲染设置中，开启全局光照，用户只需要通过简单的灯光设置，就可以通过软件内部的计算来产生真实的全局光照效果。这种方式渲染速度相对较慢，但是无需用户具备很多的经验。

全局光照简称GI全称是Global Illumination，是一种

高级照明技术。它能模拟真实世界的光线反弹照射现象。它实际上是光源将一束光线投射到物体表面后被打散成n条不同方向带有不同信息的光线，产生反弹，并照射其他物体，当这条光线能够在此照射到物体之后，每一条光线又再次被打散成n条光线，继续传递光能信息，照射其他物体，如此循环，直至达到用户设定的要求，光线就终止传递，这种传递过程就是全局光照。

在Cinema 4D中设置全局光照后，会因计算占用大量内存而导致渲染速度减慢。

* 设置全局光照：单击工具栏的渲染设置按钮![icon]（快捷键Ctrl+B），打开渲染设置窗口，然后单击效果按钮![效果...]，在弹出的菜单列表中选择"全局光照"，如图14-69所示。

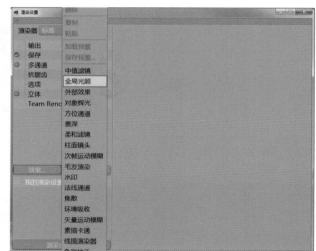

图14-69

14.4.1 常规

选择"全局光照"选项后，在渲染设置窗口会显示其参数设置面板，首先显示的是常规选项卡，如图14-70所示。

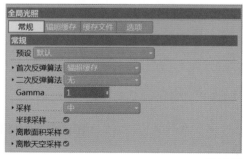

图14-70

1. 预设

根据环境的不同，GI有非常多的可能的组合，在预设参数下已经保存很多针对不同场景的参数组合。可以选择一组预先保存好的设置数据来指定给不同的场景，这样可以真正的加快工作流程。

在此过程中，重要的是要知道你的当前工程应该如何设置。

- 室内：大多数是通过较少和较小规模的光源。在一个有限的范围内产生照明，内部空间更难以计算GI。
- 室外：室外空间基本上是建立在一个开放的天空环境下，从一个较大的表面发射出均匀的光线，这使得它更容易进行GI计算。
- 自定义：如果用户修改过常规选项卡下的任意参数，预设属性将自动切换到自定义方式。
- 默认：设置首次反弹算法为"辐照缓存"这是计算最快的计算GI的方式。
- 对象可视化：一般针对光线聚集的构造，这意味着它们一般需要多个光线反射。
- 进程式渲染：这个选线是专门为物理渲染器的进程式采样器设置的。可以快速地呈现出粗糙的图像质量，然后逐步提高。

2. 首次反弹算法

用来计算摄像机视野范围内所看到的直射光（发光多边形、天空、真实光源、几何体外形等）照明物体表面的亮度。

3. 二次反弹算法

可以用来计算摄像机视野范围以外的区域，以及漫射深度所带来的对周围对象的照明效果。

4. Gamma

用它来调整渲染过程中的画面亮度。

14.4.2　辐照缓存

在Cinema 4D R15中引入了一种新的辐照缓存计算方法（IR），如图14-71所示。

图14-71

这种新的辐照缓存在GI照明下有以下优点。

大幅度的调高细节处的渲染品质。比如模型角落、阴影处，如图14-72所示。

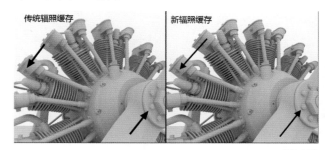

图14-72

- 在形同渲染品质下，渲染的时间更短。
- 新的辐照缓存计算方式更有利于队列渲染。这也提高了动画的质量。（如减少全局光照渲染时的闪烁）

记录密度

对于大多数情况下，只需要设置记录密度为低、中、高即可。在记录密度下的属性更多的只是用来微调。

14.4.3　缓存文件

缓存文件如图14-73所示。

图14-73

在这个选项卡中可以保存上一次的GI计算的大量数据。在下一次重新渲染时，可以直接调用这些已经计算好的缓存数据。而不产生新的计算，这样可以大量节省渲染时间。

1. 清空缓存

单击这个按钮，可以删除所有之前保存的缓存数据。

2. 仅进行预解算

勾选这个选项后，渲染只会显示出预解算的结果，不会真正显然出最后的全局光照效果。

3. 跳过预解算

在渲染时可以跳过预渲染的计算步骤，直接进行全局光照结果的输出，前提是对当前场景已经进行过一次全局光照的渲染。

4. 自动载入

如果缓存文件已经使用自动保存功能进行保存，勾选此选项将加载该文件（如果摄像机角度发生变化，缓存将进行相应的补充计算）。如果没有缓存文件，一个新的缓存文件将会进行计算。

5. 自动保存

如果启用，渲染完成全局光照计算数据将自动保存。如果没有指定保存路径，该文件将被保存到ILLUM在工程项目内的默认路径的文件夹内。

6. 全动画模式

如果你的场景中包含灯光、对象、材质的动画，必须启用此选项。否则画面将会出现闪烁。

7. 文件位置-自定义区域位置

如果想将GI渲染的缓存保存到一个特定的位置，启用该选项，并在位置属性中设置所要保存的文件夹路径。

图14-74

图14-75

14.5 环境吸收

在Cinema 4D R15版本中环境吸收有两种不同的计算方式。

1. 强制方式

检查每一个单独像素在环境中的可见性。

2. 更快的计算方法

可以通过缓存方式，只检查某些点的可见性，并在检测点之间进行插值计算，后者的方式类似全局光照中的辐照缓存模式，并且可以使用相类似的参数设置进行控制这种方式的优点在于可以使AO（环境吸收）计算得非常快。如图14-74和图14-75所示。

场景案例为Cinema 4D R15的预置文件，可以在Cinema 4D R15(Studio版本)的内容浏览器-预置-Prime-Example Scenes-Ambient Occlusion-"AO Trucks.c4d"

可以将缓存数据保存并再次使用，也就是说如果想对一个给定的场景使用环境吸收来渲染不同的角度，之前检查过的区域可以直接加载上次计算时所得到的缓存数据，这次计算只需计算新出现的区域内点的可见性即可。然而值得注意的是，这只能针对场景中物体间的间距、位置，或者其他可以影响AO的属性，在没有发生变化的前提下进行工作。

- 启用缓存：如果取消，将沿用Cinema 4D R15之前的版本中对AO的计算方式，强制计算每一个像素在环境中的可见性。

- 采样：控制着色点的采样数量，如果AO效果看上去呈现半点状，应当适当增加这个数值，如图14-76和图14-77所示。

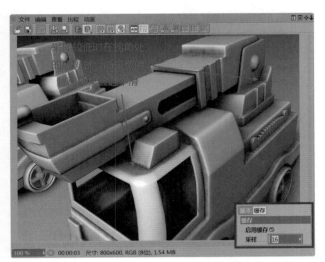

图14-76

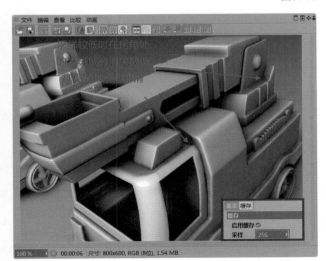

图14-77

- 记录密度：AO缓存与辐照缓存（全局光照）的工作原理非常类似，大部分设置也是相同的，在绝大多数情况下，用户只需要调整记录密度属性下的预设值即可。预设的参数，会根据不同的精度要求，定义记录密度属性下方的参数（如果单独修改这些参数往往得不到精确效果，经常会出现一些错误）。如图14-78所示。

图14-78

AO缓存的工作方式，在渲染过程中会采用预先计算，如图14-79所示。

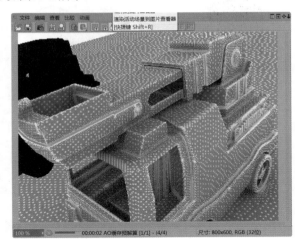

图14-79

在此期间会对摄像机中最重要的区域（拐角处，以及凹陷区域的着色点）进行项目分析，计算这些区域内的着色点在环境中的可见性，并计算AO的数值。

所有的AO数值将被缓存，并可以保存为一个文件以供以后使用。接下来的步骤将会有选择性地对AO数值进行插值和平滑计算。

- 最小比率/最大比率：这两个数值的设置，在大多数情况下可以忽略不计，它们的影响几乎看不到。最差的设置为最小比率=-8、最大比率=-8；最高的设置为最小比率=-8，最大比率=4这两个参数的主要作用是通过最小比率与最大比率之间的差异来定义预先计算数量，数量越多计算越慢，如图14-80和图14-81所示。

图14-80

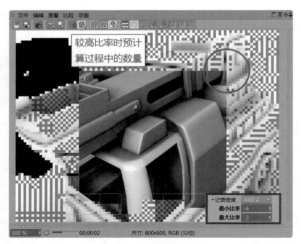

图14-81

- 密度：定义了总体着色点的密度（调节时会考虑到最小间距与最大间距的因素），如图14-82所示。

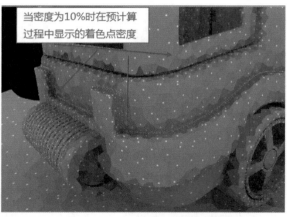

图14-82

- 最小间距：定义了关键区域的着色点密度（拐角处，以及凹陷区域的着色点）间距越大着色点密度越小，反之则越大，如图14-83和图14-84所示。

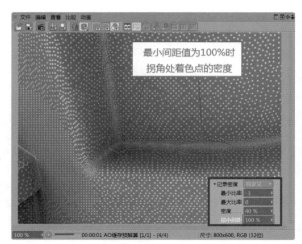

图14-83

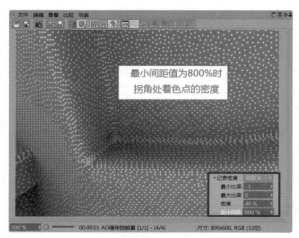

图14-84

- 最大间距：定义了非关键区域的着色点密度（平坦的表面，未被遮挡的区域）间距越大着色点密度越小，反之则越大，如图14-85和图14-86所示。

图14-85

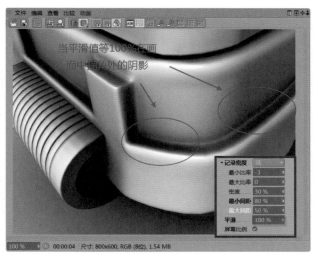

图14-86

图14-88

通常情况下这3个属性会一起工作，属性数值设置得越高AO的效果越细腻，但是相对渲染时间会被延长，如果数值过低容易在物体表面出现黑色的阴影区域。

- 平滑：平滑的算法如下，AO会对与被渲染物体表面上的每一个像素数值和与它临近的像素之间的数值进行差补计算。如果数值太低会导致在物体表面出现不均匀的斑点，较高的数值，会使得效果更加均匀，较高的数值在计算的过程中会考虑到更多的着色。但是值得注意的是，如果这个数值过高也会在物体表面出现斑点效果，如图14-87 和图14-88所示。

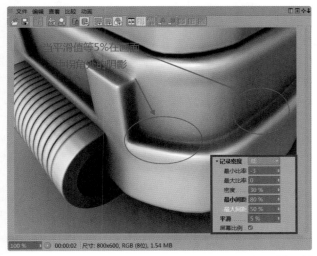

图14-87

- 屏幕比例：如果禁用，渲染大小对着色点的密度没有影响。如果勾选，就会与着色点的密度进行关联，着色点的密度会随着渲染尺寸的大小自行调节。

14.5.1　缓存文件

- 清空缓存：单击这个按钮可以将当前项目工程的AO缓存文件从缓存位置删除。在工程项目发生修改后，这样做是非常有必要的，以免发生不正确的AO输出结果。如果自动加载选项未被勾选，则不用删除缓存，此时的缓存文件会被忽略。在按钮右侧的数值显示了记录的数量和缓存存储的大小。如图14-89所示。

图14-89

- 跳过预解算（如果已有）：如果没有对上次的AO缓存进行保存，在当前渲染过程中就没有可用的AO缓存文件，这个时候必须在预解算过程当中对缓存文件进行重新计算，但是如果已经有一个缓存文件是可用的，在渲染的过程中仍然要对大量的信息进行检查，但是这一步是可以跳过的，如果勾选此选项将跳过预解算渲染过程，这将有助于提高渲染速度。如果在没有缓存文件可用的情况下，无论是否勾选这个选项，预解算都会进行计算。

如果缓存文件已经存在，但是在接下来的渲染过程中，摄像机改变过观察角度，这里建议不要启用该选项，否则可能会发生不正确的计算。

- 自动加载：如果自动保存选项被用来保存了一个缓存文件，自动加载选项可以启用加载这个缓存文件，如果没有可供使用的缓存文件，那么一个新的缓存文件将被重新计算。
- 自动保存：如果启用，缓存文件将自动保存。如果没有重新定义过缓存文件的保存路径，它将被保存在工程目录下的illum文件夹内，该文件的名称将会有一个".ao"的扩展名。如果启用全动画模式，将对动画的每一帧进行缓存，缓存文件将被命名为"filename0000x.ao"。
- 全动画模式：如果启用，将为每一帧动画重新计算缓存。每一帧的缓存将按照动画序列顺序进行命名。如果禁用，整个动画都会应用同一个缓存。后者适用于摄影机动画，如果场景当中的物体有相互运动，建议勾选全动画模式，否则，可能会发生不正确的计算。如果在队列渲染方式下启用该选项，服务器不会分发缓存文件，每个客户端单独计算自己所选动画范围内的缓存文件。

值得注意的是，保存缓存时，全动画模式保存了大量的文件，从而需要更多的内存来实现。

14.5.2 缓存文件位置

- 自定义文件位置

启用此选项，为将要保存的缓存文件指定一个自定义的路径。

14.6 景深

景深是指摄像机摄取有限距离的景物时，可在像面上构成清晰影像的物距范围。在聚焦完成后，在焦点前后的范围内都能形成清晰的像，这一前一后的距离范围，便叫做景深。在镜头前方（调焦点的前、后）有一段一定长度的空间，当被摄物体位于这段空间内时，其在底片上的成像恰好位于焦点前后这两个弥散圆之间。被摄体所在的这段空间的长度，就叫景深。换言之，在这段空间内的被摄体，其呈现在底片面的影像模糊度，都在容许弥散圆的限定范围内，这段空间的长度就是景深。

设置好景深效果，摄像机的目标点，即焦点区域将显示清晰，前景模糊及背景模糊为前景/背景的模糊范围，如图14-90所示。

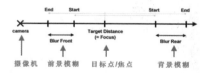

图14-90

景深效果的渲染图像如图14-91所示。

图14-91

- 设置景深：单击工具栏的渲染设置█按钮（快捷键Ctrl+B）打开渲染设置窗口，然后单击 效果.. 按钮，在弹出的菜单中选择"景深"选项，如图14-92所示。

图14-92

需要产生景深效果，除了渲染设置添加景深之外，如图14-93所示，场景中必须存在一个摄像机且摄像机也开启了前景模糊或背景模糊，如图14-94所示。

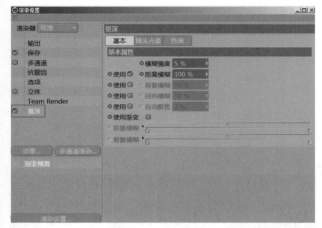

图14-93

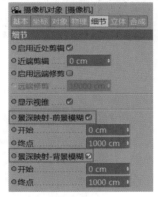

图14-94

基本选项卡如图14-95所示。

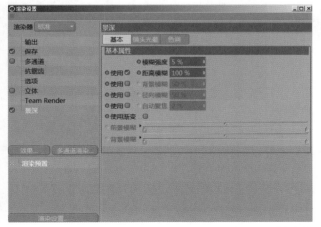

图14-95

1. 模糊强度

设置景深的模糊强度数值，数值越大模糊程度越高。

2. 距离模糊

勾选使用距离模糊，系统将计算摄影机的前景模糊和背景模糊的距离范围产生景深的效果。

3. 背景模糊

勾选使用背景模糊，将对Cinema 4D的背景物体（物体对象/场景/背景）产生模糊效果，如图14-96所示。

图14-96

4. 径向模糊

勾选使用径向模糊，画面中心向画面四周产生径向模糊的效果，可以设置模糊的强度。

5. 自动聚焦

勾选使用自动聚焦，将模拟真实的摄像机进行自动聚焦的计算。

14.7 焦散

"焦散"是指当光线穿过一个透明物体时，由于对象表面的不平整，使得光线折射并没有平行发生，出现漫折射，投影表面出现光子分散。

比如，一束光照射一个透明的玻璃球，由于球体的表面是弧形的，那么在球体的投影表面上就会出现光线明暗偏移，这就是"焦散"。焦散的强度与对象透明度、对象与投影表面的距离以及光线本身的强度有关。使用焦散特效主要是为了使场景更加真实，如果使用得当也会使画面更加漂亮，如图14-97所示。

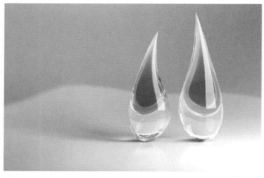

图14-97

- 设置焦散：单击工具栏的渲染设置■按钮（快捷键Ctrl+B）打开渲染设置窗口，然后单击 效果.. 按钮，在弹出的菜单中选择"焦散"选项，如图14-98所示。

图14-98

焦散的基本属性如图14-99所示。

图14-99

1. 表面焦散

勾选则开启表面焦散，取消勾选将不会显示表面焦散效果。

2. 体积焦散

勾选则开启体积焦散，取消勾选将不会显示表面体积效果。

3. 强度

焦散效果的强度，默认为100%，数值可以继续加大，数值越大焦散强度越大，如图14-100所示。

左边的图片为默认数值的体积焦散效果，右边为加大数值的体积焦散效果。

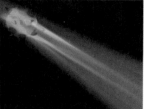

图14-100

表面焦散的低数值、中数值、高数值效果，如图14-101所示。由上至下分别是数值低、中、高的表面焦散效果。

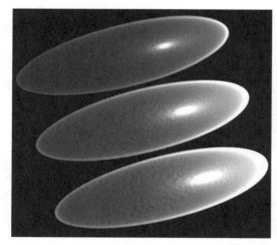

图14-101

4. 步幅尺寸/采样半径/采样

这3项需要勾选使用体积焦散后才会被激活。

14.8 对象辉光

- 设置对象辉光：单击工具栏的渲染设置■按钮（快捷键Ctrl+B）打开渲染设置窗口，然后单击

效果... 按钮，在弹出的菜单中选择"对象辉光"选
项，如图14-102所示。

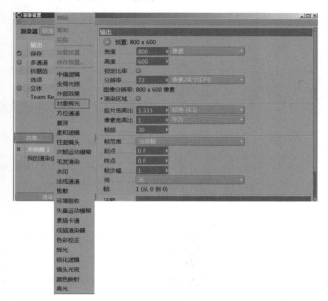

图14-102

添加对象辉光后，渲染设置窗口处并不能对其参数
进行设置，具体的辉光效果需要在材质编辑器中进行设
置。同样，在材质编辑器中勾选辉光后，渲染设置窗口也
会自动添加对象辉光，如图14-103所示。

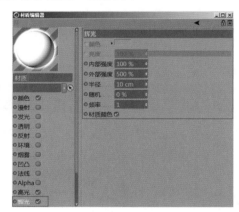

图14-103

14.9 素描卡通

将当前场景渲染为素描卡通的效果，如图14-104
所示。

图14-104

- 设置素描卡通：单击工具栏的渲染设置 按钮
（快捷键Ctrl+B）打开渲染设置窗口，然后单击
效果... 按钮，在弹出的菜单中选择"素描卡通"选
项，如图14-105所示。

图14-105

选择添加素描卡通后，渲染设置窗口右侧可以设置素
描卡通的参数，同时，材质编辑器会自动添加一个素描卡
通的材质球，如图14-106所示。

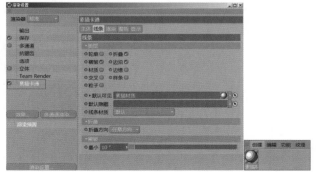

图14-106

注意

素描卡通效果需要素描材质球和素描卡通的参数设置同时配合，以达到最终的满意效果。

14.9.1 线条

线条类型共有9种，它们可以单独产生效果也可以同时产生效果，每种线条类型的渲染效果如图14-107所示。

图14-107

选择"类型"后，下方将显示相应的可以调节的类型参数，如图14-108所示。

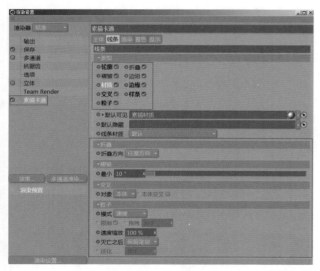

图14-108

14.9.2 渲染

渲染选项卡，如图14-109所示。

图14-109

1. 线条消除锯齿

设置线条的抗锯齿级别，包含 "低"、"正常"、"较好"和"最佳"4个选项。

2. 模式

可设置"排除"和"包括"两种模式。在对象窗口，将要排除或包括的对象拖入下方的对象空白区域即可。选择"排除"模式，则对象下的物体不被渲染为素描卡通效果；选择"包含"模式，则只有对象下的物体才被渲染为素描卡通效果。

14.9.3 着色

设置素描卡通效果的着色方式。

14.9.4 显示

设置场景中视图的显示效果。

14.10 图片查看器

Cinema 4D的"图片查看器"是渲染图像文件的输出窗口，选择 ▢▢▢▢▢▢▢选项（快捷键Shift+R），场景会被渲染到"图片查看器"当中，只有在"图片查看器"中渲染的图像文件才能被直接保存为外部文件，如图14-110所示。

图14-110

14.10.1 菜单栏 文件 编辑 查看 比较 动画

1. 文件

"文件"菜单可以对当前渲染图像文件进行打开和保存等操作,如图14-111所示。

图14-111

- 打开:选择"打开"将弹出一个窗口,用于在"图片查看器"中打开一个图像文件,所有Cinema 4D支持的二维图像格式都可以打开,选择要打开的文件并单击 打开(O) 按钮即可,如图14-112所示。

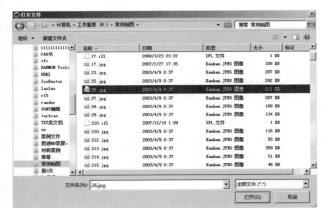

图14-112

- 另存为:将渲染到"图片查看器"中的图片导出。选择该选项后,将弹出"保存"对话框,可以设置导出的图像文件格式,如图14-113所示。

图14-113

- 停止渲染:停止当前的渲染进程,停止渲染并不是暂停渲染,而是完全停止,如果停止后需要再次渲染,将会重新开始渲染。

2. 编辑

"编辑"菜单可以对当前图片查看器中渲染的图像文件进行编辑操作,编辑菜单如图14-114所示。

图14-114

- 复制/粘贴:用于复制"图片查看器"中的图像文件到剪贴板中,然后可以粘贴到另外一个应用程序,如Word文档中。
- 全部选择/取消选择:如果在"图片查看器"中进行过多次渲染,那么在"历史"面板中会出现每一次渲染的图像,如图14-115所示。使用这两个命令可以将这些图像全部选中或取消选择。

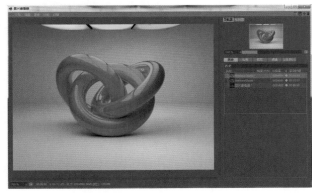

图14-115

- 移除图像/移除所有图像:"移除图像"用于将选中的图像删除,"移除所有图像"用于将"图片查看器"中的所有图像文件删除。
- 清除磁盘缓存/清除缓存:将场景渲染到"图片查看器"后,如果没有保存图像文件,那么渲染的图像文件将缓存在系统的硬盘中,当缓存的图片过多时,会导致系统运行缓慢。清除磁盘缓存/清除缓存就用于清除缓存,也就是将未保存的图片删除。
- 缓存尺寸:用于设置缓存图像的尺寸即图像的分辨率,包括"全尺寸"、"二分之一尺寸"、"三分之一尺寸"和"四分之一尺寸"4个选项。
- 设置:打开"参数配置"窗口的"内存"参数设置面板,如图14-116所示。

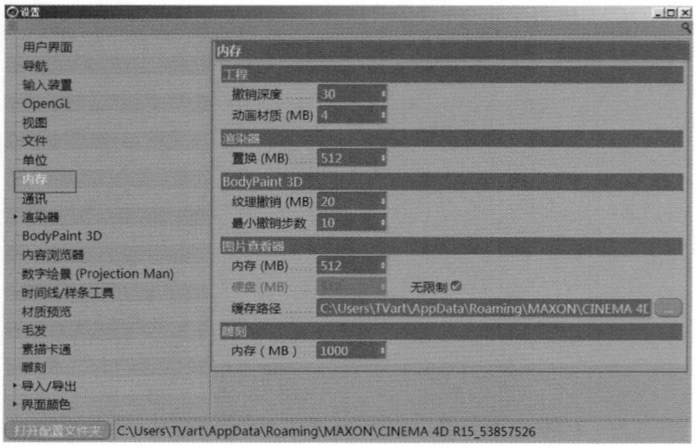

图14-116

3. 查看

查看菜单如图14-117所示。

图14-117

- 图标尺寸：用于修改"历史"面板中图标的大小，如图14-118所示。

图14-118

- 变焦值：用于在"图片查看器"中选择定义好的比例缩放查看图片，如图14-119所示。

图14-119

- 过滤器：用于在历史选项的信息面板中过滤相应类型的图片，可选择的过滤器类型包含"静帧"、"动画"、"已渲染元素"、"已载入元素"和"已存元素"5种，如图14-120所示。

图14-120

- 自动缩放模式：当该选项前的小图标由 ▓ 显示为 ▓ 后，则说明开启了自动缩放模式，当渲染的图像文件在"图片查看器"的窗口中过大或者过小显示时，图像将自动适合窗口的尺寸（图像的宽高比保持恒定，只是为了方便显示观察）。

- 放大/缩小：用于放大或缩小图像的显示。

- 全屏模式：选择该项后，图片将会全屏显示，如图14-121所示。

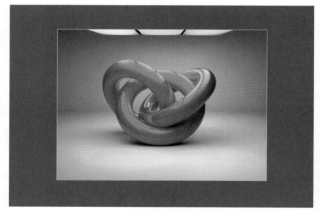

图14-121

- 显示导航器/柱状图：是否显示导航器或柱状图，如图14-122所示。

图14-122

— 注 意 —————————

　　导航器中显示图像的缩略图，在缩略图上有一个白色方框，方框内的图像就是现在"图片查看器"的窗口正在显示的图像，如果在方框内单击鼠标左键，鼠标指针会变为小手 🖐 的样式，拖曳鼠标即可改变图像显示的范围。拖曳缩略图下方的滑块也可以直接放大或缩小渲染图像的显示，如图14-123所示。

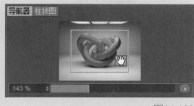

图14-123

- 折叠全部/展开全部：用于折叠或展开"历史"信息面板中的对象层级。
- 允许单通道图层：如果设置了多通道渲染，选择该项后，在"图片查看器"的窗口中可以显示单独的通道，与"图层"选项面板中的"单通道"选项功能相同，如图14-124所示。

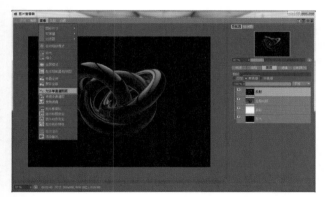

图14-124

- 使用多通道层：选择该项后，将转为"多通道"模式，例如混合模式和混合强度将被包括在通道中显示，在"多通道"模式下，各个图层的效果可以通过图层前面的 👁 小图标显示或 👁 隐藏（单击眼睛图标即可），该选项与"图层"面板中的"多通道"选项功能相同，如图14-125所示。

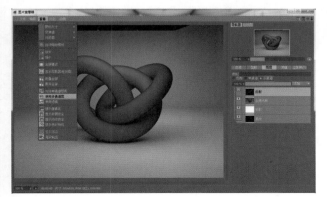

图14-125

- 使用滤镜：用于打开滤镜功能，在选项卡中也可以进行选择，如图14-126所示。

图14-126

4. 比较

"比较"菜单可以对渲染输出的两张图像文件（A和B）进行对比观察，如图14-127所示。具体使用方法为：选择一张图像，然后执行"设置为A"命令将其设置为A，然后再选择需要比较的图片，执行"设置为B"，最后执行"设置比较"命令进行比较，效果如图14-128所示。

图14-127

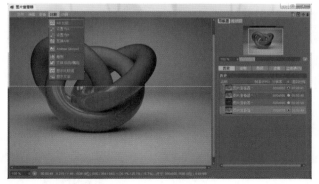

图14-128

同样也可以通过其他命令进行比较，但是用其他命令的前提都是设置了A和B，例如"互换A/B"、"差别"等。

5. 动画

"动画"菜单可以对渲染的动画文件进行观察操作。

14.10.2　选项卡　历史 信息 层 滤镜 立体

1.　历史

选择"历史"选项，菜单的下方即信息面板会显示相关的信息，历史的面板信息为图片查看器中渲染过的图像文件历史，可以对这些图像文件进行选择和信息查看。

2.　信息

选择"信息"选项，属性面板将显示选中的图像文件信息，如图14-129所示。

图14-129

3.　层

选择"层"选项，将显示图像文件的分层及通道信息，如果在渲染设置里进行了多通道渲染，这里则会显示相应的图层信息，如图14-130所示。

图14-130

4.　滤镜

选择"滤镜"选项，勾选"激活滤镜"后，可对当前图像进行一些简单的校色处理，如图14-131所示。

图14-131

5.　立体

选择"立体"选项，如果渲染的场景中存在声音，则在这里显示信息。

14.10.3　信息面板

显示相应选项卡的信息参数等。

14.10.4　基本信息

图片查看器窗口最下方显示当前图像文件的基本信息。包括渲染所用时间、图像文件尺寸、图像文件大小等。前方的100%为当前图像文件的显示大小，单击 ▶ 可选择其他显示尺寸，即变焦值。一般情况下选择100%或适合屏幕，如图14-132所示。

图14-132

14.10.5　快捷按钮

单击"图片查看器"右上角的 小图标按钮的作用如下所示。

- 单击 为显示或者 为隐藏"图片查看器"窗口的右侧栏。
- ：新建一个"图片查看器"窗口。
- ：拖曳显示区域的范围（类似缩略图中的小手）。
- ：按住鼠标左键左右拖曳该按钮，可以放大或者缩小变焦值，即图像的显示大小。

14.10.6　生长草坪

生长草坪如图14-133所示。

图14-133

生长草坪是一种特殊的材质，可以让用户轻松快速地在模型表面创建逼真的草坪效果。使用时用户只需要选择需要生长草坪的对象物体,执行主菜单>创建>场景>生长草坪即可。如图14-134所示。

通过渲染设置中的抗锯齿设置,可以在渲染时提高草坪的抗锯齿质量,但是在一般情况下,并不需要刻意地提高草地的抗锯齿效果。

图14-134

另外值得注意的是,在动画过程中不要对已经生长草坪的物体做细分修改,这样会导致草坪重叠和消失。

• 草坪材质参数:如图14-135所示。

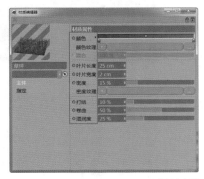

图14-135

• 颜色:控制草坪从根部(左端)到尖部(右端)的颜色分布如图14-136和图14-137所示。

图14-136

图14-137

• 颜色纹理:可以对整体的草坪指定一个纹理,默认纹理会使用UVW方式分布到物体表面,如图14-138和图14-139所示。

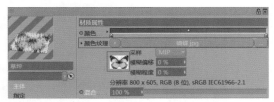

图14-138

图14-139

• 混合:可以将颜色纹理、原始的草坪颜色无缝地混合到一起去,当混合强度为100%时颜色纹理将完全覆盖原始的草坪颜色。如图14-140、图14-141和图14-142所示,分别为混合强度为100%、50%、0%的效果。

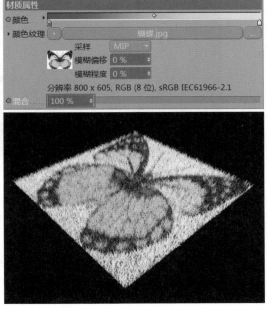

图14-140(混合强度为100%)

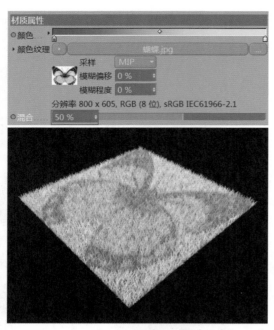

图14-141（混合强度为50%）

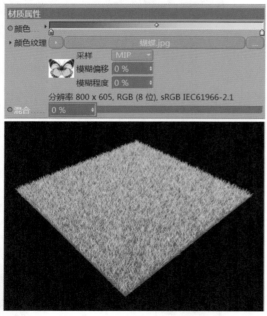

图14-142（混合强度为0%）

- 叶片长度：用来定义草坪叶片的长度。
- 叶片宽度：用来定义草坪叶片的宽度，默认值会产生一个相对较短的叶片长度。
- 密度：定义分在物体表面的叶片的数量，最大值可以超过100%，但是较大的数值，将会拖延渲染时间。
- 密度纹理：可以加载一个纹理，通过纹理的灰度

信息来影响草坪的密度，白色区域密度最大，黑色区域密度为0，如图14-143和图14-144所示。

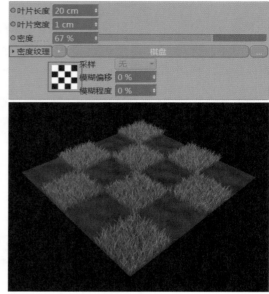

图14-143

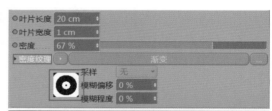

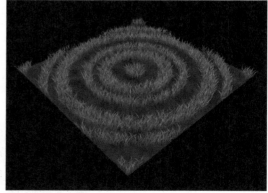

图14-144

- 打结：这个参数与下面的卷曲参数非常类似，只是形态有所差别，打结可以使叶片向各个不同的方向产生弯曲，使得草地的效果看起来更加逼真，该数值越大，弯曲越强烈，如图14-145和图14-146所示。

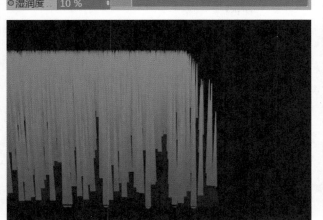

图14-145

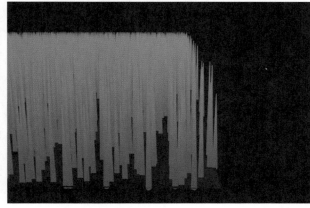

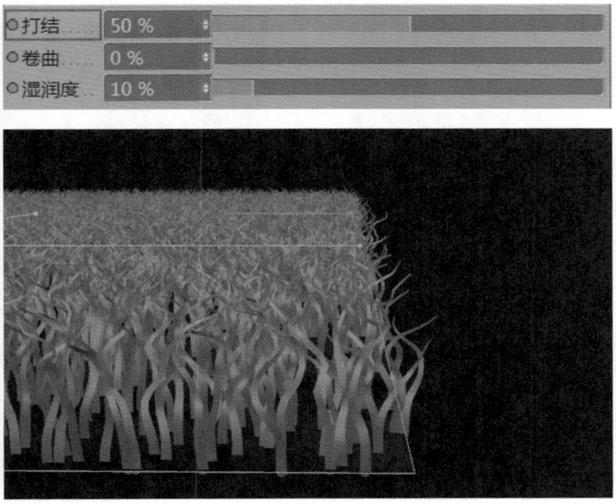

图14-147

图14-146

图14-148

- 卷曲：这个参数可以使草地的叶片在一个方向上产生随机的弯曲如图14-147和图14-148所示。

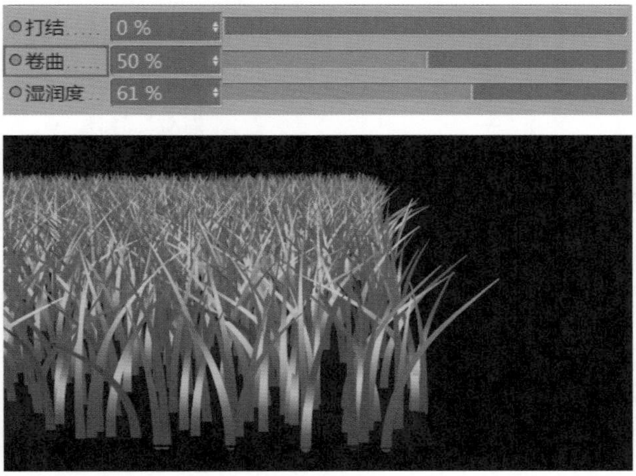

- 湿润度：使用这个参数定义叶片上镜面反射的强度。强烈的光强经常用来表现湿润的草地。

第15章 标签

15

合成、对齐曲线等23种标签及相应属性详解

15.1 XPresso标签

XPresso标签是Cinema 4D的高级连接窗口，在使用一段时间Cinema 4D之后的用户，都会逐渐开始学习使用XPresso。在XPresso中，可以实现很多在软件界面和菜单中无法达到的效果。其他三维软件中都有表达式输入窗口，很多命令也需要使用编写语言来完成。在Cinema 4D中，把后台执行的表达式用图标的方式呈现出来，让用户使用起来更加直观和方便，如图15-1所示。

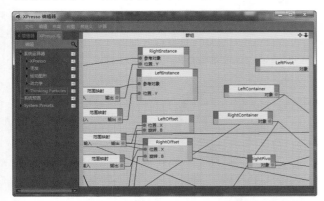

图15-1

15.2 保护标签

当为某一物体添加保护标签后，该物体的坐标将被锁定，如图15-2所示。

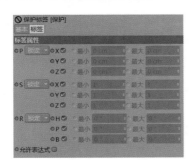

图15-2

15.3 停止标签

在场景中，创建立方体和扭曲工具，将它们放在同一组下，为立方体添加停止标签，如图15-3所示。

图15-3

调整扭曲角度，当勾选停止变形器之后，扭曲工具对立方体的变形功能失效，如图15-4所示。

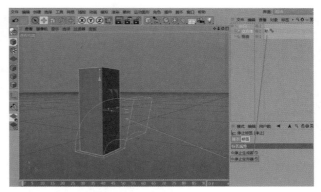

图15-4

15.4 合成标签

合成标签是C4D中常用的综合标签之一，在工作中很多时候都必须使用合成标签来解决问题。

合成标签一共分为5个选项卡，除基本选项卡外，其他选项卡都是合成标签特别的参数设置，如图15-5所示。

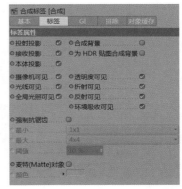

图15-5

15.4.1 标签选项卡

投射投影是控制当前物体是否产生投影，此项默认为勾选状态，当取消勾选后，此物体不会产生投影。

本体投影是控制当受到灯光照射时，该物体的投影是否会被自身接收，如图15-6所示。

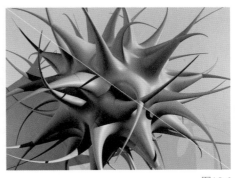

图15-6

接收投影是控制当前物体是否接收其他物体所产生的投影。

合成背景主要用来处理实拍素材与Cinema 4D制作的虚拟元素相结合，要想得到完美的结合效果，还需要将材质的投射方式设置为前沿。

摄像机可见用来控制物体在渲染时是否可见。

透明度可见是用来控制透明物体的背面是否渲染可见。

光线可见是折射可见、反射可见和环境吸收可见的总开关，当取消光线可见之后，这3项同时失效，如图15-7所示。

图15-7

折射可见是控制物体是否参与折射计算，当取消勾选之后，当前物体将不参与折射计算。

反射可见是控制物体是否参与反射计算，当取消勾选之后，当前物体将不参与反射计算。

为球体添加合成标签，如图15-8所示。

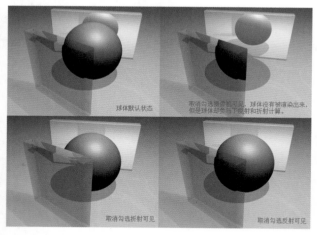

图15-8

环境吸收可见控制该物体是否参与环境吸收计算，需要和渲染设置连用。

全局光照可见控制该物体是否参与全局光照计算，需要和渲染设置连用。

15.4.2　GI选项卡

勾选启用GI参数后，可以对该物体单独控制GI强度，

需要在渲染设置中添加全局光照，不同GI参数渲染的结果如图15-9所示。

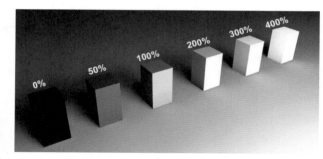

图15-9

分别设置不同的随机采样比率和记录密度比率值，按顺时针方式，依次得到不同的渲染结果如图15-10所示。

图15-10

15.4.3　排除选项卡

在场景中创建4个球体，分别制定不同的材质，所有材质都开启反射，渲染结果如图15-11所示，所有的球体之间都互相反射。

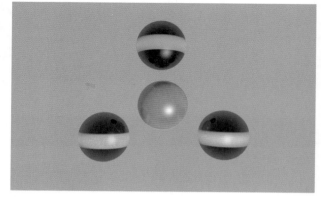

图15-11

为中间的球体添加合成标签，切换到排除选项卡，将左下角的球体拖入。此操作的结果是中间的球体不会出现在左下角球体的反射中，如图15-12和图15-13所示。

图15-12

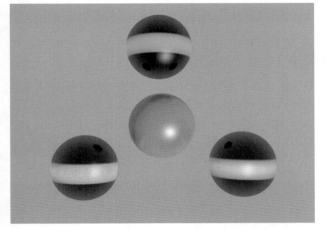

图15-13

15.4.4 对象缓存

在渲染输出时，如果需要提取出某个物体的单独通道，可以使用对象缓存，需要和渲染设置联合使用，如图15-14和图15-15所示。

图15-14

图15-15

15.5 外部合成标签

外部合成标签主要用来输出C4D的信息，到后期合成软件中再次加工合成，如图15-16所示。

图15-16

15.6 太阳标签

当给物体添加太阳标签后，可以通过太阳标签来控制物体的经纬度的位置，如图15-17所示。

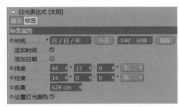

图15-17

15.7 对齐曲线标签

如果想设置对象沿着固定的路线行走，可以创建样条作为路径。可以通过使用对齐曲线标签实现对象沿着路径移动的效果，使用关键帧来实现同样的效果非常困难，如图15-18所示。将创建好的圆环拖曳入曲线路径右侧框内，再在不同时间点设定位置为0%和100%的关键帧，立方体将沿路径移动，如图15-18和图15-19所示。

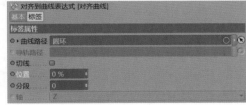

图15-18

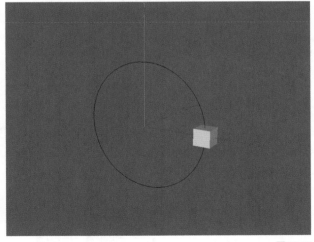

图15-19

勾选切线，小球的z轴方向将始终与圆环切线方向保持一致，如图15-20所示。再创建一个圆环，将圆环拖曳入导轨路径右侧框内，小球的x轴方向将始终指向圆环如图15-21所示。

当单个样条有两段或两段以上分段时，可设定第几段路径为对象所要沿着移动的路径，如图15-22所示。

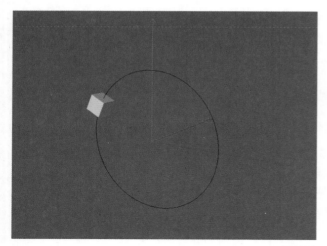

图15-20

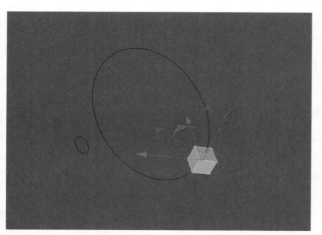

图15-21

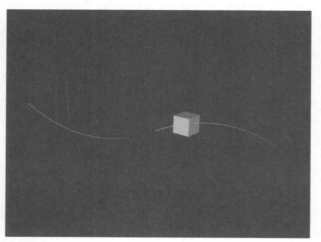

图15-22

15.8 对齐路径标签

设定考虑对齐方向的帧数，如图15-23所示。

图15-23

15.9 平滑着色标签

设定多边形对象在编辑器中的显示效果。标签属性如图15-24所示，勾选角度限制，平滑着色（phong）角度设定平滑显示的临界度数，图15-25和图15-26所示是平滑角度分别为0°和30°的显示效果。

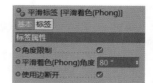

图15-24

图15-25

图15-26

15.10 平滑细分（HyperNURBS）权重

添加平滑细分（Hyper NURBS）对象后，将此标签添加在对象上，设定对象的细分级别，如图15-27所示。图15-28和图15-29所示是编辑器细分分别为1和4的显示效果。

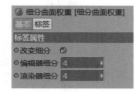

图15-27

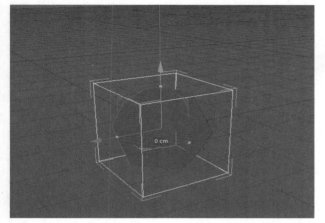

图15-28

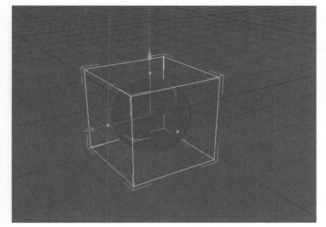

图15-29

15.11 振动标签

将振动标签添加在对象上，可设定对象的位置、缩放、旋转在每个轴向上的振动，如图15-30所示。

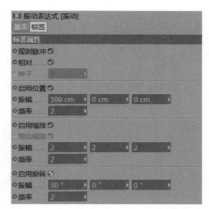

图15-30

15.12 显示标签

- 标签：标签属性可设定对象在编辑器中的着色模式、显示样式、可见性等，与视图菜单中的显示、选项里的某些命令用法相同，如图15-31所示。

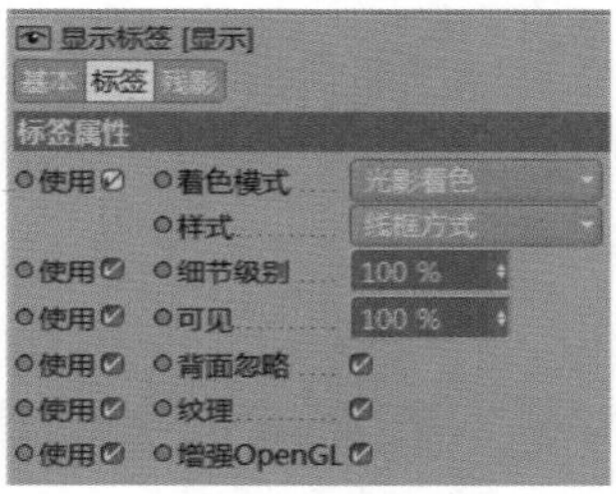

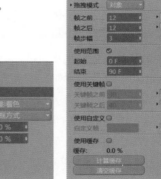

图15-31

图15-32

- 残影：设定对象在编辑器中运动时拖曳残影，可设定拖曳模式，拖曳步幅等，图15-32所示为属性选项。图15-33和图15-34所示拖曳模式分别为对象和多重轨迹的残影效果。

图15-33

图15-34

15.13 朝向摄像机标签

添加此标签，对象的z轴将始终指向摄像机。如图15-35所示，只给绿色角锥添加此标签，绿色角锥z轴始终指向摄像机。

图15-35

15.14 烘焙纹理标签

对象的材质通道效果均可烘焙出一张纹理，将烘焙好的纹理加载入材质通道即可还原通道效果，在大场景制作中可加快渲染。

- 标签：可设定烘焙的纹理的名称、格式、尺寸、采样值等，如图15-36所示。

图15-36

- 选项：勾选烘焙的材质通道，单击 烘焙 按钮即可烘焙纹理。

创建一个球体和天空，新建一个材质赋予球体，将材质反射通道打开。再创建一个材质，在材质颜色中添加表面>星系纹理，并将材质赋予天空，如图15-37所示。

这时，球体将反射天空的星空纹理，如图15-38所示。

图15-37

图15-38

给球体添加烘焙纹理标签，在标签选项下勾选反射，再单击 烘焙 按钮，球体上的反射纹理即烘焙出来，如图15-39所示。

- 细节：设定烘焙纹理序列的初始结束时间、名称格式等，如图15-40所示。

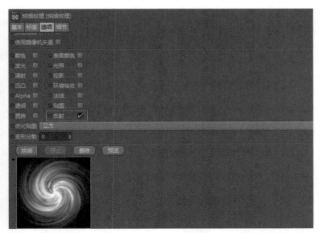

图15-39

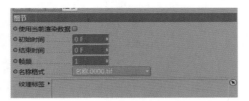

图15-40

15.15　目标标签

给对象添加此标签，将另两个对象分别拖曳入目标对象和上行矢量右侧框内，对象的z轴（蓝色）和y轴（绿色）将分别指向两个目标，并始终保持朝向，如图15-41和图15-42所示。

图15-41

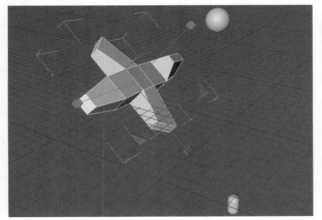

图15-42

15.16　碰撞检测标签

此选项用来打开或关闭所添加对象为碰撞检测，可选择不同的碰撞检测类型，如图15-43所示。

图15-43

15.17　粘滞纹理标签

此标签可将纹理粘滞在对象上，当对象纹理采用平直投射方式，对象局部形体发生变化时，纹理也随之变化。

如图15-44所示，制作一个平面，平面的4个面互不相连，将一个带有纹理的材质赋予平面，纹理投射方式设为平直，并将纹理标签y轴旋转90°，在标签栏中，用鼠标右键单击纹理标签，在弹出的选项中选择适合对象命令，纹理即如图15-45所示平铺在整个平面上。

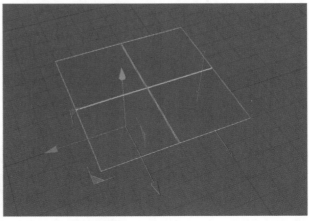

图15-44

图15-45

当选择一个面移动时，纹理将不随面移动，如图15-46所示，当给平面添加粘滞纹理标签时，并记录纹理后，纹理将随面移动，如图15-47所示。

图15-46

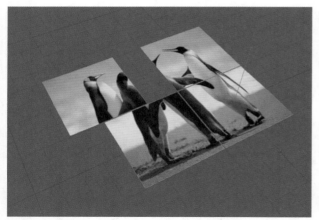

图15-47

15.18　纹理标签☒

当给对象赋予材质时，纹理标签可调节纹理的各种属性（见第11章"材质详解"与应用），当对象的材质被删除，而显示为☒图案的纹理标签属性设置则无效。

15.19　网址标签🏠

记录网址信息的标签。

15.20　融球标签

在已添加了融球的对象上再添加此标签，提高标签属性中的强度或半径，融球将变大，如图15-48所示。

图15-48

创建一个融球和立方体，将立方体拖曳给融球，效果如图15-49所示。再给立方体添加融球标签，提高标签属性中的强度或半径，融球将出现并变大，如图15-50所示。

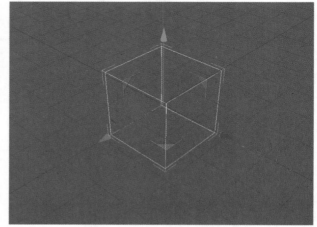

图15-49

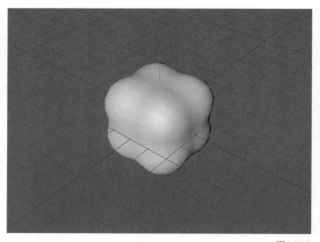

图15-50

15.21　运动剪辑系统标签

给运动对象添加此标签，可进行运动剪辑层编辑。与时间线窗口的运动剪辑同步，可在动画片段之间作融合、变速等编辑，如图15-51所示。

图15-51

15.22　运动模糊标签

创建一个球体并移动一段距离作关键帧，再给球体添运动模糊标签，并在渲染设置中添加适量运动模糊效果，如图15-52和图15-53所示，渲染输出的球体将带运动模糊效果，如图15-54所示。

图15-52

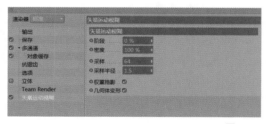

图15-53

图15-54

15.23　限制标签

给一个立方体添加变形器，设置立方体的点元素选集，如图15-55和图15-56所示。

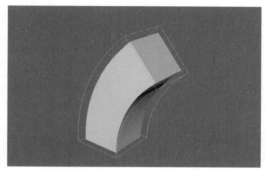

图15-55

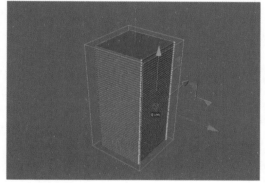

图15-56

给变形器添加此标签，并将选集拖曳入标签属性中"名称"的右侧框内，变形器将只对选集起作用，如图15-57和图15-58所示。

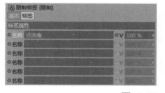

图15-57

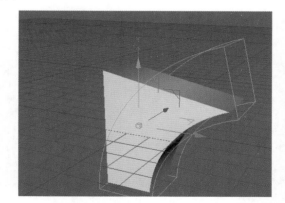

图15-58

RIGID BODY AND SOFT BODY OF DYNAMICS

第16章 动力学——刚体和柔体

16

刚体及相应属性详解

柔体及相应属性详解

对动画进行烘焙

Cinema 4D的动力学可以模拟真实的物体碰撞，生成真实的运动效果，这是手动设置关键帧动画很难实现的，并且能够节省大量时间。但使用动力学同样需要进行很多测试和调试，从而得到正确理想的模拟结果。执行主菜单>模拟，将弹出下拉菜单，如图16-1所示，这些是与动力学相关的命令。

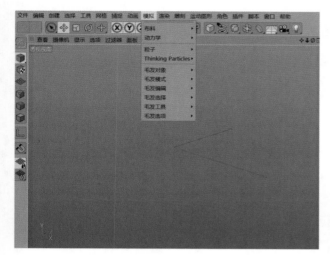

图16-1

在对象窗口中选中物体>右键>模拟标签，将弹出下拉菜单，如图16-2所示。这些是与动力学相关的标签。

图16-2

模拟标签下包含"刚体"、"柔体"、"碰撞体"、"检测体"、"布料"、"布料碰撞器"和"布料绑带"共7种模拟标签。刚体指不能变形的物体，即在任何力的作用下，体积和形状都不发生改变的物体，如大理石。

长按工具栏的 图标不放，在弹出的图标中选择 球体，创建一个"球体"，将"球体"沿y轴方向上移。在对象窗口的"球体"上单击右键>模拟标签>刚体，可以发现"球体"的标签区新增一个动力学标签。选择该标签，属性面板中就会显示标签的相关参数设置，如图16-3所示。播放动画，"球体"做向下坠落的动画。这时新建一个物体对象，长按工具栏的 图标不放，在弹出的图标中选择 平面，创建一个"平面"。

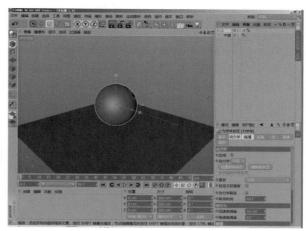

图16-3

将时间滑尺移至0帧，播放动画。"球体"下落但是直接穿过了"平面"，如图16-4所示。这是因为"平面"还没有被动力学引擎识别。

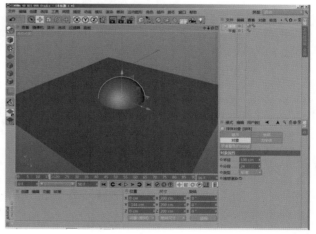

图16-4

16.1 刚体

—— 注意 ——

1.使用动力学场景，添加新物体或调试参数后，都需要将时间滑尺移至0帧，再播放动画观察。因为每次的改动过后，系统对场景中的动力学对象进行重新计算。

2.为"球体"添加刚体后，"球体"会下落是因为工程设置属性面板（按快捷键Ctrl＋D调出工程设置属性面板）中，动力学选项卡下的重力数值默认为

1000cm/second，这与现实中的重力相似。可以根据需要增加或减小数值，或者关闭为0来模拟太空失重的状态。大部分情况下是在模拟现实，因此保持不变即可，如图16-5所示。

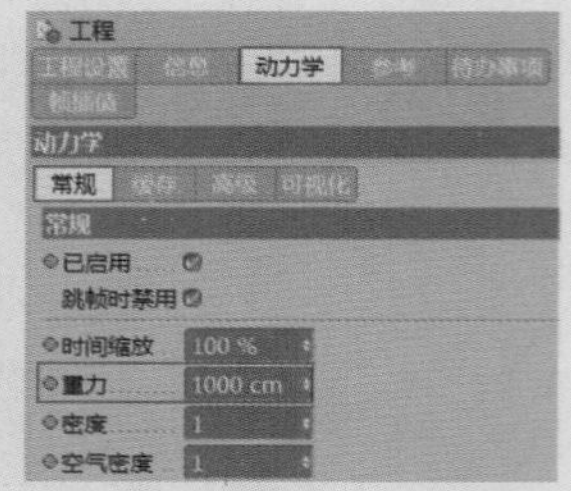

图16-5

为了让动力学引擎识别"平面"，而"平面"不受到重力的影响，需要将它转化为"碰撞体"。在对象窗口的"平面"上单击右键>模拟标签>碰撞体，可以发现"平面"的标签区新增一个动力学标签。注意该标签的图标和球体的标签图标略有不同，如图16-6所示。

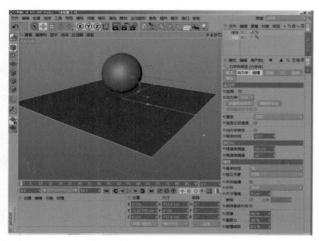

图16-6

时间滑尺移至0帧播放动画，观察到"球体"和"平面"发生碰撞，如图16-7所示。

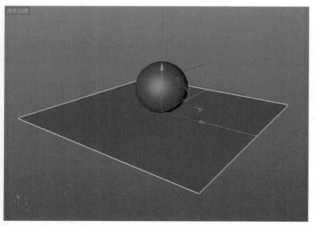

图16-7

下面讲解动力学标签属性面板的参数设置。

16.1.1　动力学

动力学选项卡属性面板，如图16-8所示。

图16-8

1. 启用

勾选该项后，动力学标签为激活状态（默认勾选），如果取消勾选，则该标签图标显示为灰色，说明动力学标签不产生任何作用，相当于没有为对象添加该标签，如图16-9所示。

图16-9

2. 动力学

动力学参数包含3个选项，分别是"开启"、"关闭"和"检测"，如图16-10所示。

图16-10

- 关闭：选择该项后，动力学标签的图标显示变为，说明当前的动力学标签被转换为碰撞体，与"平面"对象的动力学标签相同，如图16-11所示。这时"球体"和"平面"都作为碰撞体存在。

图16-11

- **开启**：为对象赋予模拟标签>刚体后，默认开启，说明当前物体作为刚体存在，参与动力学的计算。

- **检测**：选择该项后，动力学标签的图标显示变为 [图标]，说明当前的动力学标签被转换为检测体，与对象添加模拟标签>检测体相同，如图16-12所示。这里新建一个"球体.1"，并为"球体.1"添加模拟标签>检测体，方便对比观察。

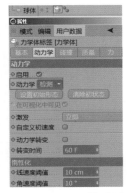

图16-12

当对象作为检测体时，将不会发生碰撞或反弹，动力学物体只是简单地通过这些对象。

3. 设置初始形态

单击按钮 [设置初始形态]，动力学计算完毕后，将该对象当前帧的动力学状态设置为动作的初始状态。

4. 清除初状态

单击按钮 [清除初状态]，可重置初始状态。

5. 激发

激发参数包含3个选项，分别是"立即"、"在峰速"和"开启碰撞"，如图16-13所示。

图16-13

- **立即**：选择该项后，物体的动力学计算将立即生效。

- **在峰速**：选择该项后，如物体对象本身具有动画，如位移动画，那么物体将在位移动画速度最快时开始动力学计算效果。即动力学将在物体动画运动的锋速开始计算，并且会计算物体的惯性，如图16-14所示。

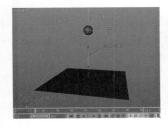 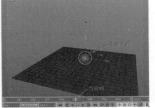

图16-14

图中小球在1～10帧的时间，做由下至上的关键帧动

画。将激发设置为"在峰速"，并将时间滑尺移动到0帧。播放动画后可以发现，小球在1～5帧的时间，产生向上位移的动画，小球在5帧左右（动画的峰速）的时间，受到动力学效果影响，带着惯性向上冲出，随后自然下落。

- **开启碰撞**：物体对象同另一个对象发生碰撞后才会进行动力学计算，未发生碰撞的物体不进行动力学计算。

下面举例解释"开启碰撞"。

创建克隆对象，克隆"球体"，将克隆对象属性面板的模式设置为 [网格排列]。选择"克隆"，做位移x轴向的平移动画，让"克隆"对象移向"平面.1"，如图16-15所示。

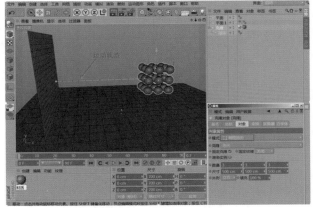

图16-15

为"平面.1"添加模拟标签>碰撞体；为"克隆"对象添加模拟标签>刚体，将"克隆"对象动力学标签属性面板的激发设置为开启碰撞，如图16-16所示。

切换到碰撞选项卡，将独立元素设置为"全部"，如图16-17所示。

图16-16

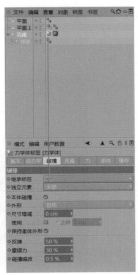

图16-17

时间滑尺移至0帧，播放动画，"克隆"对象撞到"平面.1"后做动力学计算反弹并向下坠落，如图16-18所示。

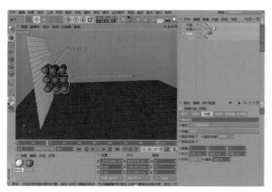

图16-18

由于第一列小球反弹后撞到了第二排小球，因此第二列小球也产生动力学计算，随即撞向第三列小球的下方两行，而第一行小球未被碰撞，也就没有发生任何动力学计算，如图16-19所示。最后，产生碰撞的小球均做动力学计算产生动画，散落在平面上，只有右上角的一行小球无动力学动画，如图16-20所示。

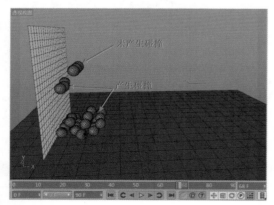

图16-19

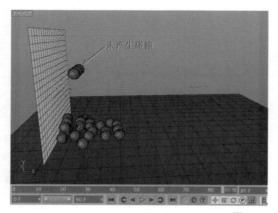

图16-20

6. 激发速度阈值

动力学对象与另一对象发生碰撞时受到影响的范围，数值设置越高则动力学计算范围越大，如图16-21所示。设置高值后，整块玻璃都会产生碰撞破碎效果。

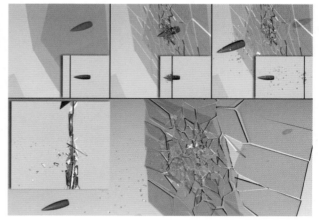

图16-21

7. 自定义初速度

勾选该项后，将激活初始线速度、初始角速度和对象坐标参数，可自定义前两个参数的数值，如图16-22所示。

图16-22

一旦动力学对动力学对象产生了影响，那么这些对象将被分配任意一个自定义的初始线/角速度数值。比如，一旦动力学对象碰上另一个对象，那么另一个对象会以高速被击退。但它初始的动画速度将不被计算，会直接应用初始线/角速度的数值。举例说明，下面的例子是一个有趣的连锁反应。每一个克隆对象被分配到一个初始速度沿y轴（向上）的数值。如果产生动力学碰撞，那么另一个克隆对象向下坠落后将引起连锁反应，如图16-23所示。

图16-23

注意

该例设置了"初始线速度"。

- 初始线速度:该数值用于定义动力学生效时,对象在x、y、z轴向上的速度数值。
- 初始角速度:该数值用于定义动力学生效时,对象在H、P和B轴向上的角度数值。
- 对象坐标:勾选后使用对象自身坐标系统,取消勾选后使用世界坐标系统。

8. 动力学转变/转变时间

可以在任意时间停止动力学计算效果,勾选后将使动力学不再影响动力学对象,即对象将返回其初始状态。动力学转换选项,定义是否将强制动力学对象返回其初始状态;转换时间则定义返回到初始状态的时间,如图16-24所示。

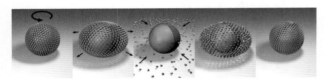

图16-24

9. 线速度阈值/角速度阈值

优化计算速度,一旦一个动力学对象的速度低于这些阈值2秒,那么将省略进一步的动力学计算,并持续状态直到它碰撞另一个对象。该对象将再次列入动力学计算,以此往复。

16.1.2 碰撞

注意

该例用到了"Xplode"插件,为了使破碎产生的碎片被切成多个小碎片。碰撞选项卡>属性面板,如图16-25所示。

图16-25

1. 继承标签

该参数包含3个选项,分别是"无"、"应用标签到子级"和"复合碰撞外形",如图16-26所示。

图16-26

继承标签用于设置标签的应用等级,设置是否层级对象(父子对象)下的子对象也作为独立的碰撞物体参与动力学计算。

- 无:不参与继承标签。
- 应用标签到子级:选择该项后,动力学标签将被分配到所有子级对象,即所有子级对象都被进行单独的动力学计算。
- 复合碰撞外形:整个层级的对象被分配一个动力学标签进行计算,即动力学只计算整个层级对象,层级对象作为一个固定的整体存在。继承标签应用举例,如图16-27所示。

图16-27

2. 独立元素

该参数包含4个选项,分别是"关闭"、"顶层"、"第二阶段"和"全部",如图16-28所示。

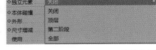

图16-28

设置动力学对象碰撞后,元素的独立方式,如图16-29所示。运动图形>文本。

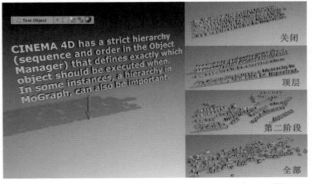

图16-29

- 关闭：整个文本对象作为一个整体的碰撞对象。
- 顶层：每行文本对象作为一个碰撞对象。
- 第二阶段：每个单词作为一个碰撞对象。
- 全部：每个元素（字幕）作为一个碰撞对象。

3. 本体碰撞

如果动力学对象是刚体，动力学标签赋予一个克隆对象，那么该项可以设置克隆的单个对象之间是否进行碰撞计算。

4. 外形

外形参数选项，如图16-30所示。

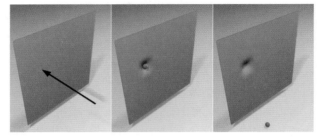

图16-30

众所周知，动力学碰撞计算是一个耗时的过程。对象受到碰撞、反弹、摩擦等都会消耗计算时间。这就是设置"外形"的原因，该选项提供了多个用于替代的形状，这些形状替代了碰撞对象本身去参与计算，可节省大量的渲染时间，不同的外形，产生的效果也有差别，如图16-31所示。

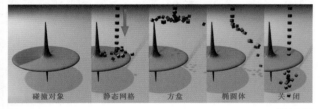

图16-31

图16-31中，圆盘作为一个碰撞对象，另一个克隆物体也作为碰撞对象。克隆物体向下坠落，与圆盘发生了碰撞，碰撞效果取决于克隆物体外形参数的选项设置。

5. 尺寸增减

该参数用于设置对象的碰撞范围，数值越大范围越大。

6. 使用/边界

通常情况下，不需要对这两个参数进行设置。勾选"使用"后，"边界"才会被激活。如果"边界"设置为0，将减少渲染时间但是也会降低碰撞的稳定性，过低的数值可能导致碰撞时对象穿插的错误。

7. 保持柔体外形

默认勾选，当动力学对象进行碰撞产生变形后，会像柔体一样反弹恢复原形，取消勾选后，对象表面的凹陷将不会恢复原形。相当于一个刚性对象的变形，如图16-32所示。

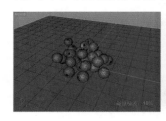

图16-32

8. 反弹

该参数用于设置反弹的大小，值为0%时，为非弹性碰撞反弹，例如橡皮泥。值为100%时，会有非常明显的反弹效果，例如台球的碰撞。在自然界中，真实的反弹范围为0%～100%。

---- 注 意 ----

实际上每一个动力学对象都有一个反弹值，即使是地板也有一定的弹性。

碰撞的发生，其反弹效果同时取决于碰撞的两个对象之间，比如一个小球下落到地面，如果地面的反弹值为0%，那么即使小球的反弹值为1000%，也不会产生反弹。

9. 摩擦力

该参数用来设置对象的摩擦力大小。当物体与另一物体沿接触面的切线方向运动或有相对运动的趋势时，在两物体的接触面之间有阻碍它们相对运动的作用力，这种力叫摩擦力。接触面之间的这种现象或特性叫"摩擦"。

现实中有3种类型的摩擦，分别是静态摩擦、动态摩擦和滚动摩擦。

10. 碰撞噪波

碰撞的行为变化，数值越高，碰撞对象将产生更多样化的动作。例如一组小球撞向地面，碰撞噪波的数值越高，每个小球的动作形态越丰富，如图16-33所示。

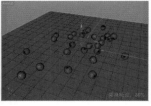

图16-33

16.1.3 质量

质量选项卡属性面板，如图16-34所示。

图16-34

1. 使用/密度/质量

当前动力学对象质量的使用方式有3种可选，分别是"全局密度"、"自定义密度"和"自定义质量"，如图16-35所示。

图16-35

- 全局密度：默认选项，选择该项后，使用的密度数值为工程设置中动力学选项卡的密度值。默认为1，如图16-36所示。

- 自定义密度：选择该项后，下方的密度参数被激活，可自定义密度的数值，如图16-37所示。

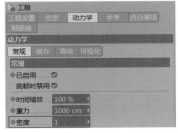

图16-37

- 自定义质量：选择该项后，下方的质量参数显示并激活，可自定义质量的数值，如图16-38所示。

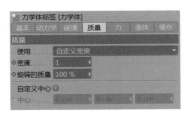

图16-38

2. 旋转的质量

用于设置旋转的质量大小。

3. 自定义中心/中心

默认为取消勾选，质量中心将被自动计算出来，表现真实的动力学对象。如果需要手动设置质量中心，则勾选该项，然后在中心处输入坐标（对象坐标系统）数值，如图16-39所示。

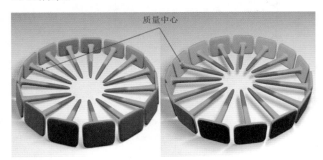

图16-39

左图为默认的实际质量中心，右图为自定义设置的质量中心。

16.1.4 力

力选项卡参数面板，如图16-40所示。

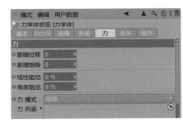

图16-40

1. 跟随位移/跟随旋转

可以给跟随位移和跟随旋转设置关键帧，在一段时间内，数值越大，动力学对象恢复原始状态的速度越快，包括在位移和旋转上的恢复，如图16-41所示。数值范围为0～100。

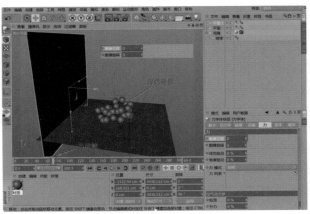

图16-41

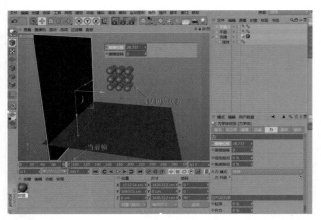

图16-41（续）

上图为跟随位移设置关键帧动画，在70帧时，跟随位移数值为0；在90帧时，跟随位移数值为40。

2. 线性阻尼/角度阻尼

阻尼是指动力学对象在运动的过程中，由于外界作用或本身固有的原因引起的动作逐渐下降的特性。线性阻尼/角度阻尼用来设置对象在动力学运动过程中，位移/角度上的阻尼大小。

3. 力模式/力列表

当场景中有其他力场存在时，比如 风力，如果不需要该对象受到风力的影响，则将对象窗口中的该力场 风力，拖入至"力 列表"右侧的空白区域即可，如图16-42所示。

图16-42

力模式可选择"排除"或"包括"。选择"排除"时，列表中的力场将不对该对象产生效果；选择"包括"时，则只有列表中的力场，才会对该对象产生效果。

16.2 柔体

柔体与刚体相对，是指需要产生变形的物体，即在力的作用下，体积和形状发生改变的物体，如气球。长按工具栏的图标不放，在弹出的图标中选择 球体，创建一个"球体"，将"球体"沿y轴方向上移。在对象窗口的"球体"上单击右键>模拟标签>柔体，可以发现"球体"的标签区新增一个动力学标签。选择该标签，属性面板中就会显示标签的相关参数设置，如图16-43所示。

播放动画观察柔体动画（需要创建一个平面，并给平面赋予模拟标签>碰撞体），发现球体撞向平面后体积和形状发生了变形。这是因为柔体标签在对象不同的多边形之间创建了看不见的连接，而这些连接是可动的，用来模拟柔体的状态。

图16-43

柔体选项卡分为4大类，分别是"柔体"、"弹簧"、"保持外形"和"压力"。可以发现一点，为对象创建刚体后，其动力学标签属性面板柔体选项卡下，柔体选项为"关闭"状态；当选择柔体为"由多边形/线构成"后，动力学标签产生了变化，由 变成了 ，也就是说刚体被转化为柔体，如图16-44所示。

图16-44

所以，直接为对象赋予柔体的动力学标签，和为对象赋予刚体的动力学标签后，再将柔体设置为"由多边形/线构成"，这两种是一样的结果，对象都是作为柔体而存在。

16.2.1 柔体

1. 柔体

柔体包含3个选项，分别是"关闭"、"由多边形/线构成"和"由克隆构成"，如图16-45所示。

图16-45

- 关闭：动力学对象作为刚体存在。
- 由多边形/线构成：动力学对象作为普通柔体存在。
- 由克隆构成：克隆对象作为一个整体，像弹簧一样产生动力学动画。

2. 静止形态/质量贴图

这里需要创建一个球体，按C键将球体转化为多边形对象，使用■点模式，选择一些点，执行主菜单>选择>设置顶点权重，在弹出窗口直接选择确定即可，如图16-46所示。

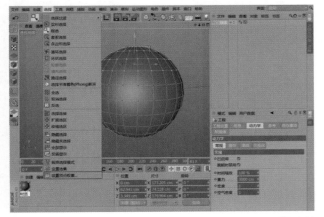

图16-46

设置完毕后，对象窗口的球体标签区新增"顶点贴图标签"，如图16-47所示。

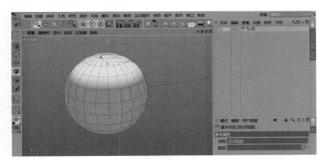

图16-47

添加完毕后，为球体添加模拟标签>柔体，选中球体，拖曳到静止形态右侧的空白区域；再将顶点贴图标签拖曳到质量贴图右侧的空白区域，如图16-48所示。

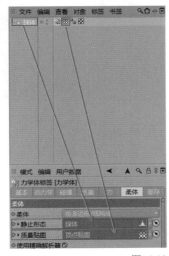

图16-48

将时间滑尺移动到0帧，播放动画，可以观察到只有被约束的点发生了动力学变化，球体的静止形态依然是球体，如图16-49所示。

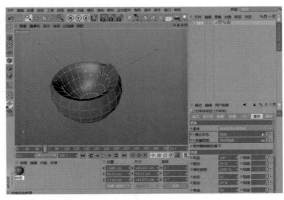

图16-49

16.2.2 弹簧

1. 构造/阻尼

该参数用于设置柔体对象的弹性构造，数值越大，对象构造越完整，如图16-50所示。

- 阻尼：设置影响构造的数值大小。

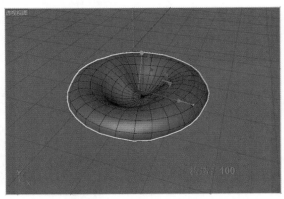

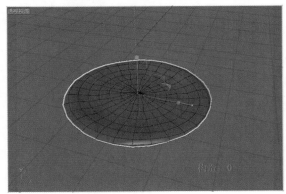

图16-50

2. 斜切/阻尼

该参数用于设置柔体的斜切程度，如图16-51所示。

- 阻尼：设置影响斜切的数值大小。

图16-51

3. 弯曲/阻尼

该参数用于设置柔体的弯曲程度，如图16-52所示。

- 阻尼：设置影响弯曲的数值大小。

图16-52

4. 静止长度

动力学对象在静止状态时，柔体保持其原有形状，其产生柔体变形的点也处于静止状态。说明当前未被施加力量，一旦动力学计算开始，重力和碰撞就会对这些点产生影响，如图16-53所示。

图16-53

当静止长度小于100%时，柔体对象发生形变后会产生收缩反弹。

16.2.3　保持外形

1. 硬度

硬度参数是柔体标签最重要的参数，数值越大，柔体的形变越小，如图16-54所示。

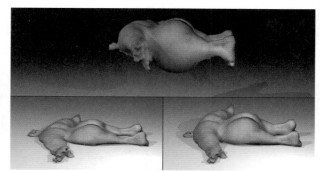

图16-54

2. 体积

设置体积的大小，默认值为100%。

3. 阻尼

用于设置影响保持外形的数值大小。

16.2.4　压力

1. 压力

模拟现实中施加压力对另一个对象产生物体表面膨胀的影响。

2. 保持体积

设置保持体积的参数大小，如图16-55所示。

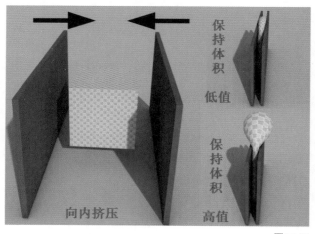

图16-55

3. 阻尼

用于设置影响压力的阻尼大小。

16.2.5　缓存

缓存选项卡属性面板，如图16-56所示。

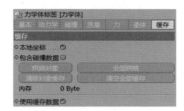

图16-56

1. 烘焙对象

学会使用烘焙非常重要，在进行动力学测试时，为了方便观察，可以将调试好的动画进行"烘焙"，单击"烘焙对象"按钮，系统将自动计算当前动力学对象的动画效果（动画预览），并保存到内部缓存中。烘焙完成后，单击 ▷ 播放按钮即可观察动画效果，使用时间滑尺可以观察当前动力学对象每一帧的动画，尤其在动画较为复杂时，直接播放动画会造成动画速度非常缓慢，不便观察。烘焙则能够帮助计算出真实的运动效果用于预览。

2. 清除对象缓存

相当于清除烘焙完成的动画预览缓存，单击该按钮后，当前动力学对象的动画预览将不存在。

3. 本地坐标

勾选该项后，烘焙使用的是对象自身坐标系统；取消勾选，将使用全局坐标系统。

4. 内存

烘焙完成后，内存右方将显示烘焙结果所占的内存大小。如果单击清除对象缓存，则内存也清除为0。

5. 使用缓存数据

勾选该项后，使用当前缓存文件；取消勾选，不使用当前缓存文件。

DYNAMICS AUXILIARY

第17章　动力学——辅助器

17

执行主菜单>模拟>动力学，弹出的下拉菜单中包含4个选项，分别是"连结器"、"弹簧"、"力"和"驱动器"，如图17-1所示。

图17-1

图17-4

17.1 连结器

执行主菜单>模拟>动力学，在弹出的下拉菜单中选择连结器，在对象窗口新增了一个连结器对象。连结器的作用是在动力学系统中，建立两者或者多者之间的联系。连结原本没有关联的两个对象。能够模拟出真实的效果。连结器的属性面板，如图17-2所示。

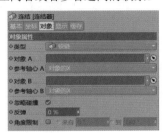

图17-2

—— 注 意

选择不同的类型，以下的参数选项会有相应的变化。

17.1.1 类型

在动力学引擎中，连结器有几种不同的方式，如车轴、骨骼关节等。单击连结器属性面板>类型，在弹出的下拉菜单中，共有10种类型可选，如图17-3所示。

图17-3

这10种连结类型的连结运动方式各不相同，都是为了模拟现实中的不同情况，如图17-4所示。

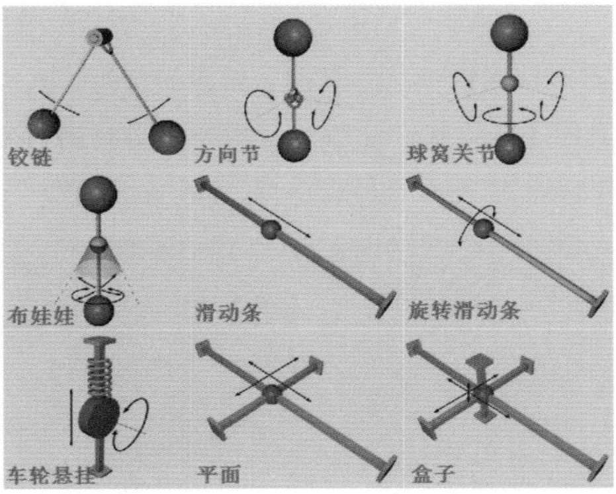

—— 注 意

连结器作用于动力学对象。

17.1.2 对象A/对象B

对象A/对象B右侧的空白区域用来放置需要产生连结的A、B两个对象。注意这个对象必须是动力学对象，如刚体、弹簧、驱动、力等。在对象窗口中，长按需要进行连结的A/B对象的名称不放，拖曳至相应的对象A/B右侧空白区域即可。这里使用铰链类型来做一个基础演示。执行主菜单>模拟>动力学>连结器，创建连结器对象，并创建两个 球体 对象，两个球体分别重命名为"A"和"B"，为方便区分，对象A赋予蓝条材质，对象B赋予红条材质，如图17-5所示。

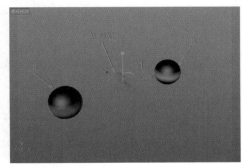

图17-5

设置对象A的x、y、z轴向坐标位置为-400，0，0；设置对象B的x、y、z轴向坐标位置为400，0，0。连结器的位置默认即可（位于世界坐标中心），如图17-6所示。

图17-6

在对象窗口中选择连结器，然后拖曳对象A到连结器属性面板>对象>对象A右侧的空白区域；同样拖曳对象B到连结器属性面板>对象>对象B右侧的空白区域，如图17-7所示。

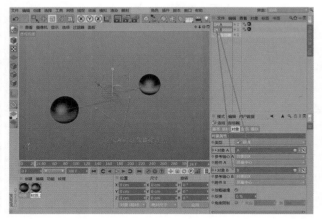

图17-7

可以发现连结器在场景中发生了变化，对象A和对象B被连结器连接起来。时间滑尺移至0帧，播放动画，没有发生任何变化，这是因为对象A和对象B还不是动力学对象。为对象A添加模拟标签>碰撞体，将A设置为碰撞体（为了不让它发生移动变化）；再为对象B添加模拟标签>刚体，将B设置为刚体，如图17-8所示。

图17-8

时间滑尺移至0帧，播放动画，可以发现连结器产生了作用。但是当红球撞到蓝球时，产生了穿插的错误；如图17-9所示。

图17-9

17.1.3　忽略碰撞

解决如图17-9产生的错误碰撞效果，需要进入连结器对象的属性面板，取消勾选"忽略碰撞"选项。让对象A和对象B产生正确碰撞，如图17-10所示。

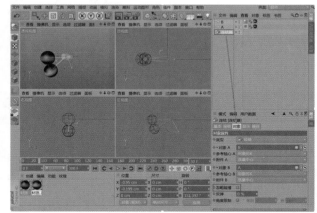

图17-10

在四视图中可以观察到，对象A和对象B产生了正确的碰撞效果，没有穿插错误。

17.1.4　角度限制

勾选该项后，视图中的连结器将显示角度限制的范围，如图17-11所示。

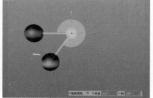

图17-11

17.1.5　参考轴心A/参考轴心B

设置对象A/对象B的连结器参考轴心，如图17-12所示。设置对象B的不同参考轴心。

图17-12

17.1.6 反弹

设置连结对象碰撞后的反弹大小，数值越大反弹越强（使用角度限制，可以方便地观察到该变化）。反弹最低数值为0，没有上限。

17.2 弹簧 弹簧

"弹簧"对象可以拉长/压短两个动力学对象，产生拉力/推力。它可以使两个刚体之间创建类似弹簧的效果。执行主菜单>模拟>动力学，弹出的下拉菜单中选择弹簧，在对象窗口新增了一个弹簧对象。弹簧的属性面板，如图17-13所示。

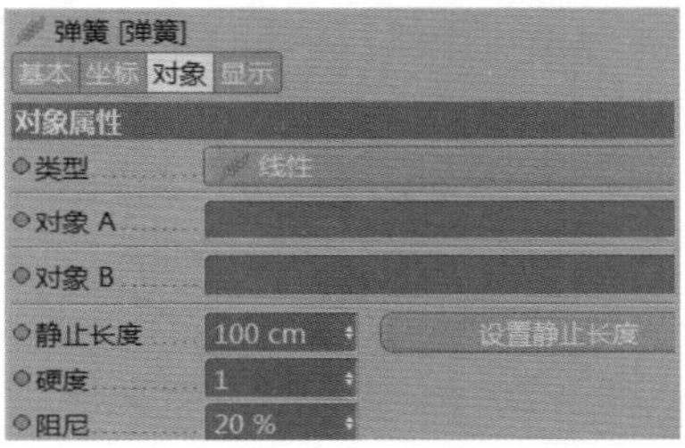

图17-13

17.2.1 类型

用于设置弹簧的类型，共有3种类型可选，分别是"线性"、"角度"和"线性和角度"，如图17-14所示。

图17-14

17.2.2 对象A/对象B

对象A/对象B右侧的空白区域用来放置需要产生作用的A、B两个对象。注意这个对象必须是动力学对象。在对象窗口中，长按A/B对象的名称不放，拖曳至相应对象A/B右侧的空白区域即可。这里使用线性类型来做一个基础演示。执行主菜单>模拟>动力学>弹簧，创建弹簧对象，并创建两个立方体对象，两个立方体对象分别重命名为"A"和"B"，为方便区分，对象A赋予蓝色材质，对象B赋予红色材质，并且调整A、B对象的形状和位置，如图17-15所示。

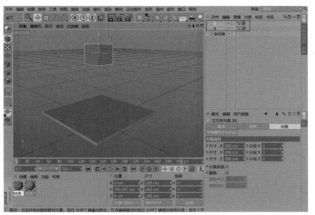

图17-15

—— 注 意 ————

弹簧作用于动力学对象。

在对象窗口中选择弹簧，然后拖曳对象A到弹簧属性面板>对象>对象A右侧的空白区域；同样拖曳对象B到弹簧属性面板>对象>对象B右侧的空白区域，如图17-16所示。

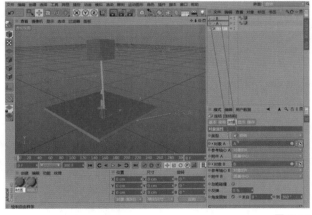

图17-16

设置完毕后，场景中就可以观察到一段弹簧。弹簧为对象A和对象B建立了动力学关系。时间滑尺移至0帧，播放动画，没有发生任何变化，这是因为对象A和对象B还不是动力学对象。为对象A添加模拟标签>碰撞体，将A设置为碰撞体；再为对象B添加模拟标签>刚体，将B设置为刚体，如图17-17所示。

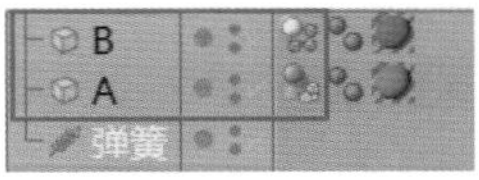

图17-17

时间滑尺移至0帧，播放动画，可以发现弹簧产生了作用，如图17-18所示。

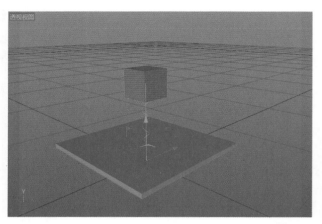

图17-18

17.2.3 附件A/附件B

弹簧对对象A/B的作用点位置，如图17-19所示。

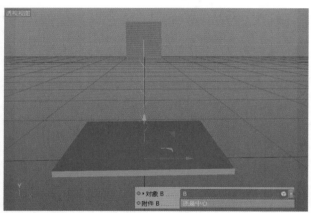

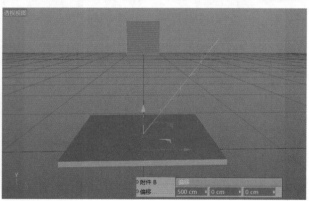

图17-19

17.2.4 应用

应用参数包含3个选项，分别是"仅对A"、"仅对B"和"对双方"。真实的情况下，弹簧的对象A/B同时具有作

用力和反作用力，一般选择默认选项"对双方"即可。

17.2.5 静止长度

弹簧产生动力学效果后的静止长度，数值越大，弹簧静止长度越长，如图17-20所示。单击按钮，可将弹簧当前的长度设置为静止长度。

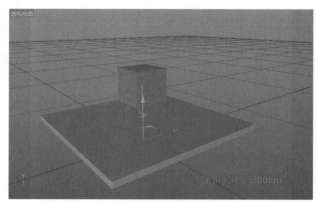

图17-20

17.2.6 硬度

设置弹簧的硬度大小。

17.2.7 阻尼

设置影响弹簧的数值大小。

17.3 力 力

"力"对象类似于现实中的万有引力，它可以在刚体之间产生引力或斥力。执行主菜单>模拟>动力学，在弹出的下拉菜单中选择力，在对象窗口新增了一个力对象。力的属性面板，如图17-21所示。

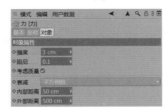

图17-21

　　创建一个 ⬤ 球体 对象，再创建一个 ✿ 克隆 对象，让球体对象作为克隆对象的子对象。更改克隆属性面板>模式选择放射，数量设置14，增加半径数值。再创建一个平面，如图17-22所示。一个简单的场景搭建完毕。

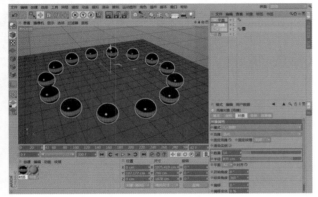

图17-22

　　因为力作用于动力学对象。这里需要为克隆对象赋予模拟标签>刚体；为平面赋予模拟标签>碰撞体，如图17-23所示。

图17-23

　　时间滑尺移至0帧，播放动画，没有明显效果。这时需要动力学标签将克隆里的对象作为单独的对象进行动力学计算。选择克隆的动力学标签，在属性面板的碰撞选项卡中，将"独立元素"设置为"全部"，如图17-24所示。

图17-24

　　时间滑尺移至0帧，播放动画，可以发现小球在力的作用下向中心靠近，如图17-25所示。

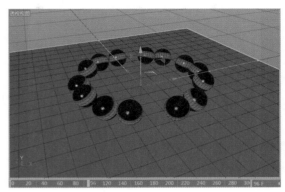

图17-25

17.3.1 强度

　　用于设置力的强度大小，强度越大，力产生的作用越强，如图17-26所示。时间滑尺移至0帧，播放动画。可以发现，同样是在35帧时，强度设置为10cm，力的作用小，强度设置为100cm，力的作用明显变大。

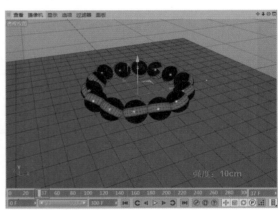

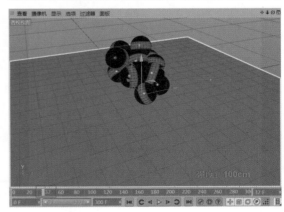

图17-26

17.3.2 阻尼

设置影响力的数值大小。

17.3.3 考虑质量

默认勾选该项。当场景中存在不同的对象时，对象的质量不同，力对其产生的作用力也不同。力对轻的物体产生较大的作用力，对重的物体则产生较少的作用力。

17.3.4 内部距离/外部距离

用于设置力产生作用力的范围。从内部距离至外部距离，作用力将持续降低为0，如图17-27所示。

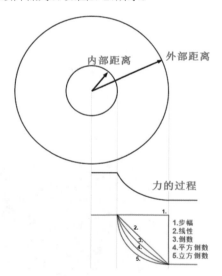

图17-27

17.3.5 衰减

用于设置力从内部距离到外部距离的衰减方式，共有5种衰减方式，如图17-28所示。

图17-28

17.4 驱动器 驱动器

驱动器可以对刚体沿着特定角度施加线性力，可以想象成作用到对象上的一个恒力，使对象持续的旋转或移动，直到对象碰到其他刚体或碰撞体。执行主菜单>模

拟>动力学，在弹出的下拉菜单中选择驱动器，在对象窗口新增了一个驱动器对象。驱动器的属性面板，如图17-29所示。

图17-29

17.4.1 类型

驱动器类型包含3个选项，分别是"线性"、"角度"和"线性和角度"，如图17-30所示。

图17-30

注意

驱动器作用于动力学对象。大部分情况下，驱动器需要配合连结器使用。

这3种类型的驱动器，如图17-31所示。

图17-31

这里使用线性类型来做一个基础演示。创建一个 平面 对象，一个 管道 对象和一个 圆环 对象，为方便观察，管道对象赋予红色材质，圆环对象赋予蓝色材质，并且调整这3个对象的形状和位置，让"圆环"围绕"管道"，"平面"作为地面，如图17-32所示。

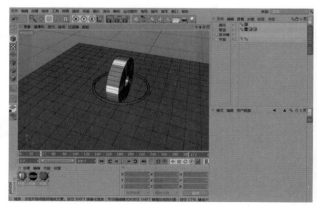

图17-32

图中圆环和管道的位置信息均为0、200、0。

因为驱动器作用于动力学对象。这里需要为圆环和管道对象赋予模拟标签>刚体；为平面赋予模拟标签>碰撞体，如图17-33所示。

图17-33

时间滑尺移至0帧播放动画，发现圆环和管道相互排斥弹开，如图17-34所示。这是因为圆环和管道的位置关系，默认情况下，动力学计算时没有考虑两个对象之间的空间，只考虑了对象外围轮廓。所以交叉时会产生相互排斥。因此需要让动力学引擎识别两个对象之间的空间。选择圆环的动力学标签，在属性面板>碰撞选项卡中，将外形设置为"动态网格"，如图17-35所示。

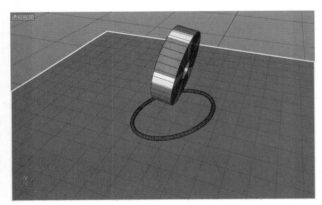

图17-34

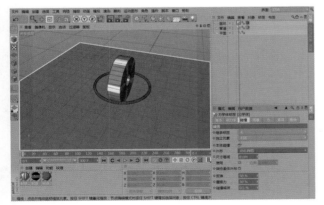

图17-35

接下来需要建立圆环和管道之间的关系，将两者连接在一起。执行主菜单>模拟>动力学>连结器，创建一个连结器对象，设置连结器对象的位置为0、200、0。也就是让它位于管道对象的中点，如图17-36所示。

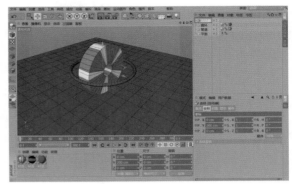

图17-36

同时选择圆环对象和管道对象，按Alt+G组合键，将它们打组。将连结器对象作为管道对象的子对象，如图17-37所示。

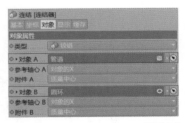

图17-37

接下来需要圆环对象作为一个支架，在连结器中建立关系。选择连结器对象，在属性面板的对象选项卡中，将管道对象拖曳至对象A右侧的空白区域，作为"轮子"；将圆环对象拖曳至对象B右侧的空白区域，如图17-38所示。

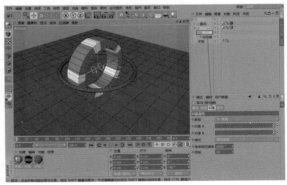

图17-38

两个对象已经连接在一起，接下来使用驱动器来驱使它们在地面上滚动。执行主菜单>模拟>动力学>驱动器，创建驱动器对象。在驱动器对象的属性面板中，设置类型为"角度"。因为力是基于对象的位置，因此也需要将驱动器的位置设置为0、200、0，放置到管道中心，如图17-39所示。这样才能产生正常的旋转。

图17-39

设置驱动器对象为管道对象的子对象，如图17-40所示。

图17-40

17.4.2　对象A/对象B

在驱动器对象的属性面板，对象A/对象B右侧的空白区域用来放置需要产生作用的A、B两个对象。注意这个对象必须是动力学对象。对象A是将要旋转的物体，对象B是阻止旋转的物体。这样就能够让对象在地面上滚动。在对象窗口中，拖曳管道对象至对象A右侧的空白区域；拖曳圆环对象至对象B右侧的空白区域，如图17-41所示。

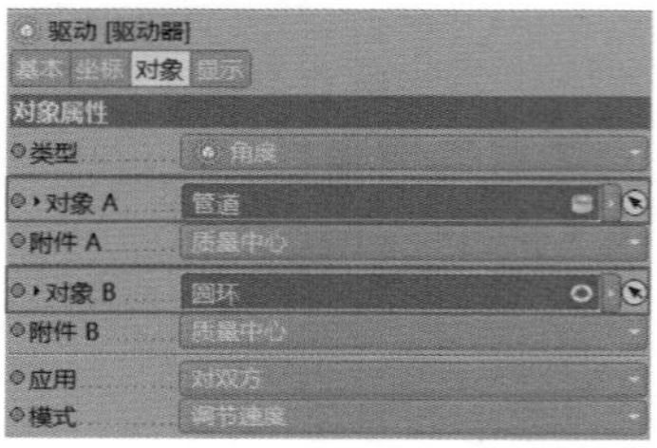

图17-41

时间滑尺移至0帧，播放动画，可以发现对象在驱动器的作用下产生了滚动，如图17-42所示。产生的运动很真实。

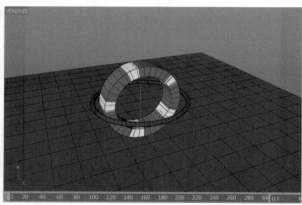

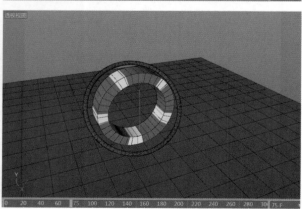

图17-42

17.4.3　附件A/附件B

驱动器对对象A/B的作用点的位置。

17.4.4　应用

应用参数包含3个选项，分别是"仅对A"、"仅对B"和"对双方"。用于设置驱动器的应用对象。

17.4.5　模式

模式参数包含"调节速度"和"应用力"两个选项，如图17-43所示。

图17-43

1. 调节速度

选择该项后，当力或扭矩达到目标速度时，将减少线目标速度和角目标速度，不再产生更多的力或扭矩。

2. 应用力

选择该项后，力或扭矩的应用将不考虑速度，将导致无限制地增加速度。

17.4.6　角度相切速度

如果模式设置为调节速度，那么该选项用于设置最大的角速度，当角速度达到时，扭矩将是有限的。

17.4.7　扭矩

施加扭矩围绕驱动器z轴的力。物体对象的质量越大，该选项需要设置的数值越大。

17.4.8　线性相切速度

类型设置为线性，模式设置为调节速度，则该选项用于设置最高速度。当速度达到时，力将被限制在数值之内。

17.4.9　力

沿驱动器z轴施加的线性力。取决于物体对象的质量和摩擦，物体对象的质量和摩擦越大，该选项需要设置的数值越大。

PARTICLE AND MODIFIERS OF DYNAMICS

第18章 动力学——粒子与力场

18

18.1 创建粒子

执行主菜单中的模拟>粒子>发射器命令，即创建好粒子发射器，单击时间轴播放按钮，发射器即发射粒子，如图18-1和图18-2所示。

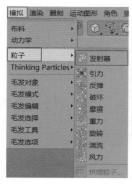

图18-1

图18-2

18.2 粒子属性

单击对象管理器中的发射器，在属性栏中即显示发射器属性，如图18-3所示。

图18-3

1. 基本

基本属性中可更改发射器的名称，设置编辑器和渲染器的显示状态等。勾选"透显"，对象将在编辑器中半透明显示，如图18-4所示。

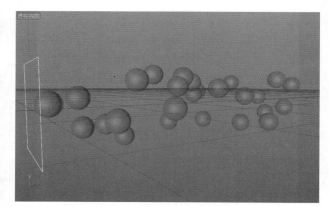

图18-4

2. 坐标

对粒子发射器的P/S/R在x/y/z轴上的数值进行设定，如图18-5所示。

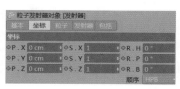

图18-5

3. 粒子

图18-6所示为粒子属性选项。

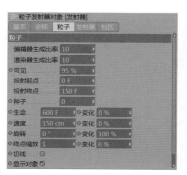

图18-6

- 编辑器生成比率：粒子在编辑器中发射的数量。
- 渲染器生成比率：粒子实际渲染生成的数量。场景需要大量粒子时，为便于编辑器操作顺畅，可将编辑器中发射数量设定的适量，而将渲染器生成比率设定成实际需要数量。
- 可见：设定粒子在编辑器中显示的总生成量的百分比。
- 投射起点/投射终点：发射器开始发射粒子的时间和停止发射粒子的时间。
- 种子：设定发射出的粒子的随机状态。
- 生命：设定粒子出生后的死亡时间，可随机变化。
- 速度：设定粒子出生后的运动速度，可随机变化。
- 旋转：设定粒子运动时的旋转角度，可随机变化。创建一个立方体，在对象管理器中将立方体拖曳给发射器作为子物体，并勾上粒子属性中的"显示对象",粒子即被立方体替代。设定粒子随机旋转,即可得如图18-7所示效果。

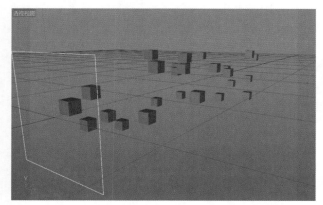

图18-7

- 终点缩放:设定粒子出生后的大小,可随机变化,如图18-8所示。

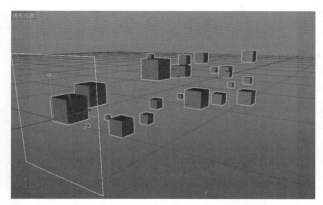

图18-8

- 切线:勾选切线,单个粒子的z轴将始终与发射器的z轴对齐,如图18-9所示。

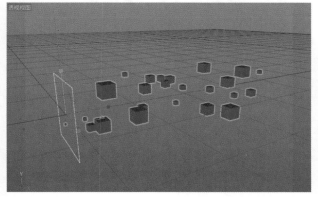

图18-9

- 显示对象:勾选此项,场景中的粒子替换对象将显示。

- 渲染实例:勾选此项,场景中的实例对象将可以渲染。

4. 发射器

发射器类型包括角锥和圆锥,圆锥没有"垂直角度"设定项,如图18-10和图18-11所示。

图18-10

图18-11

发射器的尺寸、角度特殊设定,会有特殊的发射效果。图18-12和图18-13所示为线性发射。

图18-12

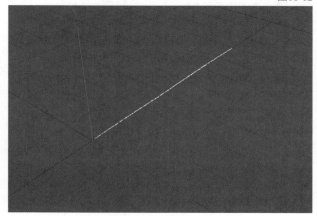

图18-13

图18-14和图18-15所示为平面扩散发射。

图18-14

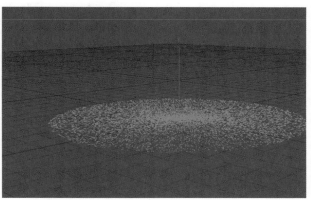

图18-15

图18-16和图18-17所示为球形发射。

图18-16

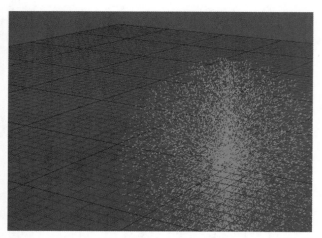

图18-17

5. 包括

设定力场是否参与影响粒子，将力场拖曳入排除框内即可，如图18-18所示。

图18-18

18.3 力场

执行主菜单栏中的模拟>粒子>引力命令，即可对场景中粒子添加引力场，执行反弹、破坏等命令，可对粒子添加其他力场，如图18-19所示。

图18-19

1. 引力

引力场对粒子起吸引或排斥作用，属性选项如图18-20所示。

图18-20

（1）基本和坐标

可修改对象名称、设定对象在场景中的坐标等。

（2）对象

- 强度：引力强度为正值时，对粒子起吸附作用；当为负值时，对粒子起排斥作用。

- 速度限制：限制粒子过快的运动速度。

- 考虑动力学质量：勾选此项，粒子替代对象本身的动力学质量与引力场共同影响粒子的运动。

（3）衰减

- 形状：展开选项，有多种形状供选择，并可设定所选形状的尺寸、缩放等。图18-21所示为圆柱形状的引力衰减，黄色线框区域以内为引力的作用范围，黄色线框到红色线框之间为引力衰减区域，红色框内为无衰减引力区域。

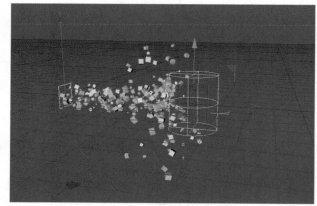

图18-21

2. 反弹

反弹场能反弹粒子，属性选项如图18-22所示。

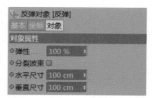

图18-22

（1）基本和坐标

可修改对象名称、设定对象在场景中的坐标等。

（2）对象

- 弹性：反弹的弹力设置，如图18-23所示。
- 分裂波束：勾选此项，即可将粒子分束反弹，如图18-24所示。

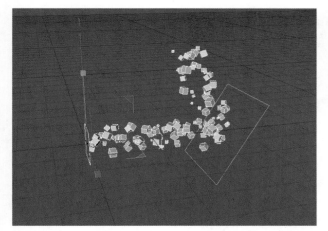

图18-23

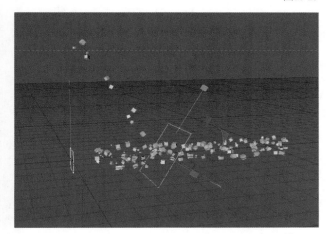

图18-24

- 水平尺寸/垂直尺寸：设定反弹面的尺寸。

3. 破坏

破坏场能杀死粒子，属性选项如图18-25所示。

图18-25

（1）基本和坐标

可修改对象名称、设定对象在场景中的坐标等。

（2）对象

- 随机特性：对进入破坏场的粒子的杀死比重。
- 尺寸：破坏场的尺寸大小，如图18-26所示。

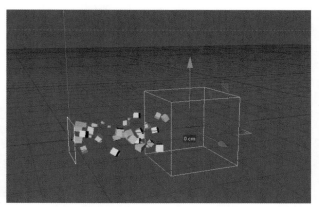

图18-26

4. 摩擦

摩擦场对粒子运动起阻滞或驱散作用，属性选项如图18-27所示。

图18-27

（1）基本和坐标

可修改对象名称、设定对象在场景中的坐标等。

（2）对象

- 强度：对粒子运动的阻滞力。当为负值时起驱散粒子作用。
- 考虑动力学质量：勾选此项，粒子替代对象本身的动力学质量与摩擦共同影响粒子的运动。

（3）衰减

- 形状：展开选项，有多种形状供选，并可设定形状的尺寸、缩放等。图18-28所示为圆柱形状的摩擦衰减，黄色线框区域以内为摩擦的作用范围，黄色线框到红色线框之间为摩擦衰减区域，红色框内为无衰减摩擦区域。

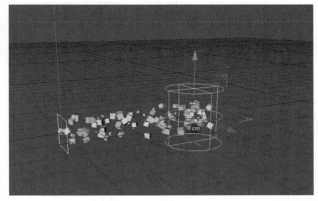

图18-28

5. 重力

重力场使粒子具有下落的重力特性，如图18-29所示。

图18-29

（1）基本和坐标

可修改对象名称、设定对象在场景中的坐标等。

（2）对象

- 加速度：粒子下落的加速度设定，当为负值时粒子向上运动。
- 考虑动力学质量：勾选此项，粒子替代对象本身的动力学质量与重力共同影响粒子的运动。

（3）衰减

- 形状：展开选项，有多种形状供选择，并可设定形状的尺寸、缩放等。图18-30所示为圆柱形状的重力衰减，黄色线框区域以内为重力的作用范围，黄色线框到红色线框之间为重力衰减区域，红色框内为无衰减重力区域。

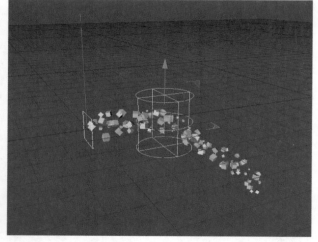

图18-30

6. 旋转

旋转场使粒子流旋转起来，属性选项如图18-31所示。

图18-31

（1）基本和坐标

可修改对象名称、设定对象在场景中的坐标等。

（2）对象

- 角速度：设定粒子流旋转的速度。
- 考虑动力学质量：勾选此项，粒子替代对象本身的动力学质量与旋转共同影响粒子的运动。

（3）衰减

- 形状：展开选项，有多种形状供选择，并可设定形状的尺寸、缩放等。图18-32所示为圆柱形状的衰减，黄色线框区域以内为旋转的作用范围，黄色线框到红色线框之间为旋转衰减区域，红色框内为无衰减旋转区域。

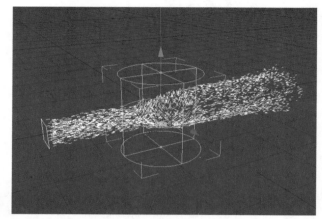

图18-32

7. 湍流

湍流场使粒子无规则流动，属性选项如图18-33所示。

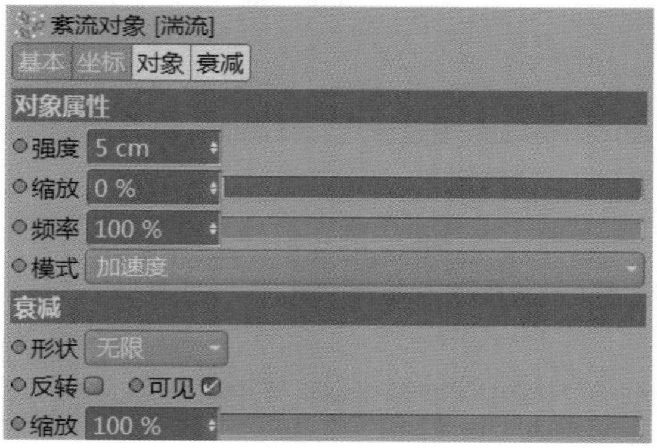

图18-33

（1）基本和坐标

可修改对象名称、设定对象在场景中的坐标等。

（2）对象

- 强度：设定湍流的力度。
- 缩放：设定粒子流无规则运动的散开与聚集强度，图18-34所示为缩放值大的效果。

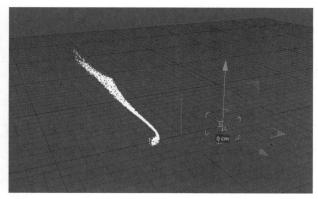

图18-34

• 频率：设定粒子流的抖动幅度和次数，图18-35所示为频率大的效果。

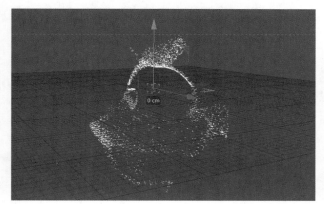

图18-35

（3）衰减

• 形状：展开选项，有多种形状供选择，并可设定形状的尺寸、缩放等。图18-36所示为圆柱形状的湍流衰减，黄色线框区域以内为湍流的作用范围，黄色线框到红色线框之间为湍流衰减区域，红色框内为无衰减湍流区域。

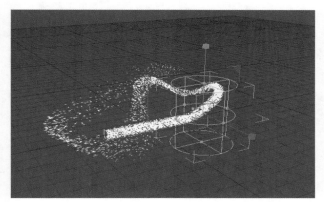

图18-36

8. 风力
风力场驱使粒子按照设定方向运动，属性选项如图18-37所示。

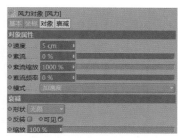

图18-37

（1）基本和坐标

可修改对象名称、设定对象在场景中的坐标等。

（2）对象

• 速度：设定风力驱使粒子运动的速度。
• 紊流：设定粒子流被驱使时的湍流强度。
• 紊流缩放：粒子流受湍流时的散开聚集强度，图18-38所示为缩放值大的效果。

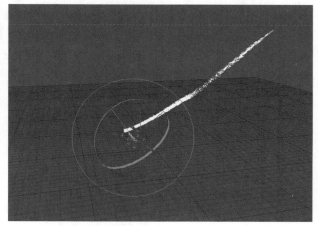

图18-38

• 紊流频率：设定粒子流的抖动幅度和次数，图18-39所示为频率大的效果。

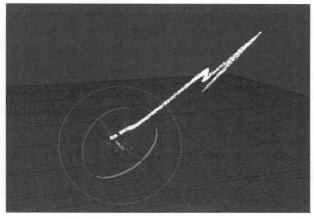

图18-39

（3）衰减

• **形状：**展开选项，有多种形状供选择，并可设定形状的尺寸、缩放等。图18-40所示为圆柱形状的风力衰减，黄色线框区域以内为风力的作用范围，黄色线框到红色线框之间为风力衰减区域，红色框内为无衰减风力区域。

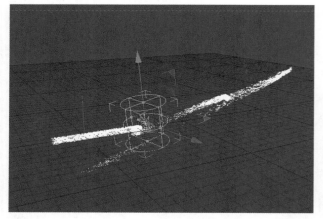

图18-40

18.4　烘焙粒子

当随时间播放粒子发射出去后，若将时间滑块倒播，粒子运动状态将不可逆。但在烘焙粒子之后，粒子运动状态将可逆显示。执行主菜单中的模拟>粒子>烘焙粒子命令，即弹出烘焙粒子设置面板，需烘焙的粒子动画的起点终点均可设定，每帧采样值将提高烘焙精度，烘焙全部设定每次烘焙的帧数，如图18-41和图18-42所示。

图18-41

图18-42

18.5　应用

利用粒子发射后受力场作用，来模拟水滴下落并溅起水珠的效果。创建一个发射器，发射器属性设置及粒子发

射状态如图18-43至图18-46所示。

图18-43

图18-44

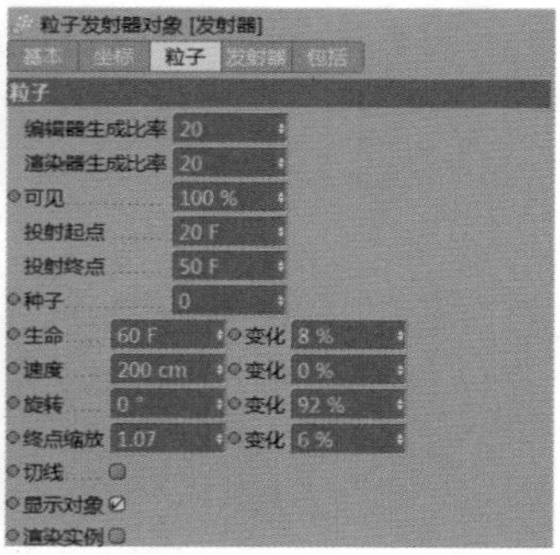

图18-45

图18-46

创建一个平面和球体，球体替换粒子，并给粒子添加重力场，再添加一个反弹力场并水平放置与平面重合，如图18-47所示。设置反弹参数如图18-48所示。粒子即受重力后下落再反弹最后消失。再添加一个融球，将发射器拖曳给融球，融球对象属性设定如图18-49所示，最终效果如图18-50所示。

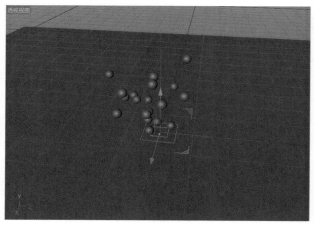

图18-47

图18-48　　　　　　　　　　图18-49

图18-50

最后创建一个水滴模型并设置关键帧从平面上空掉入平面以下，模拟水滴掉下过程，整个动画完成，即水滴掉下并在平面溅起水珠。

DYNAMICS HAIR

第19章　动力学——毛发

19

毛发、羽毛、绒毛的使用方法及相应属性详解

毛发的选择、编辑和操作

毛发的材质

毛发标签

19.1 毛发对象

19.1.1 添加毛发

在编辑器中创建一个球体，选择球体，执行主菜单栏里的模拟>毛发对象>添加毛发命令，即可对球整体添加毛发，如图19-1和图19-2所示。

图19-1

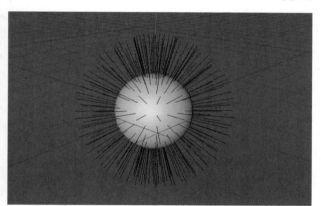

图19-2

将球体转化成多边形对象，选择部分点、边、面执行模拟>毛发对象>添加毛发命令，即可对球体局部添加毛发，如图19-3所示。

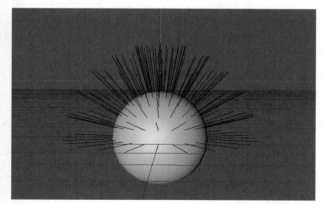

图19-3

添加好毛发，单击时间线播放按钮，毛发就会通过动力学计算后趋向静止，如图19-4所示。

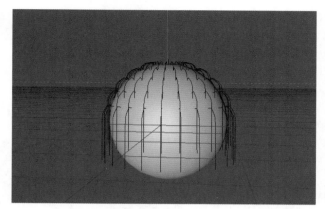

图19-4

19.1.2 毛发属性

1. 基本

在基本属性里可以更改毛发名称，编辑或更改毛发所处的层，并设置在编辑器或渲染器中的可见性等，如图19-5所示。

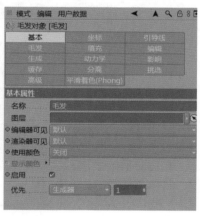

图19-5

2. 坐标

和其他对象一样，可设置对象的位移、旋转、缩放在x、y、z轴上数值，如图19-6所示。

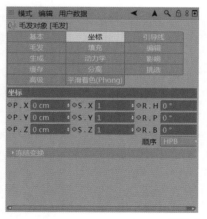

图19-6

3. 引导线

引导线是场景中替代毛发显示的线，起引导毛发生长作用，真正的毛发需渲染才可见，如图19-7和图19-8所示。

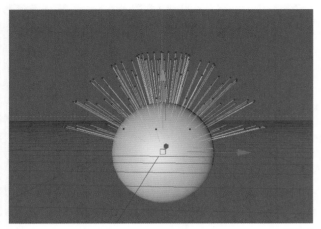

图19-7

图19-8

- 链接：将点、
  边、面制作成
  选集，拖曳入
  链接框内即可
  设置成毛发
  的生长区域。
  引导线属性如
  图19-9所示。

图19-9

- 发根：可控制发根数量、细分段数、长度等，发根
  的位置也可自由设置，如图19-10所示。

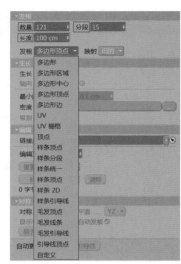

图19-10

- 生长：生长的方向可任意设置，如设置成"任意"
  方式即如图19-11所示效果。单击密度 ██ 按钮可加
  入纹理影响生长点的密度。图19-12所示的效果是
  给毛发添加了噪波纹理的密度效果。

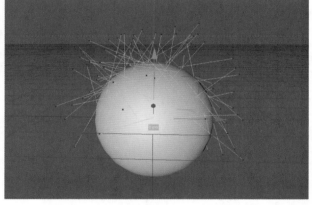

图19-11

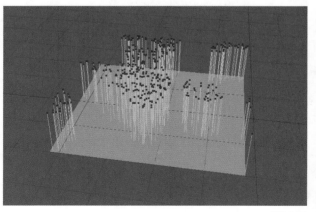

图19-12

- 编辑：执行主菜单创建>样条>空白样条命令，在对象管理器中将空白样条拖曳入"链接点"右侧框内，再选择空白样条，即可在点模式下选点编辑毛发的形状，如图19-13和图19-14所示。

图19-13

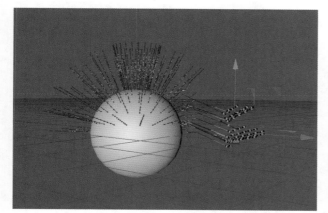

图19-14

- 对称：勾选激活"对称"，并勾选"显示引导线"，选择一个平面即可给毛发对称镜像，单击 转为可编辑对象 按钮将镜像的毛发转成可编辑对象，图19-15所示为以xz平面镜像后的毛发。

图19-15

4. 毛发

此毛发为真正的渲染输出毛发，毛发的数量为最终渲染数量，增加分段可使毛发弯曲时更平滑。

- 发根：发根的位置也可自由设置，还可偏移或延伸，如图19-16所示。

图19-16

- 生长：毛发生长的间隔距离可设置，单击密度 密度 按钮可加入纹理影响生长点的密度。勾选"约束到引导线"，可控制毛发与引导线之间的距离。
- 克隆：克隆数值定义每根毛发的克隆次数，克隆后的毛发与原毛发的发根、发梢之间的位置偏移可直接用数值设定。克隆产生的毛发整体比例和毛发长度变化由百分数控制，如图19-17和图19-18所示。

图19-17

图19-18

毛发的区段偏移状态还可由偏移曲线控制，将毛发数量设成100，将克隆次数设成40，调节曲线如图19-19所示，毛发的输出效果如图19-20所示。

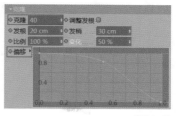

图19-19

图19-20

- 插值：引导线控制毛发渲染有不同类型，图19-21所示为线性类型；图19-22所示为三次方类型。

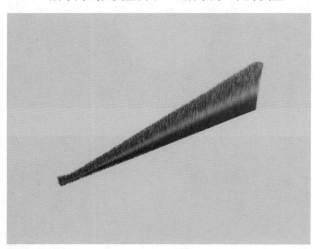

图19-21

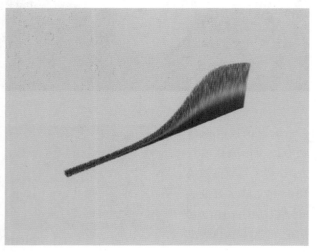

图19-22

引导线插值越大，毛发间的过渡更加自然顺畅，如图19-23和图19-24所示。

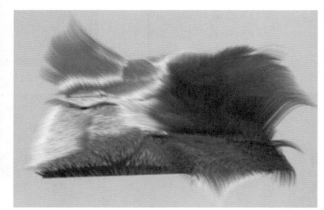

图19-23

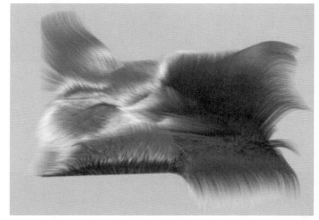

图19-24

勾选集束，引导线即可控制毛发的团块形状，使用引力曲线可对团块细节进行控制。图19-25和图19-26所示为不同引力曲线对毛发细节的控制效果。

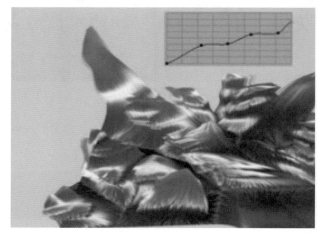

图19-25

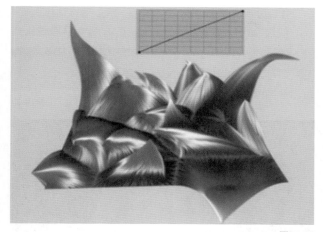

图19-26

在场景中还可把克隆生成的毛发直接显示成多边形，显示数量、细节可任意设定，如图19-30所示。

图19-30

5. 填充

对毛发进行填充，可设定填充的数量、厚度、密度等。填充的毛发成团块也可由引力曲线控制，如图19-27所示。

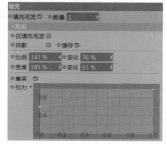

图19-27

6. 编辑

编辑属性选项如图19-28所示。

图19-28

设置编辑器视图中的显示，可显示引导线、毛发线条等，图19-29所示为显示毛发多边形，与真正毛发数量一致，但会占用更多资源。

7. 生成

生成属性选项如图19-31所示。渲染生成的毛发实体有多种类型，如"实例"，创建一个角锥并转化成多边形，将角锥拖曳入"实例对象"右侧框内，即可将毛发实体替换成串联的角锥显示，如图19-32所示。

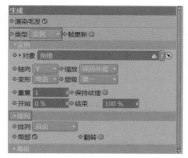

图19-31

图19-29

图19-32

不同类型的毛发实体均可设定不同的排列朝向，如图19-33所示。

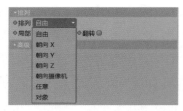

图19-33

8．动力学

动力学属性选项如图19-34所示。

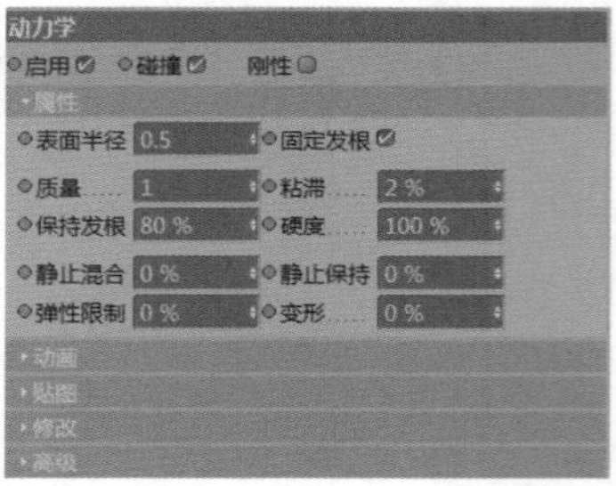

图19-34

勾选"启用"激活毛发动力学，勾选"碰撞"激活"表面半径"选项，勾选刚性，将毛发转化成刚性的。

- 属性：当播放动画，发梢往下掉毛发之间即会产生碰撞，表面半径即毛发碰撞时的识别半径。发梢往下掉时的粘滞减速、硬度、弹性等均可设定。
- 动画：激活"自动计时"，可设置毛发动力学的计算时间段。松弛即对初始状态的调整。
- 贴图：将毛发顶点标签拖曳入贴图框内，即可由顶点标签影响毛发的粘滞、硬度、静止等特性。
- 修改：通过曲线调节控制毛发从发根到发梢的粘滞、硬度、静止的权重。
- 高级：设定动力学影响引导线或毛发。

9．影响

勾选"毛发与毛发间"选项，可设置毛发与毛发间的影响半径、强度及衰减方式。将对象拖曳入影响框内，可设定包含或排除对象的影响，如图19-35所示。

图19-35

10．缓存

动力学计算都需要计算缓存再渲染场景，提高制作效率及避免计算结果的随机性，如图19-36所示。

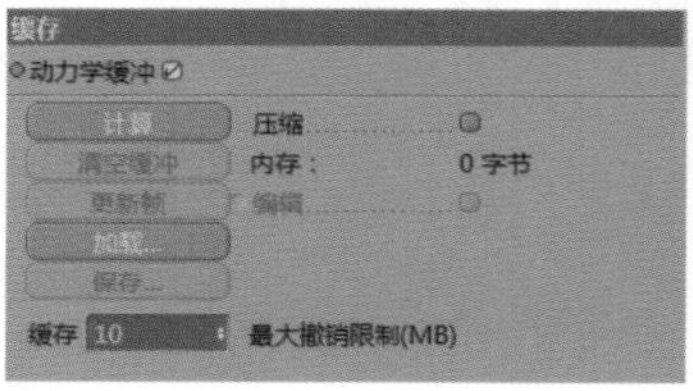

图19-36

11．分离

勾选"自动分离"，创建两个毛发点选集，将两个选集拖曳入群组框内，选集之间毛发即可分离生长，如图19-37和图19-38所示。

图19-37

图19-38

12．挑选

在视角看不到的，且不影响渲染结果的毛发予以剔除，如背面的、画面以外的。还可自定义设置剔除区域，节省计算机资源，提高制作效率，如图19-39所示。

图19-39

13．高级

种子值即随机值，毛发的随机分布，如图19-40所示。

图19-40

毛发的整体还可通过添加变形器来改变形态，将变形器拖曳给毛发当做子物体，可控制变形器参数来改变毛发形态，图19-41所示为毛发添加螺旋变形器设定的形态。

图19-41

19.1.3 羽毛对象

创建一段圆弧，执行主菜单栏中的模拟>毛发对象>羽毛对象命令，在对象管理器中将圆弧样条拖曳给羽毛作父子关系，即可创建羽毛基本形状，如图19-42和图19-43所示。

图19-42

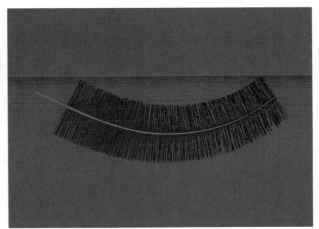

图19-45

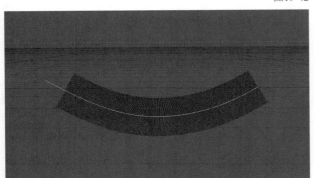

图19-43

19.1.4 羽毛对象属性

1. 基本和坐标
羽毛的基本属性和坐标属性设置羽毛的名称、坐标等。

2. 对象
对象属性选项如图19-44所示。勾选编辑器显示，细节显示设置成100%，便于场景中实时观察。

- 生成：设定生成样条或羽毛，可翻转生成方向，设定羽毛的细分段数。
- 间距：设置羽轴半径、羽支间距、羽毛长度等。
- 置换：本选项卡结合形状曲线来设定。
- 旋转：对羽毛枯萎的细节设定，如图19-45所示。
- 间隙：设定羽支间的随机间隙，如图19-46所示。

图19-44

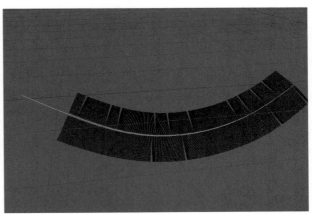

图19-46

3. 形状
以曲线控制羽毛的外轮廓形状。"形状"控制羽毛正面的外轮廓形状；"截面"控制羽毛横截面的形状；"曲线"控制羽支的扭曲形状。图19-47所示曲线图设定出的羽毛形状如图19-48所示。

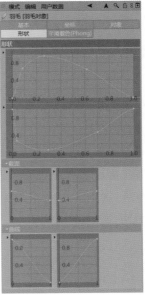

图19-47

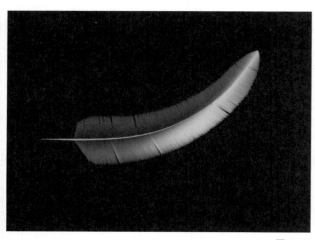

图19-48

19.1.5 绒毛

选择已创建球体，执行主菜单中的模拟>毛发对象>绒毛命令，可对整个球体添加绒毛。将球体转化成多边形对象，选择一部分面执行模拟>毛发对象>绒毛命令，即可对球体局部添加绒毛，如图19-49和图19-50所示。

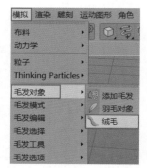

图19-49

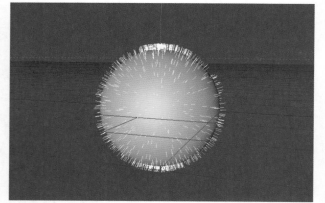

图19-50

19.1.6 绒毛属性

1. 基本和坐标
绒毛的基本属性和坐标属性设置绒毛的名称、坐标等。

2. 对象
绒毛的数量、长度、随机分布均可以数值设定，如图19-51所示。

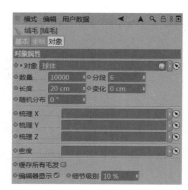

图19-51

选择球体点模式，单击实时选择工具，切换成顶点绘制模式绘制顶点贴图，将绘制的顶点贴图拖曳入"梳理X"右侧框内，即可按照顶点贴图的权重对绒毛进行x轴方向的梳理，如图19-52所示。拖曳入密度右侧框内，绒毛密度即可按照贴图分布，如图19-53所示。

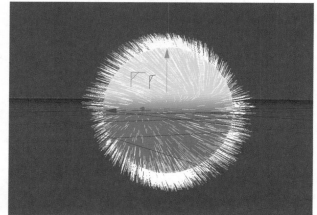

图19-52

图19-53

勾选"缓存所有毛发"和"编辑器显示"，毛发在编辑器中显示将加快。

19.2 毛发模式

打开主菜单栏中模拟>毛发模式菜单，可选择多种毛发显示模式，如图19-54所示。比如选择的点模式显示，如图19-55所示。

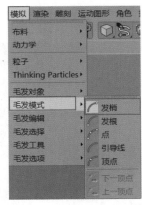

图19-54

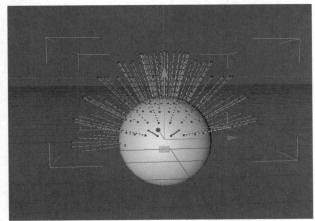

图19-55

19.3 毛发编辑

打开主菜单栏中模拟>毛发编辑菜单，如图19-56所示。这些工具可对毛发引导线进行剪切、复制等编辑，毛发与样条间可互相转化，图19-57所示为引导线转化成的样条。

图19-56

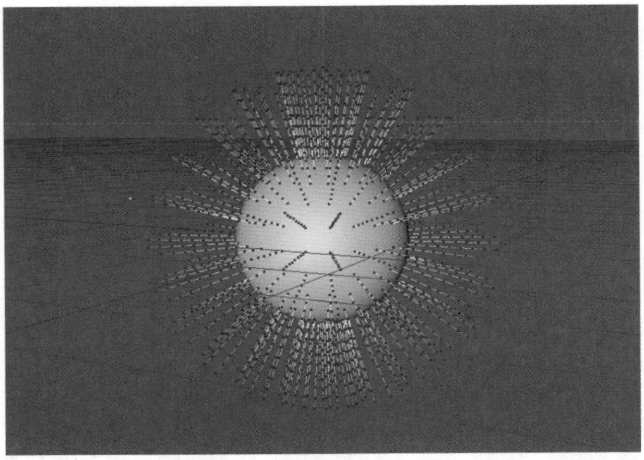

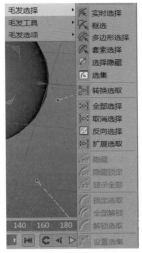

图19-57

19.4 毛发选择

打开主菜单栏中模拟>毛发选择菜单，如图19-58所示。菜单中包含对毛发的点或样条进行选择的工具，并可对选择的元素设置选集。

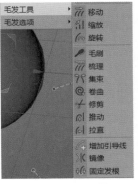

图19-58

19.5 毛发工具

毛发工具可直接在编辑器中对毛发进行移动、梳理、修剪等，如图19-59所示。比如选择毛刷工具，即可直接刷动毛发修改毛发整体造型，图19-60所示是对毛发使用毛刷后的形态。

图19-59

图19-60

19.6　毛发选项

使用毛发工具对毛发进行编辑时，可执行对称或软选择方式，并可对此种方式进行设置。

毛发选项如图19-61所示。

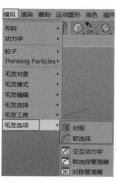

图19-61

19.7　毛发材质

当给对象添加毛发后，双击材质编辑器中的毛发材质，即可弹出毛发材质的属性编辑器，如图19-62所示。

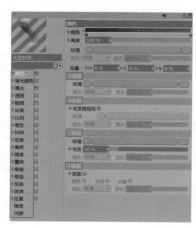

图19-62

1.　颜色

毛发的颜色可任意设定，发根、发梢、色彩、表面均可加入纹理或通过不同混合方式来表现，如图19-63和图19-64所示。

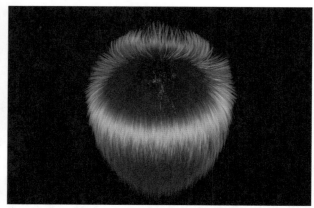

图19-63

图19-64

2.　背光颜色

当毛发处在背光环境下的颜色设定，如图19-65所示。

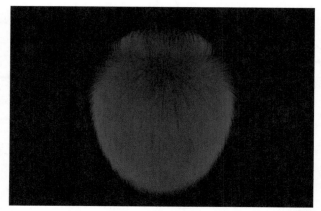

图19-65

3. 高光

分主要和次要高光,可设定颜色、强度、添加纹理等,如图19-66所示。

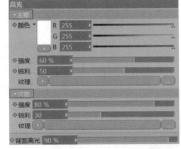

图19-66

4. 透明

设定从发根到发梢的透明度变化,如图19-67和图19-68所示。

图19-67

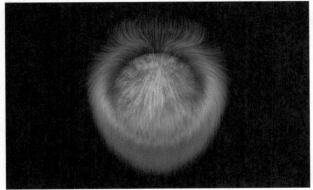

图19-68

5. 粗细

设定发根和发梢的粗细,用曲线控制发根到发梢的粗细渐变,如图19-69和图19-70所示。

图19-69

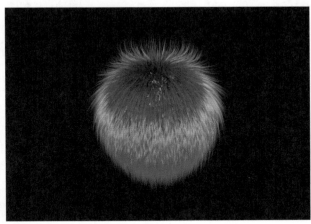

图19-70

6. 长度

设定毛发长度及随机长短,如图19-71和图19-72所示。

图19-71

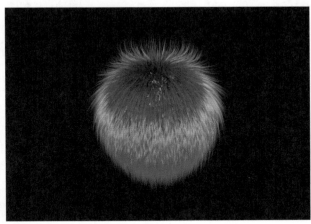

图19-72

7. 比例

设定毛发整体的比例及随机值,如图19-73和图19-74所示。

图19-73

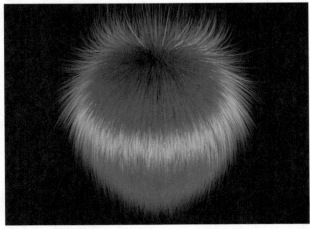

图19-74

8. 卷发

毛发的卷曲状态,如图19-75和图19-76所示。

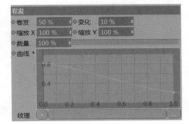

图19-75

图19-76

9. 纠结

毛发的纠结状态，如图19-77和图19-78所示。

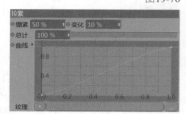

图19-77

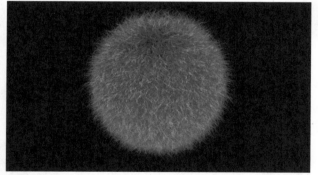

图19-78

10. 密度

设定毛发的密度，如图19-79和图19-80所示。

图19-79

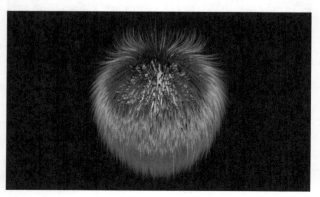

图19-80

11. 集束

设定毛发的集束状态，如图19-81和图19-82所示。

图19-81

图19-82

12. 绷紧

毛发收缩绷紧的状态，如图19-83和图19-84所示。

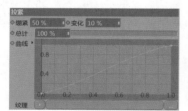

图19-83

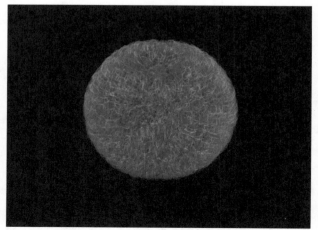

图19-84

13. 置换

对毛发的偏移方向，可分别对x、y、z方向偏移设定，如图19-85和图19-86所示。

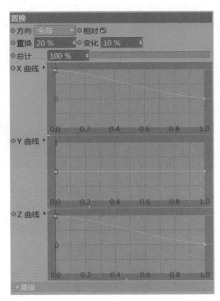

图19-85

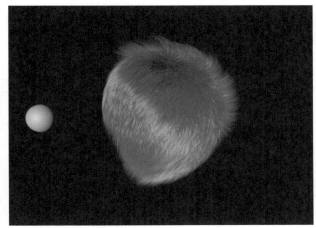

图19-88

15. 卷曲

设定毛发的整体卷曲度，如图19-89和图19-90所示。

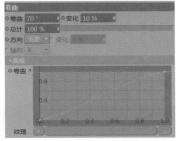

图19-89

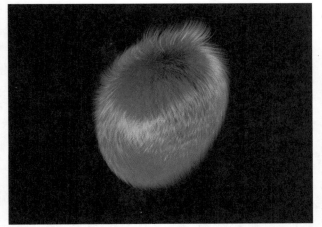

图19-86

14. 弯曲

引导弯曲方向，可设定一个对象当作毛发的方向引导，如图19-87和图19-88所示。

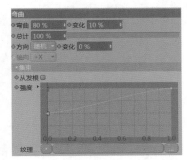

图19-87

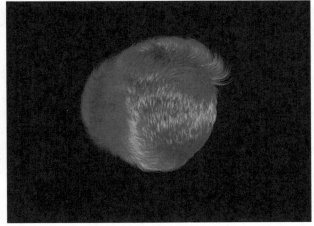

图19-90

16. 扭曲

结合其他卷曲、弯曲或置换来设定，可选择轴向进行扭曲角度设定，如图19-91和图19-92所示。

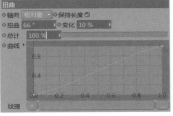

图19-91

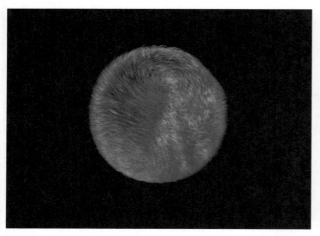

图19-92

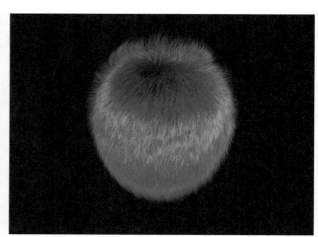

图19-96

17. 波浪

使毛发弯曲成波浪形态，如图19-93和图19-94所示。

图19-93

19.8 毛发标签

在对象管理器菜单栏中，打开标签>Hair标签展开菜单，可给对象添加毛发标签，如图19-97所示。

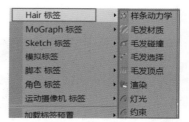

图19-97

- 样条动力学：给样条线添加此标签，样条将具有毛发的动力学属性。
- 毛发材质：创建一个蔓叶类曲线，添加毛发材质，渲染输出效果如图19-98所示，能把样条当作毛发渲染出来。

图19-94

18. 拉直

毛发被弯曲后，可再将毛发拉直，图19-95和图19-96所示为添加波浪属性后再拉直的毛发。

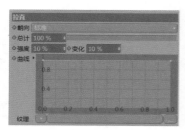

图19-95

图19-98

- 毛发碰撞：创建一个球体，给球体添加此标签，播放动画，已添加了样条动力学标签的蔓叶曲线将与球体发生碰撞，如图19-99所示。

图19-99

- 毛发选择：当毛发为点模式时，选择毛发点后添加此标签，所选点将可以统一进行锁定、隐藏等，如图19-100所示。

图19-100

- 毛发顶点：当毛发为顶点模式时，选择顶点后添加此标签，所选顶点可当作顶点贴图使用。
- 渲染：添加给样条，样条将渲染可见。
- 灯光：当给场景中的灯光添加此标签后，灯光将对毛发生效，如图19-101所示。

图19-101

- 约束：此标签用于多边形或样条对毛发点的约束。先创建好毛发添加此标签，再创建一个平面并将平面转化成多边形对象，将平面拖曳入标签属性中"对象"栏内，用毛发选择命令选择一部分毛发点，再单击标签属性栏中的设置，就可将多边形点约束毛发点。绘制顶点贴图可拖曳入"影响映射"框内，贴图的权重将影响多边形点的约束强度，如图19-102和图19-103所示。

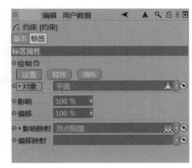

图19-102

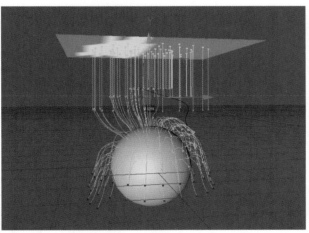

图19-103

DYNAMICS CLOTH

第20章　动力学——布料

20

创建布料碰撞

布料的属性详解

20.1　创建布料碰撞

创建一个平面到对象管理器中，单击工具栏中的按钮，将"平面"转化为多边形对象。选择"平面"，执行对象管理器菜单栏中的标签>模拟标签>布料命令，如图20-1所示。"平面"即转化成布料，再在"平面"的基本属性中改名称为"布料"。

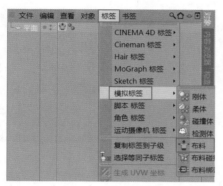

图20-1

再创建一个球体，给"球体"添加模拟标签>布料碰撞器，"球体"即转化为接受布料碰撞的物体，如图20-2所示。

图20-2

执行主菜单栏中的模拟>布料>布料NURBS命令，如图20-3所示，在对象管理器中将"布料"拖曳给"布料NURBS"，如图20-4所示。再选择"布料NURBS"，将属性栏中的细分数设置成"2"，厚度设置成"1cm"，如图20-5所示，即创建好有厚度的模拟布料。

图20-3

图20-4

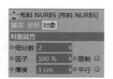

图20-5

简单赋予对象材质如图20-6所示，在时间轴单击播放按钮，布料就会垂直下落并与球体发生碰撞。

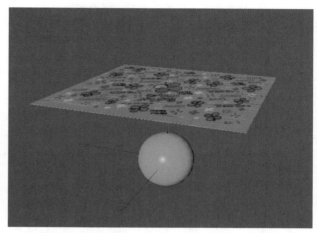

图20-6

20.2　布料属性

单击对象"布料"的标签栏中的 按钮，在属相栏中会显示布料的多种属性。

1.　基本

基本属性中可更改对象的名称，还可编辑或更改对象所处的层，如图20-7所示。

图20-7

2.　标签

布料的特性参数，如图20-8所示。

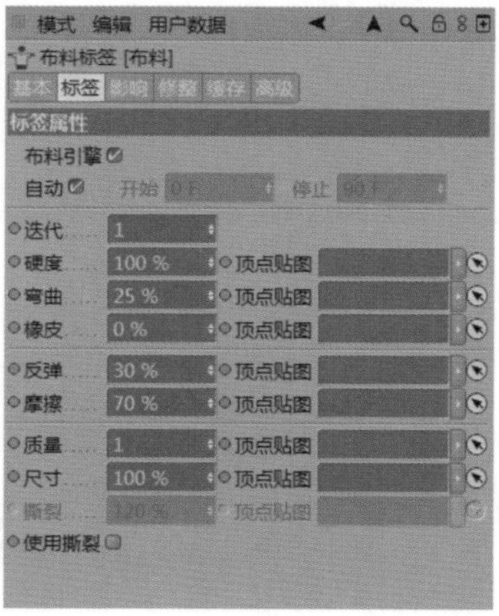

图20-8

- 布料引擎：勾选即激活对象的布料模拟属性。
- 自动：此项默认勾选，当不勾选时，可在"开始"和"停止"参数中设置帧值范围，即对象在此时间段模拟布料属性。

- 迭代：控制布料内部的整体弹性，当布料落下与球体碰撞后，"迭代"值大小影响布料内部的舒展程度，图20-9所示为迭代值是1时与球体碰撞后状态；图20-10所示为迭代值是10时与球体碰撞的后的状态。
- 硬度：在迭代值不变的情况下，硬度值可小范围控制布料的硬度。图20-11所示为在迭代值为10时，硬度值变小后，布料碰撞球体后的结果。对布料绘制顶点贴图，并拖曳入顶点贴图框内，贴图的权重分布将决定布料硬度值的影响范围及大小。

图20-9

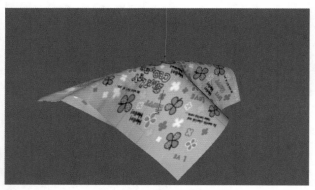

图20-10

图20-11

- 弯曲：当弯曲值越小时，布料碰撞后如图20-12所示成蜷缩状；当弯曲值越大时，布料碰撞后如图20-13所示成舒展状。还可用顶点贴图控制弯曲值的影响范围及大小。

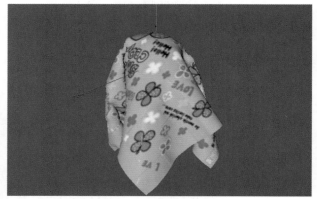

图20-12

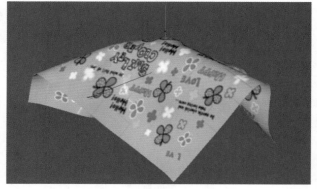

图20-13

- 橡皮：当布料下落与球体碰撞时，增大橡皮值，会使布料带有类似橡皮弹性的拉伸，如图20-14所示。还可用顶点贴图控制橡皮值的影响范围及大小。

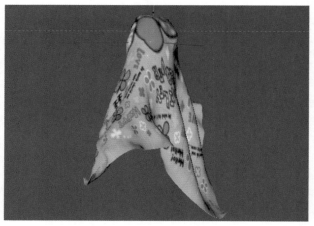

图20-14

- 反弹：反弹值的增大会使布料与球体碰撞时反弹，如图20-15所示。还可用顶点贴图控制反弹值的影响范围及大小。

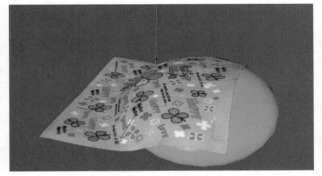

图20-15

- 摩擦：如图20-16所示，摩擦值减小使布料与球体碰撞后很易滑出球体表面。还可用顶点贴图控制摩擦值的影响范围及大小。

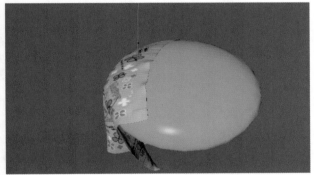

图20-16

- 质量：增加布料质量。还可用顶点贴图控制质量值的影响范围及大小。
- 尺寸：布料的尺寸小于100%时，碰撞前的起始尺寸将变小，如图20-17所示。还可用顶点贴图控制尺寸值的影响范围及大小。

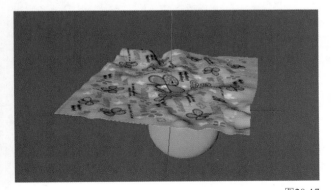

图20-17

- 使用撕裂：勾选使用撕裂，布料与球体碰撞时会出现撕裂效果，撕裂程度可由参数控制，如图20-18所示。还可用顶点贴图控制撕裂值的影响范围及大小。

图20-18

3. 影响

影响选项的属性，如图20-19所示。

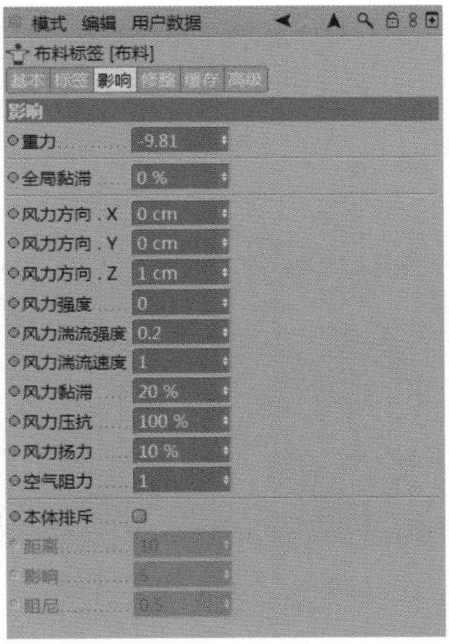

图20-19

- 重力：默认重力值为"-9.81"，当重力值为正值时，重力越小，布料下落速度越快；当重力值为正值时，布料将反向上升。
- 全局黏滞：减缓布料的全局碰撞状态，包括下落速度，碰撞停止速度等。
- 风力：给布料添加风力场，x/y/z可设置风场的任意方向，并可对风场的强度、湍流强度、黏滞、扬力等设置参数。

- **本体排斥**：勾选即激活本体排斥，可控制布料自身碰撞的状态。

4. 修整

勾选修整模式激活属性，可设置布料放松或收缩的步数，还可设置布料的初始状态，选择布料的点可设置固定点，如图20-20所示。图20-21所示为布料四周的点设置固定后的运算结果。

图20-20

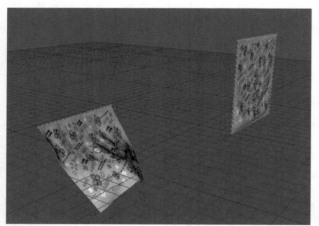

图20-21

5. 缓存

当布料碰撞计算完成，计算缓存后再播放动画，场景则不需再次计算碰撞即可顺畅预览动画。渲染前先缓存动力学计算，可避免计算结果的随机性。激活缓存模式，计算缓存后单击　保存…　按钮保存，需要调用更改时单击　加载…　按钮。偏移值可设定调用缓存时的偏移播放时间。缓存值设定缓存文件的最大撤销限制，如图20-22所示。

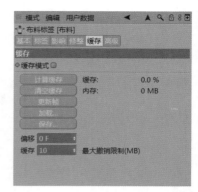

图20-22

6. 高级

子采样值设定布料引擎在每帧模拟计算的次数，次数越高，模拟计算得越准确。勾选本体碰撞和全局交叉分析，将有助于避免布交叉，极端情况出现也可避免布料引擎在布碰撞出现交叉时而停止计算，如图20-23所示。

图20-23

搭建如图20-24所示场景，布料NURBS的四周点都被固定，球体的动画轨迹穿过布料。

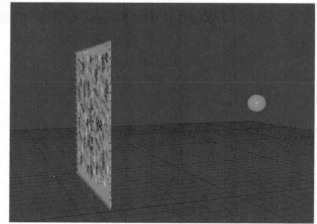

图20-24

　　激活布料的标签属下的"使用撕裂"，播放动画，当球体快速穿过布料时，布料的碰撞接触位置会被球体冲破裂开。当增大点、边、多边形EPS值时，离碰撞位置远的点、边、面受影响越大，可改变布料被冲破后的裂开大小、碎片等不同形态。图20-25所示为EPS值偏小时的碰撞结果；图20-26所示为EPS值偏大时的碰撞结果。

图20-25

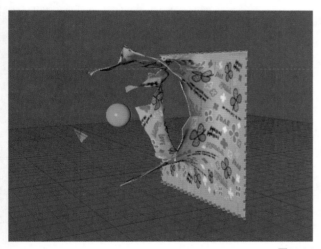

图20-26

　　将对象拖曳入"包含"右侧框内，框内的全部对象都参与动力学计算，没在"包含"框内的不参与计算。空白框默认场景中所有对象均参与动力学计算。

MOGRAPH

第21章　运动图形

21

运动图形的菜单选项详解

七大运动图形类型（克隆、矩阵、分裂、
实例、文本、追踪对象、运动样条）使用方法及属性详解

MoGraph即运动图形系统在Cinema 4D 9.6版本中首次出现,是Cinema 4D的一个绝对利器。它给艺术家提供一个全新的维度和方法,将类似矩阵式的制图模式变得极为简单有效和方便。一个单一的物体,经过奇妙的排列组合,并通过配合各种效应器,达到不可思议的效果。

21.1 克隆

执行主菜单>运动图形>克隆,在属性面板中会显示克隆对象的基本属性,如图21-1所示。克隆具有生成器特性,因此至少需要一个物体作为克隆的子物体才能实现克隆。

图21-1

克隆属性分为5个部分,分别是基本属性面板、坐标属性面板、对象属性面板、变换属性面板和效果器属性面板。

21.1.1 基本属性面板

基本属性面板,如图21-2所示。

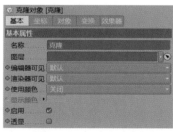

图21-2

(1)名称:可在右侧空白区域处重新命名。

(2)图层:如果对当前克隆指定过层设置,这里将显示当前克隆属于哪一层。

(3)编辑器可见:默认在视图编辑窗口可见。选择关闭,克隆在视图编辑器内不可见。选择开启,将和默认结果一致。

(4)渲染器可见:控制当前克隆在渲染时是否可见,默认为可见状态。关闭时,当前克隆将不被渲染。

(5)使用颜色:默认关闭,如果开启,显示颜色将被激活。可从显示颜色中拾取任意颜色作为当前克隆在场景中的显示色。

(6)启用:是否开启当前的克隆功能,默认勾选。若取消勾选,则当前克隆失效。

(7)透显:勾选该项后,当前克隆物体将以半透明方式显示,如图21-3所示。

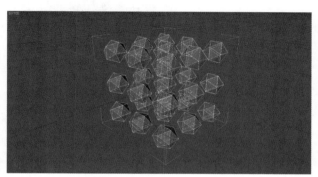

图21-3

21.1.2 坐标属性面板

坐标属性面板,如图21-4所示。

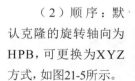

图21-4

(1)坐标面板:用于设置当前克隆所处位置(P)、比例(S)、角度(R)的参数。

(2)顺序:默认克隆的旋转轴向为HPB,可更换为XYZ方式,如图21-5所示。

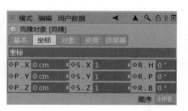

图21-5

(3)冻结变换:冻结全部按钮可将克隆的位移、比例、旋转参数全部归零。也可选择冻结P/S/R将某一属性单独冻结。执行解冻全部可以恢复冻结之前的参数,如图21-6所示。

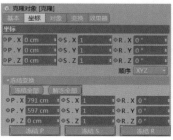

图21-6

21.1.3　对象属性面板

对象属性面板，如图21-7所示。

图21-7

- 模式：用于设置克隆方式，共有对象、线性、放射、网格排列4种克隆方式，如图21-8所示。

图21-8

模式：线性

（1）克隆：当有多个克隆物体时，用于设置当前每种克隆物体的排列方式，如图21-9所示。

迭代　　　　　　　　随机

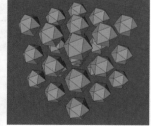

混合　　　　　　　　类别

图21-9

（2）固定克隆：如果同一个克隆下有多个被克隆物体，并且这些被克隆物体的位置不同，勾选该项后，每个物体的克隆结果将以自身所在位置为准。否则将统一以克隆位置为准，如图21-10和图21-11所示。

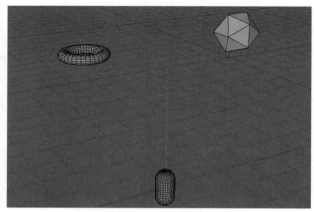

图21-10

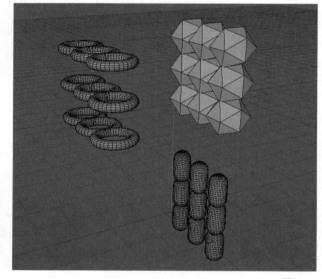

图21-11

（3）渲染实例：如果被克隆物体为粒子发射器。除原始发射器外，其余的克隆发射器均不能在视图编辑窗口及渲染窗口可见。勾选该项后，可在视图窗口和渲染窗口中看到，被克隆的发射器也可正常发射粒子，如图21-12和图21-13所示。

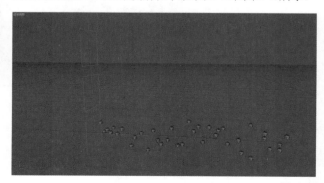

图21-12

图21-13

（4）数量（线性模式下）：设置当前的克隆数量。

（5）偏移（线性模式下）：用于设置克隆物体的位置偏移，如图21-14所示。

图21-14

（6）模式：分为终点和每步两个选项。选择终点模式，克隆计算的是从克隆的初始位置到结束位置的属性变化。选择每步模式，克隆计算的是相邻两个克隆物体间的属性变化。

（7）总计：用于设置当前克隆物体占原有设置的位置、缩放、旋转的比重。如图21-15所示，图中为两个设置完全一样的克隆效果，左侧的总计为50%，右侧的总计为100%。可以明显看出在相同的设置下，左侧的空间位置只占到总计为100%时的一半。

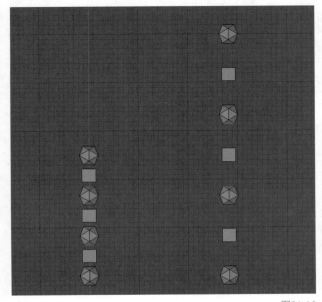

图21-15

- 位置：用于设置克隆物体的位置范围。数值越大，克隆物体间的间距越大。
- 缩放：用于设置克隆物体的缩放比例，该参数会在克隆数量上进行累计，即后一物体的缩放在前一物体大小的基础上进行。如图21-16所示，在终点模式下缩放X、Y、Z参数，从左到右依次为10%、30%、50%时所得到的结果。

图21-16

- 旋转：用于设置当前克隆物体的旋转角度，如图21-17～图21-19所示。分别为统一克隆物体旋转H轴、P轴、B轴的不同效果。

图21-17

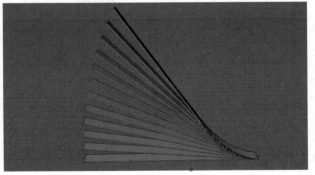

图21-18

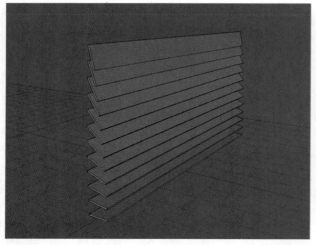

图21-19

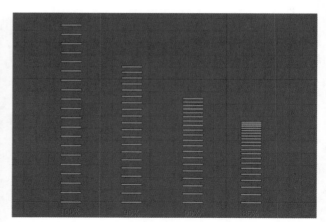

图21-21

（8）步幅模式：分为单一值和累积两种模式。设置为单一值时，每个克隆物体间的属性变化量一致；设置为累积时，每相邻两个物体间的属性变化量将进行累计。步幅模式通常配合步幅尺寸和步幅缩放一起使用。如图21-20所示，图中为参数设置完全相同的两个克隆物体。左侧的步幅模式设置为累积，右侧的步幅模式设置为单一数值。两个克隆物体的步幅旋转值均为5。

模式：对象

（1）当克隆的模式设置为对象时，场景中需要有一个物体作为克隆物体分布的参考对象，这个对象可以是曲线也可以是几何体。

应用时需要将该物体拖入对象参数右侧的空白区域，如图21-22所示。

图21-22

如图21-23和图21-24所示，图中为一个球体克隆到一个宝石物体顶点的效果。

图21-20

设置为累积的克隆物体，立方体的旋转度数为上一物体基础上的5、10、15、20。设置为单一数值的克隆物体，立方体的旋转度数统一为上一物体基础上的5。

（9）步幅尺寸：如果降低该参数，会逐渐缩短克隆物体间的间距，如图21-21所示。图中步幅尺寸分别为100%、95%、90%和85%。

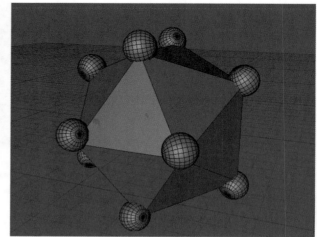

图21-23

图21-24

（2）排列克隆：用于设置克隆物体在对象物体上的排列方式，勾选后将激活上行矢量。

（3）上行矢量：勾选排列克隆后，该项才被激活。将上行矢量设定为某一轴向时，当前被克隆物体则指向被设置的轴向，如图21-25所示。图中为上行矢量设置为+x轴向时的状态。

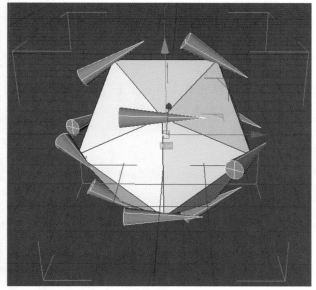

图21-25

（4）分布：用于设置当前克隆物体在对象物体表面的分布方式，默认以对象物体的顶点作为克隆的分布方式。如图21-26～图21-29所示，分别为边、多边形中心、表面、体积时的分布效果。

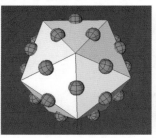

图21-26

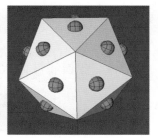

图21-27

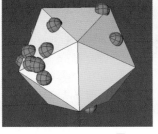

图21-28

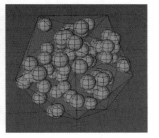

图21-29

设置为体积方式时,克隆物体将填充在对象物体内部。

（5）偏移：当分布设置为边时，该参数用于设置克隆物体在对象物体边上的位置偏移。

（6）种子：用于随机调节克隆物体在对象物体表面的分布方式。

（7）数量：用于设置克隆物体的数量。

（8）选集：如果对对象物体设置过选集，可将选集拖曳至该参数右侧的空白区域，针对选集部分进行克隆，如图21-30所示。如图21-31所示，图中对宝石物体上半部分设置选集，并针对该选集得到的克隆效果。

图21-30   图21-31

模式：放射

（1）数量：设置克隆的数量。

（2）半径：设置放射克隆的范围。数值越大,范围越大。

（3）平面：设置克隆的平面方式。如图21-32～图21-34所示。

图21-32   图21-33

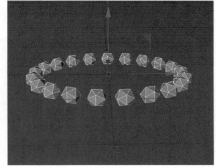

图21-34

（4）对齐：设置克隆物体的方向。勾选该项后，克隆物体指向克隆中心。如图21-35所示，左侧为勾选对齐时的效果。右侧为未勾选对齐时的效果。默认为开启。

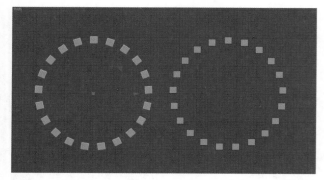

图21-35

（5）开始角度：用于设置放射克隆的起始角度。默认值为0。提高该数值可将克隆以顺时针打开一个相对应角度的缺口，如图21-36所示。图中为起始角度45°，结束角度360°时的克隆状态。

图21-36

（6）结束角度：用于设置放射克隆的结束角度。默认值为360。降低该数值可让克隆以逆时针打开一个相对应角度的缺口，如图21-37所示。图中为起始角度0°，结束角度270°时的克隆状态。

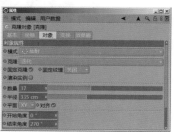

图21-37

（7）偏移：设置克隆物体在原有克隆状态上的位置偏移。

（8）偏移变化：如果该数值为零，在偏移的过程中，克隆物体均保持相等的间距。调节该数值后，物体间的间距将不再相同。

（9）偏移种子：用于设置在偏移过程中，克隆物体间距的随机性。只有在偏移变化不为零的情况下，该参数才有效。

模式：网格排列

（1）数量：从左至右，依次用于设置当前克隆在x、y、z轴向上的克隆数量。

（2）尺寸：从左至右，依次用于设置当前克隆在x、y、z轴向上的范围。

（3）外形：设置当前克隆的体积形态，包含立方体、球体和圆柱体3种选项。

（4）填充：控制克隆物体对体积内部的填充程度。最高为100%。

如图21-38所示，图中是一个克隆数量为12×12×12，尺寸为300cm×300cm×300cm，并以网格排列方式克隆的立方体阵列。将填充设置为20%，可以看到立方体阵列的中心被掏空。

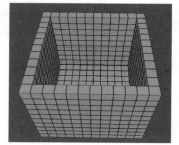

图21-38

21.1.4 变换属性面板

变换属性面板，如图21-39所示。

（1）显示：用于设置当前克隆物体的显示状态。

图21-39

（2）位置/缩放/旋转：用于设置当前克隆物体，沿自身轴向的位移、缩放、旋转。

（3）颜色：设置克隆物体的颜色。

（4）权重：用于设置每个克隆物体的初始权重。每个效果器都可影响每个克隆的权重。

（5）时间：如果被克隆物体带有动画（除位移、缩放、旋转以外），该参数用于设置动画物体被克隆后的动画起始帧。

（6）动画模式：设置被克隆物体动画的播放方式。

- 播放：根据时间的参数，决定动画播放的起始帧。
- 循环：设置克隆物体动画的循环播放。
- 固定：根据时间的参数，将当前时间的克隆物体的状态，作为克隆后的状态。
- 固定播放：只播放一次被克隆物体的动画，与当前动画的起始帧无关。

21.1.5 效果器属性面板

效果器属性面板，如图21-40所示。

图21-40

在效果器面板中，可以加入相应的效果器，使效果器对克隆的结果产生作用。

21.2 矩阵

用户可以从运动图形菜单下，单击选择矩阵，为场景添加一个矩阵工具，如图21-41所示。

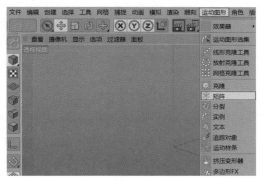

图21-41

矩阵的效果和克隆非常类似，相比之下二者的不同点在于矩阵虽然是生成器，但它不需要使用一个物体作为它的子对象来实现效果，如图21-42所示。

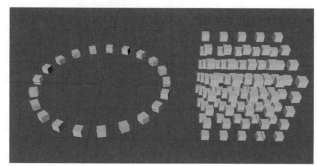

图21-42

21.2.1 矩阵参数

矩阵的属性面板，如图21-43所示。矩阵的绝大多数参数和克隆一致，这里仅对矩阵特有的参数进行讲解。如需要了解其他参数及属性，可参照克隆的讲解内容。

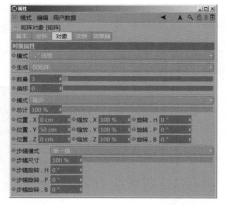

图21-43

21.2.2 对象属性面板

- 生成：用于设置生成矩阵的元素类型。默认为立方体，也可选择Think Particles作为矩阵元素。选择Think Particles后，原有的立方体并未被替换。只是在原有立方体的基础上加入Think Particles。

21.3 分裂

用户可以从运动图形菜单下，单击选择分裂，为场景添加一个分裂工具，如图21-44所示。

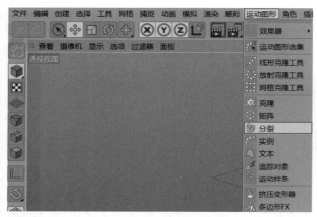

图21-44

分裂的功能是将原有的物体，分成不相连的若干部分，可以配合效果器进行连用，实现很多有趣的效果。分裂的基本属性面板和坐标属性面板，与之前的运动图形命令功能一致，这里不再赘述，可以参照前面的讲解内容。接下来通过一个例子来说明分裂对象属性面板的相关参数。相关案例文件在随书的"下载资源"：工程文件>第21章>分裂.c4d。

这是一个预先准备好的场景文件，设置有简单的动画。播放时可以看到，在分裂片段的作用下，场景中的文字产生了碎裂效果，如图21-45所示。

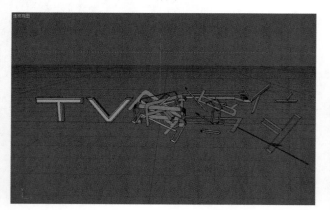

图21-45

对象属性面板模式：控制当前分裂的类型，包含直接、分裂片段和分裂片段&连接3种方式，如图21-46所示。

图21-46

（1）分裂片段：选择该模式时，每一个字母没有连接的部分都作为分裂的最小单位进行分裂，如图21-47所示。

图21-47

（2）分裂片段&连接：选择该模式时，分裂效果将以每一个字母为分裂的最小单位，如图21-48所示。

图21-48

变换属性面板和效果器属性面板与之前的运动图形命令功能一致，这里不再赘述，可参照前面的讲解内容。

21.4 实例

用户可以从运动图形菜单下，单击选择实例，为场景添加一个实例工具，如图21-49所示。

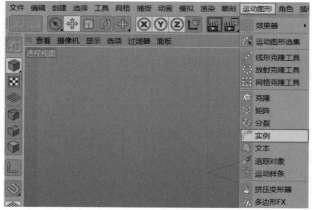

图21-49

实例工具需要一个带有动画属性的物体，作为实例工具的对象参考。在播放动画的过程中，通过实例工具可以将物体在动画过程中的状态分别显示在场景内部。如图21-50所示，图中为一个球体沿花瓣路径做逆时针运动的动画。

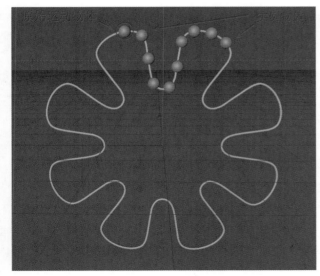

图21-50

相关案例文件在随书的"下载资源":工程文件>第21章>实例.c4d。

实例的基本属性面板和坐标属性面板与之前的运动图形命令功能一致,不再赘述,可以参照前面的内容讲解。

对象属性面板,如图21-51所示。

图21-51

(1)对象参考:将带有动画的物体拖曳至对象参考右侧的空白区域,空白区域内的物体将会进行实例模拟。

(2)历史深度:该数值设置越高,模拟的范围越大。设置为10,即代表当前可以模拟动画物体前十帧的运动状态。

变换属性面板和效果器属性面板与之前的运动图形命令功能一致,不再赘述,可参照前面的内容讲解。

21.5 文本

文本工具用于实现文字的立体效果,如图21-52所示。

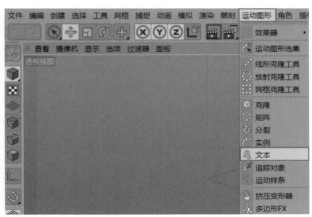

图21-52

21.5.1 对象属性面板

对象属性面板,如图21-53所示。

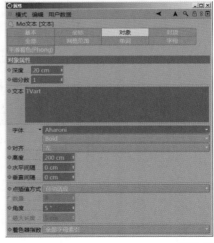

图21-53

(1)深度:用于设置文字的挤压厚度。数值越大,厚度越大,如图21-54和图21-55所示。

图21-54

图21-55

（2）细分数：用于设置文字厚度的分段数量。提高该数值可以提高文字厚度的细分数量，如图21-56所示。

图21-56

（3）文本：在右侧的空白区域输入需要生成的文字信息。

（4）字体：用于设置文字的字体。

（5）对齐：设置字体的对齐方式。默认左对齐，即字体的最左边位于世界坐标原点。包含左、中对齐和右3个选项，如图21-57所示。

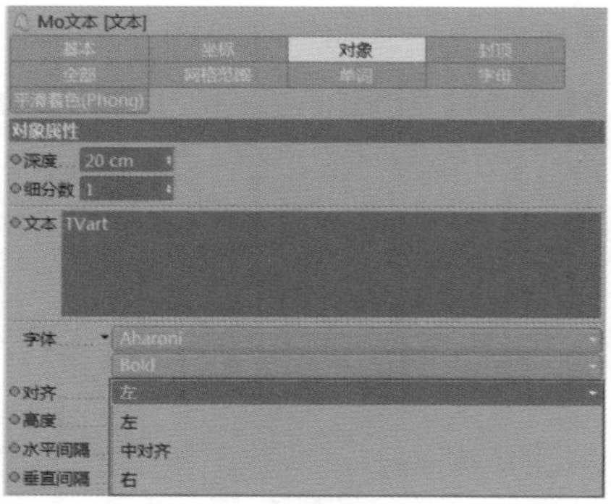

图21-57

（6）高度：设置字体在场景中的大小。

（7）水平间隔：设置文字的水平间距。

（8）垂直间隔：设置文字的行间距。

（9）点插值方式：用于进一步细分中间点样条，会影响创建时的细分数，如图21-58所示。选择任意一种点插值方式，都可以配合点插值方式属性下方的数量、角度、最大长度属性，进行细分方式的调节。不同的点插值方式所使用的调节属性也是不一样的。

图21-58

（10）着色器指数：只有在当场景中的文本被赋予了一个材质，并且该材质使用了颜色着色器时，着色器指数才会起作用，如图21-59所示。

图21-59

- 单词字母索引：以每一个单词为单位进行颜色分布，如图21-60所示。可以看到每一个单词从左至右都是由白到黑的渐变。

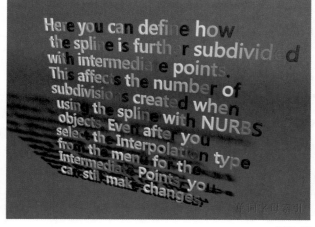

图21-60

- 排列字母索引：整个文本为单位，按单词的排列方向，从左至右都是由白到黑的渐变，如图21-61所示。

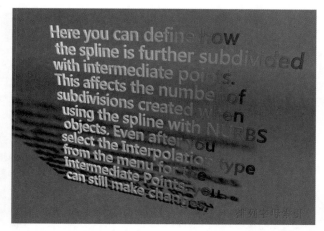

图21-61

- 全部字母索引：整个文本由上至下都是由白到黑的渐变，如图21-62所示。

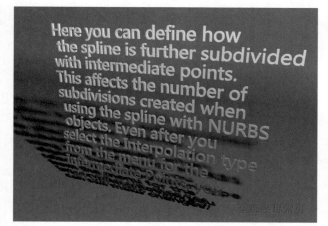

图21-62

21.5.2 封顶属性面板

封顶属性面板，如图21-63所示。

图21-63

（1）顶端：用于设置文本顶端的封顶方式，包含4个选项，如图21-64所示。

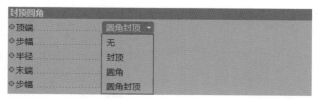

图21-64

- 无：文本表面的顶端没有封顶，如图21-65所示。

图21-65

- 封顶：文本表面顶端被平面封住，如图21-66所示。

图21-66

- 圆角：文本顶端表面形成圆角，但顶端未封闭，如图21-67所示。图中红色区域为文本顶端形成的圆角。调整步幅值可以得到一个圆滑的圆角。

图21-67

- 圆角封顶：在文本的顶端既有圆角同时也有封顶，如图21-68所示。

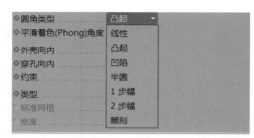

图21-71

如图21-72～图21-77所示，分别为不同圆角类型产生的文字效果。

图21-68

（2）步幅：用于设置圆角的分段数，步幅值越高，圆角越光滑。如图21-69和图21-70所示。

（3）半径：用于设置圆角的大小，值越大，圆角越大。

（4）末端：用于设置文本末端的封顶方式。

（5）圆角类型：设置圆角的类型，可在下拉菜单中选择不同的圆角类型，如图21-71所示。

图21-72

图21-69

图21-73

图21-70

图21-74

图21-75

图21-76

图21-77

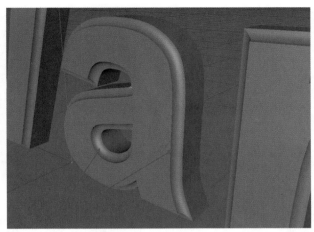

图21-78

图21-79

（6）平滑着色（Phong）角度：当圆角的相邻面之间的法线夹角小于当前设定值时，这两个面的公共边就会呈现锐利的过渡效果，要避免这一现象可以适当提高平滑着色的参数。

（7）穿孔向内：当文本含有嵌套式结构（如字母a、o、p）时，该参数有效。勾选该项后，可将内测轮廓的圆角方向反转，如图21-78和图21-79所示。

（8）约束：勾选该项后，使用封顶时不会改变原有字体的大小。

（9）类型：用于设置文本表面的多边形分割方式。

（10）标准网格：用于设置文本表面三角形面或四边形面的分布方式。

（11）宽度：在标准网格被激活的情况下可用。该参数用于设置文本表面三角形面与四边形面的分布数量。数值越低，分布数量越多。

21.5.3　全部属性面板

可在该面板效果属性右侧的空白区域连入效果器，效果器将作用于整个文本场景。如图21-80和图21-81所示，连入一个公式效果器，播放动画可以看到文字产生了左右的往复运动。

图21-80

图21-81

21.5.4 网格范围属性面板

当前文本为两行
以上排列时有效。可
在该面板效果属性右
侧的空白区域连入效
果器，效果器作用于
每一行的文本，如图
21-82所示。

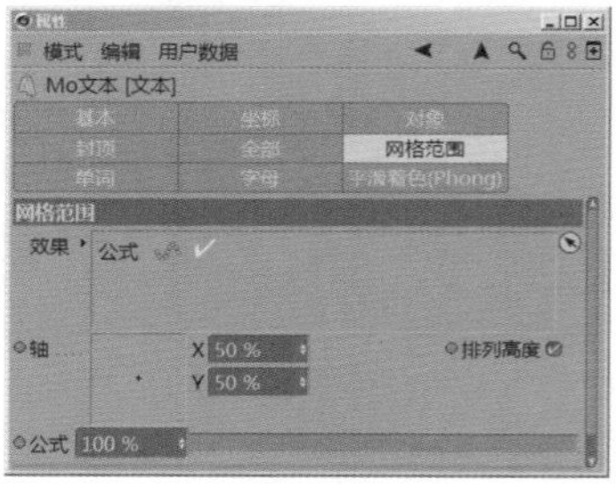

图21-82

例如，将公式效果器连入效果属性右侧的空白区域。
播放动画，可以看到场景内的两行文字，分别向不同的方
向做往复运动，如图21-83和图21-84所示。

图21-83

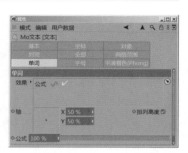

图21-84

21.5.5 单词属性面板

如果当前文本的
字符间有空格键入，
可在该面板效果属性
右侧的空白区域连入
效果器，效果器作用
于空格左右的文本，
如图21-85所示。

图21-85

例如，将公式效果器连入效果属性右侧的空白区
域。并将公式效果器
参数属性面板下，位
置参数设置为0cm，
150cm、0cm，如图
21-86所示。

图21-86

播放动画，可以看到场景内，同一行文字空格两端的
单词分别产生上下往复的动画，如图21-87和图21-88所示。

图21-87

图21-88

21.5.6 字母属性面板

可以在该面板效果属性右侧的空白区域连入效果器，效果器作用于每一个字符，如图21-89所示。

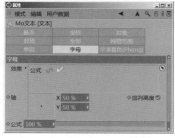

图21-89

例如，将公式效果器连至效果属性右侧的空白区域。并将公式效果器参数属性面板下，位置参数设置为0cm、150cm、0cm。播放动画，可以看到文本中的每个字母都在做上下往复的运动，如图21-90所示。

图21-90

21.6 追踪对象

追踪对象可以追踪运动物体上顶点位置的变化，并生成曲线（路径）。将动画物体拖曳至追踪对象属性面板下，追踪链接右侧的空白区域即可，如图21-91所示。可以配合其他工具，例如生成器，结合生成的曲线，创建出一些有趣的效果，例如绳子的编织动画等。

图21-91

对象属性面板

可直接将带有动画的物体拖曳至追踪链接右侧的空白区域，重新播放动画即可。

—— 注意 ——

要想得到正确的追踪效果，不能拖曳时间滑块来生成动画。

（1）追踪模式：设置当前追踪路径生成的方式。包含追踪路径、连接所有对象和连接元素3个选项，如图21-92所示。

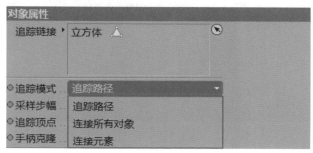

图21-92

- 追踪路径：以运动物体顶点位置的变化作为追踪目标，在追踪的过程中生成曲线，如图21-93所示。

图21-93

- 连接所有对象：追踪物体的每个顶点，并在顶点间产生路径连线。如图21-94所示，图中为两个沿规定路径运动的物体，将它们都拖曳至追踪链接右侧的空白区域。得到的路径为经过两个物体间各顶点的连线。

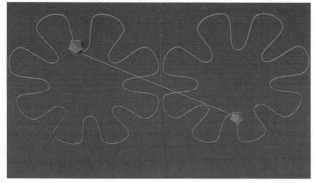

图21-94

• 连接元素：追踪以元素层级为单位进行追踪链接。以图21-94为例，在场景中可以看到，追踪路径都是在每个运动物体的顶点之间进行连接，而物体间并没有连接，如图21-95所示。

（3）追踪激活：取消该项将不会产生追踪路径。

（4）追踪顶点：勾选该项时，追踪对象会追踪运动物体的每一个顶点，如果关闭追踪对象，则只会追踪运动物体的中心点，如图21-98和图21-99所示。

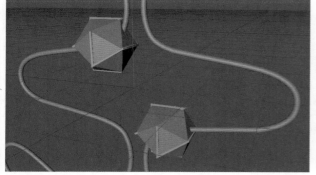

图21-95

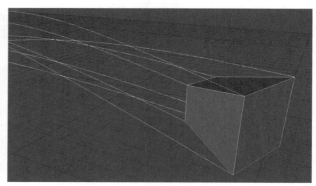

图21-98

（2）采样步幅：当追踪模式为追踪路径时可用。用于设置追踪对象时的采样间隔。数值增大时，在一段动画中的采样次数就变少，形成的曲线的精度也会降低，导致曲线不光滑，如图21-96和图21-97所示。

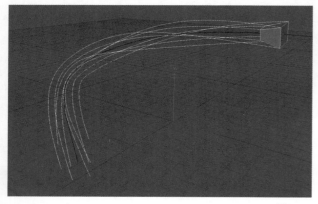

图21-96

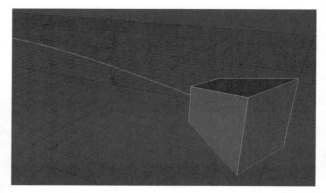

图21-99

（5）手柄克隆：被追踪的物体为一个嵌套式的克隆物体，如图21-100所示。

图21-100

手柄克隆右侧的选项，用于设置被追踪的对象层级，如图21-101所示。

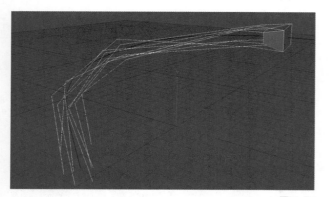

图21-97

图21-101

- 仅节点：追踪对象以整体的克隆为单位进行追踪，此时只会产生一条追踪路径，如图21-102所示。

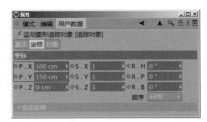

图21-105

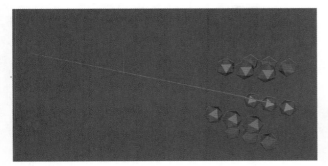

图21-102

- 直接克隆：追踪对象以每一个克隆物体为单位进行追踪，此时每一个克隆物体都会产生一条追踪路径，如图21-103所示。

图21-106

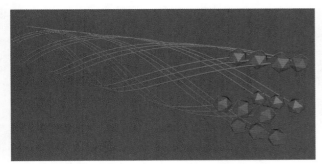

图21-103

- 克隆从克隆：追踪对象以每一个克隆物体的每一个顶点为单位进行追踪，此时克隆物体的每一个顶点都会产生一条追踪路径，如图21-104所示。

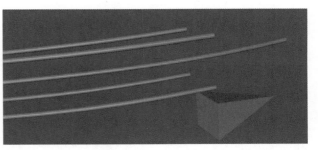

图21-107

（7）限制：用于设置跟踪路径的起始和结束时间，如图21-108所示。

图21-108

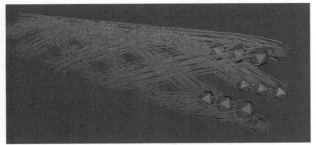

图21-104

（6）空间：如果追踪对象自身位置属性不为零，如图21-105所示。当空间方式为全局时，追踪曲线与被追踪对象之间完全重合。当空间方式为局部时，跟踪路径会和被跟踪对象之间产生间隔，间隔距离为追踪对象自身的位置属性，如图21-106和图21-107所示。

- 无：从被跟踪物体运动的开始到结束，跟踪曲线始终存在。
- 从开始：选择该项后，右侧的总计将被激活，如图21-109所示。

图21-109

跟踪路径将从动画的起始开始，直到总计内设定的时刻结束。

- 从结束：选择该项后，右侧的总计将被激活，追踪路径的产生范围，为动画的当前帧减去总计内的数值。

（8）类型：设置追踪过程中生成曲线的类型。

（9）闭合样条：勾选该项后，追踪对象生成的曲线为闭合曲线，如图21-110所示。

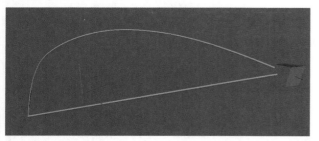

图21-110

（10）点插值方式：用于设置生成曲线的点划分方式。

（11）反转序列：反转生成曲线的方向，如图21-111和图21-112所示。

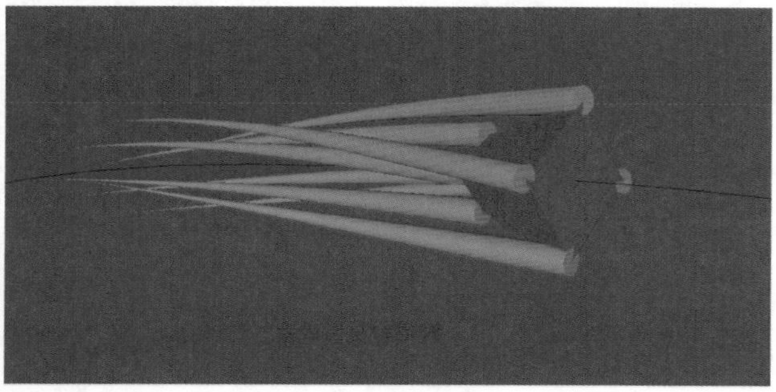

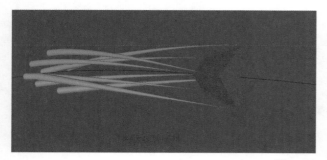

图21-111

图21-112

21.7 运动样条

使用运动样条工具可以创建出一些特殊形状的样条曲线。

21.7.1 对象属性面板

对象属性面板，如图21-113所示。

图21-113

（1）模式：包含简单、样条和Turtle3个选项。选择不同的模式时，对象后的标签项也会随之变化，每一种模式都有独立的参数设置，如图21-114所示。

图21-114

（2）生长模式：包含完整样条和独立的分段两个选项。选择任意一种模式，都需要配合下方开始、终点的参数产生效果。设置为完整样条时，调节开始属性，运动样条生成的样条曲线为逐个产生生长变化，如图21-115和图21-116所示。

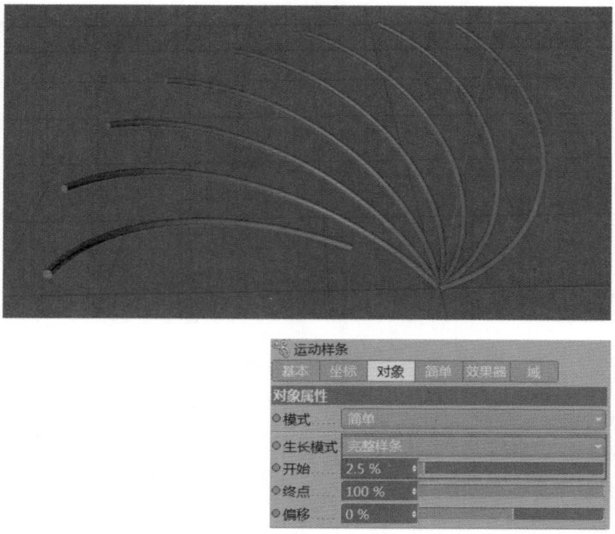

图21-115

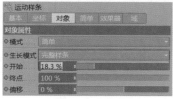

图21-116

设置为独立的分段时，调节开始属性，运动样条生成的样条曲线为同时产生生长变化，如图21-117所示。

图21-117

（3）开始：用于设置样条曲线起始处的生长值。

（4）终点：用于设置样条曲线结束处的生长值，如图21-118所示。

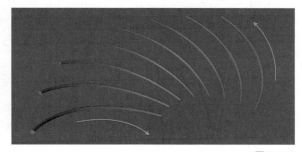

图21-118

（5）偏移：设置从起点到终点范围内，样条曲线的位置变化，如图21-119和图21-120所示。

图21-119

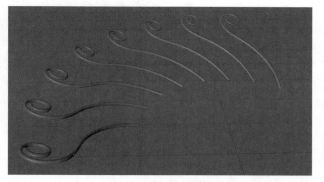

图21-120

（6）延长起始：勾选该项后，偏移值如小于0%，那么运动样条会在起点处继续延伸。如果取消勾选，偏移值如小于0%，那么运动样条会在起点处终止，如图21-121和图21-122所示。

（7）排除起始：勾选该项后，偏移值如大于0%，那么运动样条曲线会在结束处继续延伸。如果取消勾选，偏移值如大于0%，那么运动样条曲线会在结束处终止。如图21-123和图21-124所示。

图21-121

图21-122

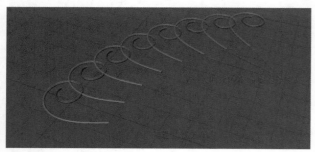
图21-123

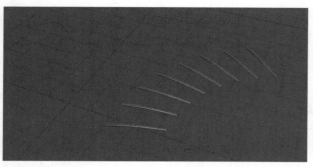
图21-124

（8）目标样条。

（9）目标X导轨。

（10）目标Y导轨。

（11）显示模式：包含线、双重线和完全模式3种显示模式，如图21-125至图21-127所示。

图21-125

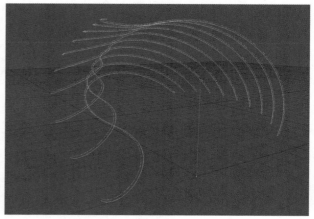
图21-126

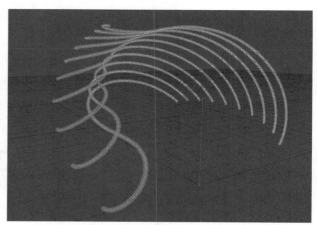
图21-127

21.7.2 简单属性面板

当运动样条对象属性面板中的模式选择简单时，才会出现简单属性面板。

- 长度：设置运动样条产生曲线的长度。也可以单击长度左侧的小箭头弹出样条窗口，通过样条曲线的方式，控制运动样条产生曲线的长度，如图21-128和图21-129所示。

图21-128

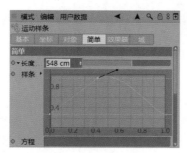

图21-129

（1）步幅：控制运动样条产生曲线的分段数。值越高，曲线越光滑，如图21-130和图21-131所示。

（2）分段：用于设置运动样条产生曲线的数量。

（3）角度H、角度P、角度B：分别用于设置运动样条在H/P/B 3个方向上的旋转角度。也可单击角度左侧的小箭头，在弹出的样条窗口中，通过控制样条曲线来设置产生曲线的角度。

（4）曲线、弯曲、扭曲：分别用于设置运动样条在3个方向上的扭曲程度。也可单击角度左侧的小箭头，在弹出的样条窗口中，通过控制样条曲线来设置产生曲线的扭曲程度。

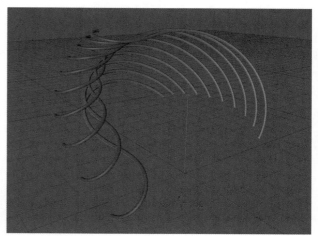

图21-130

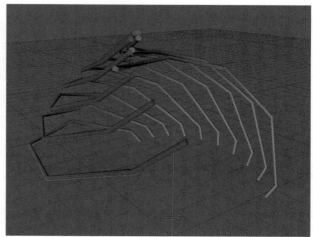

图21-131

（5）宽度：用于设置运动样条所产生曲线的粗细。如果对当前运动图形使用扫描工具，那么宽度也决定了扫描曲线的粗细。

21.7.3 样条属性面板

当运动样条对象属性面板中的模式选择样条时，才会出现样条属性面板。可将自定义的样条曲线拖曳至源样条右侧的空白区域，此时产生的运动样条形态就是所指定的样条曲线。例如，将一个文字曲线拖曳至源样条右侧的空白区域，如图21-132所示。

图21-132

可以对该运动样条添加一个扫描工具，选用一个曲线，让它沿着运动样条的路径进行扫描，如图21-133和图21-134所示。

图21-133

图21-134

如果调节运动样条对象属性面板下的开始和终点参数，可以产生沿文字曲线生长的动画，如图21-135和图21-136所示。

图21-135

图21-136

21.7.4　效果器属性面板

在效果器属性面板中，可以为运动样条添加一个或多个效果器，效果器作用于当前的运动样条。效果器的使用及参数，请参照本书中的相关章节。

21.7.5　域

在域属性面板中，可以为当前运动样条添加一个或多个力场，力场的效果作用于运动样条。力场的使用及参数，

请参照本书中的相关章节。

21.8　挤压变形器

挤压变形器在使用的过程中需要将被变形物体作为挤压变形器的父层级，或者与被变形物体在同一层级内，如图21-137所示。

图21-137

21.8.1　对象属性面板

（1）变形：当效果器属性面板中连入了效果器时，该参数用于设置效果器对变形物体作用的方式。

- 从根部：选择该项后，物体在效果器作用下，整体的变化一致，如图21-138所示。

图21-138

- 每步：选择该项后，物体在效果器作用下，发生递进式的变化效果，如图21-139所示。

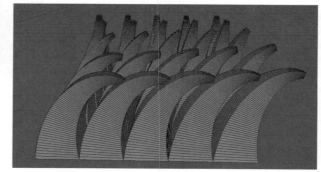
图21-139

（2）挤出步幅：用于设置变形物体挤出的距离和分段。数值越大距离越大，分段也越多。

（3）多边形选集：可通过设置多边形选集，指定只有多边形物体表面的一部分受到挤压变形器的作用。

（4）扫描样条：当变形设置为从根部时，该参数可

用。可指定一条曲线作为变形物体挤出时的形状，调节曲线的形态可以影响最终变形物体挤出的形态，如图21-140和图21-141所示。

图21-140

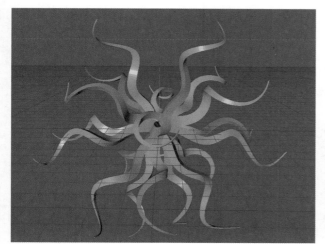

图21-141

21.8.2 变换属性面板

变换属性面板，用于设置变形效果的位置、缩放、旋转。

21.8.3 效果器属性面板

可添加一个或多个效果器，效果器作用于变形物体。将效果器名称拖曳至效果器右侧的空白区域即可，如图21-142所示。

图21-142

21.9 多边形FX

多边形FX，可以对多边形不同的面或样条不同的部分，产生不同的影响。多边形FX的使用与挤压变形器相同，需要将它作为多边形或者样条的子层级。或者与多边形或样条平级，如图21-143所示。

图21-143

21.9.1 对象属性面板

模式：包含部分面（Polys）样条和整体面（Poly）样条两个选项。

- 整体面（Poly）样条：选择该项后，对多边形或样条进行位移、旋转、缩放的操作时，以多边形或样条的独立整体为单位，如图21-144所示。

图21-144

- 部分面（Polys）样条：选择该项后，对多边形或者样条进行位移、旋转、缩放的操作时，以多边形的每个面，或样条的每个分段为单位，如图21-145所示。

图21-145

21.9.2 变换属性面板

变换属性面板用于设置多边形FX效果的位置、缩放、旋转。

21.9.3　效果器属性面板

可添加一个或多个效果器，效果器作用于变形物体。将效果器名称拖曳至效果器右侧的空白区域即可，如图21-146和图21-147所示。

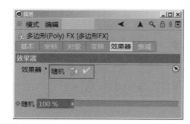

图21-146

图21-147

21.10　运动图形选集

运动图形选集，可以限定某个运动图形下的物体受效果器控制的范围。只有被运动图形选集选中的部分，才会完全受到当前运动图形内效果器的影响。例如，对一个克隆的立方体阵列执行运动图形选集，如图21-148所示。

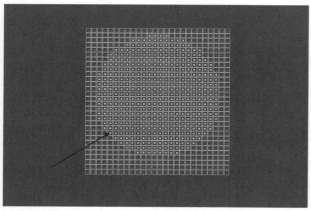

图21-148

对克隆增加运动图形选集后，克隆物体的对象面板中将新增一个运动图形选集标签，如图21-149所示。

图21-149

此时将运动图形选集标签，拖曳至效果器面板中，选择属性右侧的空白区域，如图21-150所示。

图21-150

此时，克隆物体中，只有运动图形选集选定的部分才会受到随机效果器的影响，如图21-151所示。

图21-151

21.11　线性克隆工具

选中物体，单击线性克隆工具后，拖曳场景中的克隆物体。物体将以拖曳方向进行线性克隆，如图21-152所示。

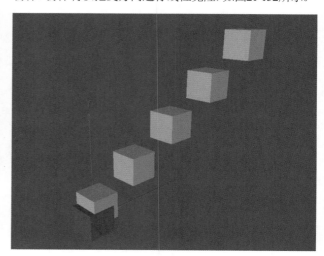

图21-152

执行线性克隆后，对象窗口中会生成一个克隆工具，并将物体作为当前克隆的子物体，如图21-153所示。

图21-153

21.12　放射克隆工具

选中物体，单击放射克隆工具后，拖曳场景中的克隆物体。物体将以拖曳方向进行放射克隆，如图21-154所示。

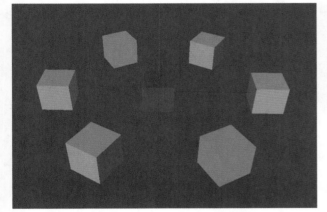

图21-154

执行过放射克隆后，对象窗口中会生成一个克隆工具，效果与线性克隆一致，可参照上一节内容。

21.13　网格克隆工具

选中物体，单击网格克隆工具后，拖曳场景中的克隆物体。物体将以拖曳方向进行网格克隆，如图21-155所示。

图21-155

执行网格克隆后，对象窗口中会生成一个克隆工具，效果与克隆工具一致，可参考之前的章节内容。

EFFECTOR

第22章　效果器

22

13种效果器及相应属性详解
各效果器使用方法及应用技巧

效果器可以按照自身的操作特性对克隆物体产生不同效果的影响，同时效果器对物体也可以直接变形。效果器的使用非常灵活，可单独使用，也可以让多个效果器配合使用来达到某种所需要的效果。如果需要对克隆或者运动图形对象添加效果器，只需要将效果器拖曳到运动图形工具的效果器的空白区域即可，如图22-1所示。

图22-1

22.1 群组效果器

群组效果器自身没有具体的功能，但它可以将多个效果器捆绑在一起，并且同时起作用。可以通过一个强度属性，控制这些效果器的共同作用强度，省去了单独去调节每一个效果器强度的繁琐操作，如图22-2所示。

图22-2

22.2 简易效果器

顾名思义，这是一个非常简单的效果器。不同于任何其他的效果器，简易效果器不执行特殊任务，只是通过参数属性面板下的具体属性对物体产生影响，如图22-3所示。

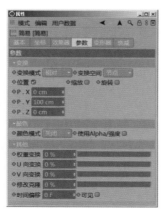

图22-3

1. 基本属性面板

基本属性面板，如图22-4所示。

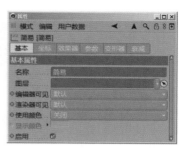

图22-4

（1）名称：在此可对简易效果器进行重新命名操作。

（2）图层：如果对当前简易效果器指定过层设置，那么这里将会显示出当前简易效果器属于哪一层。

（3）编辑器可见：默认选项为默认（即在视图编辑窗口可见），也可选择关闭，让当前简易效果器在视图窗口内不可见，如果选择开启在这里将和默认结果一致。

（4）渲染器可见：控制当前简易效果器在渲染时是否可见，默认为可见状态。如果关闭，当前简易效果器将不被渲染。（效果其本身是作为一个虚拟体存在的，所以即使将渲染可见设置为开启，效果器也是不能被渲染的。）

（5）使用颜色：默认为关闭，如果开启，下方的显示颜色将被激活。可从显示颜色中拾取任意颜色作为当前克隆在场景当中的显示颜色。

（6）启用：是否开启当前的简易效果器功能，默认为启用，如果取消勾选，当前简易效果器将失效。

2. 坐标属性面板

坐标属性面板，如图22-5所示。

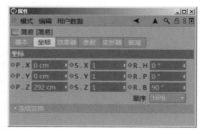

图22-5

（1）坐标属性面板控制当前简易效果器的所处位置（P）、比例（S）、角度（R）的所处状态。

（2）顺序HPB：默认简易效果器的旋转轴向为HPB方式也可将其更换为XYZ方式，如图22-6所示。

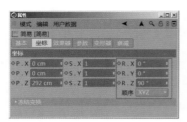

图22-6

（3）冻结变换：可将当前任意位状态下的效果器位置、比例、旋转参数归零。冻结全部，将效果器的位移、比例、旋转、参数全部归零。也可以选择冻结P/S/R将某一属性单独冻结。执行解冻全部，可以恢复冻结之前的参数状态，如图22-7所示。

图22-7

3. 效果器属性面板

效果器属性面板，如图22-8所示。

（1）强度：使用此参数用来调节效果器的整体强度。

（2）选择：如果对克隆物体执行过运动图形选集的操作，那么可以将运动图形选集的标签拖曳到当前选择属性右侧的空白区域中，如图22-9和图22-10所示。

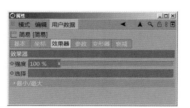

图22-8

图22-9

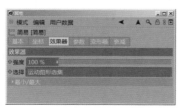

图22-10

此时简易效果器的效应只作用于运动图形选集范围内的部分，如图22-11所示。

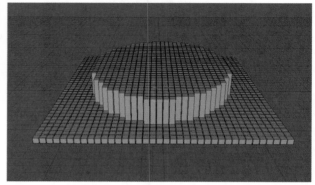

图22-11

（3）最大/最小：通过最大最小两个参数控制当前变换的范围，如图22-12所示。

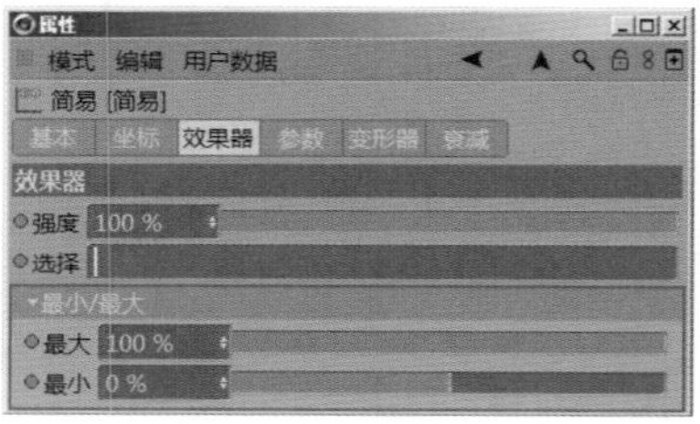

图22-12

例如，对克隆对象添加一个简易效果器，并勾选简易效果器下的参数属性面板中的旋转属性。设置R.P=90°，如图22-13和图22-14所示。

图22-13

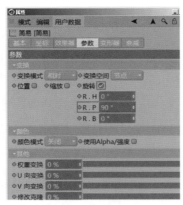

图22-14

此时调节最大最小属性，如果设置最大值为100%，最小值为0%，克隆物体沿P方向旋转90°，如图22-15所示。

图22-15

如果将最大最小属性设置为最大值为-100%，最小值为0%时，克隆物体沿P方向反向旋转90°，如图22-16所示。

图22-16

4. 参数属性面板

参数属性面板内的参数是用来调节当前效果器作用在物体上的强度和作用方式，不同的效果器作用效果也不一样，如图22-17所示。

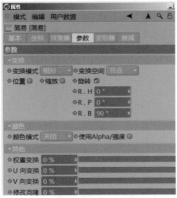

图22-17

（1）变换：可以将效果器的效果作用于物体的位置、缩放、旋转属性上。

（2）变换模式：在下拉面板中有相对、绝对和重映射3个选项。选择不同的变换模式，会影响位置、缩放、旋转属性作用到克隆物体的方式，如图22-18所示。

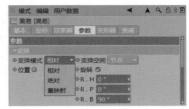

图22-18

（3）变换空间：在变换空间属性右侧的下拉面板中，有节点、效果器和对象3个选项，如图22-19所示。

图22-19

- 节点：当变换空间被设置为节点方式时，调节简易效果器中参数属性面板下的位置、缩放、旋转属性时，克隆物体会以被克隆物体自身的坐标为基准进行变换。
- 效果器：当变换空间被设置为效果器方式时，调节简易效果器中参数属性面板下的位置、缩放、旋转属性时，克隆物体会以简易效果器的坐标为基准进行变换。
- 对象：当变换空间被设置为对象方式时，调节简易效果器中参数属性面板下的位置、缩放、旋转属性时，克隆物体会以克隆物体的坐标为基准进行变换。对同一克隆物体内简易效果器的R.H属性进行调节时，不同变换空间方式下的不同效果，如图22-20至图22-22所示。

图22-20

图22-20（续）

图22-21

图22-22

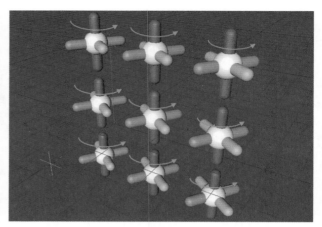

图22-22（续）

（4）颜色：颜色设置主要用于确定效果器的颜色以何种方式作用于克隆物体。默认为关闭。在下拉选项中共有3种方式可供选择，分别是关闭、开启，以及自定义方式，如图22-23所示。

- 关闭：即对当前效果器不会对克隆物体的颜色产生影响。
- 开启：开启后根据当前效果器的作用效果，对颜色产生影响（如果为随机效果器，将在克隆物体表面出现随机的颜色分布）。在简易效果器中，如果将颜色模式设置为开启，被添加了当前简易效果的物体就会变为白色（当未开启衰减属性时），如图22-24和图22-25所示。

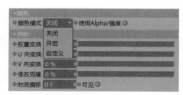

图22-23

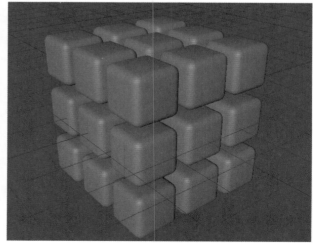

图22-24（颜色模式为关闭）

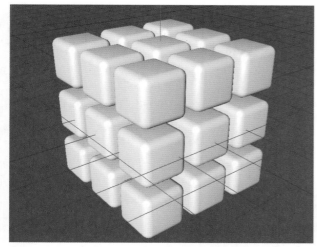

图22-25（颜色模式为开启）

- 自定义：当颜色模式设置为自定义时，可以通过调节颜色模式属性下方的颜色参数，来定义被添加简易效果器的物体的颜色，如图22-26所示。

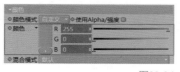

图22-26

（5）混合模式：控制当前效果器中颜色属性与克隆物体变换属性面板下颜色属性的混合方式，混合模式与Photoshop类似，如图22-27所示。

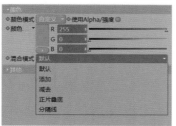

图22-27

（6）权重变换：可以将当前效果器的作用效果施加在克隆物体的每个节点上用来控制节每个克隆物体受其他效果器影响的强度，如图22-28所示。

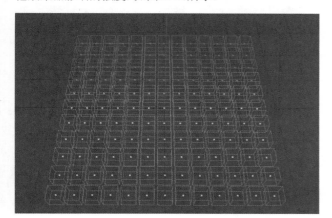

图22-28

注意

黄色，权重=100%（受效果器影响强烈）；红色，权重=0%（代表受效果器影响轻微）。

用户可以对同一个克隆物体添加多个效果器，选择任意一个效果器，修改权重变换属性。那么其余效果器的作用会在此权重变换的基础之上进行计算。对克隆物体添加随机效果器，设置随机效果器中的权重变换属性为100%，如图22-29所示。

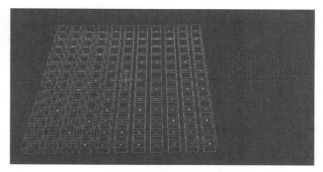

图22-29

对当前克隆物体添加一个简易效果器，设置简易效果器下参数属性面中，位置属性P.Y=150，如图22-30所示。

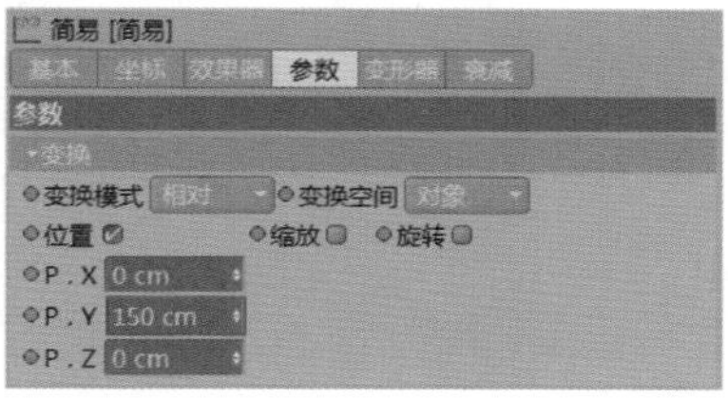

图22-30

在随机效果器对克隆物体权重变换属性的作用下，会对当前简易效果器的作用效果产生影响，如图22-31所示。

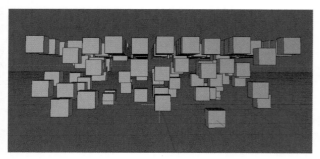

图22-31

在使用权重变换时,可以将克隆工具变换属性面板下的显示属性设置为权重方式。此时在克隆物体中才会显示

出如图22-29所示的权重值的具体分布。在多个效果器联用的过程中,用来控制权重变换的效果器应当放在顶部,如图22-32所示。

图22-32

（7）U向变换:克隆物体内部的U向坐标。使用此参数,可以控制效果器在克隆物体U向的影响。

（8）V向变换:克隆物体内部的V向坐标。使用此参数,可以控制效果器在克隆物体V向的影响。

在使用U/V向变换属性时,可以将克隆工具变换属性面板下的显示选择为UV方式,如图22-33所示。

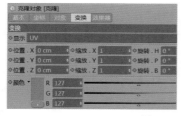

图22-33

在简易效果器中,U向变换、V向变换为不同参数时对克隆物体UV影响的变化,如图22-34至图22-37所示。

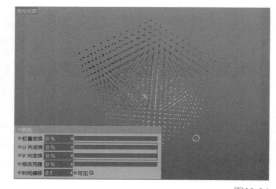

图22-34

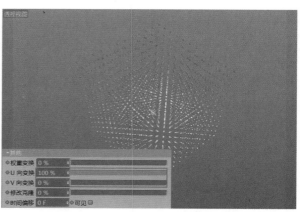

图22-35

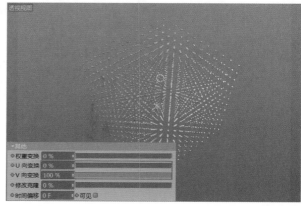

图22-36

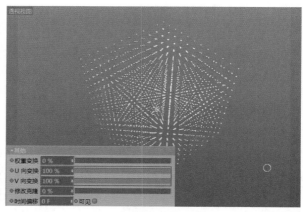

图22-37

（9）修改克隆:如果对多个物体进行克隆,调整修改克隆属性时,可以调整克隆物体分布状态,如图22-38至图22-43所示。

图22-38　　　　　　　图22-39

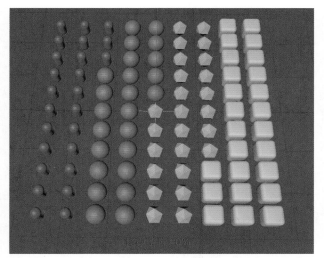

图22-40

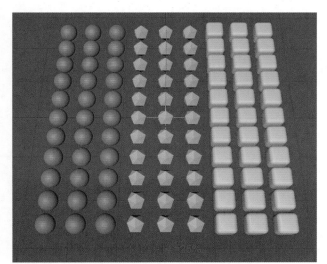

图22-41

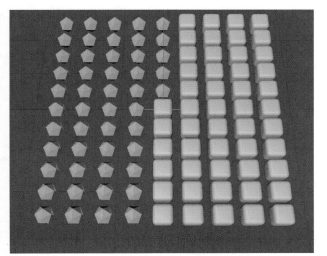

图22-42

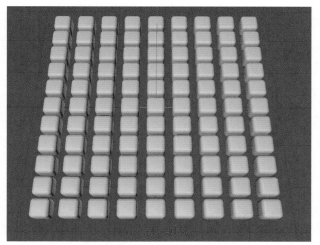

图22-43

调整修改克隆属性时，克隆物体的分布是按照被克隆物体在对象面板中的排列顺序进行分布。以上图为例，在对象面板中分别有胶囊、球体、宝石和立方体4个被克隆物体。当修改克隆属性为0时，对象面板中的胶囊、球体、宝石和立方体，在图中都有分布，当修改克隆属性为25%时，位于第一个的胶囊物体就不会出现在克隆物体中。这时只剩下排列第二的球体、第三的宝石、第四的立方体出现在克隆的物体中。以此类推，根据当前对象面板中被克隆物体的数量我们可以推断出，当修改克隆属性为50%时，排列第二的球体也不会出现。如果修改克隆属性为75%时，此时克隆物体中只剩下了排列第四的立方体。

（10）时间偏移：当被克隆物体带有动画属性时，调节简易效果器下参数属性面板中的时间偏移属性，可以对克隆物体动画的起始和结束位置进行移动，如果克隆物体原有动画起始帧为0帧，结束帧为20帧，当前设置时间偏移属性为10F，那么最终的动画是起始帧为10帧，结束帧为30帧。在原有动画起始、结束帧的基础上各加入了10帧，如图22-44所示。

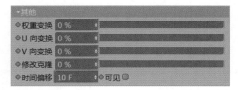

图22-44

（11）可见：在当前简易效果器中，勾选参数属性面板下的可见属性，当效果器属性面板中的最大属性大于等于50%时克隆物体才可见。

5. 变形器属性面板

效果器也可作为变形器使用，使用方法与变形器一样。当效果器作为变形器使用时，就可以通过效果器下面变形器属性面板中的变形属性来确定效果器对物体的作用方式，如图22-45和图22-46所示。

图22-45　　　　　　　　　　　　　　　　图22-46

变形：可以控制效果器对物体的作用方式，在下拉选项中提供了关闭、对象、点、多边形的作用方式，如图22-47所示。

图22-47

- 关闭：当设置关闭时，效果器对物体不起控制作用。
- 对象：以简易效果器为例，当设置对象方式时，效果器的效果作用于每一个独立的物体本身，每个物体以自身坐标的方向产生变化，如图22-48和图22-49所示。

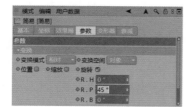

图22-48

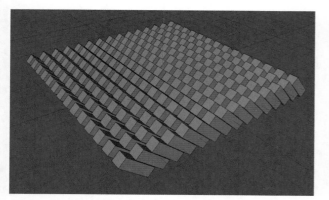

图22-49（当选择对象模式时，每个对象都以自身轴向为基准进行变化）

- 点：当选择点方式时，效果器的效果作用于物体的每一个顶点。物体以自身顶点坐标的方向产生变化。如图22-50至图22-52所示。

图22-50

图22-51

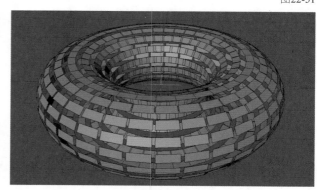

图22-52（当选择点模式时，物体会以自身的每一点个为基准进行变化）

- 多边形：当选择多边形方式时，效果器的效果用于物体的每一个多边形平面。物体以自身多边形平面的坐标的方向产生变化。如图22-53至图22-55所示。

图22-53

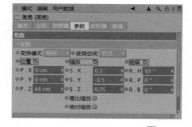

图22-54

图22-55（当选择多边形模式时，物体会以自身的每一个多边形平面为基准进行变化）

上例中的模型，在多边形状态下被整体执行过断开连接，模型中的每一个多边形平面都是独立的没有连接。

6. 衰减属性面板

衰减属性面板可以对当前效果器的作用产生衰减效果，如图22-56所示。

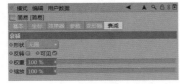

图22-56

• 形状：在形状属性右侧的下拉选项中，用户可以根据需要选择任意形状的衰减方式，默认方式为无限。当选择无限时，效果器效果不会产生衰减。选择的形状不同，衰减的控制方式也不一样，如图22-57所示。

图22-57

当选择任意图形的衰减方式时，在场景当中会出现控制衰减范围的图形。衰减效果存在于红色图形到黄色图形中间的区域，红色图形以内的物体不衰减，黄色图形以外的区域完全衰减。此时将简易效果器下参数属性面板中的缩放属性设置为等比缩放，缩放值为1.27，如图22-58和图22-59所示。

图22-58

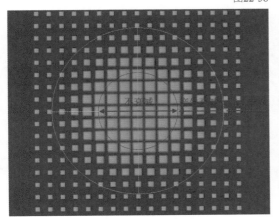

图22-59

图22-60至图22-63所示为各种方式不同的衰减图形。

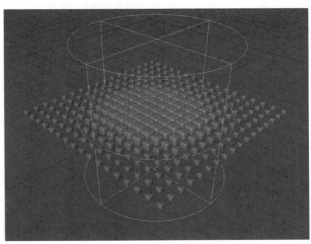

图22-60（圆柱）

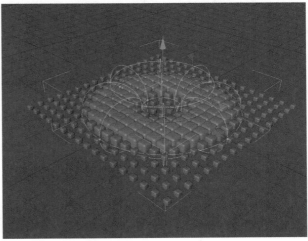

（圆环）

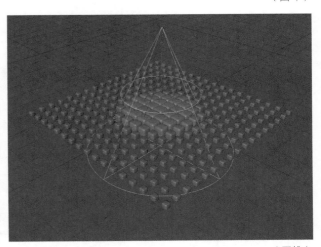

（圆锥）

图22-61

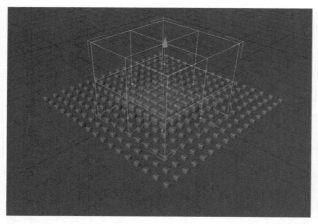

（方形）

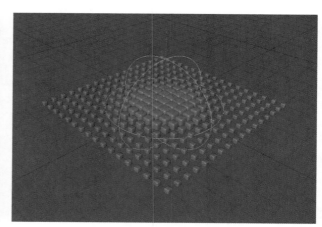

（球体）

图22-62

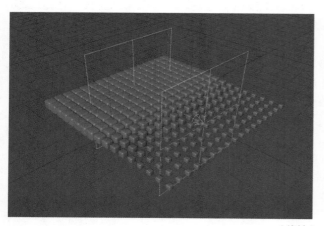

（线性）

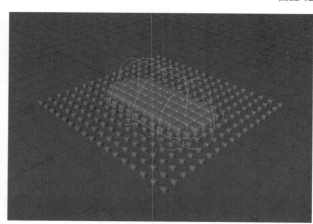

（胶囊）

图22-63

当效果器衰减属性面板下的形状选择无时，克隆物体不会产生衰减，效果器参数将不起作用，如图22-64所示。

当效果器衰减属性面板下的形状选择来源时，可以指定一个物体作为衰减形态的依据（指定的物体必须为多边形物体），将物体拖曳入效果器衰减属性面板下原始链接属性右侧的空白区域，当前效果器的作用效果会按照给定的物体形态进行衰减，如图22-65和图22-66所示。

图22-64

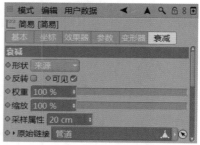

图22-65

图22-66

当选择任意形状方式时，在衰减面板中会产生当前衰减形状的控制参数如图22-67所示。

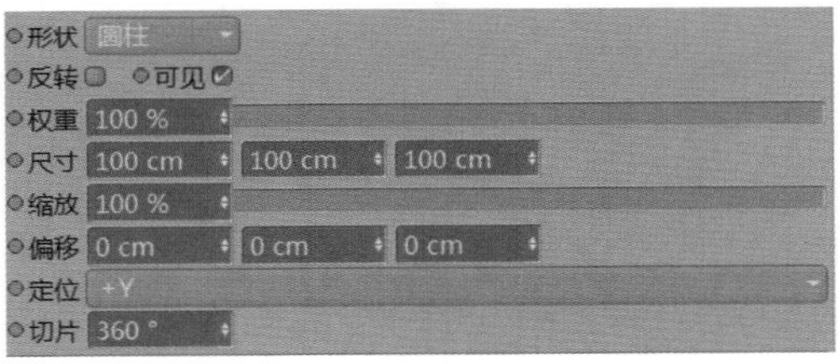

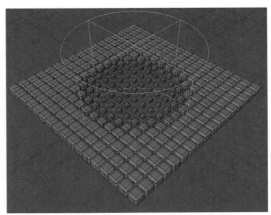

图22-69

（2）权重：当权重值为100%时，衰减区域由红色区域到黄色区域边缘的范围内产生衰减。如果将此参数降低，衰减的区域会由黄色区域向红色区域收缩，当权重值为0%时，物体完全衰减。此参数取值范围由负无穷到正无穷，如图22-70和图22-71所示。

图22-67

下面，以圆柱为例来介绍一下这些属性。

（1）反转：勾选此选项后对当前衰减的作用方式进行反向处理，原来衰减的区域不产生衰减，原来不衰减的区域完全衰减。在衰减区域内由原来的红色向黄色区域衰减，转换为由黄色区域向红色区域衰减，如图22-68和图22-69所示。

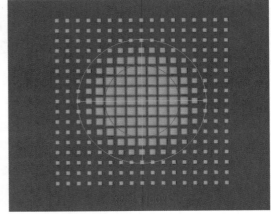

图22-70

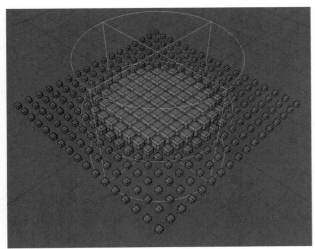

图22-68

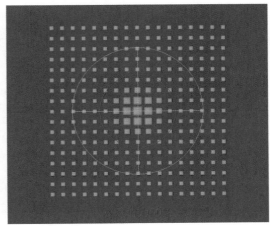

图22-71

（3）尺寸：分别用来控制衰减图形的X方向、Y方向、Z方向的大小。

（4）缩放：可以等比对衰减图形的大小进行缩放，此参数取值范围由负无穷到正无穷。

（5）偏移：分别用来控制衰减图形的X方向、Y方向、Z方向的位置。

（6）定位：用来控制衰减图形的放置方向。

（7）切片：调节此参数可以对衰减图形产生切片效果，如图22-72所示。

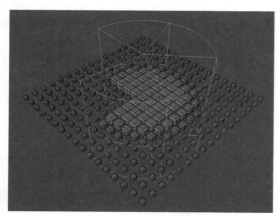

图22-72

（8）衰减：用来控制衰减图形红色区域（未衰减区域的范围）的大小。

（9）衰减功能：控制衰减的方式，默认为样条衰减。在样条衰减中可以通过调节样条曲线来控制衰减效果，如图22-73和图22-74所示。

图22-73

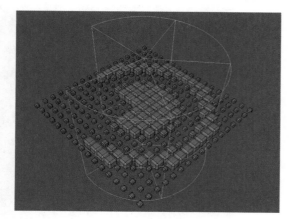

图22-74

（10）样条动画速率：效果器衰减属性面板下的衰减功能属性设置为样条时，对此参数设置可以根据所使用的样条生成动画。

22.3 延迟效果器

使用延迟效果器可以使克隆物体的动画产生延迟的效果。延迟效果器的基本属性面板和坐标属性面板与之前的效果器的基本属性面板和坐标属性面板命令功能一致，这里就不再赘述了，这两个面板的参数可以参照前面章节讲解的内容。

1. 效果器属性面板

效果器属性面板，如图22-75所示。

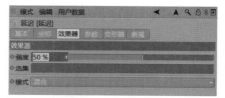

图22-75

（1）强度：控制当前延迟效果器的作用强度。当设置为0%时，将终止效果器本身的效果。也可以输入小于0%或者大于100%的数值。

（2）选集：可以对克隆物体使用运动图像选集，将运动图形选集标签拖曳入效果器属性面板下，选集属性右侧的空白区域。可以使延迟效果器的效果只作用于运动图形选集范围内的部分。使用方法与前面章节介绍的效果器选集方法一样，具体操作可参照前面的章节。

（3）模式：在模式右侧的下拉选项中，软件提供了3种模式分别是平均、混合和弹簧，如图22-76所示。

图22-76

- 平均：在平均模式下，物体产生延迟效果的过程中，速率保持不变。可以通过调节强度属性来调整延迟过程中的强度。
- 混合：在混合模式下，物体产生延迟效果的过程中，速率由快至慢。可以通过调节强度属性，来调整延迟过程中的强度。
- 弹簧：在弹簧模式下，物体的延迟会产生反弹效果。可以通过调节强度属性，来调整延迟过程中的强度,如图22-77所示。

图22-77

2. 参数属性面板

参数属性面板,如图22-78所示。

图22-78

- 变换:可以选择对物体的位置、缩放、旋转任意属
  性设置延迟。

3. 变形器属性面板

变形器属性面板,如图22-79所示。

图22-79

延迟效果器也可作为变形器使用,使用方法与变形
器一样。当效果器作为变形器使用时,就可以通过效果器
下面变形器属性面板中的变形属性来确定效果器对物体
的作用方式。根据效果器的不同,对物体产生的作用效果
也是不一样的,这里的使用可以参照上一章节。

4. 衰减属性面板

延迟效果器衰减属性面板的参数、功能与上一章节效果
器衰减属性面板的参数一致,这里可参照上一章节的内容。

22.4 公式效果器

顾名思义,公式效果器就是利用数学公式对物体产生
效果和影响。默认情况下公式效果器使用的公式为正弦波
形公式,用户也可以根据需要自行编写公式。使用公式效
果器可以使克隆物体产生公式中所描述的运动效果。在播
放动画时这些效果自动的产生变化。公式效果器的基本属

性面板和坐标属性面板与之前的效果器的基本属性面板和
坐标属性面板命令功能一致。

1. 效果器属性面板

效果器属性面板,如图22-80所示。

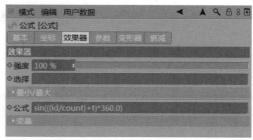

图22-80

(1)强度:控制当前公式效果器影响力的强度。当
设置为0%时,将终止效果器本身的效果。也可以输入小于
0%或者大于100%的数值。

(2)选择:可以对克隆物体使用运动图像选集,将运
动图形选集拖曳入效果器属性面板下,选集属性右侧的空
白区域。可以使公式效果器的作用效果只作用于运动图形
选集范围内的部分。使用方法与前面章节介绍的效果器选
集方法一样,具体操作可参照前面章节。

(3)最小/最大:通过最大最小两个参数控制当前变
换的范围。

(4)公式:在公式属性右侧的空白区域中,用户可
以自行编写所需要的数学公式。默认为公式为sin(((id/
count)+t)*360.0),当前公式会使物体属性产生正弦波形变化。

(5)变量:提供了在编写公式过程中可使用的内置变量。

(6)t-工程时间:当此参数接近于0时物体运动的速
度越慢,如图22-81所示。

(7)f-频率:默认情况下f-频率属性并未参与sin(((id/
count)+t)*360.0)的计算,如果想要f-频率参数起到作用,可
以将它作为变量编写入公式内部,如图22-82所示。

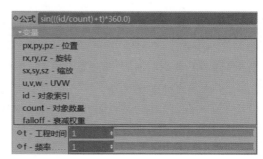

图22-81

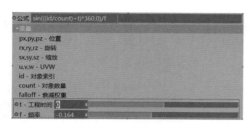

图22-82

此时调节f-频率可以调整正弦波形的振幅，如图22-83和图22-84所示。

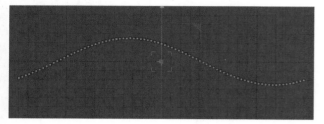

图22-83

图22-84

2. 参数属性面板

参数属性面板内的参数是用来调节当前效果器作用在物体上的强度和作用方式，不同的效果器作用效果不一样，但是所有的效果器的控制参数基本上是一致的。这里的具体使用和操作方式可以参照之前章节的介绍。

3. 变形器属性面板

公式效果器也可作为变形器使用，使用方法与变形器一样。当效果器作为变形器使用时，就可以通过效果器下面变形器属性面板中的变形属性来确定效果器对物体的作用方式。根据效果器的不同，对物体产生的作用效果也是不一样的，这里的使用可以参照上一章节，对效果器中变形器属性面板的描述。这里就不再赘述了。

4. 衰减属性面板

公式效果器的衰减属性面板的参数、功能与上一章节效果器衰减属性面板的参数一致，这里可参照上一章节的内容。

22.5 继承效果器

可以通过使用继承效果器，将克隆物体的位置和动画从一个对象转移到另一个对象。此外，还可将一个克隆物体演变为另一个克隆物体，在之前的版本（Cinema 4D R13）这样的效果器必须通过Thinking Particles才能够实现。继承效果器的基本属性面板和坐标属性面板与之前的效果器的基本属性面板和坐标属性面板命令功能一致，这里就不再赘述了，这两个面板的参数可以参照前面章节讲解的内容。

1. 效果器属性面板

效果器属性面板，如图22-85所示。

图22-85

（1）强度：调节当前属性，控制效果器影响力的强度。当设置为0%时，将终止效果器本身的效果。也可以输入小于0%或者大于100%的数值。

（2）选集：可以对克隆物体使用运动图形选集，将运动图形选集拖曳入效果器属性面板下，选集属性右侧的空白区域。可以使继承的效果只作用于运动图形选集范围内的部分。使用方法与前面章节介绍的效果器选集方法一样，具体操作可参照前面章节。

（3）继承模式：控制当前对象的继承方式。在下拉选项内提供了直接和动画两种继承模式，如图22-86所示。

图22-86

- 直接：选择直接模式后，继承物体直接继承对象物体的状态，没有时间延迟。
- 动画：选择动画模式后，继承物体可以继承对象图的动画。

（4）对象：可以将对象物体直接拖曳入对象属性的右侧的空白区域，这样继承物体就可以继承对象物体的状态或动画，如图22-87所示。

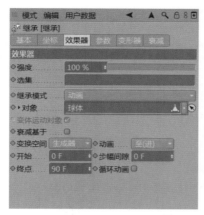

图22-87

（5）变体运动对象：当继承模式对象为其他的克隆物体，或者运动图形工具，并且继承模式为直接模式时，变体运动对象参数可用。如果勾选变体运动对象，继承物体状态再向对象物体状态转化时，会根据对象物体的形态发生变化。如果不勾选，继承物体在向对象物体转化的过程中，仍然会保持自身原有的形态，如图22-88和图22-89所示。

（6）衰减基于：如果勾选衰减基于，继承物体将会保持为对象物体动画过程当中某一时刻状态，不再产生动画。可以通过调节继承效果器，衰减属性面板下的权重属性来选择动画当中的任意时刻。

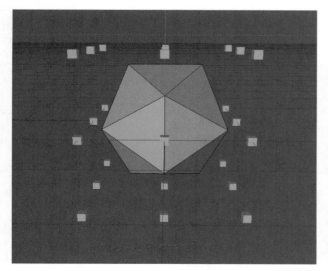

图22-88

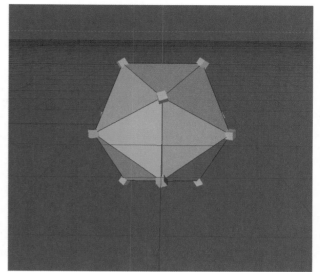

图22-89

（7）变换空间：控制当前继承动画的作用位置。在下拉选项中，提供了生成器和节点两种方式，如图22-90所示。

图22-90

- 生成器：当变换空间属性设置为生成器时，克隆物体在使用继承效果器继承对象物体动画时，产生的动画效果都会以克隆工具的坐标位置为基准进行变换，如图22-91所示。
- 节点：当变换空间属性设置为节点时，克隆物体在使用继承效果器继承对象物体动画时，产生的动画效果都会以克隆自身的坐标所在位置为基准进行变换，如图22-92所示。

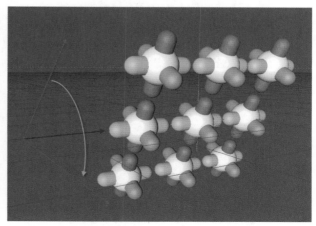

图22-91

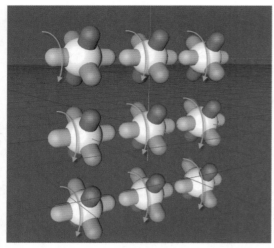

图22-92

（8）开始：控制继承动画的起始时间。

（9）终点：控制继承动画的结束时间。如果开始与终点属性之间的差值大于对象物体的动画时长，那么继承的动画速率会慢于对象物体的原有动画速率。反之，继承速率则快于原有对象物体的动画速率。如果终点属性值小于开始属性值，那么继承动画会产生反向的效果。

（10）步幅间隙：如果在变换空间属性为节点模式，通过设置步幅间隙可以调整克隆物体间的运动时差，如图22-93所示。

（11）循环动画：勾选此选项在每次播放结束后，都会从开始帧重新进行动画，如图22-94所示。

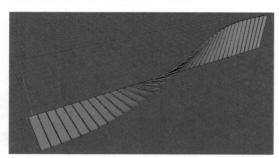

图22-93

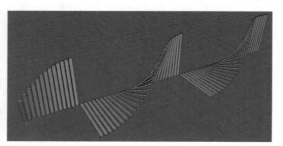

图22-94

2. 参数属性面板

由于继承效果器的效果是让继承物体的属性受到对象物体运动状态的控制，所以继承效果器的参数属性面板下所影响的属性选项，并无具体的调节参数，用户可以根据实际需要调整继承效果器所影响的属性种类，如图22-95所示。

图22-95

3. 变形器属性面板

这里的使用可以参照上一章节，这里就不再赘述了。

4. 衰减属性面板

这里的使用可以参照上一章节，这里就不再赘述了。

22.6 随机效果器

随机效果器对克隆物体的位置、大小、旋转，以及颜色和权重值强度，都可以产生随机化的影响。配合其他效果器可以产生丰富的运动效果，随机效果器在实际工作当中也是应用最为频繁的效果器之一，在充分掌握了随机效果器的参数和使用方式后，我们可以创建出更加自然和随机的图形效果。随机效果器的基本属性面板和坐标属性面板与之前的效果器命令功能一致，这里就不再赘述了，这两个面板的参数可以参照前面章节讲解的内容。

1. 效果器属性面板

效果器属性面板，如图22-96所示。

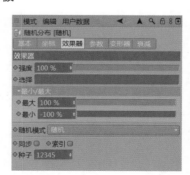

图22-96

（1）强度：调节当前效果器影响力的强度。当设置为0%时，将终止效果器本身的效果。也可以输入小于0%或者大于100%的数值。

（2）选择：可以对克隆物体使用运动图像选集，将运动图形选集拖曳入效果器属性面板下，选择属性右侧的空白区域。可以使随机效果只作用于运动图形选集范围内的部分。使用方法与前面章节介绍的效果器选集方法一样，具体操作可参照前面章节。

（3）最大最小：通过最大最小两个参数，控制当前变换的范围。与之前的效果器不同，随机效果器的最大最小属性中最大值为100%，最小值被设置为-100%。当随机效果器参数属性面板下的变换属性值一定的情况下，物体会沿着正负两个方向运动。例如，如果设置随机的效果器的参数属性面板下的变换属性，位置属性值为P.Y=200cm，如图22-97所示。

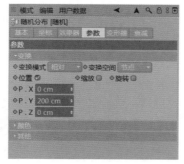

图22-97

可以看到当前参数对克隆物体的影响在y轴的-200cm至y轴的200cm之间，如图22-98所示。

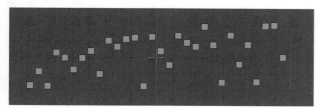

图22-98

如果将随机效果器的最小值设置0%那么在相同的变换属性下，克隆物体随机排列的范围为0～200cm，如图22-99和图22-100所示。

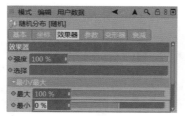

图22-99

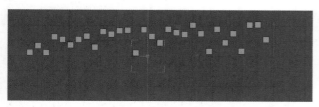

图22-100

（4）随机模式：在随机效果器属性面板下，随机模式属性右侧的下拉选项中提供了5种不同的随机模式，不同的随机模式会产生不同种类的随机效果，如图22-101所示。

图22-101

- 随机、高斯：这两种模式能够提供真正的随机效果，高斯通常提供的效果相比随机产生的效果略低。
- 噪波、湍流：当随机模式选择噪波或者湍流时，内部程序会自动指定一个3D的随机噪波，湍流和随机可以形成不均匀的随机效果。当随机模式指定为随机和湍流时，播放动画可以自动生成随机的动画效果。

（5）空间：随机效果器中，效果器属性面板下的随机模式，设置为噪波或者湍流时，空间属性可用。在空间属性右侧的下拉选项中，提供了两种空间方式分别是全局和UV方式，如图22-102所示。

图22-102

- 全局：当空间属性设置为全局时，噪波在空间中是固定的，即克隆对象移动时，噪波会跟随克隆对象移动，如图22-103和图22-104所示。

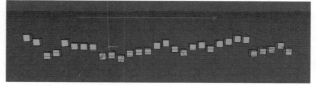

图22-103

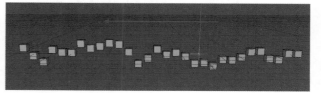

图22-104

- UV：当空间属性设置到UV时，噪波在空间中是跟随克隆物体的，即克隆对象移动时，噪波并不会跟随克隆对象移动，如图22-105所示。

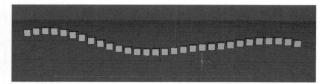

图22-105

（6）动画速率：随机效果器中效果器属性面板下的随机模式设置为噪波或者湍流时，动画速率可用，调节动画速率可以控制随机运动的速度。值越大，速度越快；值越小，速度越慢。

（7）缩放：缩放参数控制噪波和湍流中内部3D噪波纹理的大小。当缩放值提高后噪波细节变少，相反，若降低缩放值细节将变多，如图22-106和图22-107所示。

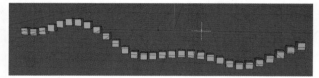

图22-106（缩放=500%）

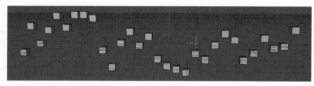

图22-107（缩放=1%）

（8）同步：激活此选项，适用于当位置、缩放或者旋转参数为同一数值时的状态。否则单一的随机值会指定到每一个变换属性。

（9）索引：对噪波和湍流模式非常重要，如果这个选项是没有激活的，当参数面板下的变换属性的X/Y/Z是相同的参数时，这可能导致在播放动画时，物体产生对角线运动。激活这个选项将导致更多的随机和自然的动作。

- 类别：这种模式确保每个克隆的随机值只会在随机过程中出现相同的次数。（首选为一次）这种方式在实际中使用非常频繁。我们来通过以下两个例子来说明一下类别在日常工作当中的应用。

01 在场景中分别创建从0～9十个独立的阿拉伯数字，如图22-108所示。

0123456789

图22-108

02 创建一个克隆工具，将这十个独立的阿拉伯数字按照顺序作为克隆工具的子层级，并为克隆工具添加一个随机效果器，如图22-109和图22-110所示。

图22-109 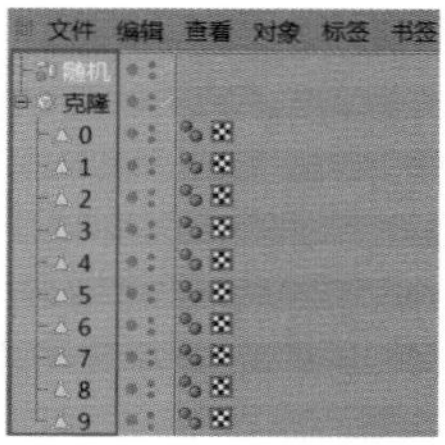　　　　图22-110

将克隆工具的对象属性面板下的模式设置为线性，通过调节参数将阿拉伯数字依次排开，如图22-111所示。

0123456789

图22-111

此时要注意确保所有被克隆的对象的初始位置一致。

03 取消随机效果器参数面板下的所有变换属性，并将修改克隆属性设置为100%，如图22-112所示。

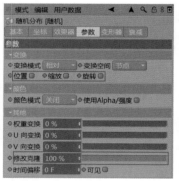

图22-112

04 最后将随机效果器中效果器属性面板下的最大值设置为100%，最小值设置为0%，如图22-113所示。此时场景中的阿拉伯数字的顺序已经不再是原来的排列方式，通过随机效果器的影响，此时的数字顺序产生随机的排列，如图22-114所示。

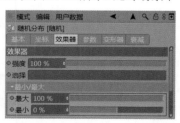

图22-113

2014785693

图22-114

此时可以通过修改效果器属性面板下方的种子属性，来变换随机的顺序，如图22-115和图22-116所示。

图22-115

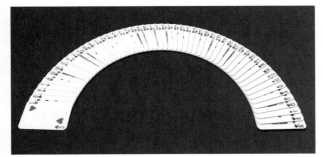

图22-116

扑克牌，如图22-117所示。

图22-117

01 首先先制作一张扑克牌模型，可以选择矩形曲线，将矩形曲线对象的宽度、高度分别设置为400cm和600cm。并且勾选圆角属性。保持半径属性值为50cm。将平面属性设置为XZ，如图22-118所示。

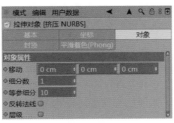

图22-118

02 添加一个挤压生成器，将矩形曲线对象作为挤压生成器的子物体，将挤压生成器对象属性面板中的移动属性全部设置为0，如图22-119所示。

图22-119

03 创建一个克隆工具，将挤压生成器作为克隆工具的子层级。将克隆工具中对象属性面板下的模式调节为放

射。设置数量为52，半径为1000cm。将平面设置为XZ平面。分别将开始角度与结束角度属性设置为90°和270°，如图22-120所示。

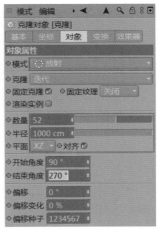

图22-120

04 为克隆工具添加一个随机效果器，取消随机效果器参数面板下的所有变换属，将颜色模式属性设置为开启，其余保持默认，如图22-121所示。

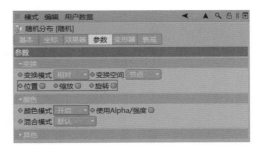

图22-121

05 结果如图22-122所示。

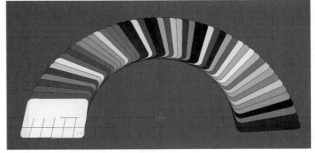

图22-122

06 此时创建一个新的材质，将材质赋予给挤压平面，如图22-123所示。

图22-123

07 为当前材质颜色通道的纹理属性上指定一个多重着色器，如图22-124所示。

图22-124

08 单击多重着色器按钮，进入着色器属性面板。将模式设置为颜色亮度。单击从文件夹添加按钮，为多重着色器添加一组扑克牌的纹理（这些纹理都是单一的，没有重复的），如图22-125所示。

图22-125

09 在纹理标签属性面板下，将投射方式改为立方体，如图22-126所示。

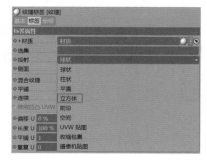

图22-126

10 在对象管理器面板中选择材质纹理标签，在标签上用鼠标右键单击，选择适合对象命令，将纹理匹配到扑

克牌模型上，如图22-127所示。然后将随机效果器下，效果器属性面板中的最大最小属性分别设置为100%和0%，随机模式设置为类别方式，如图22-128所示。此时，在场景中就得到了扑克牌随机排列的效果，在当前方式下可以保证每张扑克牌的花色只会出现一次，如图22-129所示。

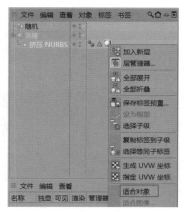

图22-127

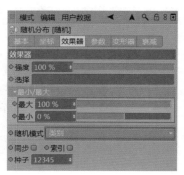

图22-128

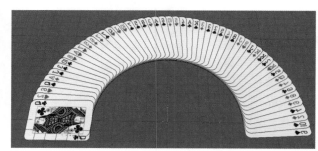

图22-129

调节随机效果器下效果器属性面板中的种子属性，可以调整当前扑克牌的排列方式。

2. 参数属性面板

参数属性面板内的参数是用来调节当前效果器作用在物体上的强度和作用方式，不同的效果器作用效果不一样，但是所有的效果器控制参数基本上是一致的。这里的具体使用和操作方法可以参照之前章节的介绍。

3. 变形器属性面板

这里的使用可以参照上一章节，这里就不再赘述了。

4. 衰减属性面板

这里的使用可以参照上一章节，这里就不再赘述了。

22.7 着色效果器

着色效果器主要是应用纹理的灰度值对克隆对象产生影响。如果要实现这一效果必须将某一种纹理按照一定的方式投射到克隆对象上。着色果器的基本属性面板和坐标属性面板与之前的效果器命令功能一致，这里就不再赘述了，这两个面板的参数可以参照前面章节讲解的内容。

1. 效果器属性面板

效果器属性面板，如图22-130所示。

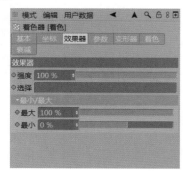

图22-130

（1）强度：调节属性控制效果器影响力的强度。当设置为0%时，将终止效果器本身的效果。也可以输入小于0%或者大于100%的数值。

（2）选择：可以对克隆物体使用运动图形选集，将运动图形选集拖曳入效果器属性面板下，选择属性右侧的空白区域。可以使着色效果只作用于运动图形选集范围内的部分。使用方法与前面章节介绍的效果器选集方法一样，具体操作可参照前面章节。

（3）最大最小：通过最大最小两个参数控制当前变换的范围。

2. 参数属性面板

参数属性面板，如图22-131所示。

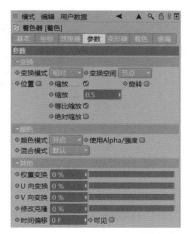

图22-131

（1）变换：与其他效果器不同，着色效果器是利用纹理的灰度来影响克隆物体的变换属性。不同纹理的明暗，对物体变换属性的影响也是不同的。可以在着色效果器的着色属性面板下，着色器属性右侧下拉选项中，选择程序内置的各种不同纹理来影响变换属性。下图为对克隆物体中着色效果器下，着色属性面板中的着色器属性添加了一个渐变纹理时得到的效果，如图22-132和图22-133所示。

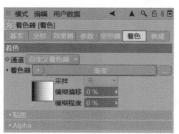

图22-132

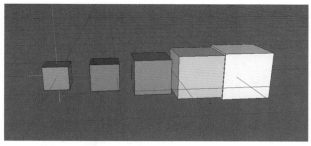

图22-133

（2）颜色：颜色设置主要用于确定效果器的颜色是否，或者以何种方式与克隆物体进行结合。默认为关闭。在下拉选项中共有3种方式可供选择，分别是关闭、开启，以及自定义方式，如图22-134所示。

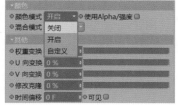

图22-134

- 关闭：当前效果器颜色不参与克隆物体的颜色计算。
- 开启：在着色效果器中，如果将颜色模式设置为开启，着色效果器指定物体就会变为着色属性面板中，通道属性右侧下拉选所指定的纹理，如图22-135和图22-136所示。

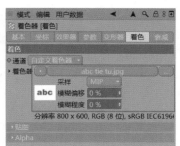

图22-135

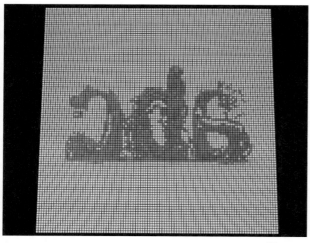

图22-136

- 自定义：当颜色模式设置为自定义时，用户可以通过调节下方的颜色属性，来定义着色效果器所指定物体的颜色，如图22-137所示。

图22-137

（3）混合模式：控制当前效果器中颜色属性与克隆物体变换属性面板下颜色属性的混合方式，混合模式与Photoshop当中的混合模式一致，如图22-138所示。

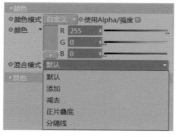

图22-138

（4）权重变换：用户可以将当前效果器的作用效果施加在克隆物体的每个节点上。可以调节每个克隆物体受效果器影响的权重。例如，对着色器属性面板中的着色器属性连接在一个渐变纹理，调节权重变换属性为100%时得到的结果，如图22-139和图22-140所示。

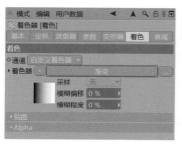

图22-139

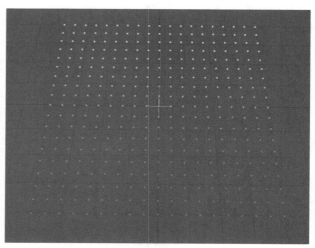

图22-140

（5）V向变换：克隆物体内部的V向坐标。使用此参数，可以控制效果器在克隆物体V向的影响。在使用U/V向变换属性时，可以将克隆工具变换属性面板下，显示设置为UV方式，如图22-141所示。

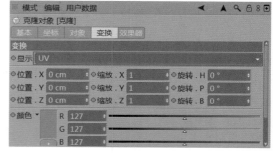

图22-141

在着色效果器中，U向变换、V向变换为不同参数时克隆物体UV影响的变化，如图22-142至图22-145所示。

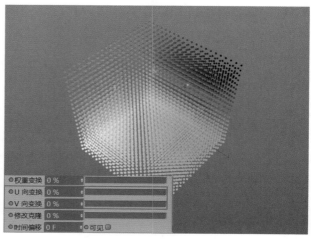

图22-142

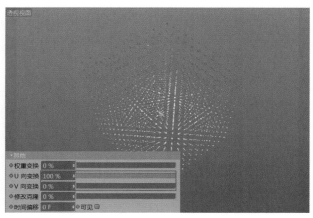

图22-143

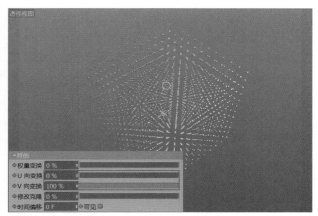

图22-144

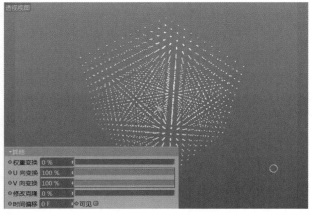

图22-145

— 注 意 —

黄色，权重=100%（受效果器影响力强）；红色，权重=0%（受效果器影响力弱）。

（6）U向变换：克隆物体内部的U向坐标。使用此参数，可以控制效果器在克隆物体U向的影响。

（7）修改克隆：如果对多个物体进行克隆，调整修改克隆属性时，可以调整克隆物体分布状态。

（8）时间偏移：当被克隆物体带有动画属性时，调节着色效果器下，时间偏移属性，可以对克隆物体动画的起始和结束位置进行移动。如果克隆物体原有动画起始帧为0帧，结束帧为20帧，当前设置时间偏移属性为10F，那么最终的动画为起始帧为10帧，结束帧为30帧。在原有动画起始帧、结束帧的基础上各加入了10帧。

（9）可见：在当前着色效果器中，勾选参数属性面板下的可见属性，当效果器属性面板中的最大属性大于50%时克隆物体才可见。

3. 变形器属性面板

这里的使用可以参照上一章节，这里就不再赘述了。

4. 着色属性面板

在着色属性面板中可以通过指定一张纹理，或者使用场景中的材质样本球当中的纹理来对克隆物体产生相应的影响，如图22-146所示。

图22-146

（1）通道：在通道属性右侧的下拉选项中可以指定一张纹理，或者利用场景当中的材质的通道属性来影响克隆的变化，如图22-147所示。

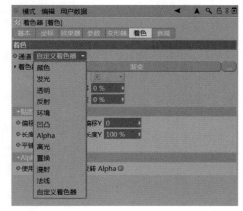

图22-147

当通道属性指定为颜色、发光、透明、反射、环境、凹凸、Alpha、高光、置换、漫射、法线当中的任意一种方式时，都是针对材质球当中相对应的属性进行指定的。例如，将一个材质球指定给着色器，并且在这个材质球的颜色属性内连接了一张纹理，如果将着色器属性面板中的通道属性指定为颜色，那么，当前材质球内颜色属性的纹理就会对当前克隆物体产生影响，如图22-148至图22-150所示。

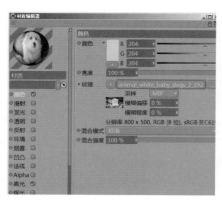

图22-148

图22-149

图22-150

当通道属性指定为自定义着色器时，可以从着色器属性右侧的下拉选项中，指定任意的一种纹理，利用当前选择纹理的灰度影响物体的变换属性。例如对着色器属性加载一张图像，通过外部的纹理的灰度来影响矩阵对象的变换属性，如图22-151和图22-152所示。

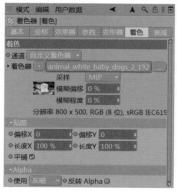

图22-151

图22-152

在指定纹理后，可以通过着色器属性下方的采样、模糊偏移，以及模糊程度属性，对纹理进行处理。被模糊后的纹理会产生不同的影响，如图22-153所示，相应的使用方法请参照材质纹理章节的介绍。

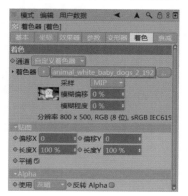

图22-153

（2）偏移X、偏移Y：通过调节贴图卷展栏下的偏移X、偏移Y属性，可以使纹理在x轴向与y轴向上产生位移，如图22-154和图22-155所示。

图22-154

图22-155

（3）长度X、长度Y：通过调节贴图卷展栏下的长度X、长度Y属性，可以使纹理产生拉伸。当长度X、长度Y属性大于100%，会对原纹理产生沿x、y轴的拉伸，如图22-156和图22-157所示。

图22-156

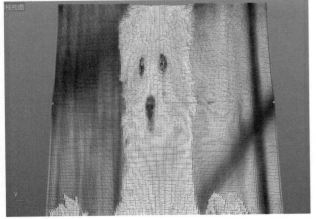

图22-157

如果长度X、长度Y属性小于100%，会对原纹理产生沿x、y轴的收缩。如图22-158和图22-159所示。

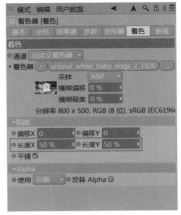

图22-158

图22-159

（4）平铺：勾选后，纹理将以平铺方式映射对象物体表面。当长度X与长度Y属性分别设置为50%时，如果勾选平铺属性，超出纹理覆盖的区域指定纹理会重复出现。如果取消平铺属性的勾选，在原纹理覆盖不到的区域，将不再受到纹理影响，如图22-160和图22-161所示。

图22-160

图22-161

（5）使用：在使用属性右侧下拉选项中，可以使用纹理的单色、灰度或者是Alpha通道来影响对象物体的变换属性，如图22-162所示。

图22-162

- Alpha：如果使用的纹理（或者QuickTime视频）有一个Alpha通道，在Alpha模式下将使用纹理（或者QuickTime视频）的Alpha通道来影响变换属性。如果没有Alpha通道则会使用纹理（或者QuickTime视频）的灰度来影响变换属性。
- 灰暗：将使用纹理的灰度值来影响对象物体的变换属性。红、绿、蓝分别利用单色去影响对象物体的变换属性。

（6）反转Alpha：通过此设置可以反转图像的Alpha通道，当前属性对其余的使用方式也起到反转效果，如图22-163和图22-164所示。

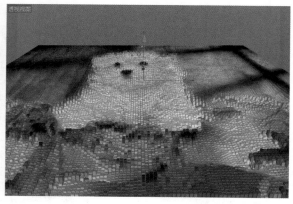

图22-163

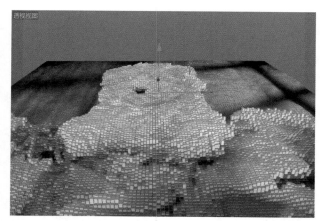

图22-164

5. 衰减属性面板

着色效果器衰减属性面板的参数、功能与之前章节效果器衰减属性面板的参数一致，这里可参照之前章节的内容。

22.8 声音效果器

声音效果器允许用户可以指定一个wav或者aif格式的音频文件，声音效果器会根据用户指定的音频文件的频率高低，来对物体的变换属性产生影响（必须使用无压缩的文件）。声音效果器的基本属性面板和坐标属性面板与之前的效果器的基本属性面板和坐标属性面板命令功能一致，这里就不再赘述了，这两个面板的参数可以参照前面章节讲解的内容。

1. 效果器属性面板

效果器属性面板，如图22-165所示。

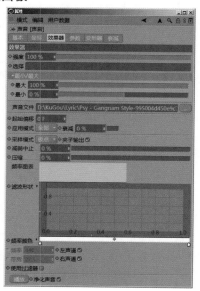

图22-165

（1）强度：调节当前属性，控制效果器影响力的强度。当设置为0%时，将终止效果器本身的效果。也可以输入小于0%或者大于100%的数值。

（2）选择：可以对克隆物体使用运动图形选集，将运动图形选集拖曳入效果器属性面板下，选择属性右侧的空白区域。可以使声音的效果只作用于运动图形选集范围内的部分。使用方法与前面章节介绍的效果器选集方法一样，具体操作可参照前面章节。

（3）最大最小：通过最大最小两个参数控制当前变换的范围。

（4）声音文件：在声音文件属性右侧的空白区域用户可以指定一个wav或者aif格式的音频文件。

（5）起始偏移：在此输入数值后音频文件将从输入的帧数开始播放，如果输入值为50，那么50帧就作为当前音频文件播放的起始帧。

（6）应用模式：应用模式定义音频文件应该如何影响克隆。在右侧的下拉选项中提供了全部和步幅两种方式，如图22-166所示。

图22-166

- 全部：使用全部模式时，每个克隆物体所受到音频文件的影响都是相同的，彼此之间属性变化都是同步的，如图22-167所示。

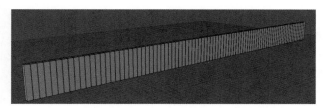

图22-167

上图效果为声音效果器下参数属性面板中，缩放属性为S.X=0、S.Y=50、S.Z=0时的效果，如图22-168所示。

图22-168

- 步幅：使用步幅模式时，会根据音频文件的频率高低来对克隆物体产生不同的影响。彼此间分配的频率都是不一致的，所以彼此之间属性变化也是不同步的，如图22-169所示。

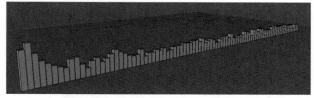

图22-169

上图效果，为声音效果器下参数属性面板中的缩放属性为S.X=0、S.Y=50、S.Z=0时的效果。

（7）衰减：当应用模式属性为全部时，衰减属性可用。使用"衰减"设置调整克隆物体属性变换值达到顶峰后，以何种方式下降。衰减值越大，下降幅度越小；衰减值越小，下降幅度越大。

（8）采样模式：控制声音效果器对音频文件频率的采样方式。在右侧的下拉选项中提供了3种对音频文件频率的采样方式，如图22-170所示。

图22-170

- 极点：对指定音频文件的最高频率和最低频率进行采样，频率越高对克隆物体的变换属性影响力也就越强，频率越低对克隆物体的变换属性影响力也就越弱。

- 平均：对指定音频文件的最高频率和最低频率的平均值进行采样，当使用相同的音频文件，指定为平均方式时对克隆物体的变换属性影响幅度要比极点方式小。

- 开关：这种模式只有两种状态：0和最大。如果没有检测到声音频率，0将输出，此时对克隆的变换属性不产生任何影响。如果被发现，即使只有微弱的声音频率，也会输出一个最大值，此时对克隆物体变换属性的影响将达到最大。

（9）夹子输出：此设置仅适用于采样模式设置为极点或平均时。启用此设置，将振幅限定在一个设定的范围内（可以通过调整压缩属性来控制这个范围），如图22-171和图22-172所示。

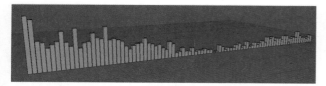

图22-171

上图为未勾选夹子输出属性，音频文件对克隆物体变换属性影响的效果。

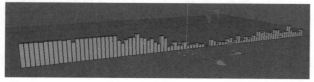

图22-172

上图为勾选夹子输出属性，音频文件对克隆物体变换属性影响的效果。

（10）减弱中止：使用此设置，可以将较低频率去除，可以从音频文件中移除一些混乱的频率。

（11）频率图表：可以实时的显示出音频文件的波形，如图22-173所示。

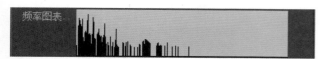

图22-173

（12）滤波形状：可以通过滤波形状下的曲线编辑窗口对音频文件的频率波形进行修改，修改的结果会实时地显示在频率图表内部，如图22-174至图22-176所示。

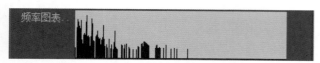

图22-174（为未修改滤波形状时的音频波形）

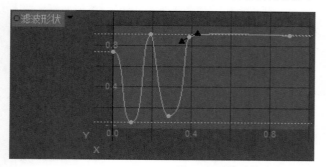

图22-175（修改的滤波形状）

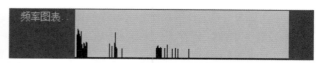

图22-176（修改滤波形状后的音频波形）

对滤波形状进行修改后，修改的结果也会反映在音频文件对克隆物体变换属性的影响上。

（13）频率颜色：当声音效果器下参数属性面板中的颜色模式设置为开启时，可以通过频率颜色属性下方的渐变条为当前的克隆物体指定一个渐变效果，如图22-177和图22-178所示。

图22-177

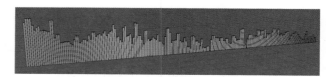

图22-178

（14）使用过滤器：勾选使用过滤器属性后可以通过频率和带宽属性来选择音频的某一段频率和带宽来对物体产生影响，如图22-179所示。

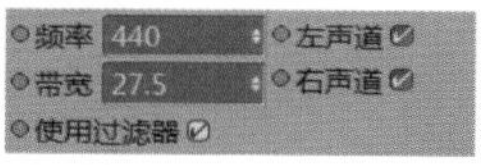

图22-179

（15）左声道、右声道：使用这些设置来定义播放立体声文件时，应使用哪个声道。单声道音频文件只需要一个通道。

（16）播放：按下后播放声音文件，再次按下将停止播放声音文件。

（17）净化声音：如果勾选净化声音，那么在播放动画时，或者拖曳时间滑块时，音频文件会一同被播放。

2. 参数属性面板

参数属性面板内的参数是用来调节当前效果器作用在物体上的强度和作用方式，不同的效果器作用效果不一样。但是所有的效果器的控制参数基本上是一致的，这里的具体使用和操作方法可以参照之前章节的介绍。

3. 变形器属性面板

这里的使用可以参照之前的章节，这里就不再赘述了。

4. 衰减属性面板

这里的使用可以参照之前的章节，这里就不再赘述了。

22.9 样条效果器

使用样条效果器可以将克隆物体，或者对象物体按照先后顺序排列到一条指定的样条线上。将克隆物体，或者对象物体当中第一个对象物体排列到曲线的起始处，最后一个对象物体排列到曲线的结尾处。位于第一个和最后一个之间的物体会根据不同的设置进行排列。样条效果器的基本属性面板和坐标属性面板，与之前的效果器命令功能一致，这里就不再赘述了，这两个面板的参数可以参照前面章节讲解的内容，如图22-180所示。

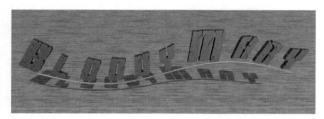

图22-180

1. 效果器属性面板

效果器属性面板，如图22-181所示。

图22-181

（1）强度：调节当前属性，控制效果器影响力的强度。当设置为0%时，将终止效果器本身的效果。也可以输入小于0%或者大于100%的数值。

（2）模式：模式属性用来控制样条排列的方式。在模式属性右侧的下拉选项中提供了3种样条排列的方式，如图22-182所示。

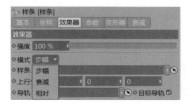

图22-182

• 步幅：如果使用步幅方式，克隆物体或者对象物体会按照顺序等距地排列到指定曲线上，如图22-183所示。

图22-183

• 衰减：当使用衰减模式时，每个克隆物体或者对象物体在曲线上的位置取决于曲线效果器的衰减属性面板下的参数设置。根据衰减值的大小克隆物体或者对象物体会流入曲线，如图22-184至图22-187所示。

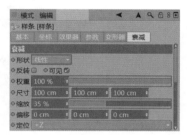

图22-184

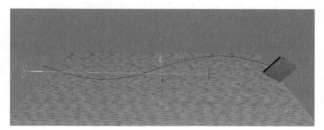

图22-185

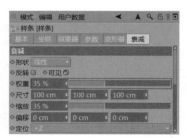

图22-186

图22-187

在开启了样条效果器的衰减属性，文本当中的字符全部聚集到曲线的起始端。随着样条效果器权重值的降低，在场景中可以看到文本工具当中的字符按照先后顺序从曲线的起始端流入结束端。

- 相对：如果克隆物体或者对象物体在x、y、z轴向上存在着差异，在使用相对模式时可以保留克隆物体或者对象物体当中原有的差异，如图22-188和图22-189所示。

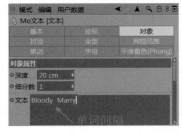

图22-188

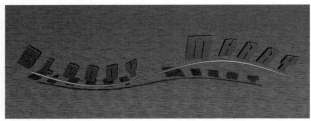

图22-189

（3）上行矢量：用户在这里可以手动定义上行矢量，这将有效避免克隆物体或者对象物体在沿曲线排列过程中出现突然跳转180°的效果。

（4）导轨：用户可以将任意样条线拖曳入导轨属性右侧的空白区域，将曲线作为目标导轨。使用此选项可以禁用克隆物体，或者对象物体绕x轴的旋转。在指定目标导轨曲线后，克隆物体或者对象物体的y轴，将指向目标导轨曲线，如图22-190所示。

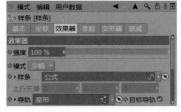

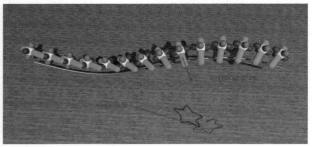

图22-190

（5）偏移：调节偏移属性可以让克隆物体或者对象物体沿曲线的方向进行偏移。

（6）开始：开始参数可以控制克隆物体或者对象物体，在曲线上由开始端至结束端的分布范围，如图22-191所示。

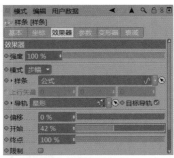

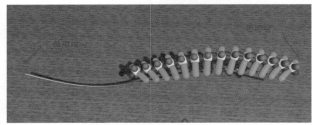

图22-191

上图为开始属性设置为42%时得到的效果。

（7）终点：终点参数可以控制克隆物体或者对象物体，在曲线上由结束端至起始端的分布范围。如图22-192和图22-193所示。

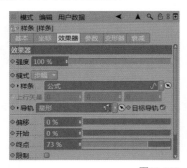

图22-192

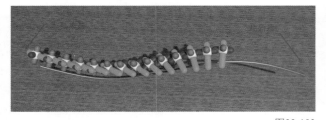

图22-193

上图为终点属性设置为73%时得到的效果。

（8）限制：限制属性控制在当偏移属性不为0时，克隆物体或者对象物体的排列位置超过曲线长度以后的状态。如果不勾选，在偏移过程中如果从起始端超出的部分将从曲线结束端再次流入。如果从结束端超出的部分将从起始端流入，如图22-194所示。

图22-194

如果勾选，那么不论向曲线的哪一端偏移，超出的部分将不再出现，如图22-195所示。

图22-195

（9）分段模式：如果当前克隆物体，或者对象物体排列的曲线并不是一个完整的整体，通过分段模式，可以调节克隆物体或者对象物体在多段曲线上的分布方式。在分段模式右侧的下拉选项中，有4种分段模式可供选择，如图22-196所示。

图22-196

- 使用索引：默认状态下只在一条完整的曲线上进行排列，用户也可以通过使用索引下方的分段属性来控制指定克隆物体或者对象物体要在曲线当中的哪一段进行分布，如图22-197和图22-198所示。

图22-197

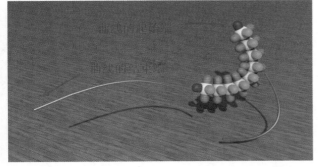

图22-198

- 平均间隔：克隆将平均分布在多段样条线段上，每段曲线内指定克隆物体或者对象物体间隔都将保持不变，如图22-199所示。

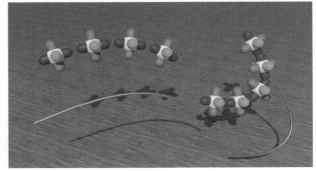

图22-199

- 随机：克隆将被随机分布在所有的样条线段上。随机分布可以是多种多样的，只需要用户修改随机下方的种子数即可，如图22-200和图22-201所示。

图22-200

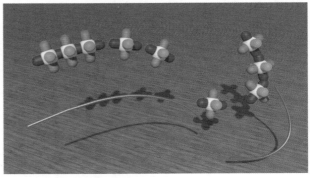

图22-201

- 完整间距：在这种模式下指定克隆物体或者对象物体，将保持固定间距，间距与每段曲线长度无关。

2. 参数属性面板

参数属性面板是用来调节当前效果器作用在物体上的强度和作用方式，不同的效果器作用效果不一样，但是所有效果器的控制参数基本上是一致的。这里的具体使用和操作方法可以参照之前章节的介绍。如果没有特殊要求，是不需要对样条效果器中参数属性面板下的变换属性进行设置的，因为克隆物体或者对象物体的位置和方向都是靠指定的样条线和目标导轨样条所确定的。

3. 变形器属性面板

这里的使用可以参照之前章节，这里就不再赘述了。

4. 衰减属性面板

这里的使用可以参照之前章节，这里就不再赘述了。

22.10　步幅效果器

步幅效果器可以对对象物体进行属性变换，这种变换效果在整个对象物体上呈现出的是一种递进式的变化，如图22-202所示。步幅效果器的基本属性面板和坐标属性面板与之前的效果器的基本属性面板和坐标属性面板命令功能一致，这里就不再赘述了，这两个面板的参数可以参照前面章节讲解的内容。

图22-202

1. 效果器属性面板

效果器属性面板，如图22-203所示。

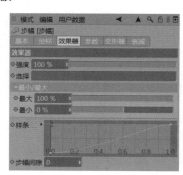

图22-203

（1）强度：调节当前属性，控制效果器影响力的强度。当设置为0%时，将终止效果器本身的效果。也可以输入小于0%或者大于100%的数值。

（2）选择：可以对克隆物体使用运动图形选集，将运动图形选集拖曳入效果器属性面板下，选择属性右侧的空白区域。可以使步幅效果只作用于运动图形选集范围内的部分。使用方法与前面章节介绍的效果器选集方法一样，具体操作可参照前面章节。

（3）最大最小：通过最大最小两个参数控制当前变换的范围。

（4）样条：使用曲线编辑窗口可以调整所控制的对象物体中，第一个物体到最后一个物体所受到的影响强度，曲线调节的效果也会实时地反映到对象物体上，如图22-204和图22-205所示。

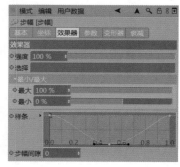

图22-204

图22-205

（5）步幅间隙：使用此设置可以控制的对象物体中，第一个物体到最后一个物体，所受到影响强度递进变化的差值方式。当值大于0时将导致影响强度递进方式的不同，如图22-206和图22-207所示。

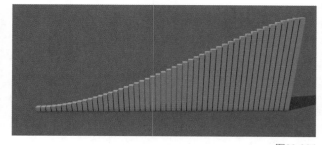

图22-206

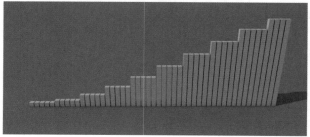

图22-207

2. 参数属性面板

参数属性面板内的参数是用来调节当前效果器作用在物体上的强度和作用方式，不同的效果器作用效果不一样，但是所有的效果器的控制参数基本上是一致的。这里的具体使用和操作方法可以参照之前章节的介绍。

3. 变形器属性面板

这里的使用可以参照之前章节，这里就不再赘述了。

4. 衰减属性面板

这里的使用可以参照之前章节，这里就不再赘述了。

22.11　目标效果器

使用目标效果器可以使对象物体的方向始终朝向一个物体，或者是摄影机本身，也可以让对象物体成为彼此间的指向目标。目标效果器的基本属性面板和坐标属性面板与之前的效果器命令功能一致，这里就不再赘述了，这两个面板的参数可以参照前面章节讲解的内容。

1. 效果器属性面板

效果器属性面板，如图22-208所示。

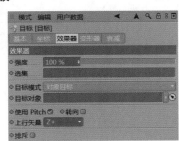

图22-208

（1）强度：调节当前属性，控制效果器影响力的强度。当设置为0%时，将终止效果器本身的效果。也可以输入小于0%或者大于100%的数值。

（2）选集：可以对克隆物体使用运动图形选集，将运动图形选集拖曳入效果器属性面板下，选集属性右侧的空白区域。可以使目标的效果只作用于运动图形选集范围内的部分。使用方法与前面章节介绍的效果器选集方法一样，具体操作可参照前面章节。

（3）目标模式：可以从目标模式右侧的下拉选项中指定不同的目标模式。根据选择模式的不同，对象物体的目标指向方式也是不一样的，如图22-209所示。

图22-209

• 对象目标：当目标模式属性设置为对象目标时，物体的z轴始终保持指向目标效果器。用户也可以在对象目标模式下指定一个具体的物体，拖曳入目标对象右侧的空白区域，用来作为一个具体的目标对象，让对象物体始终指向目标对象。当指定了目标对象后，目标效果器就失去了对物体的控制能力，如图22-210和图22-211所示。

图22-210

图22-211

• 朝向摄像机：当对象模式设置为朝向摄像机，对象物体的z轴会以当前视图摄像机为指向目标，如图22-212所示。

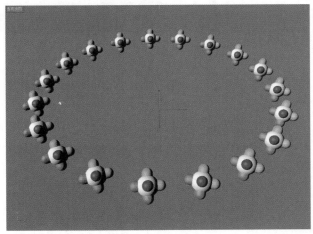

图22-212

• 下一个节点：当对象模式设置为下一个节点时，每个对象物体都会把它的下一个物体作为自己的目标体进行指向。每个对象物体都会将它的z轴指向它的下一个物体，如图22-213所示。

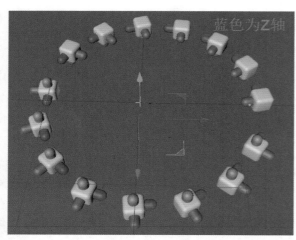

图22-213

- 上一级节点：当对象模式设置为上一级节点时，每个对象物体都会把它的上一个物体作为自己的目标体进行指向。每个对象物体都会将它的z轴指向它的上一个物体，如图22-214所示。

图22-214

（4）使用Pitch：如果使用Pitch被勾选，对象物体的z轴总是指向对象目标。如果不勾选使用Pitch，对象物体在指向目标物体时，只会在对象物体的水平方向进行指向，不会产生高度的跟随，如图22-215所示。

图22-215

（5）转向：勾选后，对象物体会反转指向轴，即原有z

轴指向目标物体，就会转变成-z轴指向物体。

（6）上行矢量：用户可以根据实际需要指定任意轴向为上行矢量，指定上行矢量的目的主要是用来避免对象物体在指向目标物体的过程中发生方向跳转。也可以将一个具体物体作为上行矢量指向目标，如图22-216和图22-217所示。

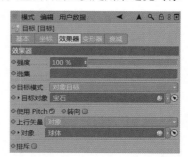

图22-216

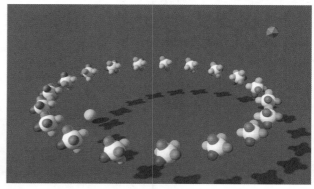

图22-217

上图中红色宝石物体为目标体，黄色球体为上行矢量对象。

（7）排斥：当勾选排斥后，目标物体靠近指向它的对象物体时，会对指向它的对象物体的位置形成排斥效果，如图22-218和图22-219所示。

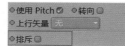

图22-218

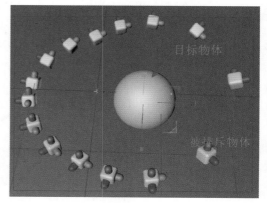

图22-219

（8）距离：用来控制排斥范围，数值越大，排斥范围越大。

（9）距离强度：用来控制排斥强度的大小，数值越大，排斥强度也就越大。

2. 变形器属性面板

这里的使用可以参照之前章节，这里就不再赘述了。

3. 衰减属性面板

这里的使用可以参照之前章节，这里就不再赘述了。

22.12 时间效果器

时间效果器不需要对其他参数进行设置，便可以利用动画的时间来影响对象物体属性的变换。时间效果器的基本属性面板和坐标属性面板的使用可以参照之前章节，这里就不再赘述了。

效果器属性面板

效果器属性面板，如图22-220所示。

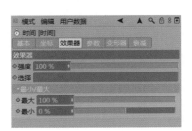

图22-220

（1）强度：调节当前属性，控制效果器影响力的强度。当设置为0%时，将终止效果器本身的效果。也可以输入小于0%或者大于100%的数值。

（2）选择：可以对克隆物体使用运动图形选集，将运动图形选集拖曳入效果器属性面板下，选择属性右侧的空白区域。可以使时间的效果只作用于运动图形选集范围内的部分。使用方法与前面章节介绍的效果器选集方法一样，具体操作可参照前面章节。

（3）最大最小：通过最大最小两个参数控制当前变换的范围。

22.13 体积效果器

体积效果器可以定义一个范围，在这个范围内对象物体的变换属性产生影响。当克隆物体位于指定的体积对象内部时，在体积对象范围内的物体就会受到效果器的影响，如图22-221所示。

图22-221

体积效果器的基本属性面板和坐标属性面板与之前的效果器参数功能一致，这里就不再赘述了，这两个面板的参数可以参照前面章节讲解的内容。

1. 体积属性面板

体积属性面板，如图22-222所示。

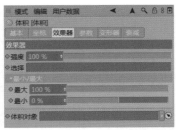

图22-222

（1）强度：调节当前属性，控制效果器影响力的强度。当设置为0%时，将终止效果器本身的效果。也可以输入小于0%或者大于100%的数值。

（2）选择：可以对克隆物体使用运动图形选集，将运动图形选集拖曳入效果器属性面板下，选择属性右侧的空白区域。可以使体积的效果只作用于运动图形选集范围内的部分。使用方法与前面章节介绍的效果器选集方法一样，具体操作可参照前面章节。

（3）最大最小：通过最大最小两个参数控制当前变换的范围。

（4）体积对象：用户可以将几何体拖曳入体积对象属性右侧的空白区域，拖曳入的几何体将作为影响克隆物体变换属性的范围。

例如，将一个球体拖曳入克隆物体的中，体积效果器下的体积对象右侧的空白区域，如图22-223所示。

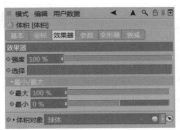

图22-223

在当前体积效果器的参数属性面板中，将缩放属性设置为等比缩放，设置缩放值为5，如图22-224所示。

图22-224

然后可以调整球体逐渐接近，直到穿过整个克隆物体，可以看到，当克隆物体位于球体体积范围内时，克隆物体的缩放属性受到了体积效果器的影响，如图22-225至图22-227所示。

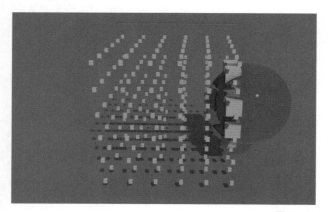

图22-225

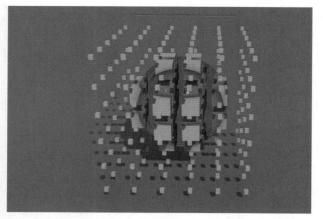

图22-226

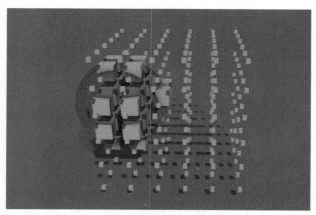

图22-227

2. 参数属性面板

参数属性面板内的参数是用来调节当前效果器作用在物体上的强度和作用方式，不同的效果器作用效果是不一样的。但是所有的效果器的控制参数基本上是一致的。这里的具体使用和操作方法可以参照之前章节的介绍。

3. 变形器属性面板

这里的使用可以参照之前章节，这里就不再赘述了。

4. 衰减属性面板

这里的使用可以参照之前章节，这里就不再赘述了。

JOINT

第23章　关节

23

关节的创建及相关操作

关节的绑定及权重

IK应用

23.1 创建关节

23.1.1 关节工具

在Cinema 4D中有两种常用的创建关节工具的方法，分别是主菜单栏中，角色命令下方的关节工具，与关节命令如图23-1所示。

图23-1

在执行关节工具命令时，需要按住键盘上的Ctrl键不放，同时单击鼠标左键在工作视图内进行绘制创建。这种方式比较适合针对不同角色以及对象的绑定时进行使用，如图23-2所示。

图23-2

如果选择关节命令，每单击一下关节命令将在工作视图内的世界坐标原点处创建一个独立的骨关节点，如图23-3所示。

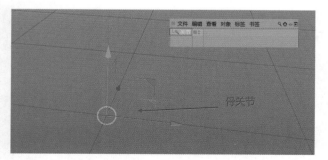

图23-3

如果在单击关节命令时按住键盘上的Shift键不放，可以将先后创建出来的骨关节设置为父子关系，通过调节每一个骨关节的位置参数可以迅速地创建出一条骨骼链，这种方式经常会用来绑定一些飘带或绳子，如图23-4所示。

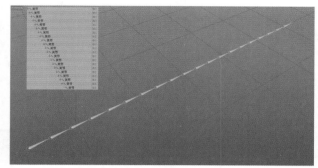

图23-4

23.1.2 关节对齐

当在进行骨骼设置时，不管选择哪一种方式创建骨骼，骨骼的轴向将对接下来的IK设置有着非常重要的影响。一般情况下，骨骼习惯性地会将关节的z轴指向设置为指向它的下一关节处。但当关节被旋转过，或者进行过新的父子关系的指定时，关节的自身坐标轴向将改变，如图23-5所示。

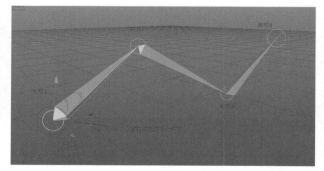

图23-5

此时可以单击主菜单栏中角色命令下的关节对齐工具来矫正骨关节的z轴指向如图23-6所示。

图23-6

在关节对齐工具属性中,将对齐方向设定为骨骼方向,将上行轴设定为Y,再单击对齐按钮,如图23-7所示。

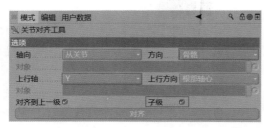

图23-7

被改变轴向的关节将被对齐,如图23-8所示。

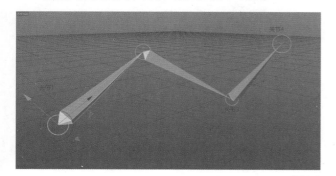

图23-8

23.1.3 关节镜像

在很多情况设置对称方式的骨骼时一般都会采用镜像骨骼的方式。这样可以避免在骨骼的重复设置中出现的位置与角度误差。同时也是非常节省制作时间的一种方式,只需选择根关节,执行主菜单栏中的角色>镜像工具,在镜像工具属性栏中,设定镜像坐标的方式为轴向平面即可,如图23-9所示。

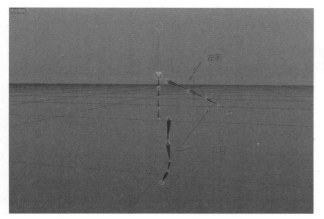

图23-9

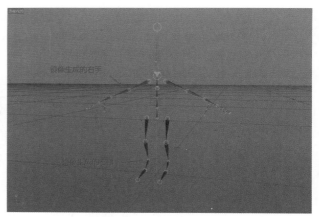

图23-9(续)

以上图为例,只需要选中所需进行镜像操作的根关节,单击主菜单栏中角色命令下的镜像工具如图23-10所示。

图23-10

在镜像工具的属性面板中,设置坐标为世界方式,轴向属性为X(YZ),单击镜像按钮即对选中骨骼沿世界坐标的YZ平面进行镜像,如图23-11所示。

图23-11

23.2 关节绑定与IK设置

对于已经架设完成的骨骼,可以通过绑定操作实现骨骼对模型的实际控制。并且可以通过对骨骼设置IK控制器来实现角色肢体的协调控制。下面就以一个人物角色的下肢绑定来说明一下骨骼绑定与IK设置。

单击内容浏览器内的预置>Prime>Humans>Lisa,将预置文件内的角色模型拖曳到工作视图中如图23-12所示。

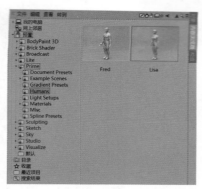

图23-12

在对象管理器中将body从smoothed_meshes对象下拖曳出来，在对角色进行绑定过程中不需要对平滑细分后的模型进行绑定，如图23-13所示。

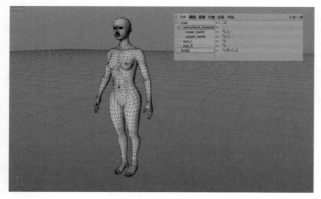

图23-13

单击角色命令菜单下的关节工具命令。在右视图中按住Ctrl键分别在角色模型的股根部、膝盖、脚踝、脚掌、脚尖处进行单击，创建一个一套符合人类生理结构的腿骨骨骼。值得注意的是，膝盖处应当适当略微靠前，已符合人类正常的生理弯曲。由脚跟至脚尖处应当保持水平。在创建时可以配合捕捉工具进行水平对齐，如图23-14所示。

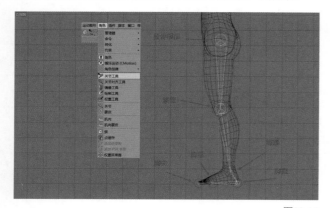

图23-14

由于角色模型的姿态中脚部向内靠拢，所以这是我们需要将整个腿部骨骼在正视图中进行一些旋转，用来适配模型的结构如图23-15所示。

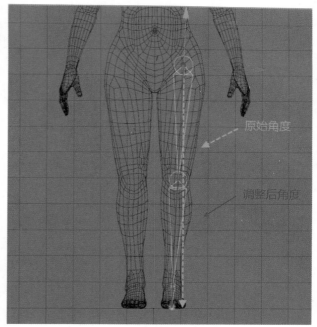

图23-15

单击对象管理器中的骨骼右侧的"+"将所有的骨骼层级全部展开。将骨骼由上至下依次重命名如图23-16所示。

图23-16

在对象管理器中分别选择选择L_大腿和L_脚踝。单击角色菜单下>命令>创建IK链如图23-17所示。

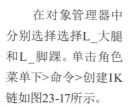

图23-17

接下来分别选择L_脚踝与L_脚跟，创建IK链，选择L_脚跟、L_脚掌，创建IK链。选择L_脚掌、L_脚尖，创建IK链，如图23-18所示。

图23-18

单击工具架上对象工具组中的空白,在场景中创建两个空白对象,将它们分别重命名为抬脚掌,与抬脚尖。将对象管理其中的"L_脚跟.目标"与"L_脚踝.目标"拖曳到抬脚掌对象下方作为抬脚掌的子层级,将"L_脚尖.目标"与"L_脚掌.目标"拖曳到抬脚尖对象下方作为抬脚尖的子层级。修改抬脚掌,与抬脚尖对象的坐标将它放置到脚掌骨骼的位置上,如图23-19所示。

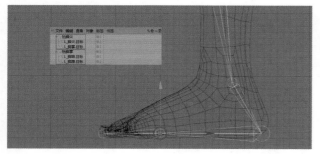

图23-19

再次创建3个空白对象,分别将它们重命名为"踮脚跟"、"转脚掌"、"踮脚尖"。选择踮脚跟对象将它的坐标位置移动到L_脚跟骨骼的位置处,将抬脚尖与抬脚掌对象作为它的子层级,如图23-20所示。

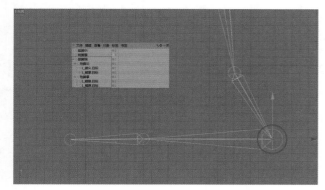

图23-20

选择转脚掌对象将它的坐标移动到L_脚掌骨骼处。将"踮脚跟"对象作为它的子层级,如图23-21所示。

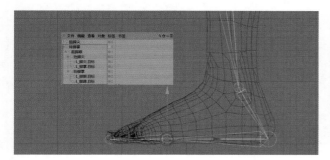

图23-21

选择踮脚尖对象将它的坐标移动到L_脚尖骨骼处。将"转脚掌"对象作为它的子层级,如图23-22所示。

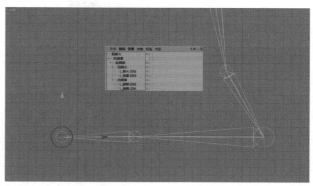

图23-22

单击工具架>样条工具组>圆环,在场景中创建一个圆环曲线,将它转换为可编辑对象,重命名为"L_Foot_Con"。在它的坐标面板下单击冻结变换栏下的冻结全部,将"L_Foot_Con"对象坐标参数全部清零,如图23-23所示。

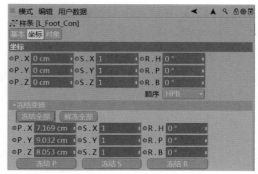

图23-23

在工作视图中选择"L_Foot_Con"调整它的控制点将它修整为比角色模型脚部略大的环状结构。同时调整它的坐标位置到L_脚踝骨骼处,将"踮脚尖"对象作为"L_Foot_Con"对象的子层级,如图23-24所示。

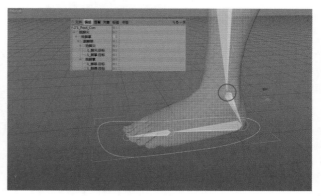

图23-24

选择L_大腿骨骼的IK链标签在它的标签面板下单击极向量下的添加旋转手柄按钮。为大腿到脚踝处的骨骼添加一个极向量控制器，为"L_大腿.旋转手柄"用来控制膝盖的朝向，如图23-25所示。

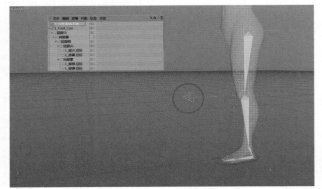

图23-25

选择"L_大腿.旋转手柄"将它作为"L_Foot_Con"子层级。并且在"L_大腿.旋转手柄"的坐标面板下单击冻结全部，将"L_大腿.旋转手柄"对象的坐标清零，如图23-26所示。

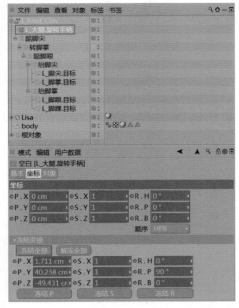

图23-26

左腿骨骼设置完成后选择骨骼组与控制器组，如图23-27所示。

图23-27

选择L_Foot_Con对象，在它的属性面板中单击用户数据，选择增加用户数据为L_Foot_Con对象添加一组用户数据，如图23-28所示。

图23-28

再编辑用户数据窗口中在名称属性内输入"踮脚尖"，设置用户界面为浮点滑块，设置单位为角度，如图23-29所示。

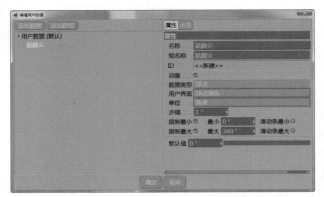

图23-29

单击"确定"后，在L_Foot_Con的属性面板中会多一组用户数据标签，在用户数据标签下方会出现一个"踮脚尖"的属性，如图23-30所示。

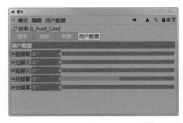

图23-30

按照上述方法为L_Foot_Con对象添加用户数据依次为抬脚尖、踮脚尖、转脚掌、抬脚掌，如图23-31所示。

图23-31

在对象管理器中选择L_Foot_Con，单击标签菜单下>CINEMA 4D标签>Xpresso，为L_Foot_Con对象添加一个Xpresso标签，如图23-32所示。

图23-32

双击Xpresso标签,打开Xpresso编辑器窗口,从对象管理器中选择"L_Foot_Con"对象,将它拖曳到Xpresso编辑器中,生成一个"L_Foot_Con"节点,如图23-33所示。

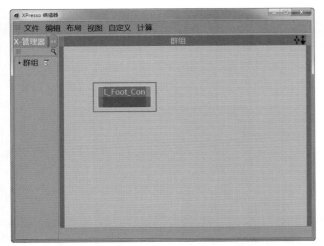

图23-33

单击"L_Foot_Con"节点右上角输出端的红色色块,在弹出的列表中选择用户数据下的所有选项将它们作为"L_Foot_Con"节点的输出端口,如图23-34所示。

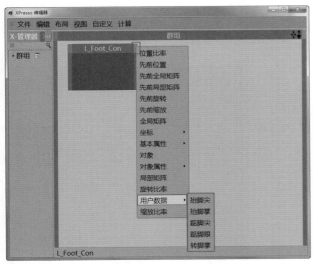

图23-34

单击展开XPresso池标签下系统运算器>XPresso>

计算>选择范围映射节点,将它拖曳到场景中5次,分别将"L_Foot_Con"节点的输出端属性与5个链接到一个范围映射节点的输入端上如图23-35所示。

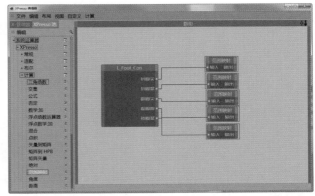

图23-35

展开"L_Foot_Con"对象下的子层级,分别将跷脚尖、转脚掌、跷脚跟、抬脚尖、抬脚掌拖曳到XPresso编辑器中,将它们生成节点,分别单击抬脚尖、抬脚掌、跷脚跟、跷脚尖、节点左上角输入端的蓝色色块,在弹出的列表中选择坐标>旋转>旋转.P为这些节点统一添加一个"旋转.P"的输入属性,如图23-36所示。

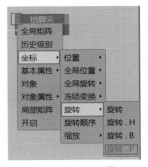

图23-36

选择"转脚掌"节点为它单独添加一个"旋转.H"的输入属性,分别将这些节点的输入属性与对应的"L_Foot_Con"节点的输出属性所连接的范围映射节点的输出端进行连接,如图23-37所示。

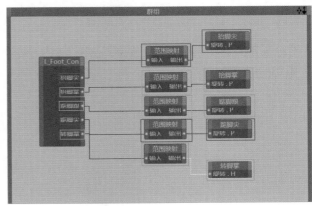

图23-37

此时调整"L_Foot_Con"对象属性面板中，用户数据标签面板下的数据就可以控制相对应的骨骼反应，如图23-38所示。

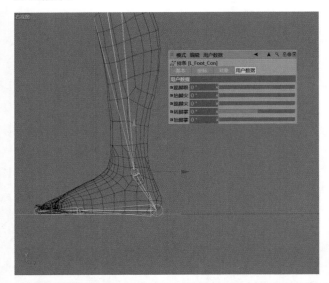

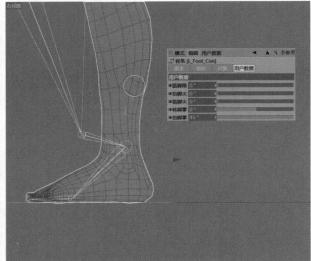

图23-38

单击角色菜单下的镜像工具，如图23-39所示。

图23-39

在镜像工具的方向标签面板下设置坐标为世界，轴为X(YZ)，如图23-40所示。

图23-40

在命名标签面板下设置需要替换的前缀名为L_，用来替换的前缀名为R_，如图23-41所示。

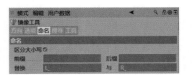

图23-41

设置完成后单击工具标签面板下的镜像按钮，此时左腿骨骼设置将会完整地镜像到右腿的位置上，同时控制器与骨骼的名称已经将前缀名称全部由L_修改为R_，如图23-42所示。

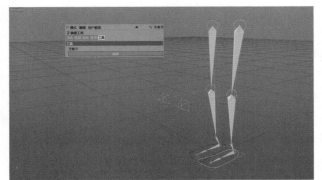

图23-42

选择角色菜单下的关节工具命令，在角色模型的腹部中心位置创建一个单独的骨骼关节，将它重命名为Root。将L_大腿与R_大腿骨骼关节作为Root的子层级，如图23-43所示。

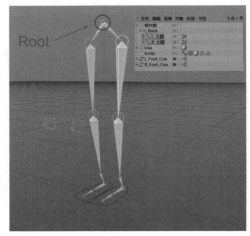

图23-43

骨骼设置完成后,选择Root下所有骨骼关节,加选body对象,选择角色菜单>命令>绑定,如图23-44所示。

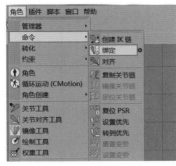

图23-44

此时调整"L_Foot_Con"与"R_Foot_Con"控制器的位置以及相关用户数据下的参数,角色模型就会在骨骼的带动下发生相应的变化,如图23-45所示。

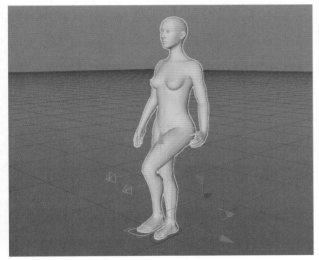

图23-45

仔细观察角色的运动效果,可以看到在某些运动达到一定角度时,模型表面会出现一些错误的情况,如图23-46所示。

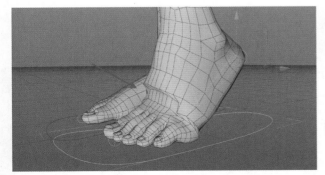

图23-46

这种情况在角色绑定过程中是普遍存在的,可以通过

修改骨骼权重的方式将把模型表面的控制效果矫正过来,这里选择相应部位的控制骨骼,选择角色菜单下的权重工具,如图23-47所示。

图23-47

在这个案例中,在调整脚部权重时可以选择"L_脚掌"关节,在打开的权重属性面板中,设置强度为5%~13%并将模式调整为添加方式,如图23-48所示。

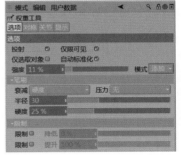

图23-48

用鼠标在需控制的模型表面进行单击,这将逐渐增加"L_脚掌"关节所控制的模型范围与强度如图23-49所示。

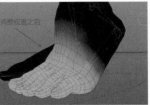

图23-49

除了在权重工具属性面板下使用添加方式以外,也可以使用平滑方式来调整关节之间的衔接位置的权重效果。绝大多数情况下使用这两种方式就可以将角色的权重设置正确。自然的骨骼控制效果,不仅与权重设置有关,同时也与模型结构,以及骨骼设置是否合理有关。通过以上方式,就可以初步完成骨骼对模型的控制与调整。

XPRESSO & THINKING PARTICLES

第24章　XPresso和Thinking Particles

24

24.1 实例1——抖动的球体

01 在已经创建好的球体的名称上单击鼠标右键，添加XPresso标签，如图24-1所示。

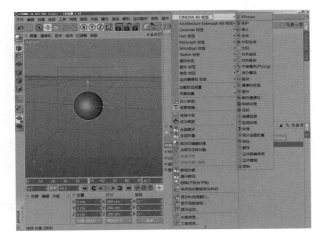

图24-1

02 在对象窗口中，用鼠标左键拖曳球体至XPresso编辑器，如图24-2所示。

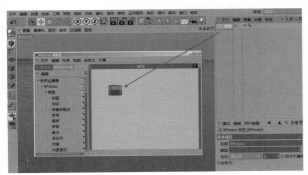

图24-2

03 在XPresso编辑器左侧，使用鼠标左键拖曳，创建噪波节点，如图24-3所示。

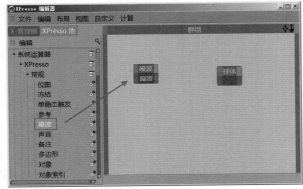

图24-3

04 在球体节点左上角的蓝色块上单击鼠标左键，选择坐标>位置>位置，把球体的位置属性调出来，以便于接下来的链接，如图24-4所示。

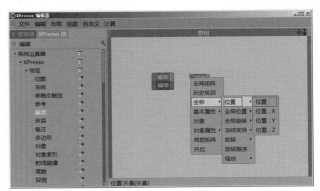

图24-4

05 用鼠标左键，单击噪波后面的红点不放，拖曳至球体的位置前的蓝点上，释放鼠标，将噪波和位置连接，连接过程和连接完毕如图24-5和图24-6所示。

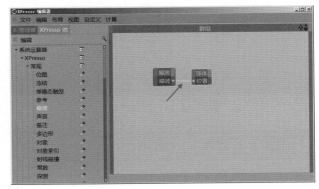

图24-5

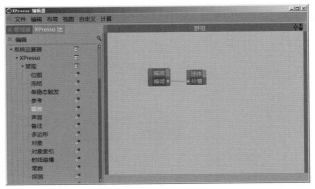

图24-6

06 选择噪波节点，在属性面板中设置噪波类型为湍流，设置频率为5，设置振幅为50，如图24-7所示。

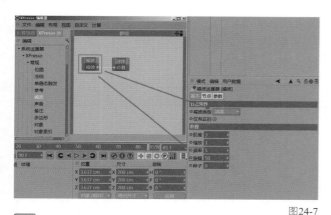

图24-7

07 播放动画,球体在视图中将产生随机抖动的效果,此效果并不是通过传统的关键帧方式产生的,如图24-8所示。

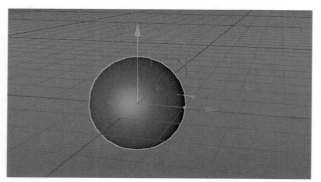

图24-8

24.2 实例2——球体的位置控制立方体的旋转

01 创建球体和立方体,在球体上单击鼠标右键,添加XPresso标签,并把球体和立方体拖曳到XPresso编辑器中,如图24-9所示。

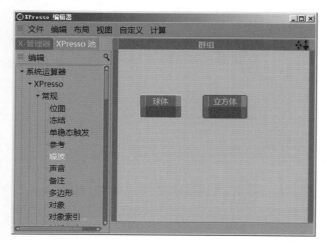

图24-9

02 在球体节点的右上角红色块上单击鼠标左键,在弹出的选项中选择坐标>位置>位置.Y,如图24-10所示。

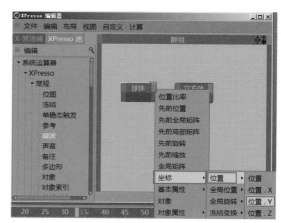

图24-10

03 在立方体节点的左上角蓝色块上单击鼠标左键,在弹出的选项中选择坐标>全局旋转>全局旋转.H,如图24-11所示。

图24-11

04 连接球体节点的位置.Y和立方体节点的全局旋转.H,如图24-12所示。此时可以沿着y轴移动球体,观察立方体的变化。

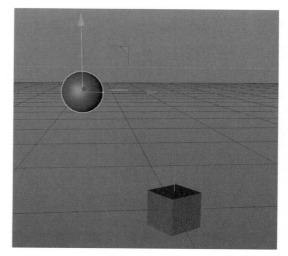

图24-12

24.3　XPresso窗口介绍

通过前面的两个小例子的练习,可以了解到Cinema 4D提供的XPresso窗口的简单操作,接下来专门讲解一下XPresso窗口的使用方法。

在前面通过练习,已经了解了XPresso窗口的简单操作,需要在对象上用鼠标右键单击,添加XPresso标签,如果需要修改,可以双击对象后面的 按钮,打开XPresoo编辑器。

在XPresso窗口中主要分为两大块,左边为XPresso池,里面包含系统提供的各种使用节点,右侧为群组窗口,所有节点都需要在群组窗口中完成连接,如图24-13所示。

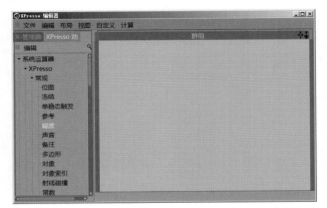

图24-13

在群组窗口中,可以直接进行节点连接,也可以新建多个群组,把一些需要分开连接的节点放置在不同的群组中。可以直接在群组窗口中单击鼠标右键,创建新群组,如图24-14所示。

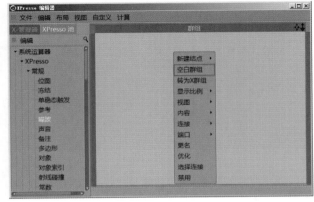

图24-14

可以将需要使用的节点或对象放置在新建的群组中,如图24-15所示。

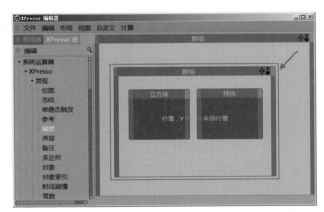

图24-15

在新建的群组上,单击鼠标右键,可以选择解散群组,已经在群组里的节点,会被放置在原来的群组中,如图24-16所示。

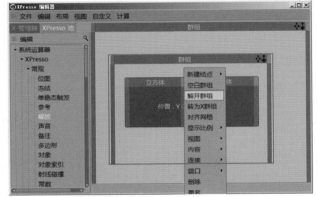

图24-16

当创建好节点后,在当前节点的左上角和右上角默认会出现蓝色和红色色块,蓝色色块可以添加输入属性,也就是被控制属性。红色色块可添加输出属性,也就是要使用当前属性控制其他。这两个色块是可以调换的,调换方法在窗口的布局菜单中。

可以通过使用窗口右上角的两个图标对窗口进行平移和缩放的调整。也可以配合键盘上的Alt键+鼠标中键和右键来控制窗口的平移和缩放。这里和控制2D视图方法一样。

在XPresso编辑器的左侧,可以根据需要创建相对应的节点。XPresso里提供的节点众多,只有对这些节点的属性充分了解,才能轻松地完成想要得到的结果。

24.4　数学节点的应用

下面通过使用XPresso完成稍微复杂一点的效果。在场景中已经创建好，两个立方体和一个球体，并分别赋予了蓝色和红色材质，如图24-17所示。

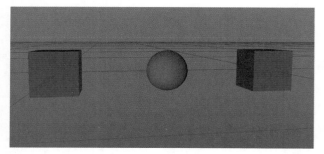

图24-17

要得到球体的y轴数值等于两个立方体y轴数值的总和，当立方体的y轴位置发生变化时，球体的y轴会实时计算。

将3个对象拖曳到XPresso编辑器窗口中，并创建数学节点，摆好位置，如图24-18所示。

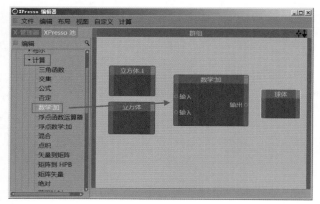

图24-18

在立方体右上角的红色块上单击鼠标左键，选择坐标>位置>位置.Y，用同样的方法为另一个立方体节点添加位置.Y属性，如图24-19所示。

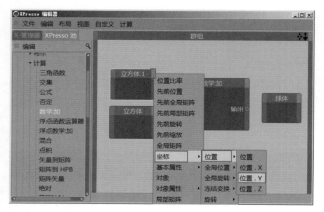

图24-19

在球体节点的左上角蓝色色块上单击鼠标左键，选择坐标>全局位置>全局位置.Y，如图24-20所示。

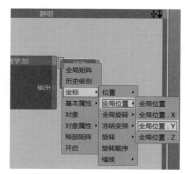

图24-20

分别将两个立方体的位置.Y连接到数学节点的输入上，同时将数学节点的输出连接到球体节点的位置.Y上，如图24-21所示。

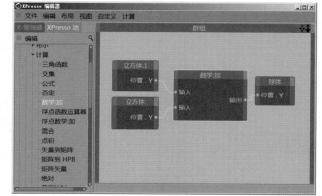

图24-21

此时沿着y轴移动两个立方体，就可以看到球体的y轴已经被控制，如图24-22所示。

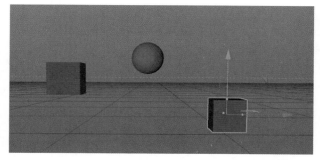

图24-22

通过类似的操作，可以得到坐标之间的灵活控制。现在得到的效果是两个立方体的y轴控制球体的y轴，也可以创建常数节点，连接常数节点的实数和数学节点的输入，如图24-23所示。

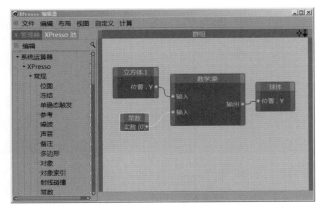

图24-23

在属性面板中，设置实数的数值为2。设置数学节点的功能为乘，如图24-24所示。

图24-24

通过以上的操作，球体的y轴数值永远是立方体y轴数值的2倍。

24.5 使用时间节点数控制文字和贴图变化

24.5.1 使用时间节点控制文字样条变化

01 在场景中创建文本样条，确保对齐方式为中对齐，如图24-25所示。

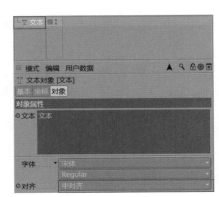

图24-25

02 在对象窗口中，用鼠标右键单击文本，添加XPresso标签，如图24-26所示。

图24-26

03 将文本拖入XPresso编辑器窗口中，创建时间节点，如图24-27所示。

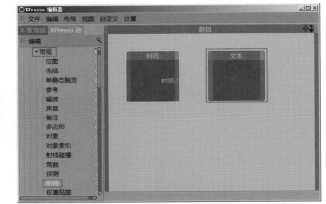

图24-27

04 在文本节点左上角的蓝色块上单击鼠标左键，选择对象属性>文本，如图24-28所示。

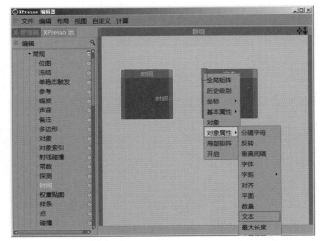

图24-28

05 在时间节点右上角的红色块上单击鼠标左键，选择帧，如图24-29所示。

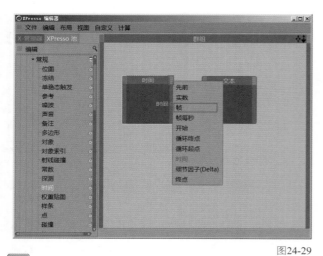

图24-29

06 连接时间节点的帧和文本节点的文本属性，如图
24-30所示。

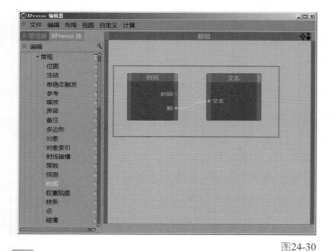

图24-30

07 播放动画，不同时间观察效果如图24-31所示。

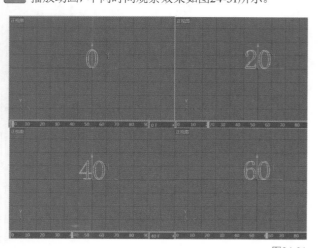

图24-31

08 为文本样条添加挤压，可以得到立体字的效果，如图
24-32所示。

图24-32

24.5.2　使用时间节点控制纹理数字变化

01 创建立方体，并制定新的默认材质，如图24-33所示。

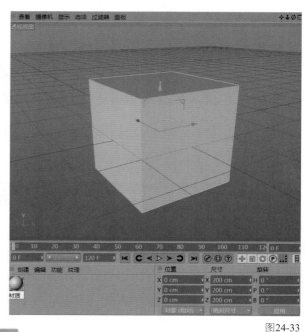

图24-33

02 双击材质球，打
开材质编辑窗口，在
颜色通道的纹理属
性上添加样条，如图
24-34所示。

图24-34

03 在材质编辑器窗口中，单击 ■ 按钮，将样条属性面板复制出来，如图24-35所示。

图24-35

04 在对象窗口中，用鼠标右键单击立方体，添加XPresso标签。用鼠标左键拖曳样条属性面板上的 ■ 图标至XPresso编辑器窗口中，如图24-36所示。

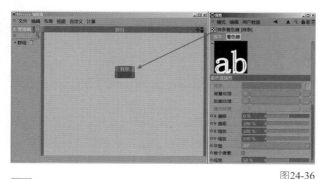

图24-36

05 在样条节点的左上角蓝色块上单击鼠标左键，选择着色器属性>文本，如图24-37所示。

图24-37

06 和之前一样创建时间节点，并添加帧属性，连接时间节点的帧属性到样条节点的文本属性上，如图24-38所示。

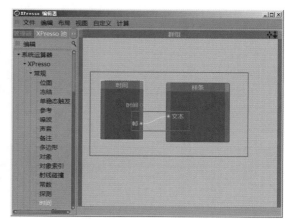

图24-38

07 播放动画，效果如图24-39所示。

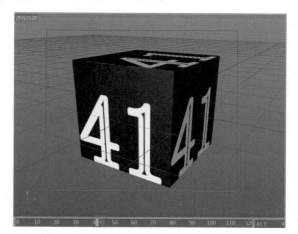

图24-39

08 可通过调整样条属性，得到文字居中显示的结果，如图24-40所示。

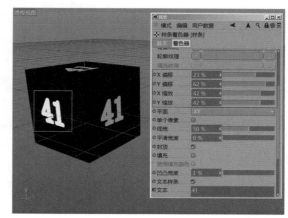

图24-40

24.6　Thinking Particles

01 创建空白对象，命名为TP。并且在空白对象上添加XPresso标签，如图24-41所示。

图24-41

02 创建粒子风暴节点，如图24-42所示。

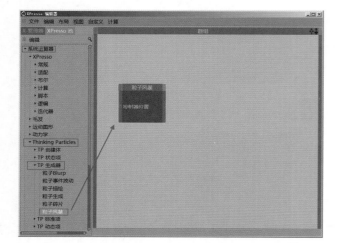

图24-42

03 播放动画，此时在画面中可以看到一些十字架形状的粒子被喷射出来，如图24-43所示。

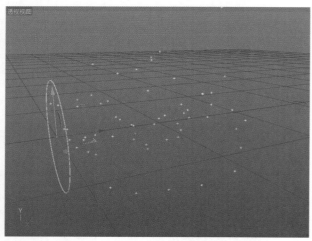

图24-43

04 虽然可以看到粒子，但是此时的发射器并不能被记录坐标变化，无法做位置动画，要想解决此问题，必须要有一个对象和粒子风暴节点相连接，使用对象。将空白对象拖曳到XPresso编辑器窗口中，如图24-44所示。

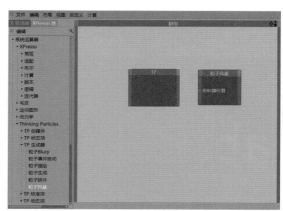

图24-44

05 用鼠标按住投射器位置前面的蓝色点不放，拖曳到空白对象右上角的红色块上释放鼠标，在弹出的选项中选择坐标>位置>位置，这种连接目的是使用空白对象的位置来控制粒子风暴发射器的位置，如图24-45所示。

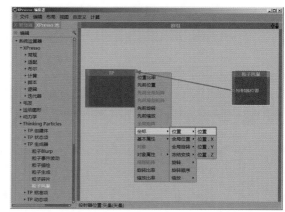

图24-45

06 播放动画，在视图中，使用移动工具，移动空白对象的位置，发现粒子发射器得到了正确的位置控制，如图24-46所示。

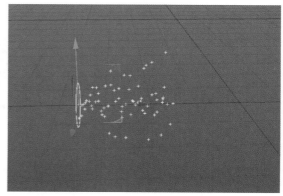

图24-46

07 但是此时,如果旋转空白对象,还无法得到正确的角度控制。在开始使用Thinking Particles时,把基本连接完毕后,就可以自由控制了。在粒子风暴节点的蓝色块上单击鼠标左键,添加投射器对齐,如图24-47所示。

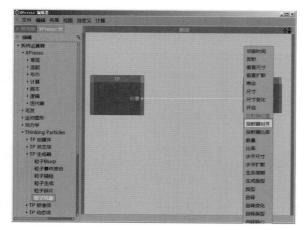

图24-47

08 在空白对象的红色块上单击鼠标左键,选择全局矩阵,如图24-48所示。

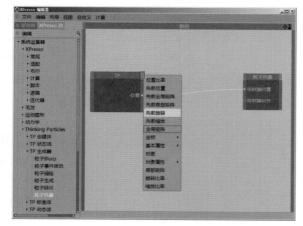

图24-48

09 连接空白对象节点的全局矩阵和粒子风暴节点的投射器对齐,如图24-49所示。

图24-49

10 播放动画,使用旋转空白对象,观察视图中的粒子,如图24-50所示。

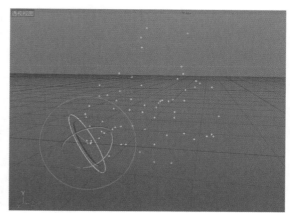

图24-50

11 在TP动态项下,拖曳粒子重力到编辑区,创建粒子重力节点后,并不能立刻对粒子生效,如图24-51所示。

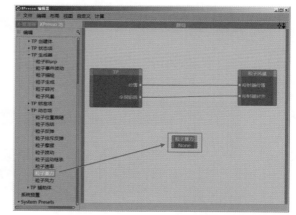

图24-51

12 创建空白对象,并命名为G代表重力。可以直接把新建的空白对象拖曳到粒子重力节点上,或者拖入粒子重力属性的对象后面的空白区域,这样就可以通过空白对象来控制重力的位置和角度等,如图24-52所示。

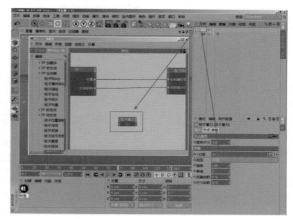

图24-52

13 此时，重力仍然无法对粒子产生作用，接下来要创建粒子传递节点，粒子传递节点是Thinking Particles的重要节点，要想更深层次地理解Thinking Particles，必须要先理解粒子传递节点，在TP创建体下创建粒子传递，如图24-53所示。

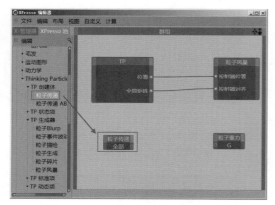

图24-53

14 连接粒子传递节点的全部和粒子重力节点的G，如图24-54所示。

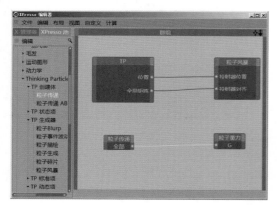

图24-54

15 播放动画，可以发现粒子朝向重力的指示方向飞去，如图24-55所示。

图24-55

16 在粒子传递节点里，现在默认的是全部，也就是说，无论场景中有多少个粒子发射器，都会受到当前粒子重力的影响，要得到当前重力只影响某个粒子的效果，必须使用Thinking Particles的粒子群组。

在TP标准项里创建粒子群组，这里创建群组的目的是为粒子风暴制定一个群组，如图24-56所示。

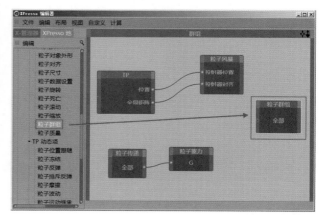

图24-56

17 单击粒子风暴节点的右上角红色块，添加粒子生成。并且连接粒子风暴的粒子生成和粒子群组的全部，如果只是这样的连接，并没有真正地把粒子分组，如图24-57所示。从图中可以看到，现在粒子群组和粒子传递节点里面显示的都是全部，也就是说，现在粒子风暴节点仍然属于全部群组，粒子重力对全部粒子都会产生作用。

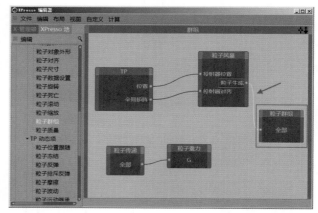

图24-57

18 执行主菜单模拟>Thinking Particles>Thinking Particles设置，打开Thinking Particles窗口，如图24-58和图24-59所示。在Thinking Particles窗口中，可以设置多个分组，并且可以把每个分组设置为不同的颜色。

图24-58

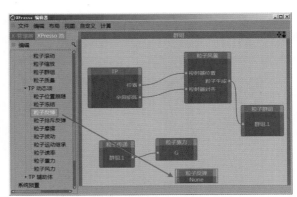

图24-62

图24-59

19 用鼠标右键单击全部，选择添加，添加群组1后，设置当前群组为红色，如图24-60所示。

22 在场景中，创建平面对象，并调整位置。旋转TP空白对象，让粒子垂直向下喷射。调整G空白对象，控制重力场有一定的角度，粒子由于被分为群组.1，所以被显示为红色，但是此时，粒子和平面并未产生反弹，如图24-63所示。

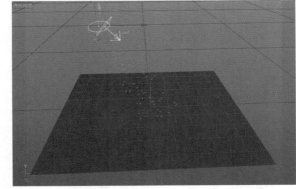

图24-60

图24-63

20 接下来是很关键的一步，在Thinking Particles窗口中，拖曳群组.1到XPresso编辑器中的粒子群组和粒子传递上，如图24-61所示。

23 拖曳平面对象到粒子反弹节点上，释放鼠标，并连接粒子传递的群组.1到粒子反弹的平面上，播放动画，此时也并未发生反弹效果，如图24-64所示。

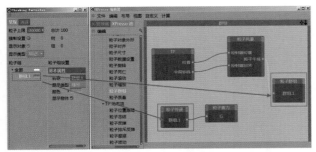

图24-61

通过以上的操作，就可以得到力场单独影响粒子的结果。不仅如此，比如反弹影响等，也是通过类似的方法得到，有了之前的连接，再添加其他影响粒子的因素就相对简单了。

21 在TP动态项下创建粒子反弹节点，使用粒子反弹节点可以得到粒子被遮挡并且弹回的效果，如图24-62所示。

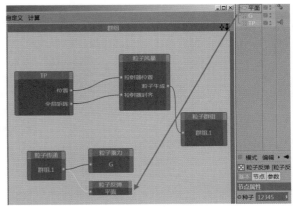

图24-64

24 选择平面，按C键将平面转化为多边形。选择粒子反弹节点，在属性编辑器中设置反弹类型为对象，播放动画，发现粒子和平面之间产生了正确的反弹，如图24-65所示。

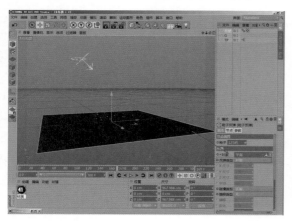

图24-65

25 复制平面对象，调整位置，作为粒子的下一次碰撞遮挡物体，如图24-66所示。

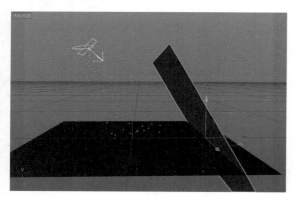

图24-66

26 按住Ctrl键，同时用鼠标拖曳粒子反弹节点，将当前节点复制，如图24-67所示。

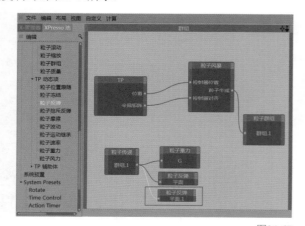

图24-67

27 选择粒子风暴节点，设置数量为1000，设置粒子寿命为200F，设置水平扩散和垂直扩散为0，播放动画，如图24-68所示。

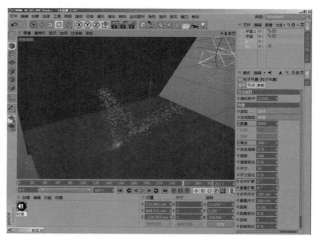

图24-68

24.6.1 粒子替代

01 创建用作体态的立方体对象，并且将立方体转化为多边形。在TP标准项里创建粒子对象外形节点，如图24-69所示。

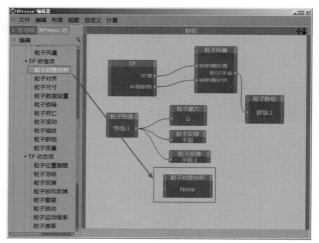

图24-69

02 将立方体对象拖曳到粒子对象外形节点上，连接粒子传递的群组.1到粒子对象外形的立方体，如图24-70所示。

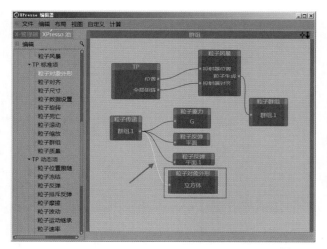

图24-70

03 现在在场景中看不到粒子替代的结果,执行主菜单模拟>Thinking Particles>粒子几何体,只有在场景中创建粒子几何体后才可以看到粒子外形,如图24-71所示。

图24-71

04 播放动画,如图24-72所示。

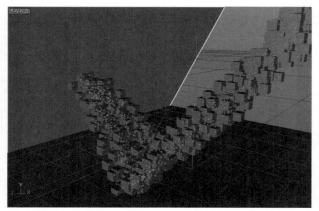

图24-72

通过以上的学习,可以对Thinking Particles有一定的了解。

24.6.2 粒子Blurp工具的应用

01 创建两个球体,并转化为多边形,如图24-73所示。

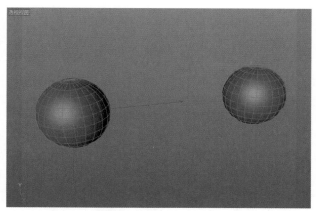

图24-73

02 在其中一个球体上添加XPresso标签,打开XPresso编辑器窗口,创建粒子Blurp节点,如图24-74所示。

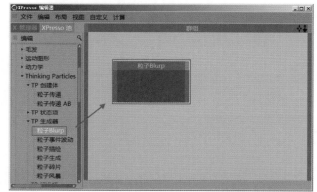

图24-74

03 将两个球体拖曳到粒子Blurp节点的对象后面的空白区域,在视图中可以看到在两个球体之间建立了一条连线,如图24-75所示。

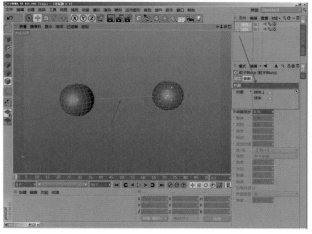

图24-75

04 在0帧处设置动画同步值为0，添加关键帧。在90帧处设置动画同步值为100，设置关键帧，播放动画，在视图中可以看到粒子从一个球体飞向另外一个球体，如图24-76所示。

图24-78

07 可在场景中将两个原始球体的显示和渲染关闭，得到两个球之间自如的变化效果。

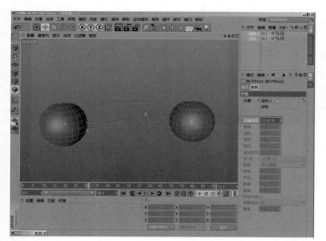

图24-76

05 分别设置两个球体的类型为单个表面，设置厚度为3%，如图24-77所示。

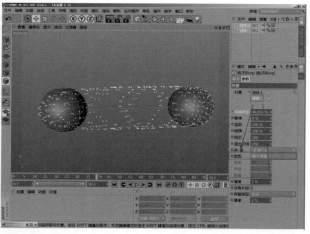

图24-77

06 执行主菜单模拟>Thinking Particles>粒子几何体，播放动画，如图24-78所示。

第25章　BodyPaint 3D

25

BodyPaint 3D是由德国MAXON公司开发的一款用于针对三维模型表面纹理贴图进行绘制的独立软件，针对于Cinema 4D R13 Studio版本的用户，Body Paint 3D已经作为软件当中的一个模块被内置进来，Body Paint 3D除了能够很好地服务于Cinema 4D本身以外，同时也能够非常出色地与现在的主流三维软件结合。与3ds Max、Maya、SOFTIMAGE/XSI都有非常好的接口。

BodyPaint 3D已经成为很多CG爱好者在处理模型贴图工作时的选择，BodyPaint 3D优异的功能可以使用户直接在模型表面进行纹理的绘制，这种方式既直观，又便捷，就好像给模特化妆一样。

使用BodyPaint 3D，除了可以使用户在3D模型表面直接绘制纹理贴图。而且还为用户提供了很好的纹理分层方式与材质编辑解决方案。用户可以针对不同的属性通道绘制单独纹理贴图。强大内置工具可以使用户对复杂模型的纹理绘制操作变得轻而易举。

在Cinema 4D R13 Studio版本中BodyPaint 3D主要分为BP UV Edit与BP 3D Paint两个部分。BP UV Edit主要是用来负责前期对3D模型的UV进行编辑和整理。三维模型在经过BP UV Edit对其UV网格编辑后，就可以使用BP 3D Paint在其模型表面，或者是UV编辑窗口内进行纹理的绘制。

Body paint 3D由BP UV Edit与BP 3D Paint两个部分构成，在工作中一般都要对多边形模型先使用BP UV Edit对模型的UV纹理进行修正。在这里我们就先来介绍BP UV Edit的使用界面。

Body paint 3D主要分为BP UV Edit与BP 3D Paint两个部分，根据一般的工作流程，这里我们通过一个案例来为大家展示一下Body Paint 3D的强大功能。

25.1 BP UV Edit

在工作中一般都要对多边形模型先使用BP UV Edit对模型的UV纹理进行修正。在这里我们就先来介绍BP UV Edit的使用界面。

BP UV Edit的界面布局和默认界面布局有很大的区别，如图25-1所示。

其他界面如图25-2～图25-10所示。

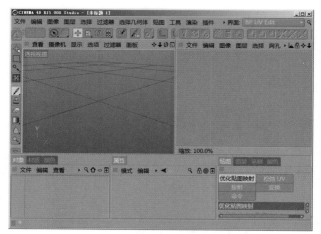

图25-1　窗口布局介绍

文件　编辑　图像　图层　选择　过滤器　选择几何体　贴图　工具　渲染　插件　脚本　窗口　帮助

图25-2　命令菜单

图25-3　通用编辑工具架

图25-4　绘制工具架

图25-5　纹理编辑工具架

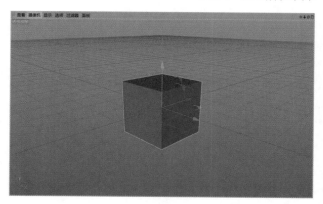

图25-6　工作视图

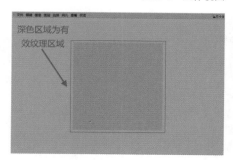

深色区域为有效纹理区域

图25-7　纹理编辑窗口

图25-8 材质对象管理器

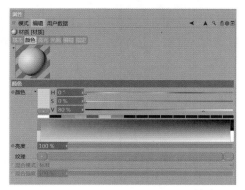

图25-9 属性管理器

图25-10 纹理贴图命令面板

25.2 UV贴图

UV其实是指UVW纹理贴图坐标的简称，它定义了图片上每个点的位置的信息。这些点与3D模型的结构是相互对应的，UV就是将图像上每一个点精确对应到模型物体的表面的某个位置上。在点与点之间的间隙位置由软件进行图像光滑插值处理。这就是所谓的UV贴图。

其实，默认三维软件当中的标准几何体，或者说基础集合体，都是有规则的UV分布的。但是由于复杂多边形模型都是由基本几何体，经过挤压、切割、倒角等一系列修改和编辑生成的，在建模过程当中会对原有的UV分布造成严重的破坏，以至于对于一个没有进行过UV编辑的多边形模型，在我们对其赋予纹理时会造成纹理的严重扭曲重叠以及拉伸。这个时候我们首先要做的就是通过软件内部的UV编辑工具对复杂的多边形模型的UV网格进行调整和编辑。值得注意的是，虽然Body paint 3D可以直接在模型表面绘制纹理，但是对于拥有杂乱无章的UV分布的模型同样也是不适用的。所以即使在拥有Body paint 3D绘制的强大功能下我们依然要对模型本身的UV进行整理，BP

UV Edit中提供了对模型UV网格进行编辑和整理的功能。在这里我们会通过一个具体的实例来说明BP UV Edit对多边形模型UV编辑方法。

打开本章提供的范例场景"birdool1.C4D"，如图25-11所示。

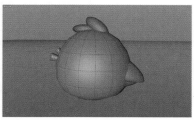

图25-11

首先我们要在材质编辑面板中创建一个新的材质，如图25-12所示。

图25-12

然后将新创建的材质赋予场景里需要拆分UV的模型主体部分。

在这个场景中只需要对中间部分进行纹理贴图的绘制，其余的部分都是用的纯色的材质。所以我们只需要将材质赋予给需要进行UV编辑的物体即可，如图25-13和图25-14所示。

图25-13

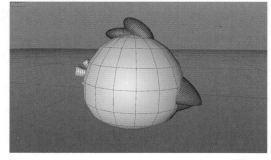

图25-14

通过执行纹理编辑视窗中视图菜单网孔>显示UV网格来观察一下当前模型的UV结构，如图25-15所示。

图25-15

在纹理编辑视窗中得到了当前模型UV网格，如图25-16所示。

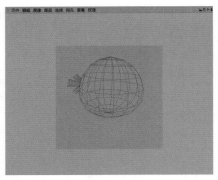

图25-16

选择工具架中的使用UV多边形编辑模式![按钮]按钮，进入多边形编辑模式。并且单击多边形编辑模式UV纹理编辑工具架上的![按钮]按钮，应用交互贴图，如图25-17所示。

图25-17

在执行完应用交互贴图后，观察对象管理器中模型的标签栏内，会多出一个临时的纹理标签，如图25-18所示。

接下来选中这个临时的材质纹理标签，在属性面板中单击投射属性右侧的下拉选项，将投射方式设置为球状，如图25-19所示。

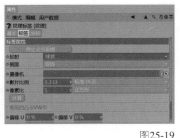

图25-18   图25-19

在选取投射方式时，需要根据所编辑模型的结构特点选择不同的投射方式，用户可以选择与当前编辑的模型结构类似的形状对模型进行UV投射，例如当前我们编辑的模型与球体的形状非常接近，这个时候选择球体对当前的模型进行UV投射，是有利于接下来的工作的。

此时，观察纹理编辑视窗，可以看到模型的纹理已经按指定的球形方式进行了投射，但是有一部分的UV网格经超出了有效范围区域，如图25-20所示。

这时可以通过微调临时的纹理贴图标签下的纹理的变换属性，将UV网格调整到纹理编辑视窗的有效范围内。并且可以通过偏移属性调整当前UV纹理的投射方向，如图25-21所示。

 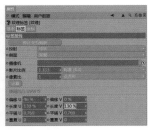

图25-20   图25-21

在UV纹理投射过程中，会产生一个UV纹理的接缝，通常人为地将接缝放置在不重要或者隐蔽的区域，以免在绘制过程当中造成不必要的麻烦。对于当前的模型，需要将UV纹理的接缝放置到模型的后方。将临时纹理标签的属性面板中的偏移U属性的参数设置为46%，就能得到一个相对规则的UV纹理分布结果，如图25-22所示。

在完成对UV纹理初步调整之后，可以单击一下临时纹理标签中的停止交互贴图（在贴图属性面板下的命令标签中同样会有这个命令），如图25-23所示。

图25-22   图25-23

在执行停止交互贴图后，原来的临时纹理标签就会自动消失，但是模型的UV纹理已经固定下来了。

观察UV纹理编辑窗口，这时可以看到在UV纹理网格上有一部分发生了重叠，UV的重叠在UV纹理编辑中也是不能够出现的，这时可以只针对UV重叠这部分UV纹理进行单独编辑修改如图25-24所示。

此时可以先将发生重叠的UV纹理单独地提取出来，在多边形边编辑模式下![图标]，使用实时选择工具![图标]，选中发生重叠UV纹理，然后使用移动工具将选中的UV纹理移动到一边，如图25-25所示。

接下来我们单击材质的颜色通道中，纹理属性右侧的下拉选项，选择表面>棋盘，为材质的颜色通道上指定一个棋盘格纹理，如图25-26所示。

将棋盘格纹理的U、V频率分别设置到15，如图25-27所示。

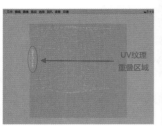
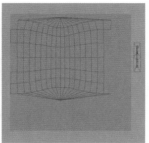

图25-24　　　　　　　　图25-25

图25-26　　　　　　　　图25-27

观察视图，可以看到在模型表面有很严重的图像拉伸，棋盘格纹理的黑白方块在模型表面显示为长方形，如图25-28所示。

模型表面的UV拉伸是很难避免的，但是我们可以通过调节来尽可能地缓解这种拉伸幅度。

选择多边形边编辑模式，在纹理编辑窗口中，选中左边所有没有重叠的UV纹理。（可使用 工具，按Alt键+鼠标左键单击任意UV多边形面）然后在贴图面板下方的松弛UV属性面板中，取消保持栓钉边界点的勾选（当栓钉边界点勾选时，可以保证在松弛UV的过程中UV纹理的边界不会发生变化），其他参数保持默认，然后单击应用。（如果效果不理想也可以多次执行应用），如图25-29所示。

图25-28　　　　　　　　图25-29

对松弛过的UV纹理整体，使用旋转工具 将UV纹理调整到合适的角度，并放置到纹理编辑窗口的纹理有效区域内。此时观察模型所在的视图窗口，可以看到，在对UV网格进行松弛后，可以看到模型表面的网格拉伸已经得到了很大程度上的缓解，如图25-30所示。

但是模型的顶部和底部由于模型结构的限制，仍然出现了一些问题，如图25-31所示。

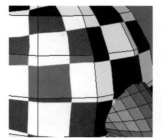

图25-30　　　　　　　　图25-31

要解决此问题，只需从顶部和底部的极点位置打开一个缺口，就可以缓解纹理的拉伸。

在使用UV点编辑模式下，在UV纹理编辑窗口中，分别选中上下两个极点和对应的缺口位置的点，如图25-32所示。

执行贴图面板中，命令属性面板下的拆散UV，如图25-33所示。

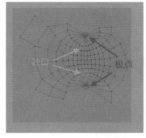

图25-32　　　　　　　　图25-33

此时的极点位置已经分别被打开了两个缺口，如图25-34所示。

然后再次全选没有重叠的这部分UV纹理，重新执行贴图面板下，松弛UV属性面板中的应用命令。此时主体部分的UV纹理就编辑完成了，编辑结果如图25-35所示。

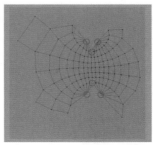

图25-34　　　　　　　　图25-35

下一步，将之前极点处重合部分的UV纹理在使用UV点编辑模式下 ，将它们移动到已调整好的极点UV纹理处。

在对局部UV纹理移动对位时，可在纹理编辑区选择要移动的UV纹理的点，然后再选择要移动到的目标点，再在三维视图里进行位置确认，如图25-36、图25-37和图25-38所示。

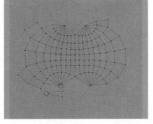

图25-36

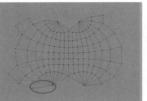

图25-37　　　　　　　　图25-38

根据以上的方法调整完极点的UV纹理结构，如图25-39所示。

在进行单独UV纹理移动时，可以在选中移动工具后，在属性面板内能找到移动工具的捕捉属性，勾选点或者边，这样移动UV纹理时，会自动吸附到邻近的点或者边上，如图25-40所示。

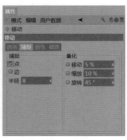

图25-39　　　　　　　　图25-40

此时，剩下尾巴模型的UV还有重叠，根据尾巴模型结构，可以将尾部模型UV进行局部适配，然后将调整完毕的局部UV再进行连接，如图25-41和图25-42所示。

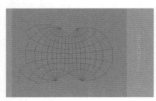

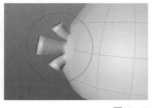

图25-41　　　　　　　　图25-42

使用UV多边形编辑模式🔲，然后使用实时选择工具

🔳，在视图窗口中，选择尾巴侧面的部分，如图25-43所示。

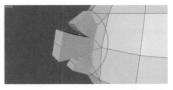

图25-43

使用同样的办法，选择其他。在贴图面板下，设置投射方式为平直投射，其余参数保持默认，在纹理编辑视图中得到的投射结果如图25-44所示。

通过上述方法对其余重叠部分的UV纹理进行校正，得到最终结果如图25-45所示。

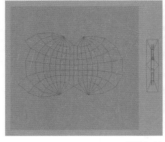

图25-44　　　　　　　　图25-45

在完成好UV纹理的编辑后，选择bird对象后面的UVW纹理标签，如图25-46所示。

在属性面板内勾选锁定UVW，这样可以将调解好的UV纹理固定在UVW纹理坐标内，如图25-47所示。

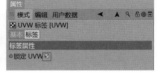

图25-46　　　　　　　　图25-47

25.3　BP 3D Paint

在完成了对多边形UV纹理的编辑之后，接下来就可以进入BP 3D Paint面板对模型进行纹理绘制了。

在界面下拉选项中选择BP 3D Paint，如图25-48所示。

图25-48

25.5　BP 3D Paint的使用

将之前调整好UV纹理的模型在BP 3D Paint模式下打开。

打开文件后，会发现当前模型表面并不允许用户进行绘制，如图25-57所示。

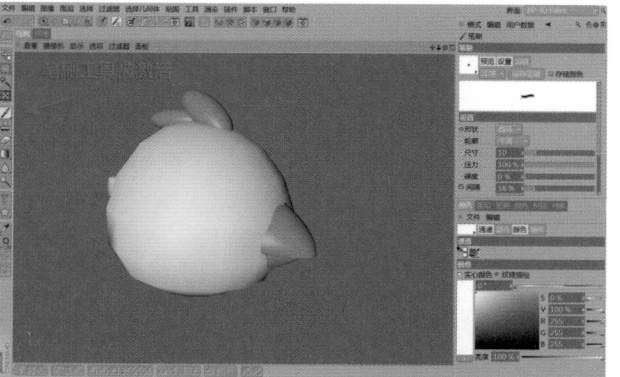

图25-57

单击通用编辑工具架上的绘画设置向导工具，对当前绘画工程进行设置，单击后会弹出BodyPaint 3D设置向导命令窗口。

01 选择对象。

在窗口中选择需要绘制的模型，在本例中只需要对模型主体bird进行绘制，在视窗中只需保持bird处于被勾选状态即可，然后单击"下一步"，如图25-58所示。

02 UV设置由于在此前已经对模型的UV纹理进行过编辑，所以在这个窗口里要取消重新计算UV属性的勾选，其余属性保持默认，然后执行下一步，如图25-59所示。

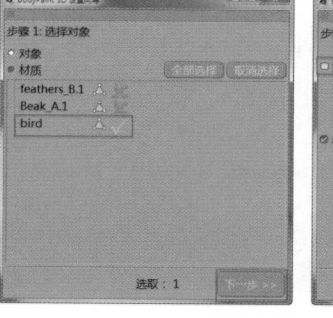
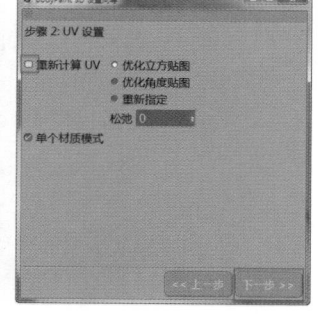

图25-58　　　　　　　图25-59

03 材质选项

选择所需绘制的通道属性，也可选择多个通道属性进行绘制，在这里我们只勾选颜色通道属性。

在颜色属性右侧的色块中，选取一个颜色作为纹理绘制的基色。这里将颜色属性设置为红色。将最大值设置为2048，最大值控制绘制纹理的尺寸大小，在这里不建议将这3个参数设置过大。设置完成后，单击完成，如图25-60所示。

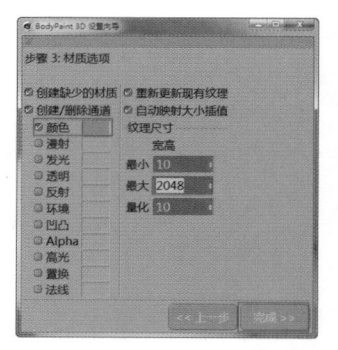

图25-60

04 最后关闭BodyPaint 3D设置向导，观察视图，可以看到被选定的模型表面已经变成红色，而且鼠标也变成笔刷了，这样就可以在模型表面进行绘制了，如图25-61所示。

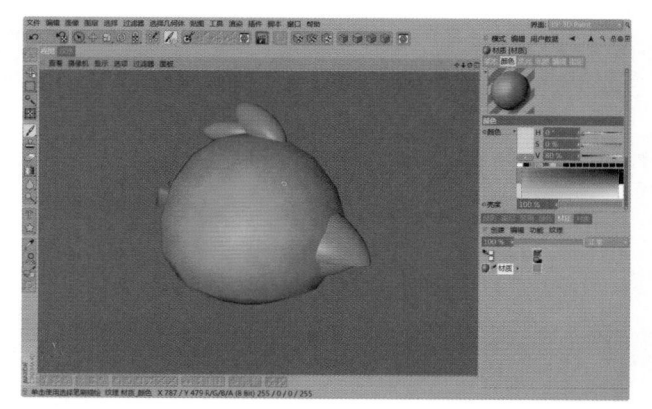

图25-61

05 在对象管理器面板中，将bird以外的模型设置为编辑器不可见，如图25-62所示。

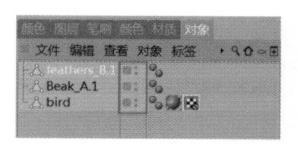

图25-62

06 在绘制工具架中，选择笔刷纹理绘制工具。在工具属性面板中的笔刷选择器内，选择一个合适的笔刷，在BodyPaint 3D中，已经为用户提供了很多非常优秀的笔刷。用户可以根据自己的需要来选取适合自己的笔刷，如图25-63所示。

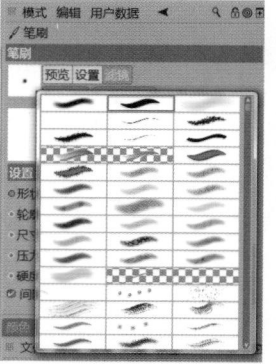

图25-63

此时软件就切换到了BP 3D Paint界面下，如图25-49所示。

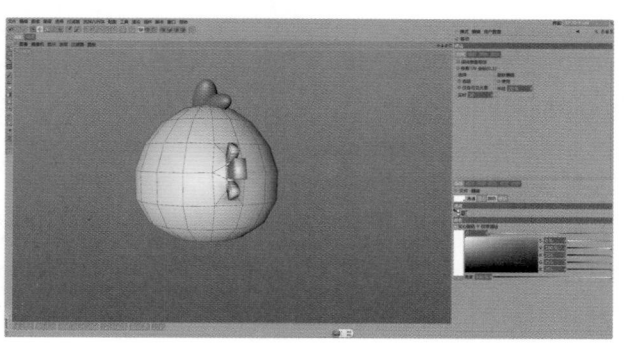

图25-49

25.4 BP 3D Paint操作界面

命令菜单，如图25-50所示。

文件 编辑 图像 图层 选择 过滤器 选择几何体 贴图 工具 渲染 插件 脚本 窗口 帮助

图25-50

通用编辑工具架，如图25-51所示。

图25-51

绘制工具架，如图25-52所示。

图25-52

- 工作视图：在工作视图中，用户可以对模型表面直接进行纹理绘制，如图25-53所示。

图25-53

- 纹理：纹理绘制窗口，能够实时地显示用户在模型表面绘制过程当中的纹理平铺效果，用户也可以在纹理绘制区内进行纹理的绘制，也可以在这个区域内部调节不同图层的混合效果，如图25-54所示。

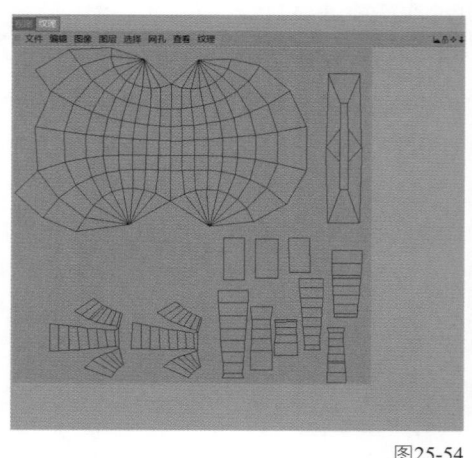

图25-54

- 工具属性面板：在BP 3D Paint中的每一个工具都会有各自不同的控制属性，当任意工具处于选择状态时，在工具属性面板中就会显示出当前所选工具的控制属性，如图25-55所示。

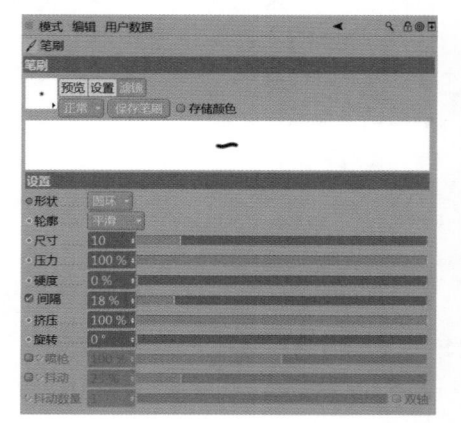

图25-55

- 场景管理：在这个区域内可以对绘制的图层以及绘制颜色和图层混合方式进行调节和控制，使用的方式非常类似于Photoshop的功能，如图25-56所示。如果你是Photoshop的用户，在使用的时候会非常容易上手。

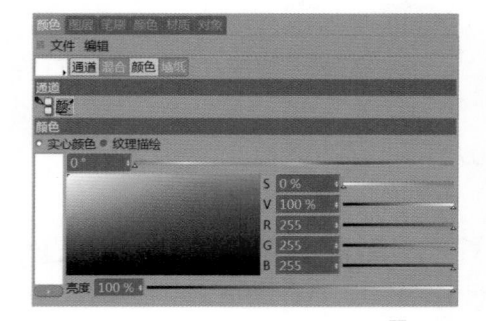

图25-56

17 接下来，设置颜色为黑色，如图25-74所示。

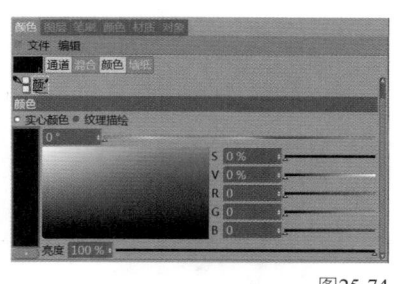

图25-74

18 使用绘制工具架上的绘制多边形外形工具，在模型表面的眉毛下方拖曳出一个黑色圆形区域，如图25-75所示。

19 再新建一个层，将颜色设置为白色，使用同样的方法，在黑色区域上绘制一个圆形。圆形绘制，可以按住键盘上的Shift键进行拖曳，此时会画出一个正圆。将这个圆绘制的比之前黑色眼球的圆形小一点，如图25-76所示。

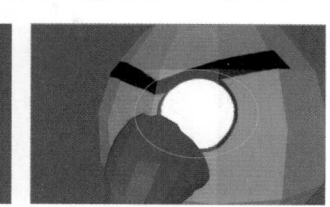

图25-75　　　　　　　图25-76

20 绘制完成后，图层属性面板中，在新建的图层上单击鼠标右键执行向下合并，白色圆形图层与眼球图层，合并为一个图层，如图25-77所示。

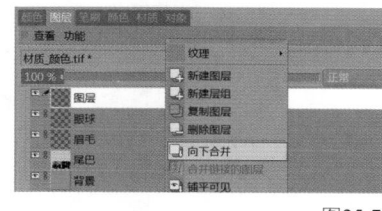

图25-77

21 合并后将图层改名为眼球，结果如图25-78所示。

图25-78

22 选择眼球图层，并且切换到纹理绘制窗口。在纹理绘制工具架中，选择变换位图工具，调节变换位图的控制点，将眼球调节成一个椭圆形如图25-79所示。

图25-79

23 要结束位图变换只需在变换区域内双击鼠标左键即可。

此时在工作视图区域发现眼球覆盖在了眉毛的上边，如图25-80所示。

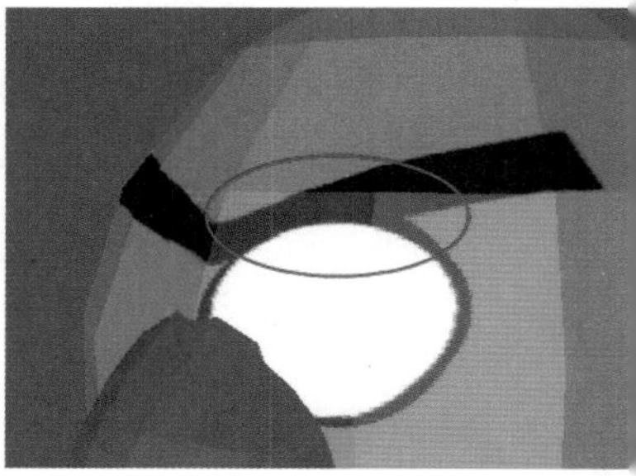

图25-80

24 只需要在图层属性面板中，将眼球图层选中后，拖曳到眉毛图层的下面，就可以解决这一问题，操作与Photoshop的图层原理一样，如图25-81所示。

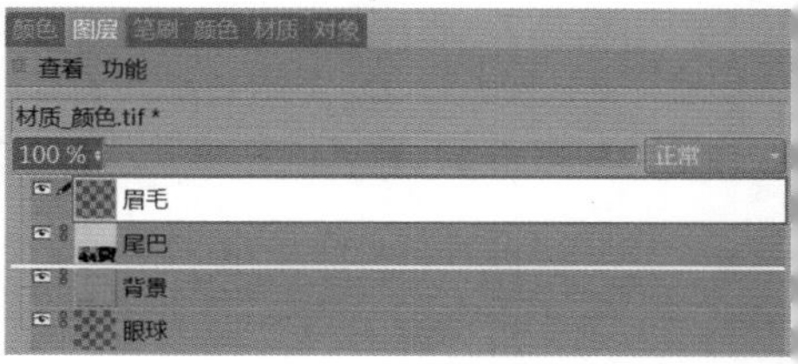

图25-81

25 在拖曳的过程中只有出现了黄色的横线才代表将原图层拖曳到指定图层的下面，调节完图层顺序后的结果如图25-82所示。

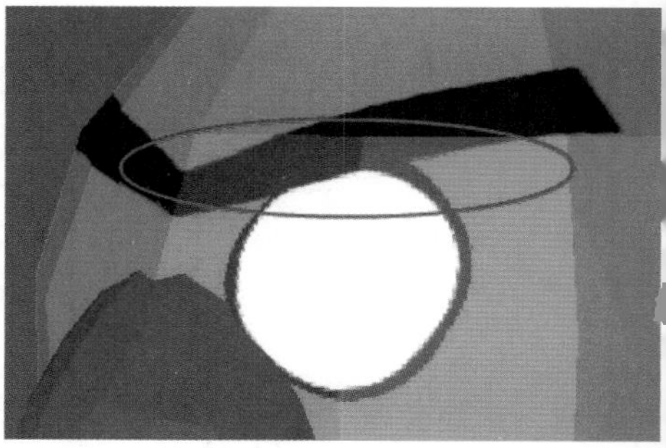

图25-82

26 得到最终的结果如图25-83所示。

图25-83

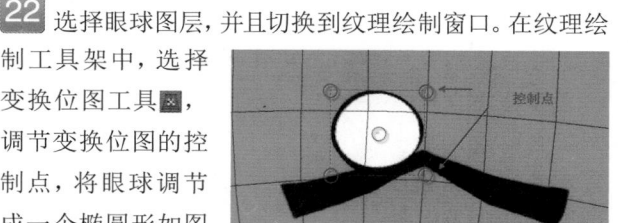

07 针对所选取的笔刷，用户还可以调节针对当前笔刷的控制属性，如图25-64所示。

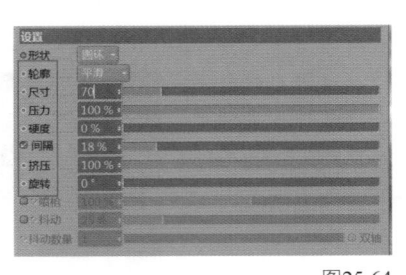

图25-64

08 在绘制的过程中，经常调节笔刷尺寸的大小，这里也可以通过按"["键缩小笔刷和"]"键放大笔刷来进行操作。最后在颜色属性面板下，为当前的笔刷选择绘制的颜色，这里选择纯黑色来进行绘制，如图25-65所示。

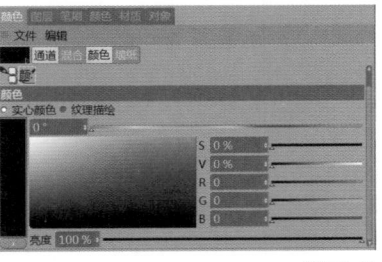

图25-65

09 也可以在颜色右侧的颜色属性面板下，选择软件所提供的色块颜色绘制。

在纹理绘制过程当中，一般需要对所绘制的纹理分层绘制，这样可以减少在绘制出现错误时修改的难度。在图层属性面板下的背景层上用鼠标右键单击，选择新建图层，如图25-66所示。

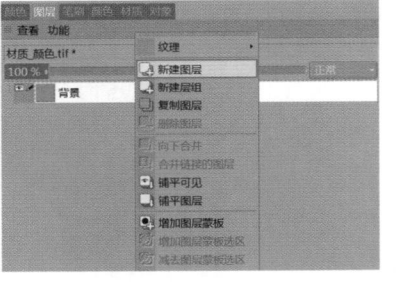

图25-66

10 双击新建视图的图层，将新建的图层命名为尾巴，如图25-67所示。

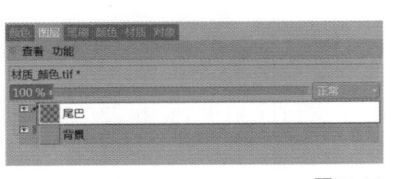

图25-67

11 在对绘制笔刷图层设置完毕后，接下来就可以直接在工作视图区域内对模型进行绘制了，这里先选择模型的尾巴，用黑色的笔刷将尾巴绘制成黑色，如图25-68所示。

12 在绘制时确保尾巴图层为激活状态，如果绘制的区域超过的模型的范围，可以选择橡皮擦工具 ，将多余的区域擦除。对于狭窄的区域不好下笔的时候，用户可以切

换到纹理绘制窗口，针对绘制的模型表面的UV进行绘制，如图25-69所示。

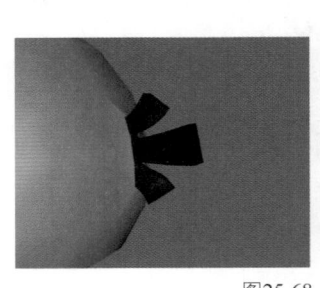
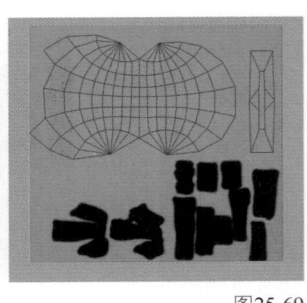

图25-68　　　　　　　　　　　　图25-69

13 通过上一步的操作，得到模型表面结果如图25-70所示。

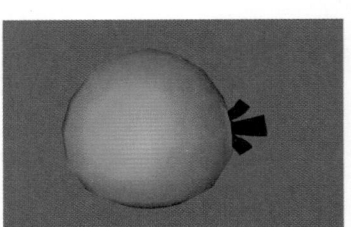

图25-70

14 尾巴绘制完成后，在图层属性面板内，新建一个图层。图层命名为眉毛，保持眉毛图层为激活状态，如图25-71所示。

图25-71

15 在模型表面绘制小鸟的眉毛，绘制结果如图25-72所示。

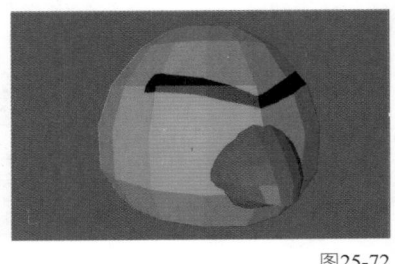

图25-72

16 眉毛绘制完成之后，建立一个新的图层，命名为眼球，如图25-73所示。

图25-73